中等职业教育国家规划教材

全国中等职业教育教材审定委员会审定

电子技术基础

DIANZI JISHU JICHU

（第2版）

主编　张龙兴

主审　罗挺前

高等教育出版社·北京

内容提要

本书是中等职业教育国家规划教材，全书分两篇。

第一篇模拟电子技术，包括半导体器件的基础知识、二极管应用电路、三极管基本放大电路、负反馈放大电路、集成运算放大器、功率放大电路、直流稳压电源、晶闸管及其应用电路等。

第二篇数字电子技术，包括逻辑门电路、数字逻辑基础、组合逻辑电路、集成触发器、时序逻辑电路、脉冲波形的产生和整形电路、数模和模数转换器、大规模集成电路等。

本书配有学习卡资源，请登录 Abook 网站 http://abook.hep.com.cn/sve 获取相关资源。详细说明见本书“郑重声明”页。

本书概念严密、思路清晰，内容浅显、体系合理、文字通顺，可供中等职业学校电类专业使用，也可供相关工程技术人员参考。

图书在版编目(CIP)数据

电子技术基础 / 张龙兴主编. -- 2 版. -- 北京 : 高等教育出版社，2022.7

ISBN 978-7-04-057432-6

Ⅰ.①电… Ⅱ.①张… Ⅲ.①电子技术-教材 Ⅳ.①TN

中国版本图书馆 CIP 数据核字(2021)第 247960 号

策划编辑 李宇峰　责任编辑 李宇峰　封面设计 李卫青　版式设计 徐艳妮
责任校对 任 纳 高 歌　责任印制 高 峰

出版发行 高等教育出版社
社　　址 北京市西城区德外大街 4 号
邮政编码 100120
印　　刷 人卫印务（北京）有限公司
开　　本 850mm×1168mm 1/16
印　　张 23.25
字　　数 440 千字
购书热线 010-58581118
咨询电话 400-810-0598
网　　址 http://www.hep.edu.cn
　　　　 http://www.hep.com.cn
网上订购 http://www.hepmall.com.cn
　　　　 http://www.hepmall.com
　　　　 http://www.hepmall.cn
版　　次 2001 年 7 月第 1 版
　　　　 2022 年 7 月第 2 版
印　　次 2022 年 7 月第 1 次印刷
定　　价 38.60 元

本书如有缺页、倒页、脱页等质量问题，请到所购图书销售部门联系调换
版权所有 侵权必究
物 料 号 57432-00

第 2 版前言

本书是中等职业学校电子电器专业使用的国家规划基础教材。

国家规划教材是按照教育部颁布的中等职业学校电子技术基础教学大纲进行编写，并经全国中等职业教育教材审定委员会审定通过。几年来的教学实践表明，上一轮教材对提高全国中职电类专业的教学质量、强化技能训练方面的教学改革起到了很好的保证作用，受到了全国各地中职师生的好评，社会效益明显。随着电子技术的迅速发展、教学改革的不断深入及教学手段日益丰富，专业基础课的教学内容和教学模式有必要进行相应的改革，以适应变化的需要。

本次修订是在第 1 版《电子技术基础》教材基础上，按照苏州教材修订会议精神和“以学生为主体，以就业为导向”的指导思想，本着与岗位衔接、与生源衔接的要求，进一步降低教材难度，增加应用性，反映“四新”等原则进行的。

本书修订时，除保留原教材基本框架和“合理内核”外，对原书做了删繁就简，降低难度，突出应用等调整。例如，第四章负反馈放大电路，删去了繁琐的负反馈的实例分析，对部分章节进行了缩写或精简，使教材更简明易懂；原书第十二章集成触发器，教材理论阐述起点较高，修订时，对全章进行了较大改动，大大压缩了篇幅，并使教材难度明显下降。此外，在相关章节中增大了基本技能和最新工艺（微型片状二极管、三极管等）的介绍篇幅。对教材中传统的但应用价值不大的内容（如共射极电路图解法）或理论性较深的内容（如开关稳压电源）均作了△号保留处理，不作为主教材内容，供不同需求的读者参考。

修订后的教材基本涵盖了目前电子技术基础课程的主要内容，教学内容分为“基础模块”和“选用模块”（*号部分）两部分。“基础模块”为各不同专业必学的基础内容，“选用模块”可供不同类别和不同专业选用。

本书采用出版物短信防伪系统，同时配套学习卡资源。用封底下方的防伪码，按照本书最后一页“郑重声明”下方的使用说明进行操作，可登录高等教育出版社“http://abook.hep.com.cn/sve”平台，获取相关资源。

河北医药化工职业技术学院罗挺前教授审阅了全书，并提出许多有益的建议，在此表示衷心感谢。

尽管编者对本教材修改做了很大努力，但疏漏不当之处在所难免，希望各地中职师生对本书提出宝贵意见，以使教材更臻完善。

编　者

2021年10月

第1版前言

本书按照教育部2000年8月颁发的中等职业学校电子技术基础教学大纲进行编写。本书突出能力本位思想，注重课程的实际应用。面对当代电子技术发展动向，在教材内容中体现新技术、新工艺和新知识。在编写上，以定性分析代替繁琐的定量计算，从元器件内部电路为主转向器件外部特性与应用为主，注意教学内容的重点从分立元件电路为主转到集成电路为主，在模拟电路和数字电路的比例上作了合理的调整。

本书作为中等职业学校电子技术的基础教材，充分体现以学生为主体的编写思路，注意将课程的知识结构和能力要求构成教材的基本框架。充分尊重学生的主体地位。在内容和写法上不单纯追求理论的系统性、完整性，注重应用性、针对性和灵活性。遵循量力性原则，避免纯理论的描述，以感性到理性的写法为主。对基本概念、基本定义，在不违反科学性的前提下，不刻意一步到位，以体现教材的层次性。

编者长期亲历教学第一线，对中职学生的学习基础、认知能力有较深入的了解，为帮助学生走出学习电子技术的第一步，在编写中特别注重概念的建立和各概念之间的衔接及其相互关联的引导，本书在每一章都编排了“本章学习指导”以帮助学生切实掌握最基本的知识，建立科学的学习方法和本学科的思维方法，书中还编写了作者在长期教学实践中积累的“课堂演示实验资料”，供教师参考。

本书由常州市第三职业高级中学张龙兴担任主编。模拟电路和数字电路第一至第十一章由张龙兴编写，数字电路第十二章至第十六章由童士宽编写。在送教育部审定以前，高等教育出版社聘请东南大学无线电系谢嘉奎教授对全书作了认真严格的审阅和修改，天津电子信息学院季世伦高级讲师也审阅了全稿并提出了很多宝贵意见。在此，表示深深的敬意和由衷的感谢。在本书编写过程中还得到教育部职成司、江苏省教委、常州市教委、常州市第三职业高中的指导和支持。在此一并表示感谢。

由于编者水平有限，书中难免疏漏，错误和不当之处恳请批评指正。

编　者

2001年3月

目　录

第二篇 数字电子技术

技能实训

概　　述

人类社会进入21世纪以来，科学技术空前发展。当今，由于电子计算机技术、现代通信技术的进步，使人们在空间和时间上的距离都大大地缩短了，坐在家里便可以了解发生在世界各地的事情，通过电视屏幕就可以看到大洋彼岸进行的国际体育比赛，或与千里之外的亲人“面对面”交谈。查阅资料可以不去图书馆，订票、购物都可以在家里进行。无纸办公、在家上班也变得轻而易举。从琳琅满目、功能纷呈的家用电器到工厂自动化生产过程，从宇宙航行到水下机器人作业，从电报电话到移动通信，所有这一切都向人们显示了信息时代繁花似锦的动人景象。

科学技术的高度发展，使得人类的生产、生活方式乃至社会结构都随之发生变化。而支撑现代科学技术大厦的重要基石之一就是电子技术。电子技术是极富生命力的技术领域，它的快速发展，对国民经济各个领域及人们的生活质量都有着巨大影响。可以说，没有电子技术就不可能有当今社会高度发展的物质文明和精神文明。本书所讲述的是电子技术的基础知识。

一　模拟信号和数字信号

电子技术最早应用在通信方面，以后随着它的发展，应用范围已经扩展到科学技术的各个领域。

在实际应用中，电子技术被大量用来传输或处理信号（包括信号的放大、比较、变换、运算等）。例如：

电报是将传送的电文译成电码，使其成为代表数字或字母的一系列电流脉冲，即电信号，再把这些电信号传送到接收端，最后在接收端将信号译成电文。

电话是将传送的语言转换成与之相应的电流或电压信号，将它送到接收端后，利用耳机或扬声器将信号还原成声音。

传真和电视传送的是图像，前者传送的是固定图像，如资料、照片、图表、手稿等；后者传送的是活动图像，如舞台上的表演、运动场上的赛况、生产现场的运行实况等。发送设备按一定规律将画面变换成相应的电信号，该信号在接收设备中再按一定的规律转换为光，显影在传真机的感光纸或电视机的荧光屏上。

在电子技术中所说的“信号”是指变化的电压或电流——电信号。电信号可分为两大类：一类信号的振幅随时间呈连续变化，称为模拟信号。图 0-1 所示电压波形就是模拟信号。例如模拟声音的音频信号，模拟图像的视频信号，模拟温度、压力等物理量变化的信号等。与模拟信号相对应的是数字信号，它只是在某些不连续的瞬时给出的离散数值，即时间和幅值都是离散的，如图 0-2 所示。例如在手电筒的简单电路中，开关的“合”和“断”就是一种数字信号。这种输入信号不是“闭合”就是“断开”，这时的输出信号也仅有两个状态，暗和亮。当然这只是最简单的例子，实际电路要复杂得多。也可将模拟信号转换为数字信号，经数字信号处理后再转换为模拟信号。

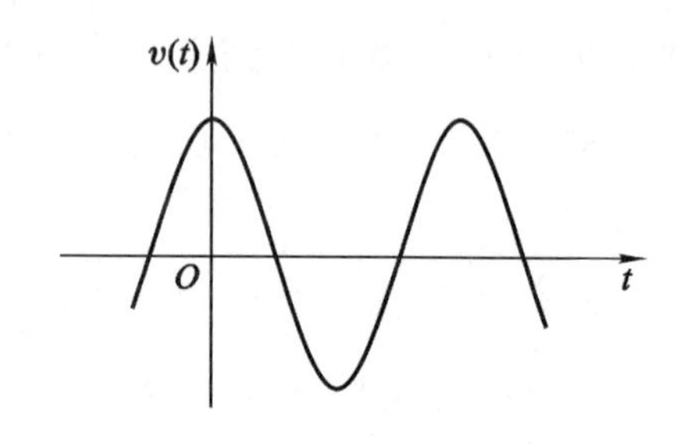

图 0-1　模拟信号波形举例

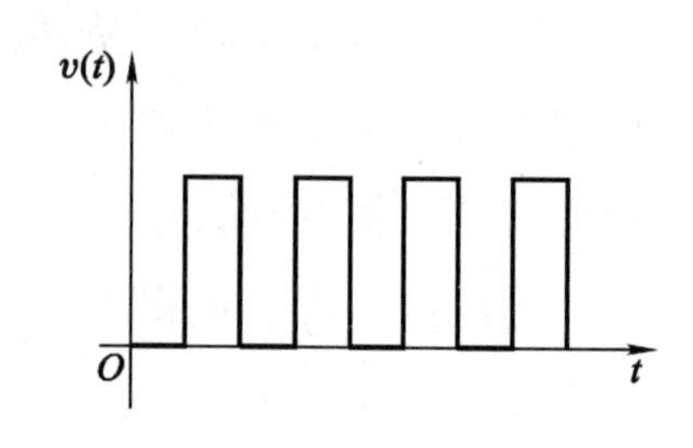

图 0-2　数字信号波形举例

由上述可以分别给模拟电子电路和数字电子电路一个简明的定义：

产生和处理模拟信号的电路称为模拟电子电路。

产生和处理数字信号的电路称为数字电子电路。

二　信号的处理和转换

在实际应用中，信号经常需要经过适当的处理和转换。

例如扩音机是用来放大声音的。它需要通过话筒，先将声音变成电信号，并将该信号放大，然后由扬声器再将电信号还原成声音，经这样处理后，就得到了放大的声音。

再如，商店里的电子收款机对顾客的购物款进行处理并求其总和，就是借助于开关，将各种收款数转换成电压，利用电子技术将这些电压存储并相加，由此产生出包含有总和的信号。这一信号又被转换成可读数字亦即由数码管以光的形式显示出来。

在电子技术中，向信号（或数据）处理系统送入的信号称为输入信号，处理后得到的信号称为输出信号。

非电输入信号（如光、声、温度等信号）在进行电子处理之前，必须通过各种换能器将其转换成电信号。在多数情况下，输出的电信号又必须再通过各种换能器转换成非电信号，才能为人们利用。

电子信号的处理有模拟信号处理和数字信号处理两种方式。在实际运用中，是采用模拟处理方式还是采用数字处理方式，应视具体情况而定。

- 对精确度的要求较高时，可使用数字处理方式。

- 从输入信号与输出信号的形式来看，如果输入和输出是相同形式的信号，可使用相应的模拟系统或数字系统完成处理工作；若输入和输出是不同形式的信号，则常采用模数转换或数模转换。若输入和输出均为模拟信号，也可用数字系统进行处理，输入和输出端分别增加模数转换和数模转换环节。

- 从信号的传输要求来看，如果信号需传输到很远的地方，并且要求保持很高的可靠性及精确性，则要选择数字处理。因为模拟信号远距离传送时，将产生衰减，也很容易受到各种干扰。

三　电子信号处理电路的组成

电子信号处理电路又称电子电路，它是由下列各种元器件构成的（这些元器件，将在后面几章中学习）。

(1) 电子元件：电阻器、电容器、电感器和变压器等。

(2) 半导体器件：二极管、三极管、场效晶体管、金属氧化物晶体管、晶闸管等。

(3) 连接件：如同轴电缆等。

组成电路的目的，是为了对信号进行传输、处理，或产生某些信号，也就是说，电路必须具备某种功能。

组成一个实际电路，通常先设计电原理图，然后将元器件按一定的工艺要求焊接在一块“印制电路板”上。图 0-3 所示为一种收音机的电原理图及对应的印制电路图。

由于半导体技术日臻完善，20 世纪 60 年代出现了集成电路（IC），它标志着电子技术的发展进入到一个新阶段。集成电路又称固体电路，它是把大量的元器件，如电阻、电容、二极管、三极管及它们之间的连线，全部集中制作在一小块半导体硅片上而构成的电路或系统。1 mm^2的面积上，可容纳几十个到几百万个元器件，到 20 世纪 90 年代末期，在一块集成电路的芯片上，可容纳的晶体管已达一千万个。

集成电路不仅体积小、重量轻、成本低、耗能小，而且工作的可靠性很高，组装和调试也很方便，它已广泛应用在电子计算机、电子设备和家用电器等各种领域。

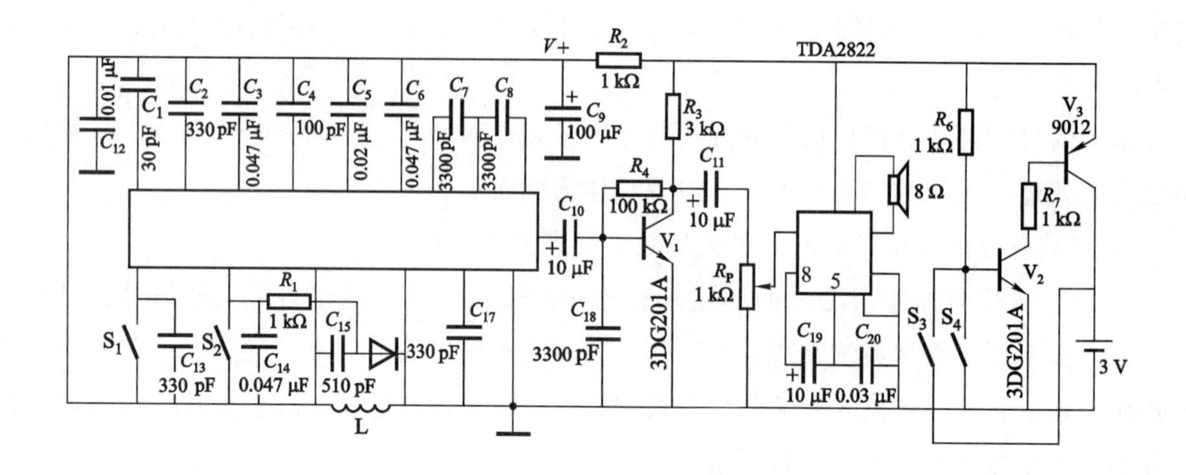

(a) 原理图

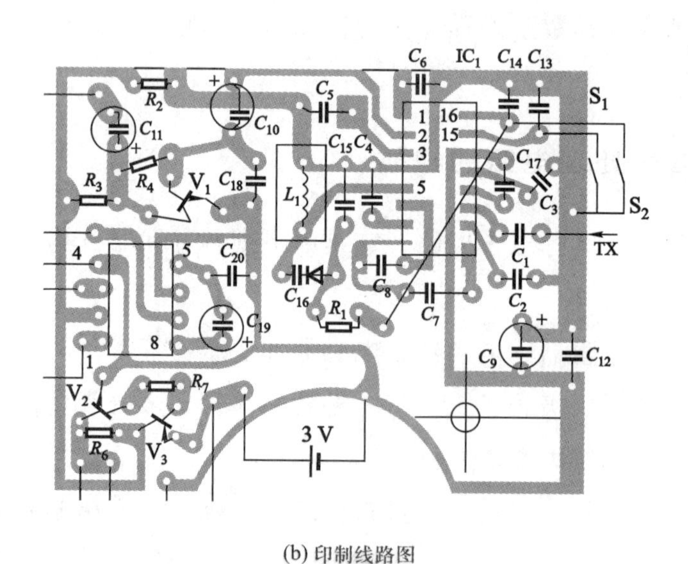

(b) 印制线路图

图 0-3　原理图与对应的印制线路图

集成电路按其功能可分两大类，用来处理模拟信号的是模拟集成电路，又称线性集成电路；用来处理数字信号的是数字集成电路。目前已生产出模拟和数字混合的集成电路。图 0-4 所示为部分集成电路的外形。

同其他科学技术一样，电子技术只有为人们所充分了解和掌握，才会得到合理有效的运用，才能发挥它无穷的威力。这本教材就是用浅显易懂的语言通过对基础知识的讲解，帮助你叩开“电子王国”的大门，步入五彩缤纷的电子世界中去。

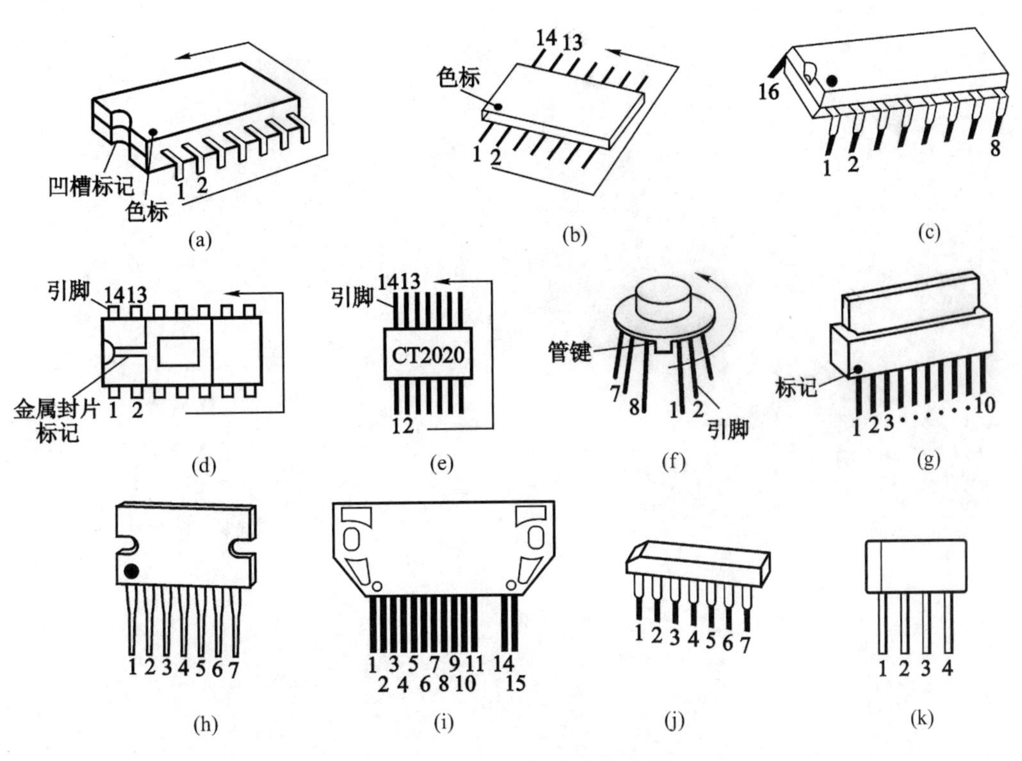

图 0-4　常用集成电路外形

第一篇 模拟电子技术

第一章　半导体器件的基础知识

半导体器件是20世纪中叶才发展起来的新型电子器件，包括半导体二极管、半导体三极管、场效晶体管和集成电路等。

1.1　半导体二极管

1.1.1　什么是半导体

自然界中的物质，按导电能力的不同，可分为导体和绝缘体。人们又发现还有一类物质，如硅、锗等，它们的导电能力介于导体和绝缘体之间，且其导电性能非常奇特，它的导电能力随着掺入杂质、输入电压（电流）、温度和光照条件的不同而发生很大变化，人们把这一类物质称为半导体。

半导体是制作半导体器件的关键材料。

研究发现，在半导体里，通常有两种导电的“粒子”，一种带负电荷，即自由电子，还有一种带正电荷，称为“空穴”。它们都携带电荷参与导电，所以统称“载流子”。在外电场的作用下，两种载流子都可以做定向移动，形成电流。由于制作掺杂物质的不同，可以形成导电情况完全相反的两类半导体。

主要靠电子导电的半导体称为电子型半导体或N型半导体。这类半导体中，电子是多数载流子（简称多子），空穴是少数载流子（简称少子）。

主要靠空穴导电的半导体称为空穴型半导体或P型半导体。这类半导体中，空穴是多数载流子，电子是少数载流子。

1.1.2　PN结

经过特殊的工艺加工，将P型半导体和N型半导体紧密地结合在一起，则在两种半导体的交界处就会出现一个特殊的接触面，称为PN结。

PN 结有什么特性呢？来看下面的一个实验，如图 1-1 所示。

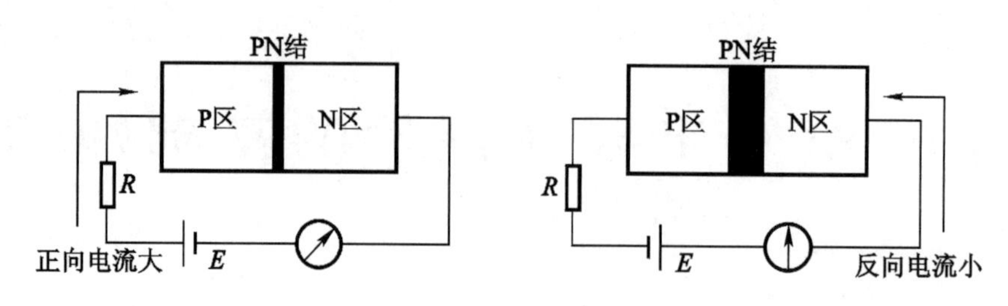

图 1-1　PN 结的单向导电性

在 PN 结两侧外加一个电源，正极接 P 型半导体，负极接 N 型半导体。此时电流表指针偏转较大，说明 PN 结内外电路形成正向电流。这种现象称为 PN 结的正向导通。如将电源的正负极反过来，即电源正极接 N 区，负极接 P 区，此时电流表指针几乎无偏转，说明 PN 结内外电路只能形成极小的反向电流，这种现象称为 PN 结的反向截止。

由以上实验可以知道：

PN 结加正向电压时导通，加反向电压时截止，这种特性称为 PN 结的单向导电性。

PN 结两端外加的反向电压增加到一定值时，反向电流急剧增大，称为 PN 结的反向击穿。如果反向电流未超过允许值，当反向电压撤除后，PN 结仍能恢复单向导电性。若反向电流增大并超过允许值，会使 PN 结烧坏，称为热击穿。

PN 结存在着电容，该电容称为 PN 结的结电容。

1.1.3　半导体二极管

1. 半导体二极管的结构和符号

利用 PN 结的单向导电性，可以用来制造一种半导体器件——半导体二极管。

半导体二极管又称晶体二极管。它是由管芯（主要是 PN 结）、从 P 区和 N 区分别焊出的两根金属引线——正、负极以及将它们封装起来的外壳组成。

由于管芯结构的不同，二极管又分为点接触型、面接触型和平面型几种。其结构和电路符号如图 1-2 所示。其中点接触型二极管 PN 结接触面小，适宜在小电流状态下使用，面接触型和平面型二极管 PN 结接触面大，载流量大，适合于大电流场合中使用。在图 1-2（d）所示电路符号中，箭头表示正向导通电流的方向。

2. 二极管的特性

二极管的核心部分是 PN 结，PN 结具有单向导电性，这也是二极管的主要特性。

二极管的导电性能由加在二极管两端的电压和流过二极管的电流来决定，这两者之间的关系称为二极管的伏安特性。用于定量描述这两者关系的曲线称为伏安特性曲线，如图 1-3 所示。由图可见，二极管的导电特性可分为正向特性和反向特性两部分。

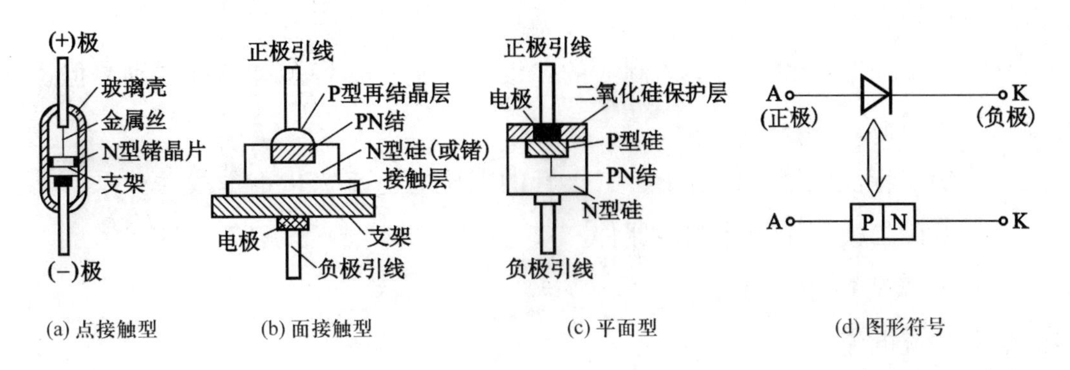

图 1-2　二极管的结构类型及符号

（1）正向特性

当二极管两端所加的正向电压由零开始增大时，开始时，正向电流很小，几乎为零，二极管呈现很大的电阻。如图 1-3 中 0*A* 段，通常把这个范围称为死区，相应的电压称为死区电压。硅二极管的死区电压为 0.5 V 左右，锗二极管的死区电压为 0.1～0.2 V。外加电压超过死区电压以后，正向电流开始出现，直到等于导通电压，正向电流迅速增加，这时二极管处于正向导通状态。如图中 *BC* 段，硅管的导通电压为 0.6～0.7 V，锗管为 0.2～0.3 V。

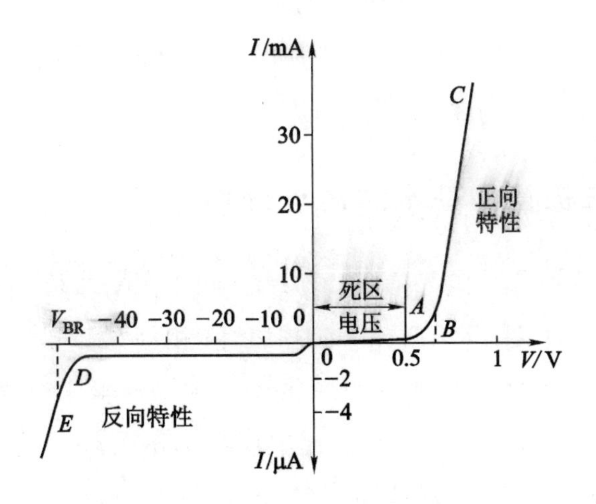

图 1-3　硅二极管的伏安特性曲线

（2）反向特性

当给二极管加反向电压时，形成的反向电流是很小的，而且在很大范围内基本不随反向电压的变化而变化，故称反向饱和电流，如图 1-3 中 0*D* 段。

若反向电压不断增大，当大到一定数值时，反向电流会突然增大，如图 1-3 中 *DE* 段，这种现象称为反向击穿，相应的电压称为反向击穿电压。普通二极管正常使用时，是不允许出现这种现象的。

不同材料、不同结构和不同工艺制成的二极管，其伏安特性有一定差别，但伏安特性曲线的形状基本相似。

从二极管伏安特性曲线可以看出，二极管的电压与电流变化不呈线性关系，其内阻不是固定常量，所以二极管属于非线性器件。

3. 半导体二极管的主要参数

（1）最大整流电流 I_F

指二极管长时间工作时允许通过的最大直流电流。使用二极管时，应注意流过二极管的正向最大电流不能大于这个数值（它是二极管极限参数），否则可能损坏二极管。

（2）最高反向工作电压 V_{RM}

指二极管正常使用时所允许加的最高反向电压。使用中如果超过此值，二极管将有被击穿的危险。

1.2 半导体三极管

在半导体器件中，有一种广泛应用于各种电子电路的重要器件，那就是半导体三极管通常也称晶体管。本节将着重讨论三极管的构造、原理及其工作特性。

1.2.1 半导体三极管的基本结构与分类

半导体三极管的核心是两个紧靠着的 PN 结。两个 PN 结将半导体基片分成三个区域：发射区、基区和集电区，如图 1-4 所示。其中基区相对较薄。由这三个区各引出一个电极，分别称为发射极、基极和集电极。用字母 E、B、C 表示。通常将发射极与基极之间的 PN 结称为发射结；集电极与基极之间的 PN 结称为集电结。

由于半导体基片材料不同，三极管可分为 PNP 型和 NPN 型两大类。图 1-4（a）所示为 PNP 型三极管结构及电气图形符号；图 1-4（b）所示为 NPN 型三极管结构及电气图形符号。由图可见，两种符号的区别在于发射极的箭头方向不同。实际上发射极箭头方向就是发射极正向电流的方向。

由于三极管的功率大小不同，它们的体积和封装形式也不一样。三极管常采用金属、

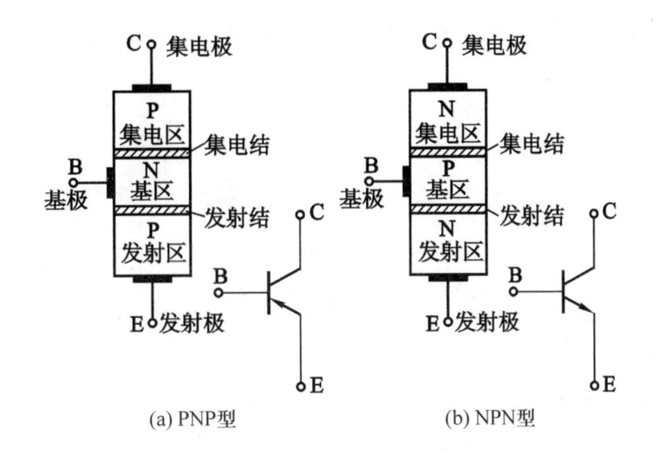

图 1-4　三极管的内部结构及电气图形符号

玻璃或塑料封装。常用三极管的外形及封装形式如图 1-5 所示。

三极管种类很多。按功率分，有小功率管和大功率管；按工作频率分，有低频管和高频管；按管芯所用半导体材料分，有硅管和锗管；按结构工艺分，主要有合金管和平面管；按用途分，有放大管和开关管等。

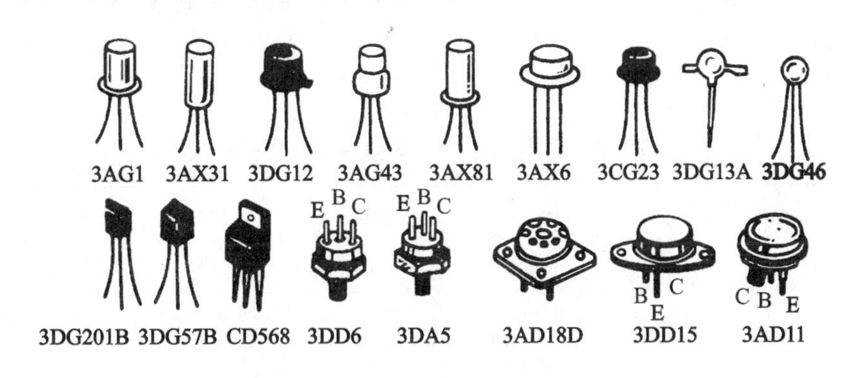

图 1-5　三极管的外形及封装形式

1.2.2　三极管的电流放大作用

三极管的主要功能是放大电信号。下面介绍三极管是如何放大电信号的。

1. 三极管各电极上的电流分配

现以 NPN 型三极管为例搭成如图 1-6 所示三极管电流分配实验电路。图中 V_{BB} 为基极电源，通过基极电阻 R_b 和电位器 R_P 将正向电压加到基极和发射极之间（发射结），集电极电源 V_{CC} 通过集电极电阻 R_c 将电压加到集电极与发射极之间以提供电压 V_{CE}。实验电路中，

V_{CC}电压应高于V_{BB}电压，保证发射结加正向偏置电压（简称正偏），集电结加反向偏置电压（简称反偏）。

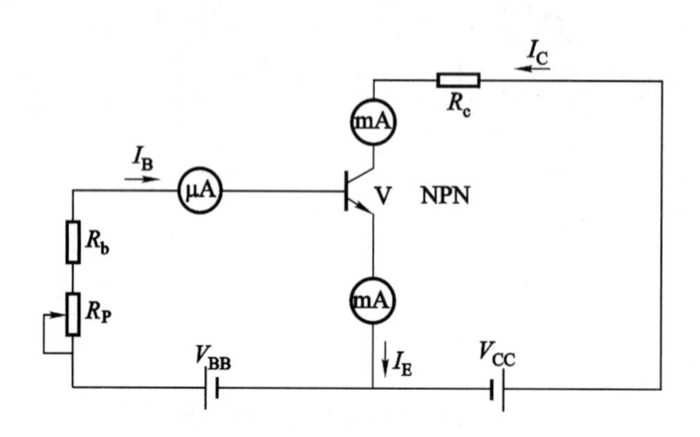

图 1-6　三极管电流分配实验电路

电路接通后，在电路中就有三支电流通过三极管，即流入基极的基极电流I_B、流入集电极的集电极电流I_C和流出发射极的发射极电流I_E。

调节电位器R_P的阻值，可以改变基极的偏压，用来调节基极电流I_B的大小。每取一个I_B的确定值，再从毫安表上读取集电极电流I_C和发射极电流I_E的相应值。实验数据见表 1-1。

表 1-1　三极管三个电极上的电流分配

I_B/mA	0	0.01	0.02	0.03	0.04	0.05
I_C/mA	0.01	0.056	1.14	1.74	2.33	2.91
I_E/mA	0.01	0.057	1.16	1.77	2.37	2.96

上述实验中，若将V_{BB}和V_{CC}的极性都反过来，或将其中的一个电源极性反向，则都不能得到表 1-1 的数据。

从上表的实验数据，可以得到如下关系：

$$I_E = I_B + I_C \tag{1-1}$$

式（1-1）表明了三极管的电流分配规律，即发射极电流等于基极电流和集电极电流之和。无论是 NPN 型管还是 PNP 型管，均符合这一规律。

如果将三极管看成节点，这三路电流关系应满足节点电流定律 KCL：流入三极管的电流之和等于流出三极管电流之和。在 NPN 管中，I_B、I_C流入，I_E流出。在 PNP 管中，则是I_E流入，I_B、I_C流出，如图 1-7 所示。

2. 三极管的电流放大作用

从表1-1中，我们还发现，基极电流I_B从0.03 mA变化到0.04 mA，即变化量$\Delta I_B = 0.04\ \text{mA} - 0.03\ \text{mA} = 0.01\ \text{mA}$时，$I_C$从1.74 mA变化到2.33 mA，变化量$\Delta I_C = 2.33\ \text{mA} - 1.74\ \text{mA} = 0.59\ \text{mA}$，于是

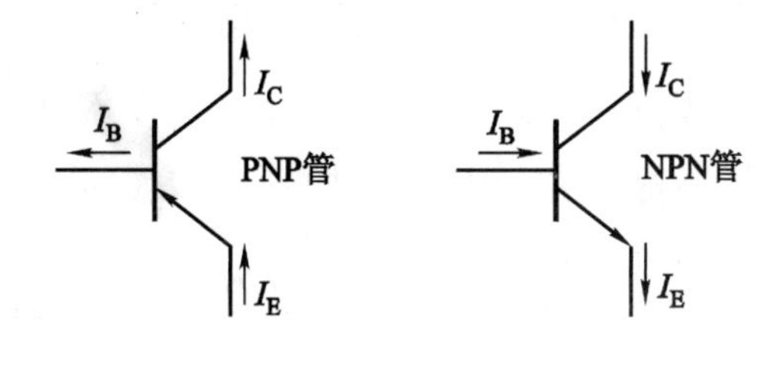

图1-7　三极管电流方向

$$\frac{\Delta I_C}{\Delta I_B} = \frac{0.59\ \text{mA}}{0.01\ \text{mA}} = 59$$

上式表明，集电极电流的变化量是基极电流变化量的59倍，从表中I_B与I_C的其他相应变化数据中，也同样可以得出这样的关系。

可见，由于基极电流I_B的变化，使集电极电流I_C发生更大的变化。也就是说，基极电流I_B的微小变化控制了集电极电流较大的变化，这就是三极管的电流放大原理。

值得注意的是：(1) 三极管的电流放大作用，实质上是用较小的基极电流信号去控制集电极的大电流信号，是“以小控大”的作用。(2) 三极管的放大作用，需要一定的外部工作条件。从图1-6中不难看出，三个电极上的电位分布是$V_C > V_B > V_E$（如用PNP管做实验，则V_{BB}及V_{CC}的极性都要反过来，使$V_C < V_B < V_E$）。这种电位分布保证了发射结正偏，集电结反偏。

综合以上情况，可以得出结论：要使三极管起电流放大作用，必须保证发射结加正向偏置电压，集电结加反向偏置电压。

1.2.3　三极管的基本连接方式

利用三极管的电流放大作用，可以用来构成放大器，如图1-8所示。从图中可以看出，构成一个放大器应有4个端子，两个输入信号的端子称为输入端（以便引入要放大的信号）；两个输出端子称为输出端（把放大的信号输送到负载）。

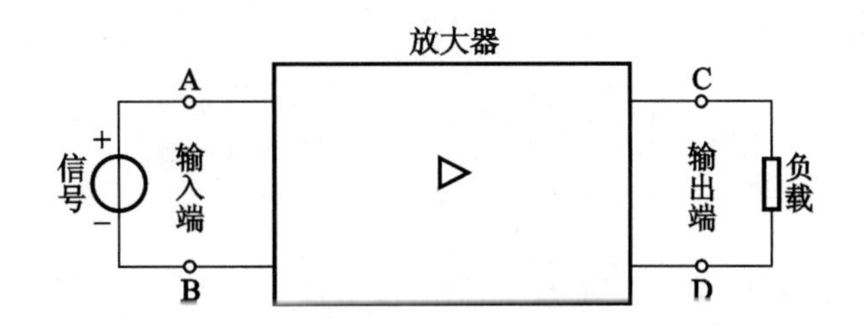

图1-8　放大器组成框图

三极管有三个电极，在构成放大器时只能提供三个端子，因此，必然要有一个电极作为

输入和输出的公共端。据此，三极管在构成放大器时，就有三种基本连接方式：把三极管的发射极作为公共端子时的电路称为共发射极电路（CE），其余还有共基极电路（CB）和共集电极电路（CC），如图 1-9 所示。

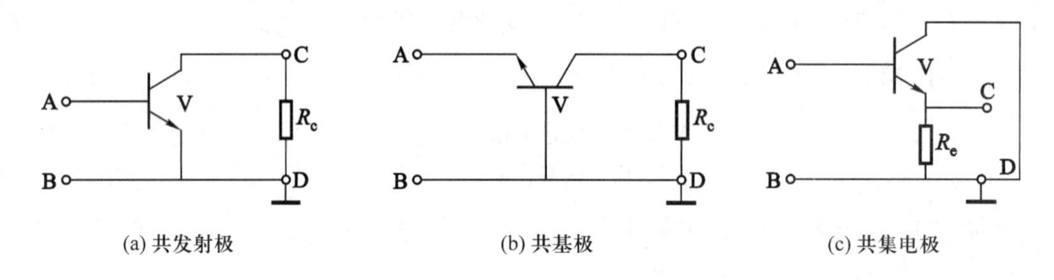

图 1-9　三极管三种基本连接方式

三极管的三种连接方式各有各的用途，应根据不同的需要加以选择。

1.2.4　三极管的特性曲线

与二极管相似，三极管各极上的电压和电流之间的关系，也可以用伏安特性曲线直观地描述，它是三极管内部微观现象的外部表现。从使用的角度来说，了解三极管的特性曲线是非常重要的。

三极管的特性曲线主要有输入特性曲线和输出特性曲线两种。

1. 输入特性曲线

输入特性是指在 V_{CE} 一定的条件下，加在三极管基极与发射极之间的电压 V_{BE} 和它产生的基极电流 I_B 之间的关系，如图 1-10 所示。

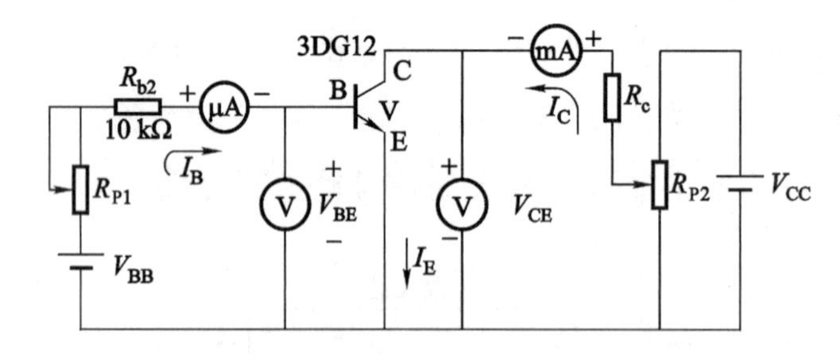

图 1-10　三极管输入输出特性测试电路

调节 R_{P2}，使 V_{CE} 维持一定值，再调 R_{P1}，让 V_{BE} 从零开始增加，记下相应的 I_B 值，然后在以 V_{BE} 为横轴，I_B 为纵轴的直角坐标系中，将各组的数据描点，连成平滑曲线即可得到该三极管的输入特性曲线。

给出一个 V_{CE} 值，就可以得到一条 I_B-V_{BE} 曲线。给出许多不同的 V_{CE} 值，就可相应地得到

许多条 I_B-V_{BE} 曲线。随着 V_{CE} 的增加，曲线向右移，但是当 $V_{CE}>1$ V 后，随着 V_{CE} 的增加，曲线只略微右移而靠得很近，三极管正常工作时，V_{CE} 值往往是大于 1 V 的。因此，在实际应用中，近似地认为输入特性曲线只有 $V_{CE}>1$ V 时所测的一条，如图 1-11 所示。

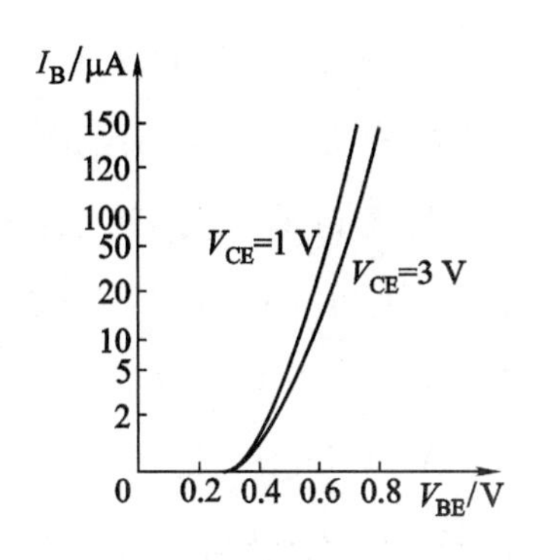

图 1-11　三极管输入特性曲线

可以看到，三极管的输入特性曲线与二极管的伏安特性曲线十分相似。这是因为 V_{BE} 加在基极与发射极之间的 PN 结（发射结）上，该 PN 结相当于一只二极管。V_{BE} 与 I_B 也成非线性关系，同样存在着死区和导通区。只有当 V_{BE} 大于导通电压时，三极管才出现明显的基极电流。这个导通电压的大小与三极管的材料有关。硅管约 0.7 V，锗管约 0.2 V。

从三极管的输入特性曲线可以看出，加在发射结上的正偏电压 V_{BE} 只有零点几伏，其中，硅管约 0.7 V，锗管约 0.2 V。这是检查三极管是否正常工作的重要依据。若检测结果与上述数值偏离较大，可判定三极管异常。

2. 输出特性曲线

输出特性是指在 I_B 一定的条件下，集电极与发射极之间的电压 V_{CE} 与集电极电流 I_C 之间的关系。其测试电路仍为图 1-10 所示电路。

测试时，先调节 R_{P1}，使 I_B 为某一定值，而后调节 R_{P2}，使 V_{CE} 从零开始增加，记下相应的 I_C 值，然后在以 V_{CE} 为横轴，I_C 为纵轴的直角坐标系中描点，连成平滑曲线即可得出一条输出特性曲线。给出一个 I_B 值就可得到一条曲线，如图 1-12 所示。给出许多不同的 I_B 值，就可以得到许多条曲线。所以三极管的输出特性曲线是曲线簇，如图 1-13 所示。

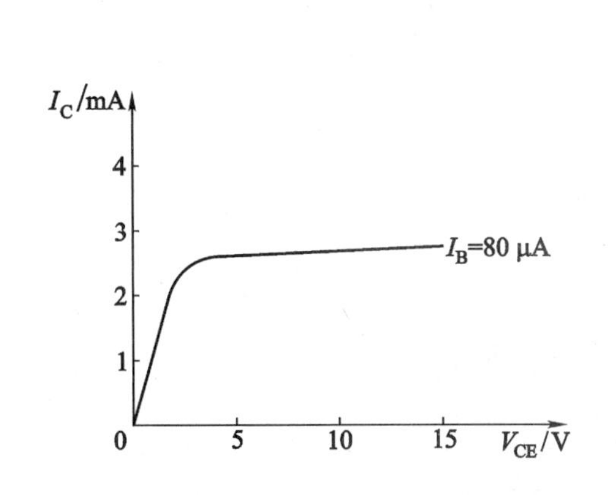

图 1-12　基极电流为一定值的输出特性曲线

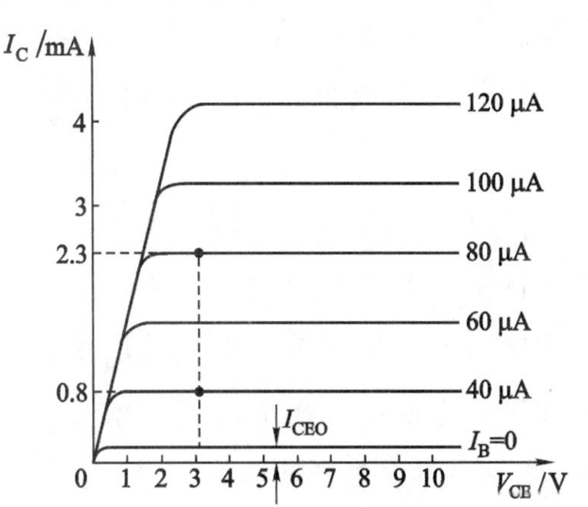

图 1-13　输出特性曲线簇

在图 1-13 中，每条曲线都可分为近似线性上升、弯曲、接近平坦三个部分。从该图中还可以看出，输出特性曲线簇可分为三个区。

（1）截止区　系 $I_B=0$ 以下的区域。$I_B=0$，即 V_{BE} 在死区电压之内，V_{BE} 很小，故发射结为反向偏置。集电结亦为反向偏置。无论 V_{CE} 怎样变化，I_C 都很小，而趋近于0。图中 $I_B=0$ 时，还有很小的集电极电流 I_{CEO}，这是因为在一定温度下，发射区的少数载流子能量较大，穿越基区到达集电区而形成的电流，通常把它称为穿透电流。

小功率硅管的穿透电流只有几微安；锗管稍大，有几十微安至几百微安。穿透电流会随着温度的升高而迅速增大，致使三极管工作不稳定。在选用三极管时，应选穿透电流小的三极管。

（2）放大区　指输出特性曲线之间间距接近相等，且互相平行的区域。这个区域内，V_{CE} 足够大，发射结正向偏置，集电结反向偏置。在这区间，I_C 与 I_B 成正比增长。即 I_B 有一个微小的变化，I_C 将按比例发生较大的变化。体现了三极管的电流放大作用。在图中还看到，这个区间的曲线与横轴几乎平行。当 V_{CE} 大于1 V左右以后，无论 V_{CE} 怎样变化，I_C 几乎不变，这说明三极管具有恒流特性。

由于不同的 I_B 对应着不同的曲线，可在垂直于横轴方向作一直线，从该直线上找出 I_C 的变化量 ΔI_C 和与之对应的 I_B 的变化量 ΔI_B，即可求出该管的电流放大倍数（常用 β 表示），即 $\beta=\dfrac{\Delta I_C}{\Delta I_B}$。这些曲线越平坦，间距越均匀，则三极管线性越好。在相同的 ΔI_B 下，曲线间距越大，则 β 值越大。

（3）饱和区　是指输出特性曲线靠近左边陡直且互相重合的曲线与纵轴之间的区域。三极管工作在这个区域时，V_{CE} 很小，因此发射结和集电结都处于正向偏置。在这个区域内，若增大 I_B，I_C 也不会明显增加，而基本保持不变，这就是所谓的“饱和”。I_C 不受 I_B 的控制，三极管失去放大作用。在饱和区内 V_{CE} 很小，这种很小的管压降，称为饱和压降 V_{CES}。

在以上三个区域，三极管的偏置电压的特点如下：

截止区：发射结和集电结均反偏。

放大区：发射结正偏，集电结反偏。

饱和区：发射结和集电结均正偏。

3. 三极管的主要参数

下面以共射极接法为例，介绍三极管的几种常用参数。

（1）共射极电流放大系数

用 β 表示。三极管的 β 值应选择恰当，一般来说，β 值太大的三极管工作稳定性差。

（2）极间反向饱和电流

极间反向饱和电流，是三极管中少数载流子形成的电流，它的大小表明了三极管质量的优劣，直接影响它的工作稳定性。

① 集电极–基极反向饱和电流 I_{CBO}

② 集电极–发射极反向饱和电流 I_{CEO}（又称穿透电流）

I_{CBO}和 I_{CEO}的测量电路如图 1–14 所示。

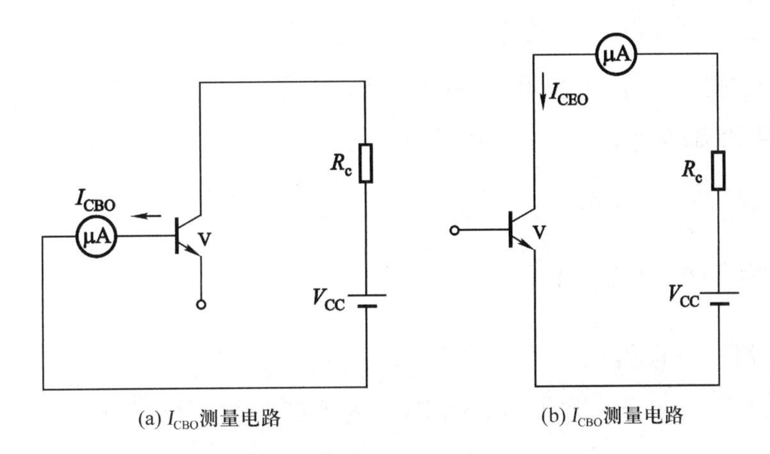

(a) I_{CBO}测量电路　(b) I_{CBO}测量电路

图 1–14　I_{CBO}和 I_{CEO}的测量电路

I_{CEO}和 I_{CBO}存在下述关系：

$$I_{CEO}=(1+\beta)I_{CBO} \tag{1-2}$$

I_{CBO}与 I_{CEO}都随温度的升高而增大。在选用时，应选反向饱和电流小的三极管。

（3）极限参数

三极管的极限参数是指三极管在正常工作时所允许的最大电流、最大电压和功率的极限数值。

① 集电极最大允许电流 I_{CM}

当 I_C过大时，电流放大系数 β 将下降。在技术上规定，β 下降到正常值的 2/3 时的集电极电流称集电极最大允许电流。

② 反向击穿电压

当基极开路时，集电极与发射极之间所能承受的最高反向电压——$V_{(BR)CEO}$，一般是几十伏。

当发射极开路时，集电极与基极之间所能承受的最高反向电压——$V_{(BR)CBO}$，通常比 V_{CEO}大些。

当集电极开路时，发射极与基极之间所能承受的最高反向电压——$V_{(BR)EBO}$，一般在 5 V 左右。

③ 集电极最大允许耗散功率 P_{CM}

技术上规定，在三极管因温度升高而引起的参数变化不超过允许值时，集电极所消耗的最大功率称集电极最大允许耗散功率。为使三极管安全工作，应使三极管工作在如图 1-15 所示的三极管最大损耗曲线图中的安全工作区。

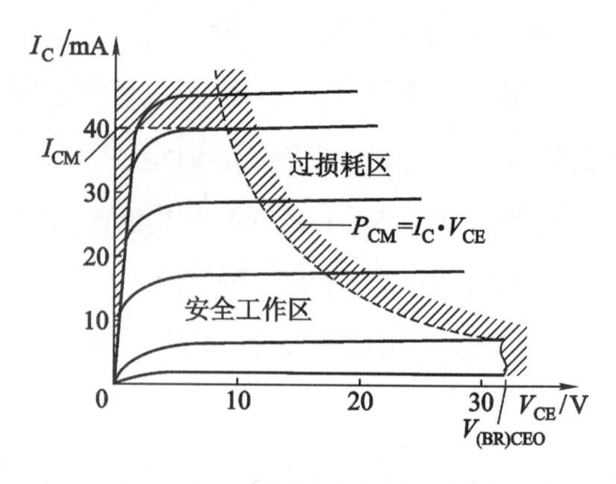

图 1-15　三极管最大损耗曲线

1.2.5　三极管的简易测试

1. 用万用表判别三极管的管型和管脚

测试时，先测定三极管的基极。将万用表选挡开关置于“R×1 k”挡或“R×100”挡，用黑表笔和任一管脚相连，红表笔分别和另外两个管脚相连接，测量其阻值，如果阻值一个很大，一个很小，则应将黑笔所接的管脚调换一个，再按上述方法测试，直至两个阻值都很小，则黑笔所接的就是基极，而且该测定管的管型为 NPN 型。由于万用表的黑表笔与表内电池的正极相接；红表笔与表内电池的负极相连，上面测得的是三极管两个 PN 结的正向电阻，所以很小。

如果按上述方法测试的结果两次阻值都很大，则黑表笔所接的是 PNP 管的基极。

当基极确定后，其余两管脚可任意设为集电极和发射极。如是 NPN 型管，可将万用表的黑表笔接假设的集电极，红表笔接假设的发射极，然后用手指捏住基极和假设的集电极（但不能使两极相碰），观察表针摆动幅度，参见图 1-16。再将假设的集电极和发射极互换，按上述方法重测一次，比较两次表针摆幅，摆幅较大的一次黑表笔所接的管脚为集电极，红表笔所接的管脚为发射极。

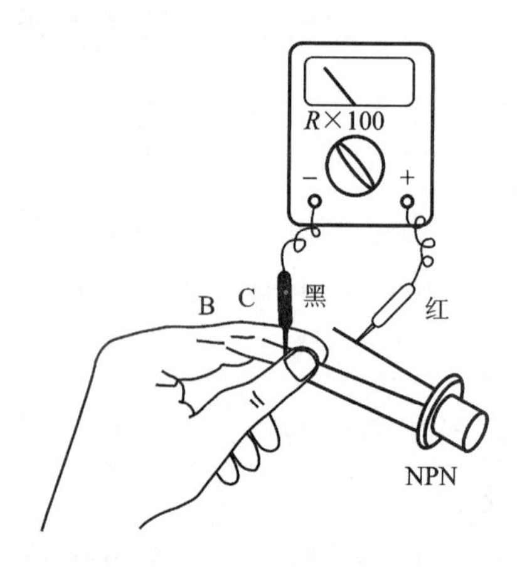

图 1-16　判断三极管 C 脚和 E 脚

若为 PNP 管，上述方法中只要将红表笔和黑表笔对换测试即可。

2. 判断三极管的好坏

测试时用万用表“$R\times 1$ k”挡或“$R\times 100$”挡，分别测试三极管集电结与发射结的正向电阻和反向电阻，若两个 PN 结正、反向电阻正常，则三极管是好的；只要有一个 PN 结的正、反向电阻异常，就可判断三极管已损坏。

3. 判断三极管 β 的大小

以 NPN 型为例，将两个 NPN 管分别按图 1-16 所示的测试电路，万用表显示阻值小的，则该管的 β 大。

4. 判别三极管 I_{CEO} 的大小

以 NPN 型管为例，用万用表测试 C、E 间的阻值，万用表所示阻值越大，表示三极管的 I_{CEO} 越小。

1.2.6 片状三极管

片状三极管是一种微型、外形扁平、安装时贴焊在印制板的铜箔上的新型器件。这种无引脚的三极管广泛应用于电视机、移动电话、计算机等众多电子产品中。

1. 片状三极管的封装

小功率和大功率片状三极管的封装是不同的。

额定功率在 100 ~ 200 mW 的小功率三极管，一般采用 SOT-23 形式封装，如图 1-17（a）所示。其中，1 脚为基极，2 脚为发射极，3 脚为集电极。额定功率在 1 ~ 1.5 W 大功率三极管多采用 SOT-89 形式封装，如图 1-17（b）所示。其中，1 脚为基极，3 脚为发射极，2 脚与 4 脚（内部连接在一起）为集电极。

2. 带阻片状三极管

在三极管的管芯内加入一只或两只偏置电阻的片状三极管称带阻片状三极管，如图 1-18 所示。这种器件由于内部已经配置了偏置电阻，因而在设计、安装时可减少元件数量，有利于电子产品的小型化。

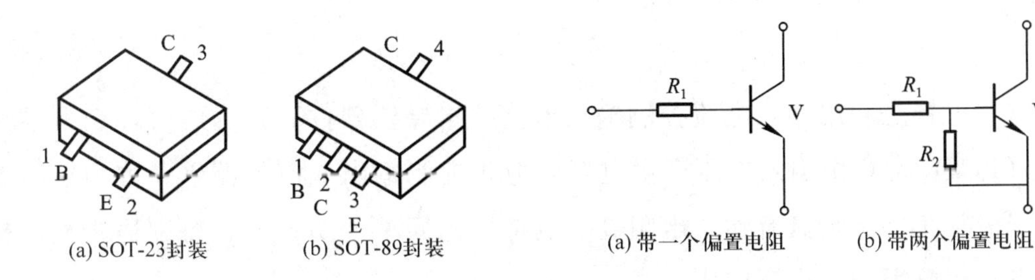

图 1-17 片状三极管外形与管脚　　图 1-18 带阻片状三极管内部电路

带不同阻值的片状三极管，形成整体系列。表 1-2 列举了部分带阻片状三极管型号及极性。

表 1-2　部分带阻片状三极管型号及极性

型　号	极性	R_1/R_2	型　号	极性	R_1/R_2
DTA114Y	P	10 kΩ/47 kΩ	DTC114E	N	10 kΩ/10 kΩ
DTA115E	P	100 kΩ/100 kΩ	DTC124E	N	22 kΩ/22 kΩ
DTA123Y	P	2. 2 kΩ/2. 2 kΩ	DTC144	N	47 kΩ/47 kΩ
DTA143X	P	4. 7 kΩ/22 kΩ	DTC144WK	N	47 kΩ/22 kΩ
DTC143X	N	4. 7 kΩ/10 kΩ	DTC114T	N	R_1 = 10 kΩ
DTC363E	N	6. 8 kΩ/6. 8 kΩ	DTC124T	N	R_1 = 22 kΩ

3. 复合双三极管

在一个封装内包含有两只三极管（有些还带偏置电阻）的新型器件，称复合双三极管。该类片状器件，品种齐全，可以满足不同电路使用要求。复合三极管的封装形式有 SOT-36、SOT-25、UM-6 等,如图 1-19 所示。

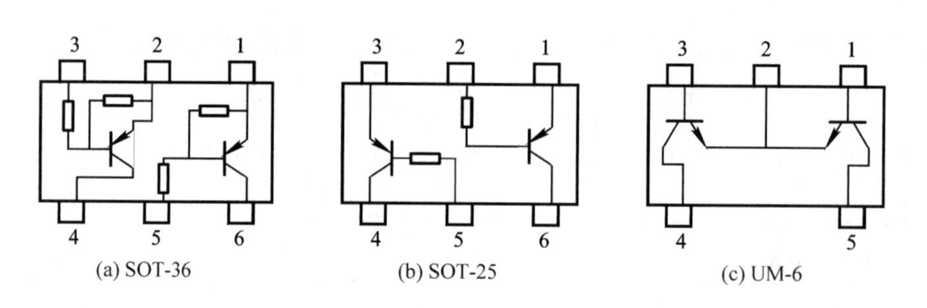

图 1-19　复合双三极管的封装形式

1.3　场效晶体管

半导体三极管是利用输入电流控制输出电流的半导体器件，称为电流控制型器件。场效晶体管（FET）是利用输入电压产生电场效应来控制输出电流的器件，称为电压控制型器件。与三极管相比，它具有输入电阻高、制造工艺简单、功耗低、特别适合大规模集成等诸多优点，因此得到了广泛应用。

根据结构和工作原理不同，场效晶体管可分为结型（JFET）和绝缘栅型（MOSFET）

两大类型。本节侧重介绍应用极为广泛的绝缘栅型场效晶体管。

1.3.1 结型场效晶体管

1. 符号和分类

结型场效晶体管电气图形符号及外形如图 1-20 所示。它也有三个电极，分别为漏极（D），源极（S）和栅极（G）。它们对应于半导体三极管的集电极（C），发射极（E）和基极（B）。不同的是 D 极和 S 极可交换使用，而三极管中的 C 和 E 则不能交换。

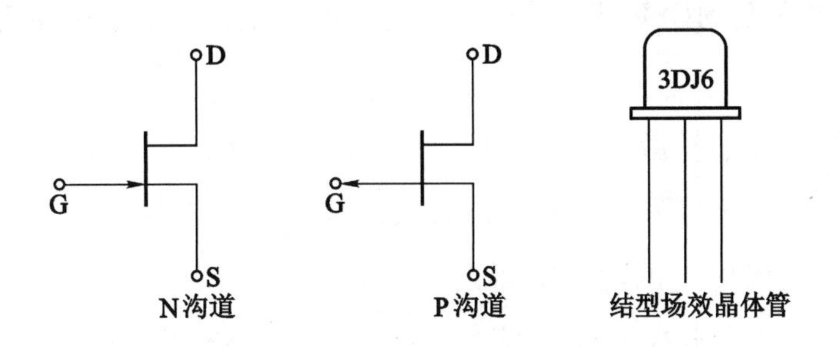

图 1-20 结型场效晶体管电气图形符号及外形

结型场效晶体管可分为 P 沟道和 N 沟道两种，在电路符号中用箭头加以区别。

2. 电压放大作用

与半导体三极管的放大作用相似，在场效晶体管共源极电路中，漏极电流 I_D受栅源电压 V_{GS}的控制。分析和实验证明，N 沟道场效晶体管栅源之间只能加负电压，即 $V_{GS}<0$ 才能使管子正常工作。场效晶体管是电压控制器件，同样具有电压放大作用。图 1-21 所示为场效晶体管的放大电路。图中，可调栅源电压加在 G、S 极之间，由于 V_{GS}的变化，必然引起 I_D的变化，只要漏极电阻 R_D选得合适，即可在 R_D上获得被放大的电压变化量。

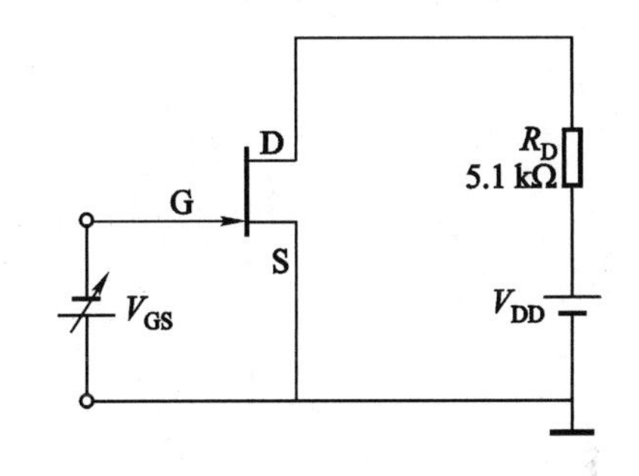

图 1-21 场效晶体管放大电路

1.3.2 绝缘栅场效晶体管

结型场效晶体管的输入电阻是 PN 结的反向电阻，可高达 10^8 Ω，加上反向电压时，还存在微弱的反向电流。为进一步提高其输入电阻，人们又研制出了一种栅极与漏、源极完全绝缘的场效晶体管，称绝缘栅场效晶体管，其输入电阻在 10^{12} Ω 以上。它也有 N 沟道和 P 沟道两大类，每一类中又分增强型和耗尽型两种。

1. 电路符号和分类

绝缘栅场效晶体管电气图形符号如图 1-22 所示。图中除漏极 D、栅极 G 和源极 S 以外，还加有衬底，它是因管子生产工艺需要而设置的。图中栅极与沟道不相接触，表示绝缘。箭头指向内为 N 沟道型，指向外为 P 沟道型，沟道用虚线为增强型，用实线为耗尽型。这类场效晶体管由金属（电极）、氧化物（绝缘层）和半导体组成，又称 MOS 场效晶体管。N 沟道称 NMOS 管，P 沟道称 PMOS 管。

2. 结构和工作原理

下面以 N 沟道增强型 MOSFET 为例，简单介绍它的结构和工作原理。

（1）结构

它是在一块 P 型硅片上扩散两个 N 型区（用 N^+表示），并分别从两个 N 型区引出两个电极：源极与漏极。在源区和漏区之间的衬底表面覆盖一层很薄的绝缘层，再在绝缘层上覆盖一层金属薄层，形成栅极，因此，栅极与其他电极之间是绝缘的，故输入电阻很高。另外，从衬底基片上引出一个电极，称为衬底电极（B）（在分立元件中，常将 B 与源极 S 相连，而在集成电路中，B 和 S 一般不相连）。由图 1-23 可见，源区和漏区之间被 P 型衬底隔开，形成两个“背对背”连接的二极管。

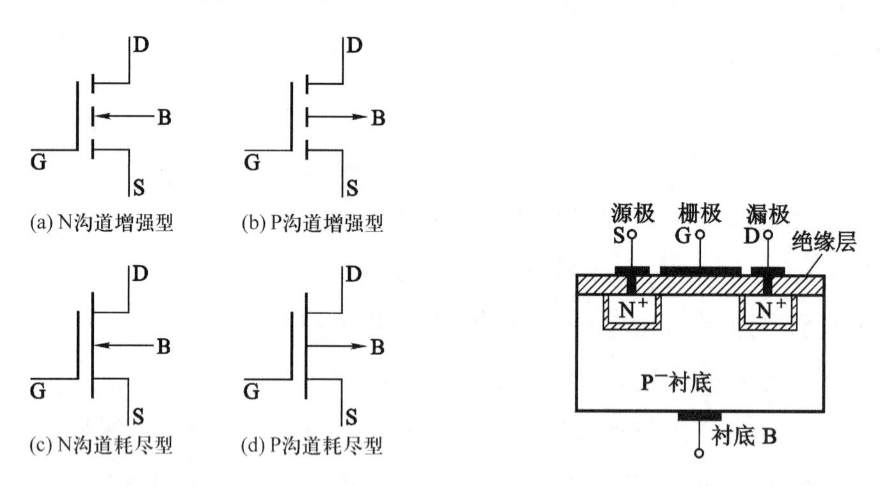

图 1-22　绝缘栅场效晶体管电气图形符号　　图 1-23　N 沟道增强型 MOSFET 结构

（2）工作原理

当栅源之间的电压 $V_{GS}=0$ 时，不论漏源之间加什么电压，由于存在“背对背”连接的二极管，因此这时总有一个 PN 结处于反偏，所以漏极电流 $I_D\approx0$，即处于截止状态。当 $V_{GS}>0$ 并将衬底与源极短接时，则在栅极金属箔与半导体之间绝缘层（类似于一平板电容器）产生一个垂直电场，这个电场将吸引衬底和两个 N^+区的电子，V_{GS}越大，吸引的自由电子越多，表面层空穴数越少，当 V_{GS}超过某一临界值 V_{TH}（称为开启电压），将最终使表面层的电子数多于空穴数，使衬底表面由原来的 P 型转为 N 型，且与两个 N^+ 区连通，形成漏区和源区间的导电沟道（N 沟道）。此时，如果在漏极和源极之间加正向电压（$V_{DS}>0$），就会有电流经沟道到达源极，形成漏极电流 I_D。MOS 管处于导通状态，如图1-24所示。显然，V_{GS}越大，导电沟道越宽，沟道电阻越小，I_D越大，这就是增强型 MOS 管 V_{GS}控制 I_D的基本原理。

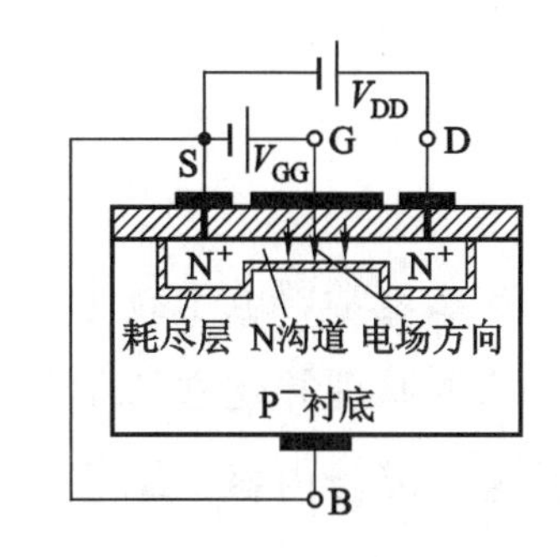

图 1-24　NMOSFET 工作原理图

（3）输出特性和转移特性（它与晶体管类似）

3. 电压放大作用

MOS 场效晶体管放大电路与结型场效晶体管放大电路的工作原理相似。不同的是 N 沟道增强型场效晶体管的 V_{GS}的正向电压应大于开启电压才能正常工作。而 N 沟道耗尽型场效晶体管的 V_{GS}不仅可取负值，取正值和零均能正常工作。P 沟道 MOS 管的工作电路只需将相应的电压方向改变即可。为了便于表示，通常将增强型 MOS 管简写为 EMOS，耗尽型 MOS 管简写为 DMOS。

1.3.3　MOSFET 和三极管的比较

MOSFET 和三极管都是具有受控作用的半导体器件，但在具体性能上两者表现出较大的差异。

（1）MOSFET 温度稳定性好，而三极管受温度影响较大，因此环境温度变化较大的场合下，采用 MOSFET 更合适。

（2）用来放大信号时，三极管输入端的发射结为正向偏置，输入电阻较小，约几千欧。而 MOSFET 输入电阻极高，可高达 10^{10} Ω 以上。因此，MOSFET 放大级对前级的放大能力影响极小。

（3）MOSFET 的输入电阻极高，所以一旦栅极上感应少量电荷，就很难泄放掉。MOSFET 绝缘层很薄，极间电容很小，当带电物体靠近栅极时，感应少量电荷就会产生很高的电压，将绝缘层击穿，导致 MOS 管损坏。因此，使用 MOS 管时要特别小心：焊接 MOS 管时，电烙铁外壳要良好接地；存放时，应使 MOS 管栅极与源极短接，避免栅极悬空。

（4）三极管由于发射区和集电区结构上的不对称，所以正常使用时，发射极和集电极是不能互换的。而 MOSFET 在结构上是对称的，所以源极和漏极可以互换使用。但要注意，分立元件的 MOSFET，若已将衬底和源极在管内短接，则漏极和源极就不能互换使用了。

本章小结

本章是学习电子技术最为基础、极为重要的一个章节。只有掌握好本章教材的基本概念和基本原理并建立科学的思考问题的方法，才能学好本课程后续部分的全部内容。初学者对这一部分内容，思想上要予以充分重视，勤于思考，深入钻研，以期取得一个良好的开端。

针对本章概念多而杂、原理抽象难懂的特点，应有侧重地学好以下内容。

■ PN结　PN结的形成机理是较为复杂的，但不必过于探究其内部载流子的运动情况，而应从教材的实验中形成感性认识，并建立概念。重点掌握PN结的单向导电性及其条件。

■ 二极管的伏安特性　应重点理解二极管的非线性特性。所谓非线性是指加在二极管的两端电压与流过二极管的电流两者不成比例关系。因此描述二极管的伏安特性的曲线不是一条直线。该特性曲线可分为四个不同的工作区：死区、正向导通区、反向截止区和反向击穿区。应能理解并记住曲线的画法、形状。并理解四个工作区的不同特性。

■ 三极管　它是半导体器件中的核心器件，应重点学好。必须掌握以下内容：

（1）三极管是一种有三个电极、两个PN结和两种结构形式（NPN和PNP）的半导体器件。

（2）三极管内电流的分配关系为 $I_E=I_B+I_C$。

（3）三极管的放大作用及放大条件。三极管的放大作用的内部机理也很复杂，仍应从教材的实验中建立概念：即对三极管输入一个小的变化量（ΔI_B）可以输出一个放大了的变化量（ΔI_C），即得到一个放大了的电信号，这就是三极管的放大作用。三极管的放大作用是有条件的。对NPN型管，须满足 $V_C>V_B>V_E$；对PNP型管，满足 $V_C<V_B<V_E$。总之，就是三极管的发射结要加正向电压（即正偏），集电结要加反向电压（反偏）。

（4）输入和输出特性曲线：三极管的特性曲线表示三极管各极电流与各极间的电压的关系。初学者应该了解特性曲线的测试电路，从特性曲线的画法理解特性曲线的含义。因为三极管的基极与发射极相当于一只二极管，描述 V_{EB} 和 I_B 的关系曲线即输入特性曲线，显然与普通二极管的伏安特性曲线相似。对于输出特性曲线，应理解对应不同的 I_B 值所得到的许多条 I_C-V_{CE} 曲线构成了曲线簇。它可以分为饱和区、放大区和截止区。“饱和”的概念是指当 I_B 较大时，即使再加大 I_B，I_C 也不能再增加了，也就是说，I_C 不再受 I_B 的控制，三极管失去了放大作用。对三极管的三个工作区的特点必须掌握。读者应通过解题以深刻理解其内涵。

■ 场效晶体管 学习的重点应放在它的分类和电路符号以及它与三极管的不同特点上。应侧重掌握N沟道增强型MOSFET的基本结构和工作原理，由于场效晶体管易于集成化，在数字电路中应用广泛，因此，MOSFET的电气图形符号和基本工作原理必须掌握。

习 题 一

1-1 什么是PN结？PN结有什么特性？

1-2 为什么说二极管是一种非线性器件？什么是二极管的伏安特性？它的伏安特性曲线是如何绘制的？

1-3 为什么二极管可以当作一个开关来使用？

1-4 选用二极管时主要考虑哪些参数？这些参数的含义是什么？

1-5 分析图题1-5所示电路，各二极管是导通还是截止？试求出AO两点间的电压 V_{AO}（设二极管正向电阻为0；反向电阻为∞，即二极管为理想二极管）。

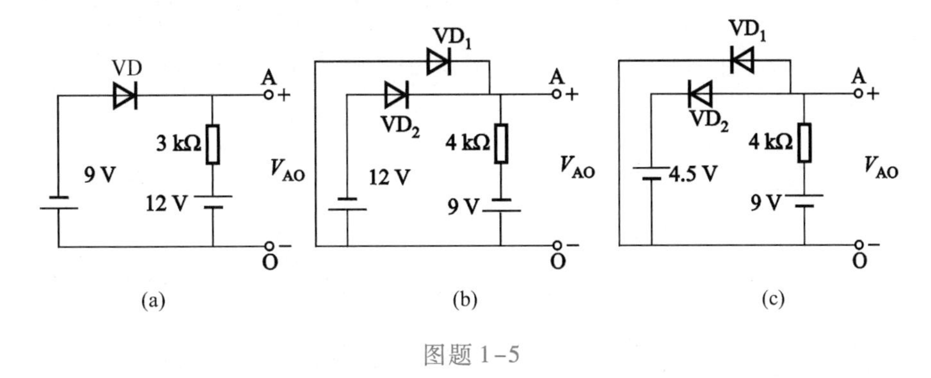

图题1-5

1-6 三极管的电流分配关系是怎样的？你是如何理解三极管的电流放大作用的？

1-7 为什么说三极管的输入特性曲线与二极管的伏安特性曲线很相似？三极管的输出特性曲线是如何绘制的？

1-8 已知某三极管的 $I_{B1}=10\ \mu A$ 时，$I_{C1}=0.8\ mA$，当 $I_{B2}=40\ \mu A$ 时，$I_{C2}=2.4\ mA$，求该三极管的 β 值为多少？

1-9 三极管有哪三种工作状态？各有什么特点？

1-10 各三极管的每个电极对地的电位，如图题1-10所示，试判断各三极管处于何种工作状态？（NPN型为硅管，PNP型为锗管。）

1-11 场效晶体管有哪几种类型？画出MOSFET增强型和耗尽型的四种电路符号。

1-12 场效晶体管和晶体三极管在性能上有哪些区别？在使用场效晶体管时，应注意哪些问题？

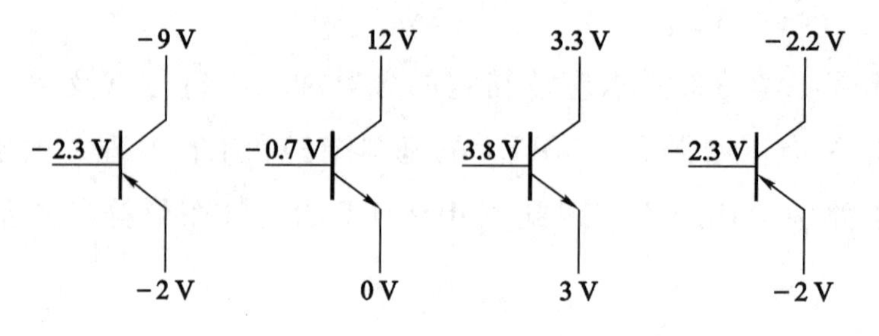

图题 1-10

第二章　二极管应用电路

将交变电流变换成单向脉动电流的过程称为整流。实现这种功能的电路称为整流电路或称整流器。本章将重点讨论单相半波整流电路与单相全波整流电路，并介绍其他二极管及其应用电路。

2.1　单相整流电路

我们已经知道，二极管具有单向导电的特性。当二极管加正向电压时，二极管导通，其正向电阻很小；当加反向电压时，只要不引起反向击穿，二极管截止，呈现很大的电阻。这样，二极管就相当于一个开关，如图 2-1 所示。整流电路就是利用二极管的这种开关特性构成的。为分析时更为直观，通常可忽略二极管的正向导通时的电阻 r_d，即将二极管看成理想开关。

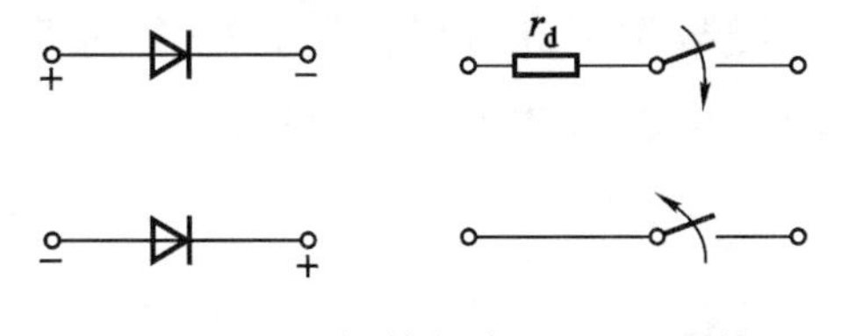

图 2-1　二极管相当于一只开关

2.1.1　单相半波整流电路

图 2-2（a）所示为单相半波整流电路，它由电源变压器 T、整流二极管 VD 和负载电阻 R_L组成。

1. 工作原理

电源变压器 T 的一次侧接交流电压 v_1，则在变压器 T 的二次侧就会产生感应电压 v_2。当 v_2为正半周时，整流二极管 VD 上加的是正向电压，处于导通状态，其电流 i_D流过负载 R_L，于是在 R_L上产生正半周电压 v_0，如图 2-2（b）所示。当变压器 T 二次侧的感应电压 v_2为负半周时，整流二极管 VD 上加的是反向电压，因而截止，负载 R_L上无电流流过，如图 2-2（c）所示。当输入电压进入下一个周期时，整流电路将重复上述过程。各波形之间的对应关系，如图 2-2（d）所示。由图可见，负载 R_L上得到的是自上而下的单向电

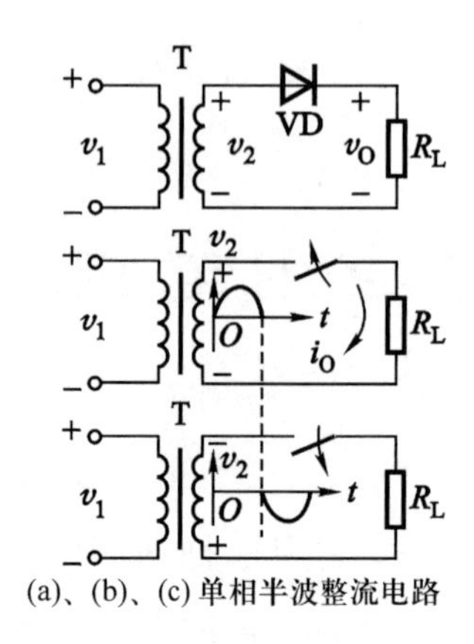

(a)、(b)、(c) 单相半波整流电路

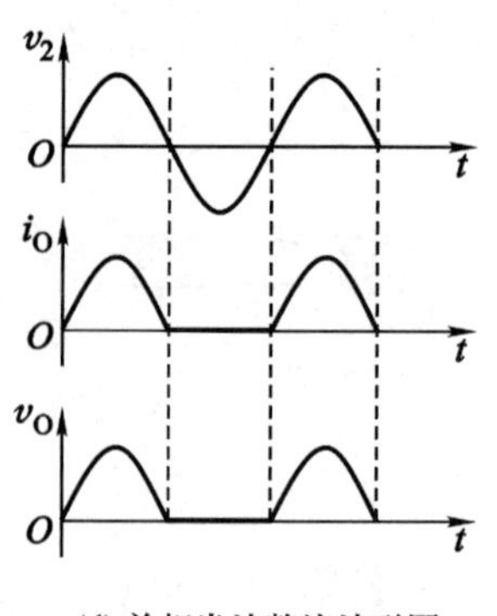

(d) 单相半波整流波形图

图 2-2

流，实现了整流。从 i_O 的波形图可看出，它的大小是波动的，但方向不变。这种大小波动，方向不变的电流（或电压）称为脉动直流电。由 v_O 的波形可见，这种电路仅利用电源电压 v_2 的半个波，故称半波整流。不难看出，半波整流电路的缺点是电源利用率低，且输出脉动大。

2. 负载与整流二极管的电压和电流

经数学推导可以证明，一个周期内，半波整流负载两端的电压的平均值 V_O 是变压器二次电压有效值 V_2 的 0.45 倍。

$$V_O = 0.45\ V_2 \tag{2-1}$$

流过负载电流的平均值 I_O 是

$$I_O = \frac{V_O}{R_L} = \frac{0.45\ V_2}{R_L} \tag{2-2}$$

流过二极管的正向电流 I_V 和流过负载 R_L 上的电流 I_O 相等，即

$$I_V = I_O \tag{2-3}$$

二极管截止时，它承受的反向峰值电压 V_R 是

$$V_R = \sqrt{2}\,V_2 \tag{2-4}$$

可见，正确选用二极管，必须满足：

最大整流电流 $I_{VM} \geqslant I_O$；

最高反向工作电压 $V_{RM} \geqslant \sqrt{2}\,V_2$。

2.1.2 单相全波整流电路

具有电阻负载的全波整流电路如图 2-3（a）所示。它实际上是由两个半波整流电路组

成的，变压器二次绕组具有中心抽头，使二次侧感应电压 v_{2a} 和 v_{2b} 大小相等，但对地的电位正好相反。

1. 工作原理

假设整流二极管 VD_1 和 VD_2 是理想开关，由图 2-3（b）可见，输入交流电压 v_1 为正半周时，变压器二次侧感应电压 v_{2a} 对地为正半周，VD_1 因加正向电压而导通，电流 i_{VD1} 经负载 R_L 到地，输出电压 $v_O=v_{2a}$。而变压器二次侧感应电压 v_{2b} 对地为负半周，VD_2 因加反向电压而截止。由图 2-3（c）可见，输入电压为负半周时，变压器二次侧感应电压 v_{2a} 对地为负半周电压，VD_1 因加反向电压而截止；v_{2b} 对地为正半周电压，VD_2 因加正向电压而导通，产生的电流 i_{VD2} 经负载到地，输出电压 $v_O=v_{2b}$。因变压器二次侧有中心抽头，故有 $v_{2a}=v_{2b}$，$i_{VD1}=i_{VD2}$。当输入电压进入下一个周期时，又重复上述过程。在该电路中，交流电压的正负两个半周，VD_1、VD_2 轮流导通，在负载 R_L 上总是得到单向的脉动电流。与半波整流相比，它有效地利用了交流电的负半周，所以整流效率提高了一倍。全波整流波形如图 2-4 所示。

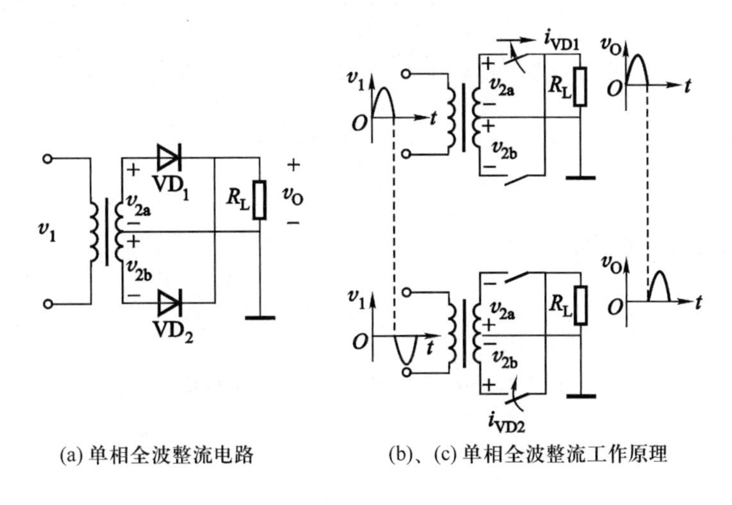

图 2-3　单相全波整流

2. 负载与整流二极管的电压和电流

由于全波整流电路的整流效率提高了一倍，负载所获得的直流电压的平均值也将提高一倍。

$$V_O=2\times0.45\ V_2=0.9\ V_2 \tag{2-5}$$

负载平均电流为

$$I_O=0.9\frac{V_2}{R_L} \tag{2-6}$$

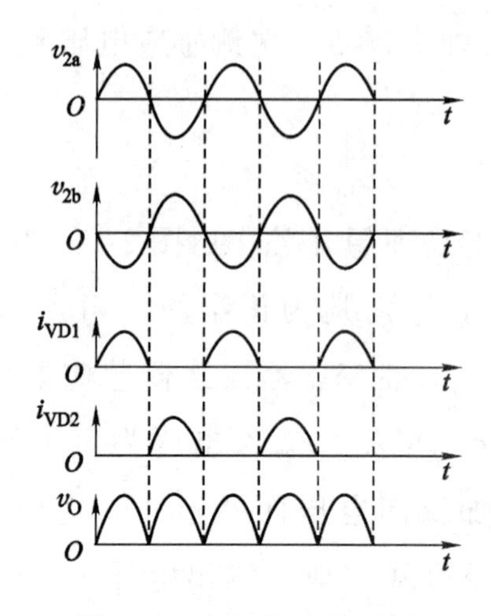

图 2-4　全波整流波形图

由图 2-3（a）可见，当一只二极管导通时，另一只截止的二极管将承受变压器二次侧两端电压的峰值，即

$$V_R = 2\sqrt{2}V_2 \tag{2-7}$$

由于两只二极管轮流导通，每只二极管通过的平均电流只有负载平均电流的一半，即

$$I_V = \frac{1}{2}I_O = 0.45\frac{V_2}{R_L} \tag{2-8}$$

2.1.3　单相桥式整流电路

单相全波整流电路的整流效率高，输出电压高，但变压器必须有中心抽头，二极管承受的反向电压高，因此，电路对变压器和二极管的要求较高，因而应用仍较少，目前被广泛应用的是桥式整流电路。

1. 工作原理

图 2-5（a）所示为具有电阻负载的桥式整流电路，它是一种去掉变压器中心抽头的全波整流电路，由 4 只二极管、变压器 T 和负载电阻 R_L组成。

当输入电压 v_1为正半周时，整流二极管 VD_1和 VD_3因加正向电压而导通，VD_2和 VD_4因加反向电压而截止，如图 2-5（b）所示，电流 i_O流经 VD_1、R_L和 VD_3，并在 R_L上产生压降 v_O。当输入电压 v_1为负半周，变压器二次侧感应电压为负半周时，整流二极管 VD_1、VD_3因加反向电压而截止，VD_2、VD_4因加正向电压而导通，如图 2-5（c）所示。电流 i_O流经 VD_2、R_L和 VD_4并在 R_L上产生压降 v_O。合成的输出电压 v_O和输出电流 i_O的波形如图 2-5（d）所示。

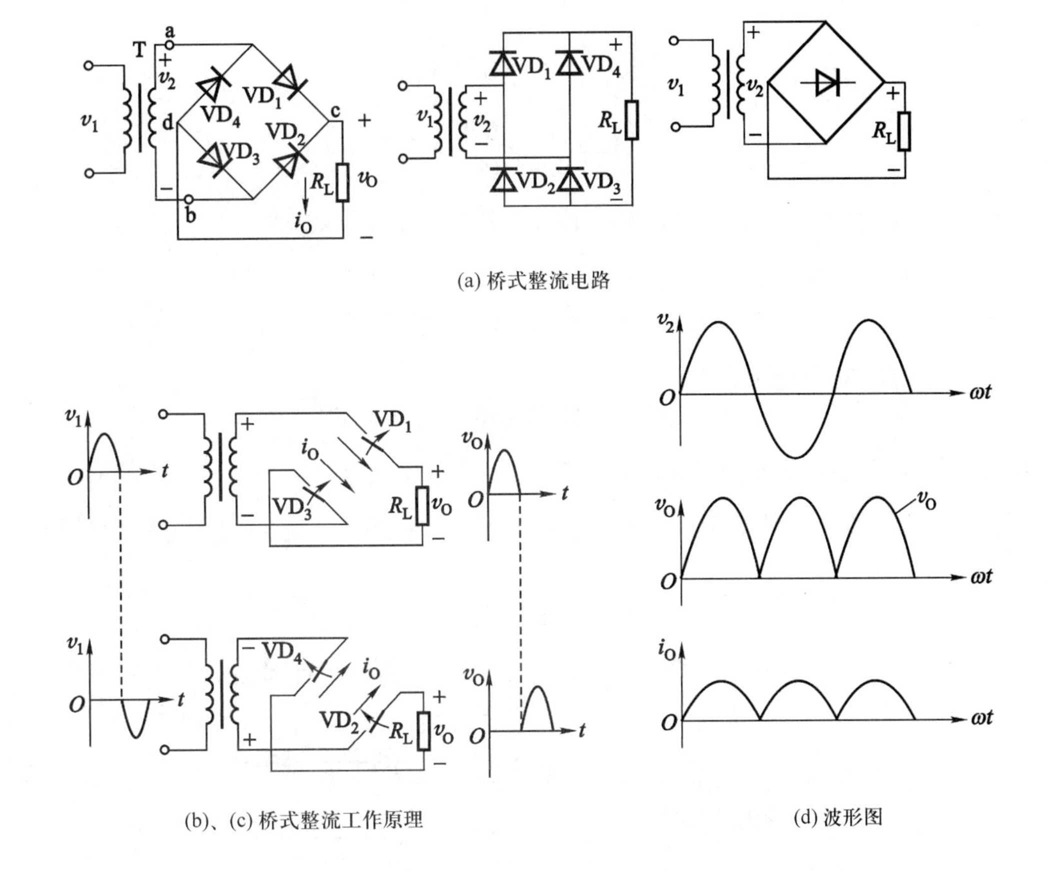

图 2-5　桥式整流

2. 负载与整流二极管的电压和电流

桥式整流亦为全波整流，故负载上的平均电压和电流均比半波整流大一倍，即

$$V_O = 2\times0.45V_2 = 0.9V_2 \tag{2-9}$$

$$I_O = 0.9\frac{V_2}{R_L} \tag{2-10}$$

桥式整流电路的结构决定了每只二极管只在半个周期内导通，所以在一个周期内流过每只二极管的平均电流只有负载电流的一半，即

$$I_V = \frac{1}{2}I_O \tag{2-11}$$

每只二极管承受的反向电压亦为变压器二次电压的峰值，如图 2-6 所示。

$$V_{RM} = \sqrt{2}V_2 \tag{2-12}$$

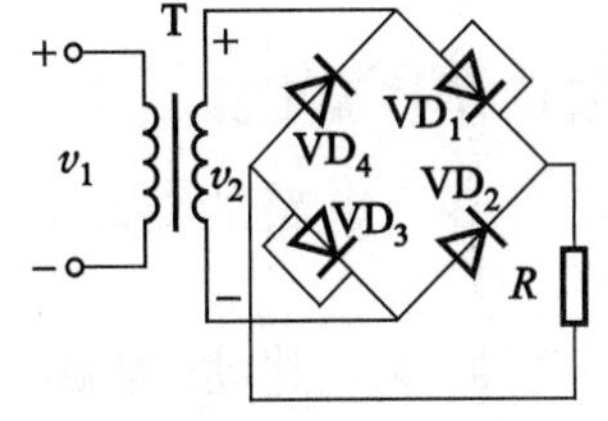

图 2-6　桥式整流电路中二极管承受的反向电压

例 2-1　有一直流负载需要直流电压 6 V，直流电流 0.4 A，若采用桥式整流电路，求电源变压器的二次电压，并

选择二极管的型号。

解 因 $V_L = 0.9\ V_2$

则 $V_2 = \dfrac{V_L}{0.9} = \dfrac{6\ \text{V}}{0.9} \approx 6.7\ \text{V}$

考虑到每只二极管有 0.7 V 的管压降，取 $V_2 = 6.7\ \text{V} + 0.7\ \text{V} \times 2 = 8.1\ \text{V}$

流过二极管的平均电流

$$I_V = \frac{1}{2} I_O = \frac{1}{2} \times 0.4\ \text{A} = 0.2\ \text{A}$$

二极管承受的反向电压

$$V_R = \sqrt{2}\, V_2 = 1.41 \times 8.1 \approx 11.4\ \text{V}$$

选择二极管可用整流电流为 300 mA，额定反向工作电压为 25 V 的 2CZ53A，共四只。

在实际应用中，整流元件常用“半桥”和“全桥”整流堆，它们的内电路及外形如图 2-7 所示。

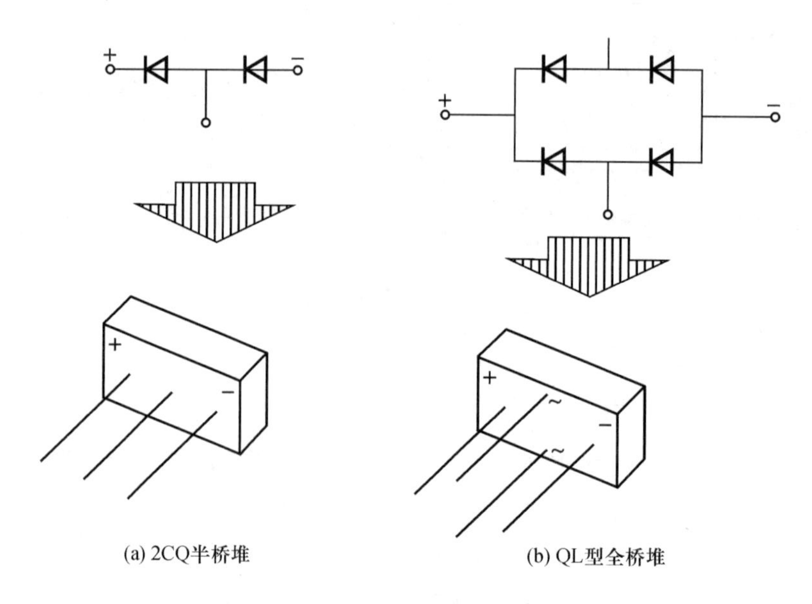

(a) 2CQ半桥堆　　(b) QL型全桥堆

图 2-7　半桥和全桥整流堆

使用一个“全桥”或连接两个“半桥”就可代替四只整流二极管与电源变压器相连，组成桥式整流电路，非常方便。选用时应注意桥堆的额定工作电流和允许的最高反向电压应符合整流电路的要求。

2.1.4　滤波电路简介

在所有整流电路的输出电压中，都不可避免地包含有交流成分。为了减少交流分量，一般在整流电路以后都要加接滤波电路以使负载得到平滑的直流电压。常见的滤波电路有

Γ 型 LC 滤波、Π 型 LC 滤波和 Π 型 RC 滤波，如图 2-8 所示。

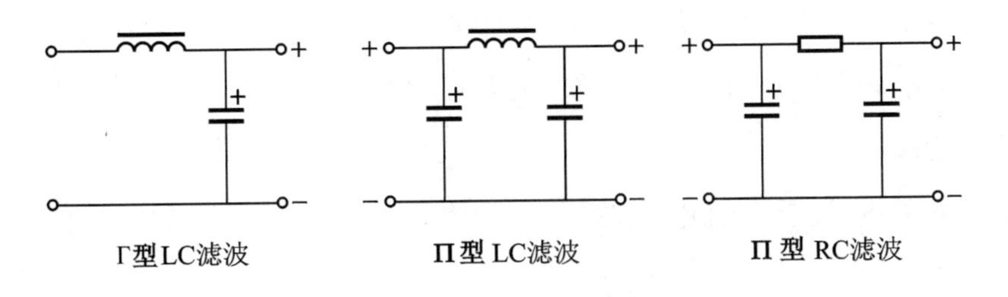

图 2-8　常见的滤波电路

1. 电容滤波电路

（1）电容器在半波整流电路中的滤波作用

图 2-9（a）所示的半波整流电路中，负载 R_L 两端并联一个容量很大的电解电容器 C，由图可见，当电容器上有电压 v_C 时，加在二极管上的电压 $v_D=v_2-v_C$。因此，只有当 $v_2>v_C$ 时，二极管才正向导通，$v_2<v_C$ 时二极管截止。当输入电压 v_1 为正半周，且整流二极管导通时，二次电压 v_2 经 VD 对电容器 C 充电，充电电流为 i_C，即 $i_2=i_C$，如图 2-9（b）所示。

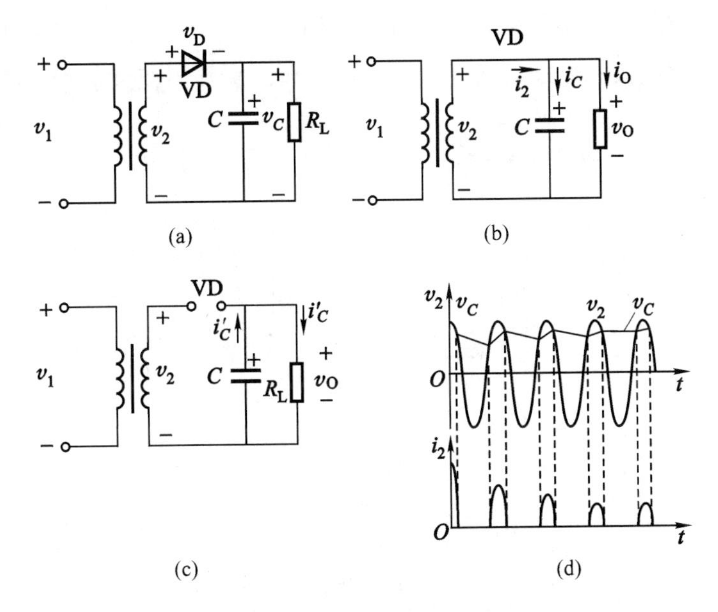

图 2-9　电容在半波整流电路中的滤波作用

当电压 v_2 到达峰值后又下降到小于 v_C 时，整流二极管 VD 因 $v_2<v_C$ 而截止，电流 i_2 迅速下降至零。于是电容器转而对负载 R_L 放电，放电电流为 i_C'，如图 2-9（c）所示。这种放电过程一直继续到输入电压 v_1 的下一个正半周，且在 $v_2>v_C$，整流二极管 VD 导通时，v_2 又经过 VD 对 C 充电，电容器上的电压继续上升。因为电容器上已经有剩余电压，充电时间显然比上一个周期缩短了。当 v_2 下降到小于 v_C 时，整流二极管又被截止，i_2 迅速下降至零，电容器 C 又开始对负载 R_L 放电，如图 2-9（d）所示。电容的充放电反复进行，经若干周期后，电容器 C 上充电上升的电压等于放电下降的电压时，便进入稳定状态。观察图 2-9（d）和图 2-2（d）的波形，明显可见，由于上述电容器的滤波作用，输出电压比无电容器时平滑多了。

当时间常数 R_LC 远大于交流电压的周期 T 时，负载上的直流电压近似等于输入电压 v_2 的峰值 V_{2m}，即 $V_0 \approx V_{2m}$，而直流电流 $I_0 \approx \frac{V_0}{R_L}$。

虽然电容器 C 有滤波作用，但由图 2-9（d）所示可知，负载 R_L 上总还含有交流波动成分，通常，用纹波系数来表示负载上所得到的电压或电流中所含有的交流成分的程度。

（2）电容器在全波整流电路中的滤波作用

如图 2-10（a）和图 2-10（b）所示。全波整流电路输出端并联一个电容量很大的电解电容器，其滤波原理类似于半波整流电路中电容器的滤波。不同的是无论输入电压的正半周还是负半周，电容器 C 都有充放电过程。从图 2-10（c）的波形图中可见，全波整流电路输出电压的纹波系数（波动程度）明显小于半波整流电路的纹波系数。

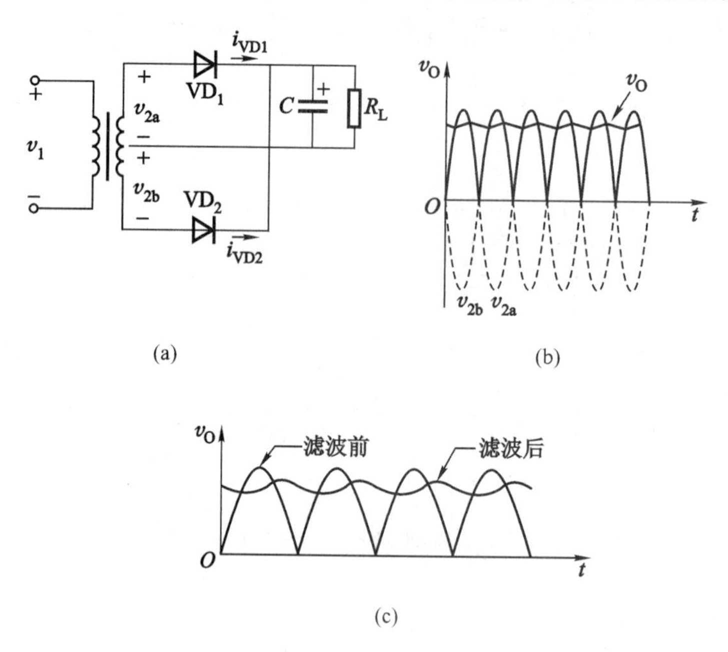

图 2-10　电容器在全波整流电路中的滤波作用

在整流电路中接入滤波电容时，输出电压的平均值随整流电路的不同而不同。工程上，可按下列公式进行估算：

半波整流　　$V_0 = V_2$

桥式整流　　$V_0 = 1.2\ V_2$

滤波电容器 C 的容量选择与负载电流 I_0 有关。当 I_0 增大即 R_L 减小时，要获得较好的滤波效果，应相应增大电容量。表 2-1 列出的数据可供选用时参考。选择滤波电容器还应注意它的耐压值应大于负载开路时的输出电压。

表 2-1　滤波电容器容量的选用

输出电流 I_0/A	2	1	0.5～1	0.1～0.5	0.05～0.15	<0.05
电容器容量 C/μF	3 300	2 200	1 000	470	220～470	220

2. RC 滤波电路

图 2-11 所示为 Π 型 RC 滤波桥式整流器。电路中 C_1 的作用和上面所讲的滤波作用相同。即利用其充放电作用先得到一个比较平滑的电压，R 和 C_2 起进一步平滑作用。只要 C_2 取值足够大，则可认为其交流阻抗 $1/(\omega C_2)$ 很小，对交流成分起旁路作用，于是在负载 R_L 上的交流电压进一步减小。C_2 容量越大，效果越好。由于负载 R_L 上的直流电压是电阻 R 和 R_L 分压供给的，所以负载所得到的直流电压大小取决于 R 与 R_L 的分压比。一般 R 不宜过大。

3. Γ 型 LC 滤波电路

RC 滤波器的缺点是电阻 R 上的直流压降使输出电压降低。为解决这一弊端，可采用图 2-12所示的 Γ 型 LC 滤波桥式整流器。

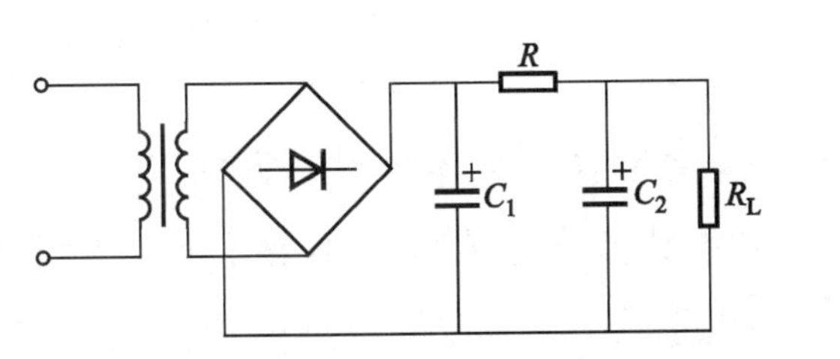

图 2-11　Π 型 RC 滤波桥式整流器

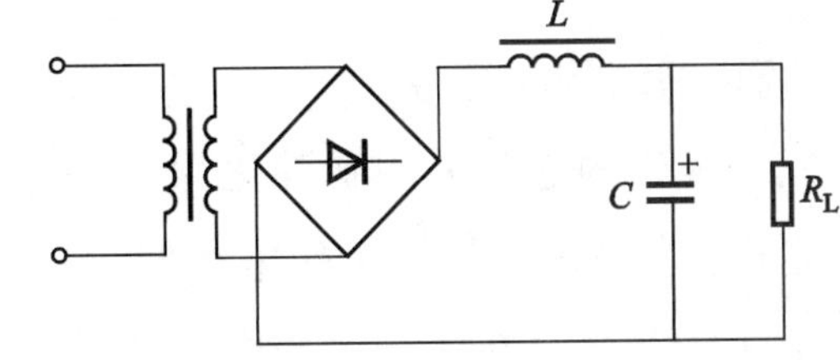

图 2-12　Γ 型 LC 滤波桥式整流器

Γ 型 LC 滤波器是由一个电感量很大的铁心线圈（一般称阻流圈）L 和电容器 C 组成。阻流圈的直流电阻较小，而其交流阻抗 ωL 一般都很大，并且使 $\omega L \gg \frac{1}{\omega C}$，因而加到 R_L 上的交流成分就很小，所以这种滤波器的平滑滤波作用比 RC 滤波器好。

4. Π 型 LC 滤波电路

图 2-13 所示为 Π 型 LC 滤波桥式整流器。这种电路相当于在 Γ 型 LC 滤波器的基础上

加了一个滤波电容器，显然，它的滤波作用比前述几种好。它适用于负载电阻小，电流大、纹波电压要求比较高的场合。

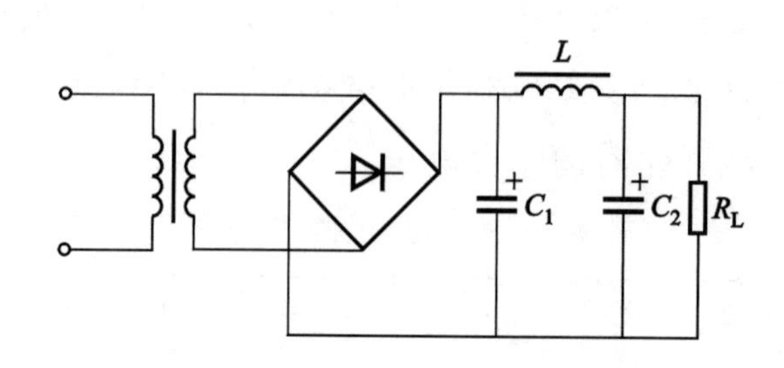

图 2-13　Π 型 LC 滤波桥式整流器

Π 型 LC 滤波器，由于线圈体积大，笨重、成本高，在晶体管电路中使用不多。

2.2　其他二极管及其应用电路

二极管的种类很多，除上面介绍的普通二极管外，还有各种用途的二极管，如稳压二极管、发光二极管、光电二极管、开关二极管、变容二极管等。本节仅介绍目前应用十分广泛的发光二极管、稳压二极管和光电二极管。

2.2.1　发光二极管（LED）

1. LED 的结构与符号

发光二极管的芯片采用磷砷化镓、砷化镓及磷化镓等半导体材料，它的 PN 结采用特殊工艺制成。当 PN 结加上工作电压时，P 区的多数载流子空穴注入 N 区；N 区的多数载流子电子注入 P 区，在注入过程中，电子和空穴相遇而复合，在复合过程中，过剩的能量以光子的形式释放出来，从而发出一定波长的光束。发光的波长即发光的颜色取决于所用的半导体材料。一般发光二极管加上一定的正向电压时，能发出红、绿和黄色的光。LED 的外形和电气图形符号如图 2-14（a）所示。

2. LED 的特性

LED 的正向伏安特性和普通二极管相似，但 LED 的正向工作电压（开启电压）比普通二极管高，约 1.2～2.5 V，而反向击穿电压一般比普通二极管低，约为 5 V。LED 的伏安特性如图 2-14（b）所示。

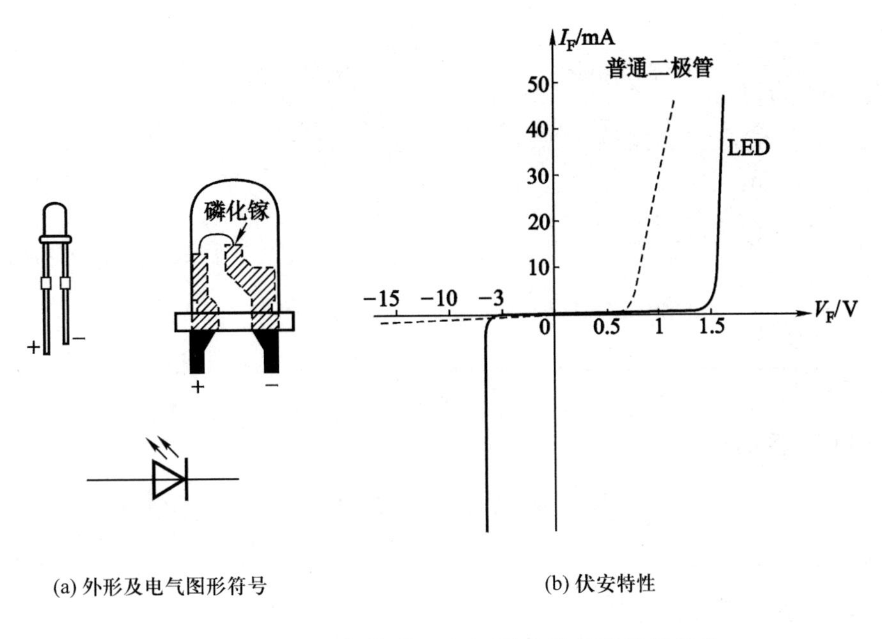

(a) 外形及电气图形符号

(b) 伏安特性

图 2-14 LED 的外形、电气图形符号及伏安特性

LED 的发光亮度受电流强度的影响的规律是不一样的，工作电流从 1 mA 上升到 10 mA 左右时，亮度对电流大致成线性关系；但当工作电流超过 25 mA 时，亮度与电流成非线性关系。

3. LED 的主要参数

发光二极管的特性参数主要包括电性能参数和光性能参数。表 2-2 列出了几种发光二极管的常用参数。

4. LED 驱动电路

发光二极管作为一种显示器件，必须在驱动电路中加上适当的工作电压，才能正常工作。可以根据不同的需要设计出相应的驱动电路。

表 2-2 几种发光二极管的主要参数

发光颜色	型号规格	工作电压 /V	工作电流 /mA	极限电流 /mA	发光波长 /μm	正负极标志
绿色	BT-101 BT-102 BT-103 BT-106	1.8～2.1	3～10	50	565	长脚或细脚为正

续表

发光颜色	型号规格	工作电压 /V	工作电流 /mA	极限电流 /mA	发光波长 /μm	正负极标志
红色	BT-201 BT-202 BT-203 BT-206	1.7~2.2 和2.2~2.7	3~10	50	650~700	长脚或细脚为正

（1）单个 LED 驱动电路

图2-15（a）所示为单个 LED 的驱动电路。点亮单个 LED 较方便，只要有 10 mA 的电流加到 LED 上就能使其发光。

（2）多个 LED 驱动电路

如需同一电源同时驱动几只 LED，应将它们串起来，如图2-15（b）所示。电源电压 V_{CC}应大于各 LED 正向压降（开启电压）V_F之和。如将多个这样的电路相并联，就能用单一电源去驱动数目较多的 LED。

同时驱动几个 LED 的另一方法是，将若干个 LED 分别串联后再并联，如图2-15（c）所示。但这种电路耗电量较大。

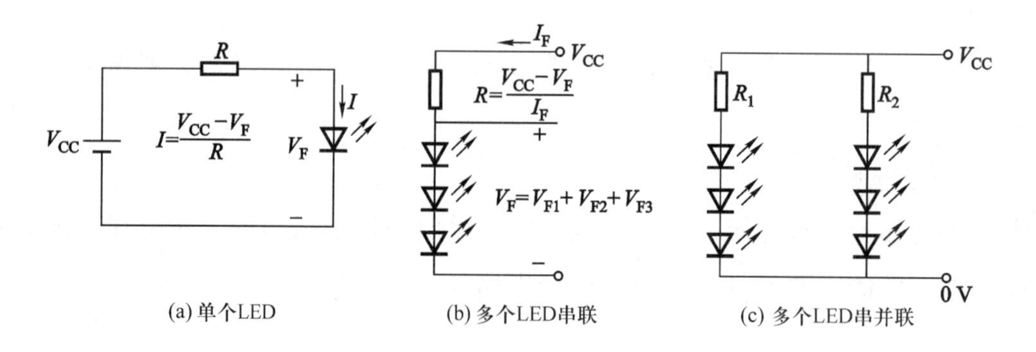

图2-15　LED 驱动电路

LED 是目前用得最多、最普遍的一种显示器件，由于它具有一系列的优点：亮度高、电压低、体积小、可靠性高、使用寿命长、响应速度快、颜色鲜。因此，近年来在数字仪器仪表、计算机显示、电子钟表上应用越来越广。并且又在高档家电、音响装置、广告中的大屏幕汉字、图形显示中发挥作用，其应用范围还在不断扩展，LED 应用的关键部件——各种驱动器集成电路芯片也在不断推出。

2.2.2 稳压二极管

稳压二极管是一种能稳定电压的二极管。稳压二极管的电气图形符号和伏安特性如图2-16和图2-17所示。

图2-16 稳压二极管的电气图形符号

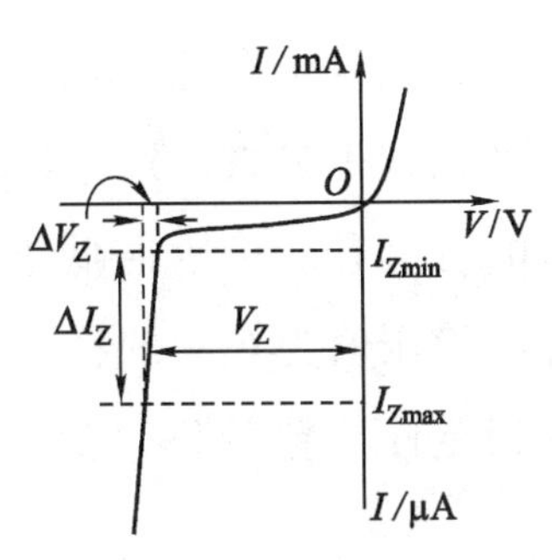

图2-17 稳压二极管的伏安特性

1. 稳压二极管的特性

由图2-17稳压二极管的伏安特性曲线可以看出它的稳压特性。显而易见，它与普通二极管的伏安特性相似，只是反向击穿特性均比普通二极管陡峭。

值得注意的是，当反向电压增加到一定数值时，如增加到图中所示的电压值 V_Z，反向电流急剧上升。此后，反向电压只要稍有增加，如增加一个 ΔV_Z，反向电流就会增加很多，如图中的 ΔI_Z，这种现象就是电击穿，电压 V_Z 称为击穿电压。由此可见，通过稳压二极管的电流在很大范围内变化时，如图中从 I_{Zmin} 变化到 I_{Zmax}，稳压二极管两端电压变化则很小，仅为图中的 ΔV_Z。据此可以认为，管子两端的电压基本保持不变。可见，稳压二极管能稳定电压正是利用其反向击穿后电流剧变、而两端电压几乎不变的特性来实现的。

此外，由“击穿”转化为“稳压”，还有一个值得注意的条件，那就是要适当限制通过稳压二极管的反向电流。否则，过大的反向电流例如超过图中的 I_{Zmax}，将造成稳压二极管热击穿后的永久性损坏。

通过以上分析，稳压二极管能够稳定电压，要有两个基本条件：

(1) 稳压二极管两端需加上一个大于其击穿电压的反向电压。

(2) 采取适当措施限制击穿后的反向电流值，例如，将稳压二极管与一个适当的电阻串联后，再反向接入电路中，使反向电流和功率损耗均不超过其允许值。

2. 稳压二极管的主要参数

(1) 稳定电压 V_Z　是指稳压二极管在正常工作状态下两端的电压值。在实际使用中，即使同种型号的稳压二极管，这个电压值也稍有差异。

（2）稳定电流 I_Z　是指稳压二极管在稳定电压下的工作电流。稳压管的稳定电流有一定的允许变化范围。在这个范围内，电流偏小，稳压效果较差；电流偏大，稳压效果较好，但要多消耗电能。

（3）耗散功率 P_{ZM}　稳压管的稳定电压 V_Z 与最大稳定电流 I_{ZM} 的乘积，称为稳压管的耗散功率。在使用中若超过这个数值，稳压管将被烧毁。

此外，还有温度系数等参数，通常稳压值大于 6 V 的稳压管具有正温度系数，即温度升高时，其稳压值略有上升。稳压值低于 6 V 的稳压管具有负温度系数，即温度升高时，其稳压值略有下降。稳压值为 6 V 的稳压管，其温度系数趋近于零。

由于硅管的热稳定性比锗管好，故一般采用硅材料制作稳压二极管。其型号有 2CW 和 2DW 两大类。

2.2.3　光电二极管

1. 光电二极管的电路符号及工作原理

光电二极管是一种将光信号转变成电信号的半导体器件，其电气图形符号如图 2-18 所示。

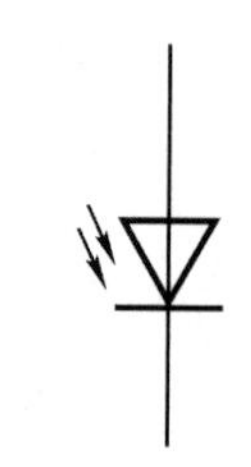

图 2-18　光电二极管的电气图形符号

光电二极管的结构比较特殊，它的 PN 结与普通二极管不同，其 P 区要比 N 区薄得多。为了获取光线，在它的管壳设有光线射入的窗口，也有将管壳做成透明的，光线直接照射在管芯上。

光电二极管与稳压二极管一样，也是在反向电压下工作。在无光照射时，在反向电压作用下，它的反向电阻很大，因而通过管子的电流极小（约 0.1 μA）。当管芯受到光照时，光能被 PN 结接收，激发出大量的电子和空穴对。在反向电压作用下，这些载流子参加导电，因而，反向电流显著增加。这种由于光照射而形成的电流称为光电流，它的大小与光照的强度和光的波长有关。可见，光电二极管能将光能转变为电能，即将光信号转变成电信号。

2. 光电二极管的主要参数

（1）最高工作电压 V_{RM}

光电二极管在无光照条件下，反向电流不超过 0.1 μA 时所能承受的最高反向电压。V_{RM} 越大，光电二极管性能越稳定。

（2）暗电流 I_D

指光电二极管在无光照时，在最高反向电压作用下所测得的反向电流。I_D 越小，光电二极管性能越稳定，对光的敏感度越高。

(3) 光电流 I_L

光电二极管在光照时所产生的光电流。I_L越大，光电二极管性能越好。

光电二极管通常有 N 型 2CU 型和 P 型 2DU 型两种类型。它主要用于自动控制、光电耦合器等电路中作为光电转换器件。

2.2.4 无引线片状二极管

片状二极管是一种无引线、体积小、重量轻、性能好、尺寸标准化的新型二极管，它的焊点处于元件的两端，便于自动化装配，在很多电子产品中得到广泛应用。

片状二极管的封装形式主要有以下几种，如图 2-19 所示。

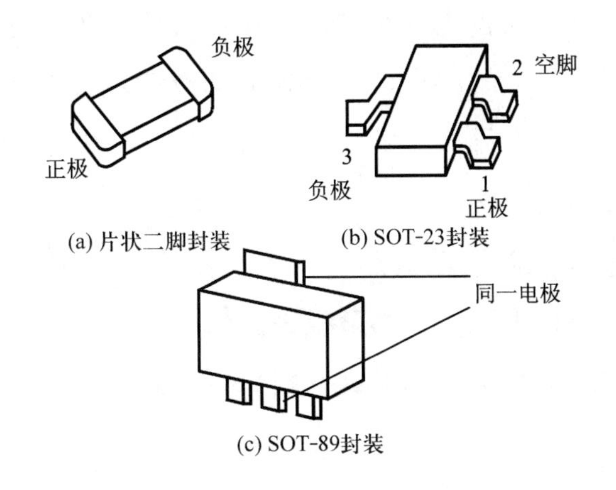

图 2-19 片状二极管的几种封装形式

2.2.5 复合二极管

复合二极管是指在一个封装内包含 2 个以上的二极管，以减少元件的数量和体积满足不同电路的要求。

复合二极管的组合形式有共阴极式、共阳极式、串联式和独立式等几种，如图 2-20 所示。复合二极管的封装形式有 SOT-23，SC-70、EM-3、SOT-89 等，如图 2-21 所示。

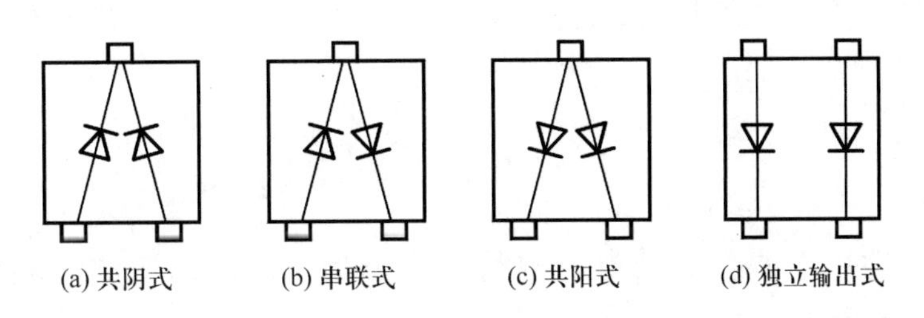

图 2-20 复合二极管的组合形式

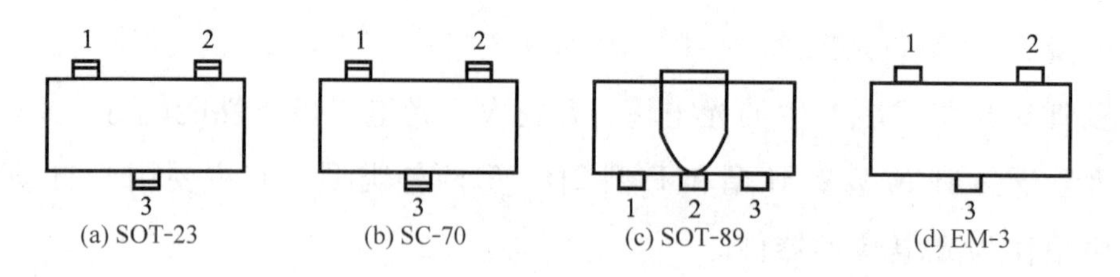

图 2-21　复合二极管的封装形式

本章小结

■　单相半波整流电路　应首先理解如何利用二极管的单向导电特性，通过合适的电路来实现将交流电转换成直流电的原理，建立整流的概念。着重解决两个问题：

（1）负载所获得的电压、电流是正弦半波，其电压平均值 $V_O=0.45\ V_2$。

（2）整流二极管的极限参数选择，应使 $V_{RM}\geqslant\sqrt{2}V_2$，$I_{VM}\geqslant I_O$。

■　单相全波整流电路　应着重理解：

（1）采用全波整流，使输出电压平均值提高一倍，即 $V_O=0.9\ V_2$。

（2）全波整流电路的主要缺点是二极管的耐压值需要提高一倍，电源变压器需要有中心抽头，因此元器件费用增加。

■　单相桥式整流电路　应注意：

（1）电源电压在正、负半周时各自的电流回路，并搞清电路接线规律，即负载端必须获得极性固定的直流电压，因此负载必定接在二极管桥路的共负极端和共正极端。电流流入负载的一端为正极。交流电源端极性因随时变化，因此，交流输入端必为二极管正、负极混接端。

（2）桥式整流为全波整流电路，在电源正、负半周时，两组电路轮流工作，所以二极管中的电流平均值仅为负载电流的一半。

（3）理解电源、负载和二极管之间的电压、电流关系。即 $V_O=0.9\ V_2$，二极管极限参数选择：$V_{RM}\geqslant\sqrt{2}V_2$，$I_{VM}\geqslant\frac{1}{2}I_O$。

■　滤波电路　应着重理解：

（1）滤波的目的在于滤去脉动电流中的交流分量。滤波的方法是利用对频率敏感的电路元件去抑制或旁路脉动量中的交流分量。

（2）电容滤波是将电容器并接于负载两端，使交流分量取道电容支路，而不流经负载。由于滤波电容接在直流电路部分，它向电源吸取能量并储存电能，而向负载释放能量，所以它能影响负载的电压，使之平稳。

（3）电感滤波是将电感线圈与负载串接以增大回路的交流阻抗，限制交流分量通过负载。由于电感线圈在流过变化电流时，能产生自感电动势，它总是阻碍电流的变化，从而抑制电流脉动，所以负载电流越大，或负载变化越大时，其滤波效果越显著。

■ 二极管应用电路　应对三种特殊二极管的特性加以区别。

（1）理解发光二极管发光的条件，在电路中接上正向电压，发光二极管中有几毫安的正向电流就能发光。运用欧姆定律，应能设计出不同场合发光二极管的驱动电路。

（2）稳压二极管必须工作在反向击穿区，这样才能在较大的电流变化范围内保持电压稳定。如果工作电压低于击穿电压，稳压管就不能起稳压作用。另外，稳压管的工作电流必须限制在安全值以内，否则会因过热而损坏。

（3）光电二极管应理解为什么要加反向工作电压，若加正向电压，光电二极管中 PN 结正偏，本身就能产生很大的电流，也就失去了它受光照时产生电流的意义。光电流就是将光能转变成电能的一种外在表现，实现将光信号到电信号的转换。

（4）了解无引线片状二极管及复合二极管的结构特点和应用。

习　题　二

2-1　什么是整流？整流输出的电流与直流电、交流电有什么不同？整流器由哪几部分组成？

2-2　试画出半波、全波和桥式整流的电路图。并分析它们的工作原理和三种整流电路中，整流二极管的平均电流及承受的最高反向电压的大小。

2-3　图题 2-3（a）是家用照明灯节电电路，图题 2-3（b）是电烙铁节电保温电路，当电烙铁不用时放在烙铁架上，使装在烙铁架上的开关 SB 触点 3、4 压合，即使较长时间通电不用，烙铁头也不致“烧坏”，试说明这两种电路的工作原理。

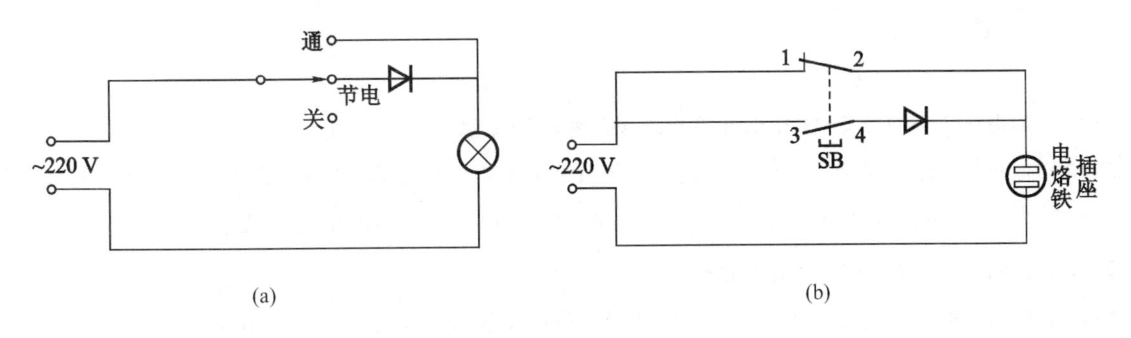

图题 2-3

2-4 变压器二次交流电压为 20 V，在下列情况下输出直流电压各为多少？每只整流二极管承受的最大反向峰值电压各是多少？(1) 单相半波整流；(2) 单相全波整流；(3) 单相桥式整流。

2-5 单相桥式整流电路接成如图题 2-5 所示，将会出现什么后果？为什么？

2-6 在图题 2-5 所示电路中，试分析产生下列故障时的后果：(1) VD_1 正负极接反；(2) VD_2 已击穿；(3) 负载 R_L 被短路；(4) 任一只二极管开路或脱焊。

2-7 在图题 2-7 所示的电烙铁供电电路中，试分析哪种情况下电烙铁温度最高？哪种情况下电烙铁温度最低？为什么？

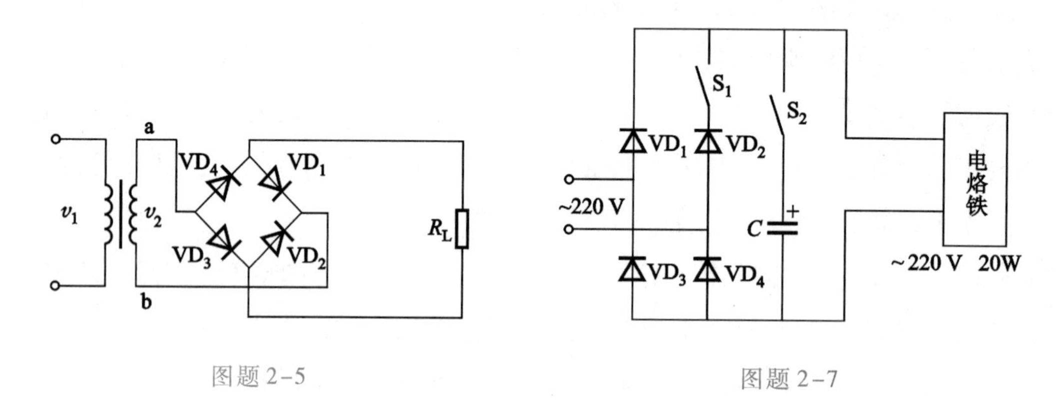

图题 2-5　　　　图题 2-7

2-8 试画出采用电容滤波和电感滤波的两种桥式整流电路的电路图，并分析它们的滤波原理及主要特点。

2-9 试画出采用 Π 型 RC 滤波和 Π 型 LC 滤波的桥式整流电路的电路图，并分析它们的滤波原理及主要特点。

2-10 在图题 2-10 所示的三个滤波电路中，哪种滤波效果最好？哪种最差？哪种不能起滤波作用？

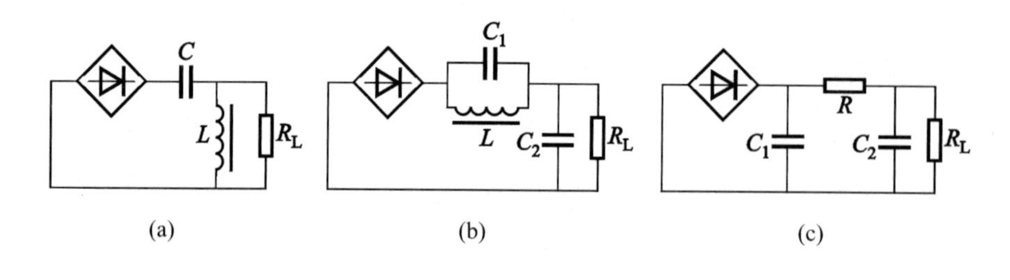

图题 2-10

2-11 试用连线将图题 2-11 中的元器件连接成桥式整流电路。

2-12 有两只稳压二极管，它们的 V_{Z1} 和 V_{Z2} 分别为 8.5 V 和 5.5 V，正向压降都是 0.5 V，问如何使用这两只稳压二极管才能得到如下几种稳定电压：6 V，9 V，14 V，并画出相应的原理图。

2-13 图题 2-13 所示电路，能否起稳压作用？为什么？

2-14 普通二极管是否可作为稳压二极管使用？稳压二极管能作为整流管使用吗？

2-15 将稳压值分别为 3 V 和 5 V 的两只稳压管分别按① 顺向串联、② 反向串联、③ 一正一反串联，问能获得哪几种稳压值？试画图说明。

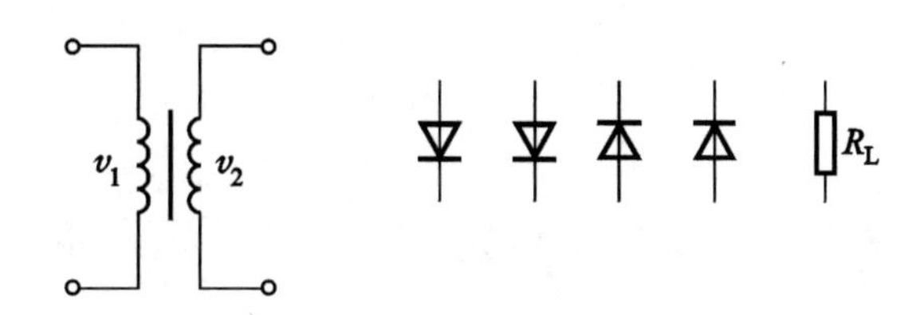

图题 2-11

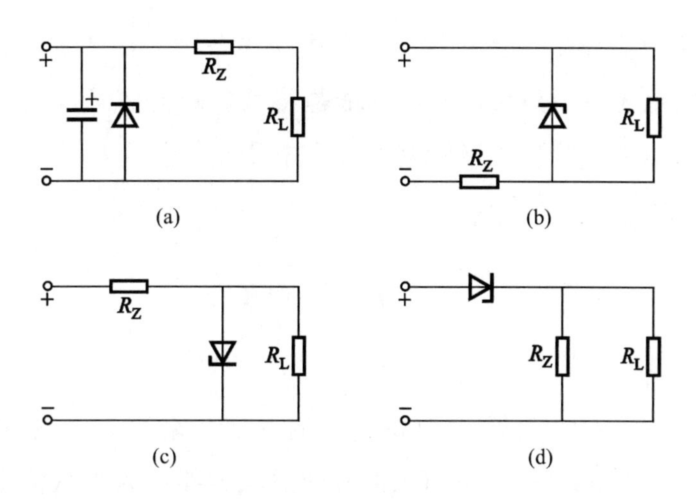

图题 2-13

2-16 试指出图题 2-16 中所示稳压电路中的错误，说明原因，并改正之。

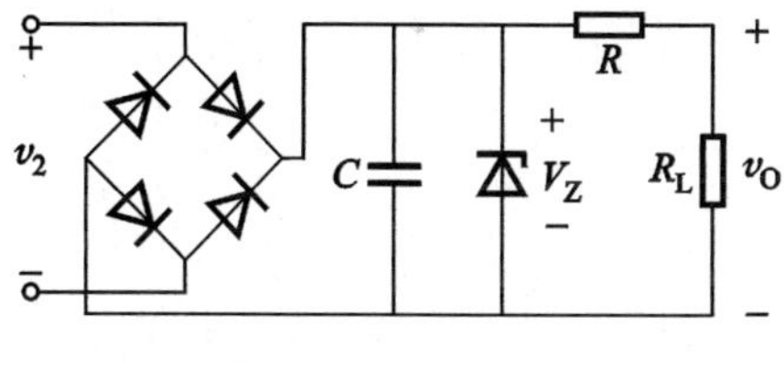

图题 2-16

2-17 现有型号为 BT-101 的绿色发光二极管两只，想把它作为一只玩具猫的眼睛，试设计并画出驱动电路。

2-18 光电二极管为什么要在反向电压作用下才能正常工作？它有单向导电作用吗？

第三章　三极管基本放大电路

放大电路（又称放大器）广泛应用于各种电子设备中，如音响设备、视听设备、精密测量仪器、自动控制系统等。放大电路的功能是将微弱的电信号（电流、电压）进行放大得到所需要的信号。本章将分析三极管基本放大电路。

3.1　放大器概述

一个放大器可以用一个带有输入端和输出端的方框来表示。输入端接欲放大的信号源，输出端接负载，如图 3-1 所示。输入信号通过放大器放大后从输出端送到负载上。如果能够同时满足下面两个条件，就可以称电子信号已经被放大。

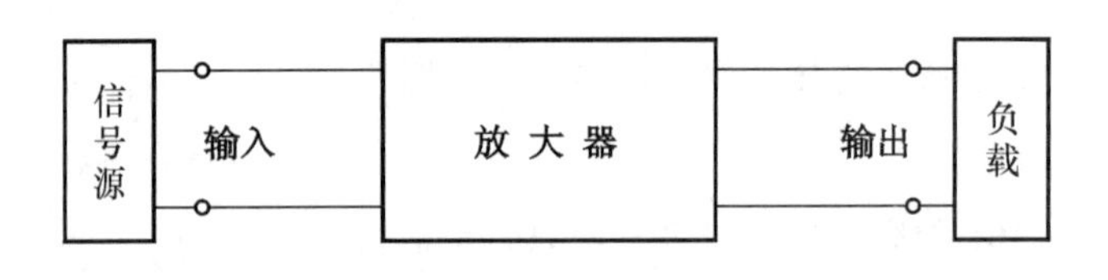

图 3-1　放大器框图

（1）输出信号的功率大于输入信号的功率。

（2）力求输出到负载上的信号波形与输入信号源的波形相同。

一个放大器必须含有一个或多个有源器件，如三极管、场效晶体管等，同时它还包含有电阻、电容、电感、变压器等无源元件。

3.1.1　对放大器的基本要求

（1）要有足够的放大倍数　放大倍数是衡量放大器放大能力的参数，放大倍数有电压放大倍数（A_v）、电流放大倍数（A_i）和功率放大倍数（A_p）三种，本章主要讨论电压放大倍教（A_v）。对于不同的放大器，要求的放大倍数是不一样的。有的几倍、几十倍就可以了，有的则需要几千倍、几万倍。

（2）要具有一定宽度的通频带　放大器放大的信号往往不是单一频率的，而是在一定频率范围内变化的。语言、音乐的频率范围是 20 Hz ~ 20 kHz。放大时，无论信号频率的高低，都应得到同样的放大。因此，要求放大器应具有一定宽度的通频带。

（3）非线性失真要小　因为放大电路中三极管是非线性器件，在放大信号的过程中，放大了的信号与原信号相比，波形将产生畸变，这种现象称为非线性失真。设计放大电路时，应通过合理设计电路和选择元件，使非线性失真减至最小。

（4）工作要稳定　放大器的各参数要基本稳定，不随工作时间和环境条件（如温度）的变化而变化；同时放大器在没有外加信号时，它本身也不能产生其他信号，即不能发生自激振荡。关于自激振荡将在第四章讨论。

3.1.2　放大器的输入

放大器的输入端与前级输出端相连接，如图 3-2 所示。

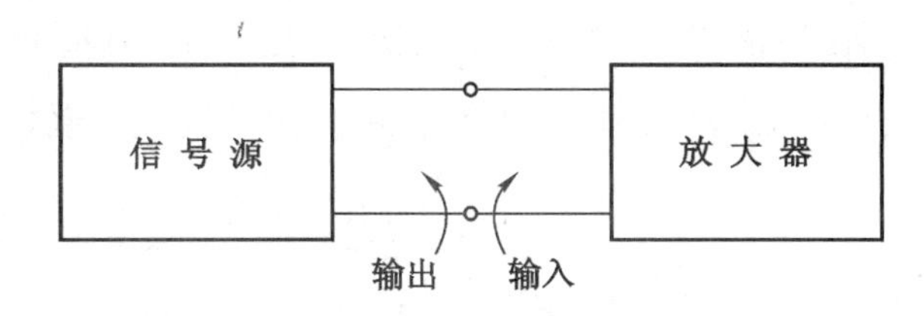

图 3-2　放大器的输入端与前级输出端相连接

对输入信号的要求：由于放大器有最大允许输入电流、输入电压和输入功率的限制，由信号源提供给放大器的电流、电压及功率都不允许超过放大器的最大允许值。输入信号过大，会使放大器损坏。同时也容易导致放大器进入饱和或截止状态，造成输出信号失真，因此，输入信号的幅度要限制在一定范围内。

3.1.3　放大器的输出

放大器的输出端与下级输入端相连接（见图 3-3）。输出负载可能是下一级电路，对于后级电路，放大器的输出参数也有一定要求。

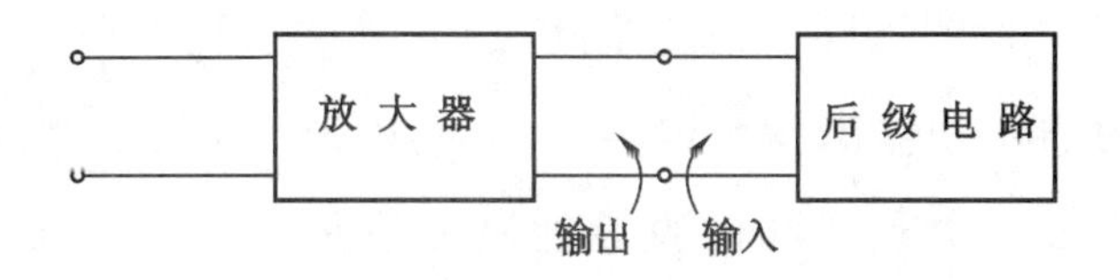

图 3-3　放大器的输出端与下级输入端相连接

对输出信号的要求：由于放大器具有最大允许输出电流、输出电压和输出功率的限制。由一个放大器输出给下一级电路的电流、电压和功率都不能超过这些数值。

3.2 三极管基本放大电路

3.2.1 基本放大电路的组成

三极管基本放大电路如图3-4所示。外加信号从基极和发射极间输入，信号经放大后由集电极和发射极间输出。电路中各元器件的作用如下。

（1）V为放大管，起电流放大作用，是该放大器的核心元件。

（2）V_{BB}为基极偏置电源，为发射结提供正向偏压。

（3）R_b为基极偏置电阻，在V_{BB}一定时，通过改变R_b的阻值可获得不同的基极电流（亦称偏置电流，简称偏流）。R_b的取值一般是几十千欧至几百千欧。

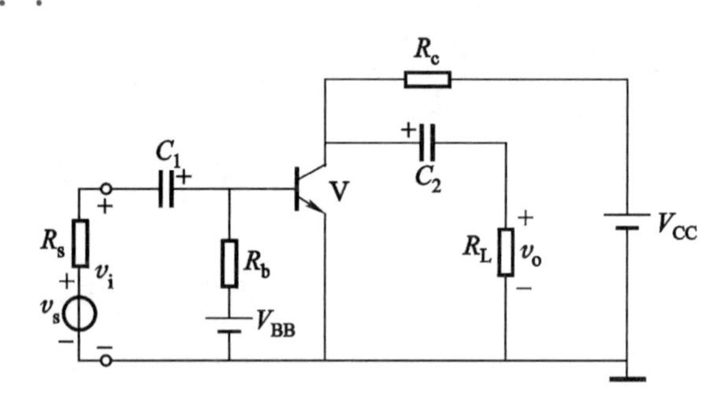

图3-4 三极管基本放大电路

（4）V_{CC}为集电极直流电源，通过R_c为集电结提供反向偏压，它们与V_{BB}、R_b的共同作用，使三极管工作在放大状态。

（5）R_c为集电极电阻，它将集电极电流的变化，转换成集-射之间的电压的变化，这个变化的电压，就是放大器的输出信号电压。即通过R_c把三极管的电流放大作用转换成电压放大作用。R_c的取值一般是几百欧至几千欧。

（6）C_1、C_2分别为输入和输出耦合电容。它们能使交流信号顺利通过，同时隔断信号源与输入端之间、集电极与负载之间的直流通路，避免其相互影响而改变工作状态。C_1、C_2常选用容量较大的电解电容。

(7) R_L为负载。

(8) v_s和 R_s为输入信号源的等效电路，其中 v_s为信号源电压，R_s为信号源内阻。

3.2.2 放大器中电流及电压符号使用规定

在没有输入信号时，放大电路中三极管各极电压、电流都为直流。当有信号输入时，输入的交流信号叠加在直流上。所以，电路中的电压、电流都是由直流成分和交流成分叠加而成的。为了清楚地表示总值及其中的直流分量和交流分量，做如下规定。

(1) 用大写字母带大写下标（俗称“大大”）表示直流分量。例如，I_B、V_C分别表示基极直流电流、集电极直流电压。

(2) 用小写字母带小写下标（俗称“小小”）表示交流分量。例如，i_b、v_c分别表示叠加在直流分量上的基极交流电流和集电极交流电压。

(3) 用小写字母带大写下标（俗称“小大”）表示直流分量与交流分量的叠加，即总量。例如，i_B表示 $i_B=I_B+i_b$，即基极电流总量。

(4) 用大写字母加小写下标（俗称“大小”）表示交流分量的有效值。例如，V_i、V_o分别表示输入、输出交流信号电压有效值。

3.2.3 放大器的静态工作点

图 3-4 所示的基本放大电路，采用了双电源供电。为了简化电路，在实际应用中，常将集电极电源 V_{CC}通过 R_b提供基极电压，从而省去基极电源，如图 3-5 所示。

放大电路中，把输入电压 v_i、输出电压 v_o以及电源 V_{CC}的公共端称为接地端，在电路中用“⊥”符号表示。以它作为零电位点，它是衡量各点电位的参考点。同时，为了使电路图简单明了，加小圆圈注上$+V_{CC}$即表示该点到地之间加上电压为$+V_{CC}$的直流电源。图 3-5 所示放大器中，在无信号输入时，直流电源 V_{CC}通过 R_c提供三极管集电结反偏电压 V_{CE}，并通过 R_b提供发射结正偏电压 V_{BE}。V_{BE}在输入回路产生基极电流 I_B，经三极管电流放大作用产生集电极电流 I_C，I_C流经三极管产生集电结电压 V_{CE}。这些参数都是集电极电源 V_{CC}在无信号状态下产生的直流量。它们决定了放大器的直流工作状态。放大器无信号输入时的直流工作状态称为静态。由这些电流电压共同确定的点称为静态工作点，用 Q 表示。一般描

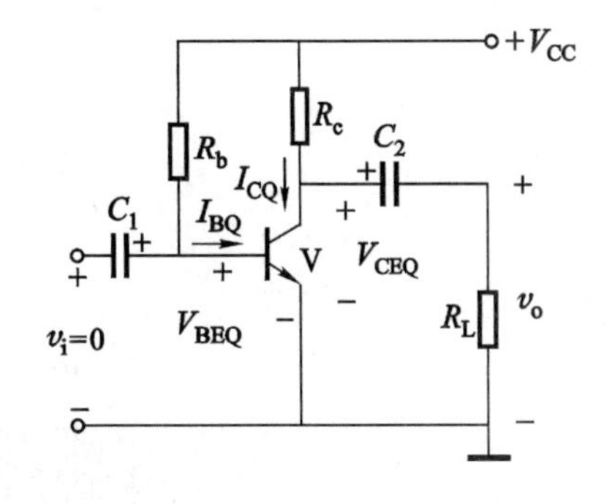

图 3-5 单电源供电的放大电路

述静态工作点的量用 V_{BEQ}、I_{BQ}、I_{CQ}和 V_{CEQ}表示。下标中的 Q 表示静态值，由图 3-5 可得出以下表达式：

$$I_{BQ}=\frac{V_{CC}-V_{BEQ}}{R_b} \tag{3-1}$$

$$I_{CQ}=\beta I_{BQ} \tag{3-2}$$

$$V_{CEQ}=V_{CC}-I_{CQ}R_c \tag{3-3}$$

其中，V_{BEQ}的量值，硅管约 0.7 V，锗管约 0.3 V。

一个放大器的静态工作点的设置是否合适，是放大器能否正常工作的重要条件。

在图 3-5 中，如将 R_b除去，如图 3-6 所示，则 $I_{BQ}=0$。在输入信号正半周期间，三极管发射结因正偏而导通，输入电流 i_b随 v_i变化。在信号负半周，三极管工作在截止区，$i_b=0$，即负半周信号不能输入三极管。放大器只能放大正半周信号（而且信号电压只有在大于发射结导通电压时，才能产生基极电流 i_b），因而输入波形将产生严重的失真。如果在图 3-5 中保留 R_b并有一个合适的值，则静态时，I_{BQ}就有一定的值。当有信号输入时（设为正弦波电压），则通过耦合电容 C_1加到 V 的发射结，i_b随 v_i而变化，将它叠加在直流电流 I_{BQ}上，得到总的基极电流 i_B，如图 3-7 所示。如果 I_{BQ}的值超过 i_b的幅值，那么基极总电流 $I_{BQ}+i_b$恒为正值。因此，就不会产生三极管的截止现象，从而避免了输入电流 i_b的波形失真。

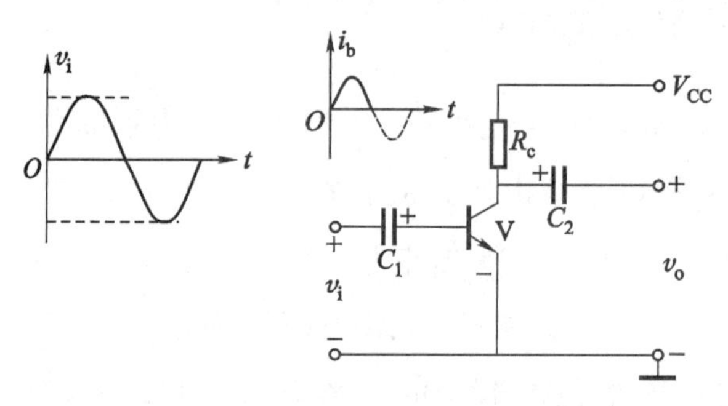

图 3-6　没有基极偏压的放大器

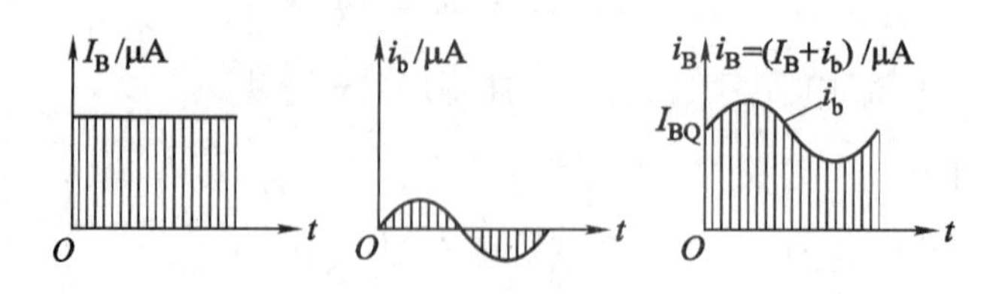

图 3-7　基极电流的合成

由此可见，在放大电路中设置合适的静态工作点是十分必要的。它使输入交流信号 v_i在整个周期内都不会使晶体管进入截止区，由此保证了在 v_i的整个周期内三极管均导通，且处于放大状态，避免了波形的失真。

3.2.4 放大原理

在图 3-8 所示的电路中，设输入信号电压 v_i 从基极和发射极之间（图中 A、O 之间）输入，被放大的信号从集电极与发射极之间（图中 B、O 之间）输出。耦合电容 C_1 对交流信号相当于短路。变化的 v_i 将产生变化的基极电流 i_b，使基极总电流 $i_B=I_{BQ}+i_b$ 发生变化，集电极电流 $i_C=I_{CQ}+i_c$ 将随之变化，并在集电极电阻 R_c 上产生电压降 i_CR_c，使放大器的集电极电压 $v_{CE}=V_{CC}-i_CR_c$，v_{CE} 为直流静态电压 V_{CEQ} 和输出信号电压 v_o 叠加的总量。通过 C_2 耦合，隔断直流，因此输出信号电压 v_o。只要电路参数能使三极管工作在放大区，则 v_o 的变化幅度将比 v_i 变化幅度大很多倍。由此说明该放大器对 v_i 进行了放大。

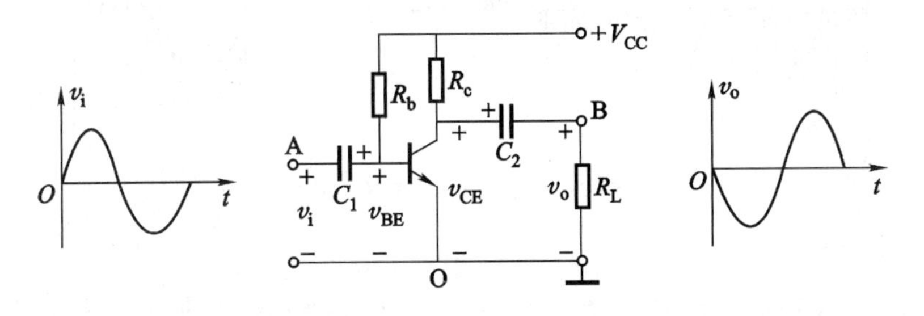

图 3-8 基本放大电路对正弦信号的放大

从 $v_{CE}=V_{CC}-i_CR_c$ 中可以看出，i_C 增大时，v_{CE} 反而减小。

电路中，v_{BE}、i_B、i_C 和 v_{CE} 都是随 v_i 的变化而变化，它们的变化作用顺序如下：

$$v_i \to v_{BE} \to i_B \to i_C \to v_{CE} \to v_o$$

由于电路中基极电流、集电极电流、基射极之间的电压、集电极与发射极间的总电压都是直流成分和交流成分的叠加。因此，可以画出放大器输入正弦电压 v_i 后三极管各极电流电压波形，如图 3-9 所示。

从图中可以看出，输入信号 v_i（即 v_b）、基极交流电流信号 i_b、集电极交流电流 i_c 三者相位相同，而输出电压 v_o（即 v_{CE}）则与 v_i（即 v_b）的相位相反，故称这种共发射极的单管放大电路为反相放大器。

3.2.5 直流通路与交流通路

以上分析的放大信号中，既有直流成分又有交流成分。为分析方便，常将直流静态量和交流动态量分开来研究。如在分析静态工作点时，只考虑直流量；在计算放大倍数时又只考虑交流量。这就涉及将放大器分别画成直流通路和交流通路的问题。

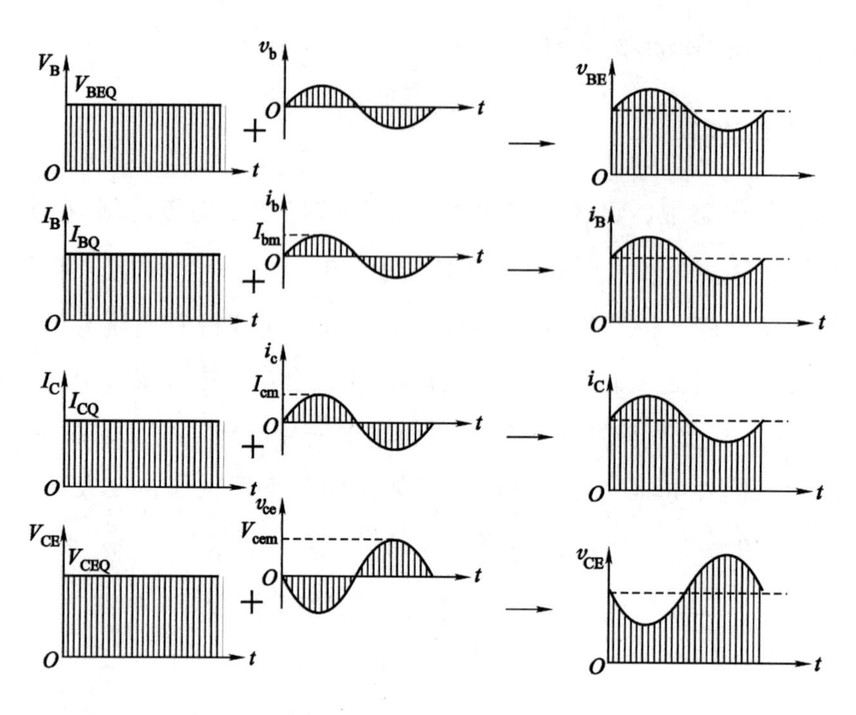

图 3-9　放大电路三极管各极电流电压波形

1. 直流通路的画法

直流通路即放大器的直流电流流通的回路，包括输入直流通路和输出直流通路两部分。画直流通路时，将电容视为开路，其他不变，如图 3-10 所示。它主要用来分析放大器的静态工作点。图中，V_{CC}、R_b 和三极管发射结构成输入直流通路，V_{CC}、R_c 和三极管集射极构成输出直流通路。

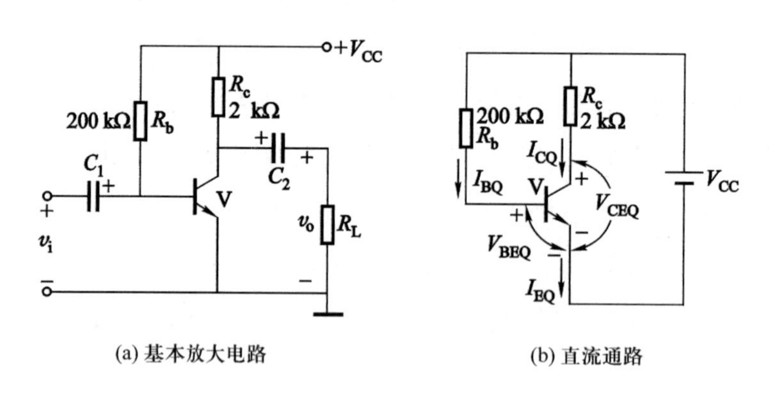

图 3-10　基本放大电路及其直流通路

2. 交流通路的画法

交流通路即放大器的交流信号电流的流通回路，由输入交流通路和输出交流通路组成。它的画法是，将容量较大的电容视为短路；将直流电源（内阻小，可忽略不计）视为短路，其余元器件照画。图 3-11 所示为图 3-10（a）的交流通路。

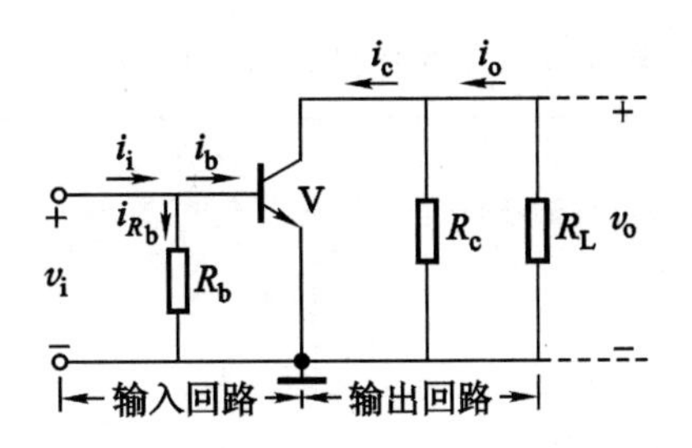

图 3-11　基本放大电路的交流通路

3.2.6　基本放大电路的分析方法

1. 放大器常用指标

（1）放大倍数

① 电压放大倍数 A_v　放大器的输出电压瞬时值 v_o与输入电压瞬时值 v_i的比值称为电压放大倍数。

$$A_v = \frac{v_o}{v_i} \tag{3-4}$$

② 电流放大倍数 A_i　放大器输出电流瞬时值 i_o与输入电流瞬时值 i_i的比值称为电流放大倍数。

$$A_i = \frac{i_o}{i_i} \tag{3-5}$$

③ 功率放大倍数 A_p　放大器输出功率 p_o与输入功率 p_i的比值称为功率放大倍数。

$$A_p = \frac{p_o}{p_i} \tag{3-6}$$

（2）放大器的增益

放大倍数用分贝数表示称为增益 G，电子技术对增益做如下规定。

① 电压增益 G_v

$$G_v = 20\ \lg A_v\ (\text{dB}) \tag{3-7}$$

② 电流增益 G_i

$$G_i = 20\ \lg A_i\ (\text{dB}) \tag{3-8}$$

③ 功率增益 G_p

$$G_p = 10\ \lg A_p\ (\text{dB}) \tag{3-9}$$

表 3-1 表明了放大器放大倍数与增益分贝数的关系。

表 3-1　放大倍数与分贝数的关系

放大值		衰减值	
放大倍数	分贝数	衰减倍数	分贝数
1 000	60	10^{-3}	-60
100	40	10^{-2}	-40
10	20	10^{-1}	-20
2	6	0.5	-6
1	0	$1/\sqrt{2}$	-3

（3）输入电阻和输出电阻

放大器输入端加上交流信号电压 v_i，将在输入回路产生输入电流 i_i。这如同在一个电阻上加上交流电压将产生交流电流一样。这个电阻称为放大器的输入电阻，用 r_i 表示。在数值上等于输入电压与输入电流之比，即

$$r_i = \frac{v_i}{i_i} \tag{3-10}$$

输入电阻也可理解为从输入端看进去的等效电阻，如图 3-12 左边所示。这个电阻值越大，则放大器要求信号源提供的信号电流越小，信号源的负担就越小、在电压放大器中总希望放大器输入电阻大一些。

放大器输出端可以用一电压源等效，其中电压源内阻 r_o 就是放大器的输出电阻 r_o，它是从放大器的输出端（不包括外接负载电阻 R_L）看进去的交流等效电阻，如图 3-12 右边所示。在电压放大器中，输出电阻越小，放大器带负载能力越强，并且负载变化时，对放大器影响也小，所以输出电阻越小越好。

（4）通频带

放大器在放大不同频率的信号时，其放大倍数是不一样的。通常放大器的放大能力只适应于一个特定频率范围的信号。在一定频率范围内，放大器的放大倍数高且稳定，这个频率范围为中频区。离开中频区，随着频率的升高或下降都将使放大倍数急剧下降，如图 3-13 所示。信号频率下降到使放大倍数为中频时的 0.707 所对应的频率称为下限截止频率，用 f_L 表示。同理，将信号频率上升使放大倍数下降到中频时的 0.707 所对应的频率称为上限频率，用 f_H 表示。f_L 与 f_H 之间的频率范围称为通频带，记作 BW，即

$$BW = f_{\mathrm{H}} - f_{\mathrm{L}} \tag{3-11}$$

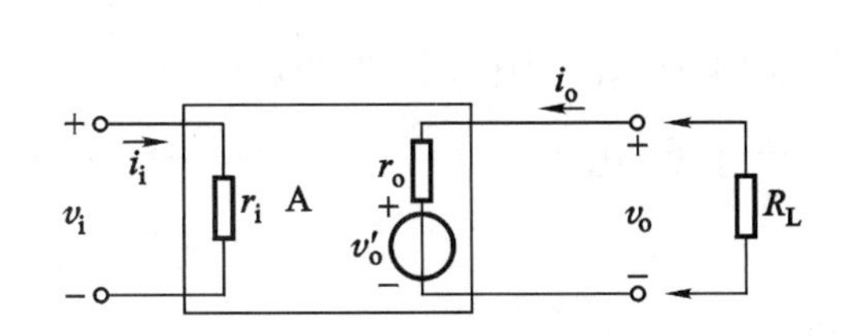

图 3-12　输入电阻与输出电阻

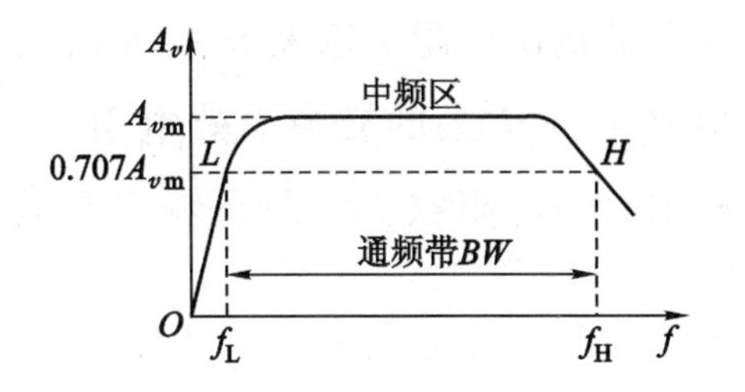

图 3-13　放大电路的通频带

2. 放大器的估算法

在分析小信号放大器的工作状况时，常用近似估算法。

（1）静态工作点的估算

式（3-1）、式（3-2）和式（3-3）可作为估算静态工作点的关系式。

例 3-1　图 3-10 所示的放大器的直流通路中，$V_{\mathrm{CC}}=12\ \mathrm{V}$，三极管 $\beta=50$，其余元件参数见图，试估算静态工作点。

解　$$I_{\mathrm{BQ}}=\frac{V_{\mathrm{CC}}-V_{\mathrm{BEQ}}}{R_{\mathrm{b}}}\approx\frac{V_{\mathrm{CC}}}{R_{\mathrm{b}}}=\frac{12\ \mathrm{V}}{200\ \mathrm{k\Omega}}=60\ \mu\mathrm{A}\ （V_{\mathrm{CC}}\gg V_{\mathrm{BEQ}}，V_{\mathrm{BEQ}}可忽略）$$

$$I_{\mathrm{CQ}}=\beta I_{\mathrm{BQ}}=50\times60\ \mu\mathrm{A}=3\ \mathrm{mA}$$

$$V_{\mathrm{CEQ}}=V_{\mathrm{CC}}-I_{\mathrm{CQ}}R_{\mathrm{c}}=12\ \mathrm{V}-3\ \mathrm{mA}\times2\ \mathrm{k\Omega}=6\ \mathrm{V}$$

（2）输入电阻和输出电阻的估算

① 三极管输入电阻 r_{be}的估算公式

在放大器输入端加入交流信号电压 v_{i}时，基极将产生电流 i_{b}，因此，三极管的基极与发射极之间存在一个等效电阻，称为三极管的输入电阻，用 r_{be}表示。在低频小信号时，可用下列经验公式估算：

$$r_{\mathrm{be}}=300\ \Omega+(1+\beta)\frac{26\ \mathrm{mV}}{I_{\mathrm{EQ}}} \tag{3-12}$$

式中，I_{EQ}为静态发射极电流，因 $I_{\mathrm{EQ}}\approx I_{\mathrm{CQ}}$，所以可用 I_{CQ}代替。一般，r_{be}在几百欧至几千欧之间。

② 放大器的输入电阻 r_{i}和输出电阻 r_{o}的估算

我们已经知道从放大器的输入端看进去的交流等效电阻 r_{i}称为放大器的输入电阻。从图3-11的交流通路可看出放大器的输入电阻应为 r_{be}和 R_{b}的并联值，即

$$r_{\mathrm{i}}=R_{\mathrm{b}}\,/\!/\,r_{\mathrm{be}}$$

一般 $R_{\mathrm{b}}\gg r_{\mathrm{be}}$，上式可近似认为

$$r_i = r_{be} \tag{3-13}$$

放大器的输出电阻 r_o 就是从放大器输出端（不包括外接负载电阻 R_L）看进去的交流等效电阻，如图 3-14 所示。因三极管输出动态电阻很大，所以输出电阻近似等于集电极电阻，即

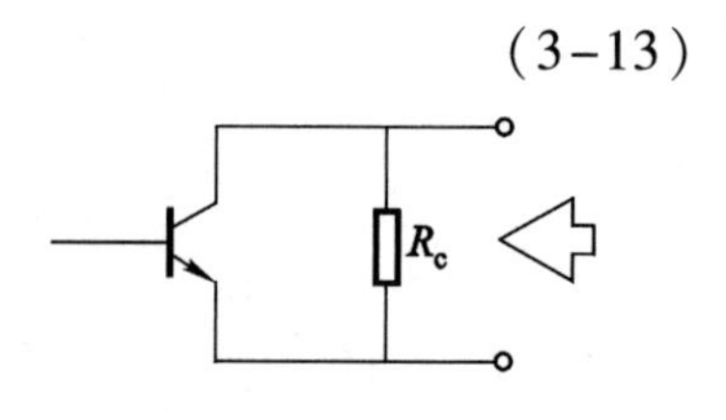

图 3-14　三极管的输出电阻

$$r_o \approx R_c \tag{3-14}$$

（3）放大器放大倍数的估算

根据电压放大倍数 $A_v = \frac{v_o}{v_i}$

在图 3-11 的交流通路中，先从输入端求出 v_i，因 R_b 与 r_{be} 并联，则有

$$v_i = i_i \cdot (R_b /\!/ r_{be})$$

因 $R_b \gg r_{be}$，所以

$$v_i = i_b \cdot r_{be}$$

再从图 3-11 的交流通路中的输出电路求 v_o

在输出端根据 i_c 的流向，求得

$$v_o = -i_c \cdot (R_c /\!/ R_L) = -i_c \cdot R'_L$$

$$R'_L = R_c /\!/ R_L = \frac{R_c \cdot R_L}{R_c + R_L}$$

因为
$$i_c = \beta i_b$$

所以
$$v_o = -i_c \cdot R'_L = -\beta i_b R'_L$$

式中，v_o 为负值，表明 v_o 与 v_i 相位相反。

然后可算出 A_v

$$A_v = \frac{v_o}{v_i} = \frac{-\beta i_b \cdot R'_L}{i_b \cdot r_{be}} = -\frac{\beta R'_L}{r_{be}} \tag{3-15}$$

例 3-2　在图 3-15 所示电路中。设三极管 $\beta = 50$，其余参数见图。试求：（1）静态工作点；（2）r_{be}；（3）A_v；（4）r_i；（5）r_o。

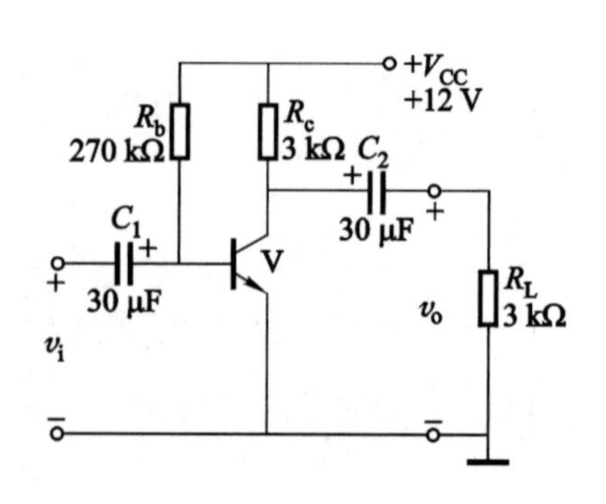

图 3-15　例 3-2 图

解　（1）求静态工作点

用估算法求出：

$$I_{BQ} \approx \frac{V_{CC}}{R_b} = \frac{12\ \text{V}}{270\ \text{k}\Omega} \approx 44.4\ \mu\text{A}$$

$$I_{CQ} = \beta I_{BQ} = 50 \times 44.4\ \mu A = 2.2\ mA$$

$$V_{CEQ} = V_{CC} - I_{CQ} R_c = 12\ V - 2.2\ mA \times 3\ k\Omega = 5.4\ V$$

（2）求 r_{be}

$$r_{be} = 300\ \Omega + (1+\beta)\frac{26\ mV}{I_{EQ}} = 300\ \Omega + (1+50) \times \frac{26\ mV}{2.2\ mA} \approx 0.9\ k\Omega$$

（3）求电压放大倍数 A_v

$$A_v = -\frac{\beta R'_L}{r_{be}} \qquad R'_L = \frac{R_c \cdot R_L}{R_c + R_L} = 1.5\ k\Omega$$

$$A_v = -50 \times \frac{1.5}{0.9} \approx -83.3$$

（4）求输入电阻 r_i

$$r_i = R_b /\!/ r_{be} \approx r_{be} = 0.9\ k\Omega$$

（5）求输出电阻 r_o

$$r_o \approx R_c = 3\ k\Omega$$

3.3　具有稳定工作点的放大电路

在上节基本放大电路中，由电源和基极偏置电阻 R_b 提供了基极电流 I_{BQ}，若 R_b 固定，则 I_{BQ} 也就固定了，所以该电路又称固定偏置（或固定偏流）电路。这种电路的缺点是稳定性差，电路的外部因素改变后，静态工作点也随之变化，从而影响放大器的工作质量。在某些要求较高的场合，通常采用本节要分析的能自动稳定工作点的电路——分压式偏置电路。

3.3.1　分压式偏置电路的结构及工作原理

1. 电路结构

图 3-16 所示为分压式偏置电路。R_{b1} 为上偏流电阻，R_{b2} 为下偏流电阻（它们的取值均为几十千欧），电源电压 V_{CC} 经 R_{b1}、R_{b2} 分压后得到基极电压 V_{BQ}，提供基极偏流 I_{BQ}，R_e 是发射极电阻，C_e 是 R_e 的旁路电容。

从图 3-16 可见，$I_1 = I_2 + I_{BQ}$，因为 $I_2 \gg I_{BQ}$，所以有 $I_1 \approx I_2$，这时基极电压 V_{BQ} 为

$$V_{BQ} \approx \frac{R_{b2}}{R_{b1}+R_{b2}} V_{CC} \tag{3-16}$$

由此可知，V_{BQ}的大小与三极管的参数无关，只由 V_{CC}和 R_{b1}、R_{b2}的分压决定。

2. 工作原理

温度变化时，三极管的 I_{CBO}、β、V_{BEQ}等参数将发生变化，导致工作点偏移。实验证明，温度升高时，三极管穿透电流 $I_{CEO}=(1+\beta)I_{CBO}$和 β将增加，从而使 I_{CQ}增大。分压式偏置电路能使 I_{CQ}的增大受到抑制，自动稳定工作点。

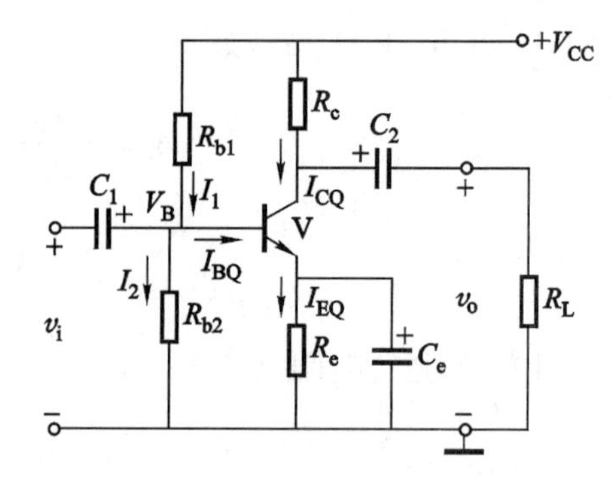

图 3-16　分压式偏置电路

在图 3-16 中，有 $V_{BEQ}=V_{BQ}-V_{EQ}$，$I_{EQ}=I_{CQ}+I_{BQ}\approx I_{CQ}$。

当温度升高时，I_{CQ}将增大，则 I_{EQ}流经 R_e产生的电压 V_{EQ}随之增加，因 V_{BQ}是一个稳定值，因而 $V_{BEQ}=V_{BQ}-V_{EQ}$将减小。根据三极管输入特性，基极电流 I_{BQ}减小，I_{CQ}亦必然减小，从而抑制 I_{CQ}的增大，使工作点力求恢复到原有状态。

上述稳定工作点的过程可表示为：

$$T(\text{温度})\uparrow(\text{或}\beta\uparrow)\rightarrow I_{CQ}\uparrow\rightarrow I_{EQ}\uparrow\rightarrow V_{EQ}\uparrow\rightarrow V_{BEQ}\downarrow\rightarrow I_{BQ}\downarrow\rightarrow I_{CQ}\downarrow$$

在分压式偏置电路中，与 R_e并联的旁路电容 C_e的作用是提供交流信号的通道，减少信号的损耗，使放大器的交流信号放大能力不因 R_e而降低。C_e的取值一般为 50 μF ~ 100 μF。

3.3.2　静态工作点的计算

计算静态工作点时，固定偏置电路是先算 I_{BQ}，再算 I_{CQ}，最后算 V_{CEQ}。分压式偏置电路则是先算 I_{CQ}，再算 I_{BQ}，最后算 V_{CEQ}，根据式（3-15）

$$V_{BQ}=\frac{R_{b2}}{R_{b1}+R_{b2}}V_{CC}$$

因

$$V_{BEQ}=V_{BQ}-V_{EQ}$$

故

$$I_{EQ}=\frac{V_{EQ}}{R_e}=\frac{V_{BQ}-V_{BEQ}}{R_e}$$

若 $V_{BQ}\gg V_{BEQ}$，则得

$$I_{CQ} \approx I_{EQ} \approx \frac{V_{BQ}}{R_e}$$

$$I_{CQ} \approx I_{EQ} = \frac{V_{EQ}}{R_e} = \frac{V_{BQ} - V_{BEQ}}{R_e} \approx \frac{V_{BQ}}{R_e} \tag{3-17}$$

$$I_{BQ} = \frac{I_{CQ}}{\beta} \tag{3-18}$$

$$V_{CEQ} = V_{CC} - I_{CQ} \cdot R_c - I_{EQ} \cdot R_e \approx V_{CC} - I_{CQ}(R_c + R_e) \tag{3-19}$$

例 3-3 在图 3-17 所示的两个放大电路中，已知三极管 $\beta=50$，$V_{BEQ}=0.7\ \text{V}$，电路其他参数如图所示。

（1）试求两个电路的静态工作点；

（2）若两个三极管的 $\beta=100$，则各自的工作点怎样变化？

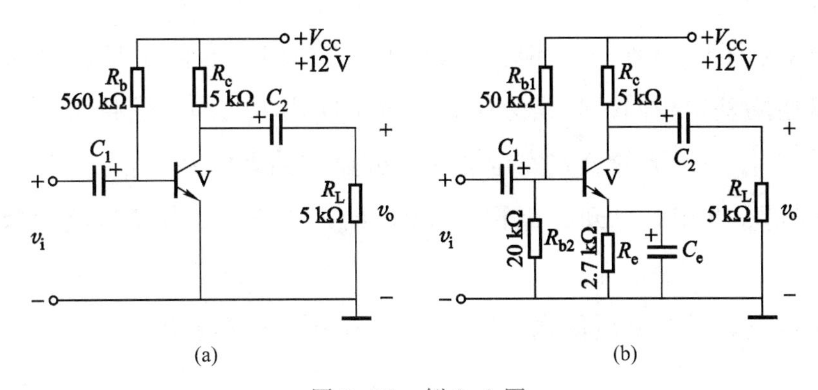

图 3-17　例 3-3 图

解　（1）先计算两个电路的静态工作点。

图 3-17（a）系固定偏置电路

$$I_{BQ} = \frac{V_{CC} - V_{BEQ}}{R_b} = \frac{12\ \text{V} - 0.7\ \text{V}}{560\ \text{k}\Omega} = 0.02\ \text{mA}$$

$$I_{CQ} = \beta I_{BQ} = 50 \times 0.02\ \text{mA} = 1\ \text{mA}$$

$$V_{CEQ} = V_{CC} - I_{CQ} R_c = 12\ \text{V} - 1\ \text{mA} \times 5\ \text{k}\Omega = 7\ \text{V}$$

图 3-17（b）系分压式偏置电路，有

$$V_{BQ} = \frac{R_{b2}}{R_{b1} + R_{b2}} V_{CC} = \frac{20}{20+50} \times 12\ \text{V} = 3.4\ \text{V}$$

$$V_{EQ} = V_{BQ} - V_{BEQ} = 3.4\ \text{V} - 0.7\ \text{V} = 2.7\ \text{V}$$

$$I_{CQ} \approx I_{EQ} = \frac{V_{EQ}}{R_e} = \frac{2.7\ \text{V}}{2.7\ \text{k}\Omega} = 1\ \text{mA}$$

$$V_{CEQ} \approx V_{CC} - I_{CQ}(R_c + R_e) = 12\ \text{V} - 1\ \text{mA} \times (5\ \text{k}\Omega + 2.7\ \text{k}\Omega) = 4.3\ \text{V}$$

上述两个电路的 I_{CQ} 相等。

（2）两个三极管 $\beta=100$ 时

在图 3-17（a）中，因 I_{BQ} 仍为 0.02 mA，所以

$$I_{CQ}=\beta I_{BQ}=100\times0.02\ \text{mA}=2\ \text{mA}$$

$$V_{CEQ}=V_{CC}-I_{CQ}R_c=12\ \text{V}-2\ \text{mA}\times5\ \text{k}\Omega=2\ \text{V}$$

由此可知，β 增大，I_{CQ} 增大，而 V_{CEQ} 降低。

在图 3-17（b）中，由于该电路为分压式偏置电路，工作点稳定，β 增大时，V_{BQ}、V_{EQ}、I_{EQ}、I_{CQ} 基本不变，则 V_{CEQ} 也不变，只是 $I_{BQ}=\dfrac{I_{CQ}}{\beta}$，因而 β 增大一倍，使 I_{BQ} 减小一半。

3.3.3 电压放大倍数、输入电阻和输出电阻的计算

图 3-18 所示为图 3-16 分压式偏置电路的交流通路。与固定偏置电路相比，不难看出，两者的交流通路基本相同，只是分压式偏置电路用 $R_{b1}/\!/R_{b2}$ 代替了固定偏置电路中的 R_b，所以前述计算 A_v、r_i、r_o 的公式完全适用于分压式偏置电路。

例 3-4 在图 3-19 中，已知三极管 $\beta=50$，$V_{BEQ}=0.7$ V，其余电路参数如图所示。试计算：

（1）静态工作点；（2）电压放大倍数 A_v，输入电阻 r_i 和输出电阻 r_o。

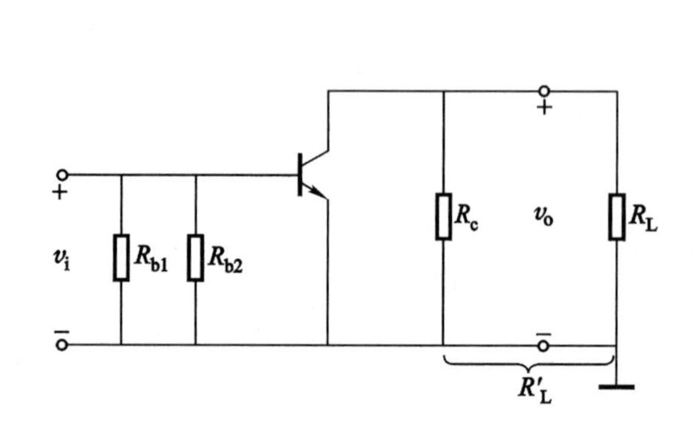

图 3-18 分压式偏置电路的交流通路

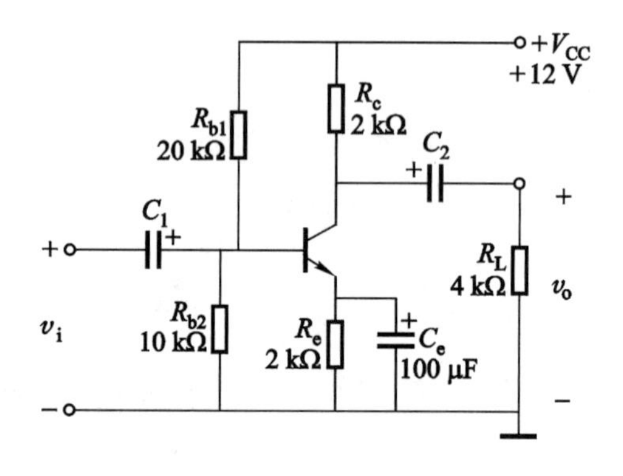

图 3-19 例 3-4 图

解 （1）计算静态工作点

$$V_{BQ}=V_{CC}\cdot\frac{R_{b2}}{R_{b1}+R_{b2}}=\frac{10}{20+10}\times12\ \text{V}=4\ \text{V}$$

$$V_{EQ}=V_{BQ}-V_{BEQ}=4\ \text{V}-0.7\ \text{V}=3.3\ \text{V}$$

$$I_{CQ}\approx I_{EQ}=\frac{V_{EQ}}{R_e}=\frac{3.3\ \text{V}}{2\ \text{k}\Omega}=1.65\ \text{mA}$$

$$I_{BQ}=\frac{I_{CQ}}{\beta}=\frac{1.65}{50}=0.033\ \text{mA}$$

$$V_{CEQ}\approx V_{CC}-I_{CQ}(R_c+R_e)=12\ \text{V}-1.65\times(2+2)\ \text{V}=5.4\ \text{V}$$

（2）计算 A_v、r_i、r_o

$$r_{be}=300\ \Omega+(1+\beta)\frac{26\ \text{mV}}{I_{EQ}}=300\ \Omega+51\times\frac{26\ \text{mV}}{1.65\ \text{mA}}\approx1.1\ \text{k}\Omega$$

$$R'_L=R_c/\!/R_L=\frac{R_c\cdot R_L}{R_c+R_L}=\frac{2\times4}{2+4}\ \text{k}\Omega\approx1.33\ \text{k}\Omega$$

$$A_v=-\frac{\beta R'_L}{r_{be}}=-\frac{50\times1.33}{1.1}=-60.5$$

$$r_i=R_{b1}/\!/R_{b2}/\!/r_{be}\approx0.94\ \text{k}\Omega$$

$$r_o\approx R_c=2\ \text{k}\Omega$$

*3.4 共射电路图解法

为了进一步理解静态工作点对放大器性能的影响，本节将介绍放大器的另一种分析方法，即图解法。

通过在晶体管特性曲线上作图来分析放大电路的方法称为图解分析法。下面以共射电路为例，简要介绍图解分析法的分析过程。

3.4.1 图解分析法简介

1. 用图解法（直流负载线）分析静态工作点

先看没有交流信号输入即静态时放大器输入端与输出端的情况。这里暂不考虑负载电阻 R_L。

为了便于说明问题，将图 3-20（a）所示放大电路输出部分的直流通路以 AB 线为界分割为两部分。左边是三极管输出端，其输出电压 V_{CE} 和 I_C 的关系按三极管输出特性曲线所描述的规律变化（见图 3-20（b）所示）。右边是集电极电阻 R_c 和电源 V_{CC} 的串联电路，其电流、电压关系可用欧姆定律得出：$V_{CE}=V_{CC}-I_CR_c$。

根据这个方程，可以在 I_C 和 V_{CE} 的直角坐标图 3-20（c）中相应地画出它的图形。若图 3-20中 $V_{CC}=12$ V，$R_c=2$ kΩ，代入上式得：$V_{CE}=12\ \text{V}-I_C\times2\ \text{k}\Omega$。

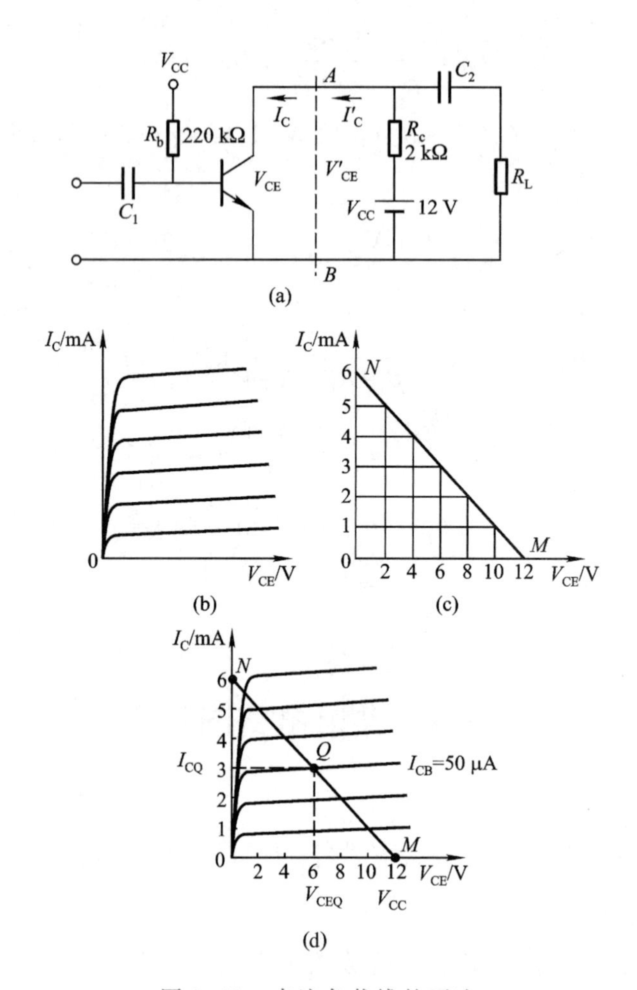

图 3-20　直流负载线的画法

若令 I_C 分别为 0、1、2、3、…、6 mA，则可相应算出 V_{CE} 的数值，见表 3-2。

根据表中列出的数字，在坐标上画出相应的点，连接这些点得到一条直线，由于它代表放大器输出部分直流通路的方程式，所以将这条线称为**直流负载线**。

表 3-2

I_C/mA	0	1	2	3	4	5	6
V_{CE}/V	12	10	8	6	4	2	0

既然上面的方程代表一条直线，而两点可决定一条直线，因此在作图时，只要选择最容易确定的两个点就可画出直流负载线。现取

$V_{CE}=0$ 时，$I_C=\dfrac{V_{CC}}{R_c}=\dfrac{12\ \text{V}}{2\ \text{k}\Omega}=6\ \text{mA}$，称为短路电流点（$N$）；

$I_C=0$ 时，$V_{CE}=V_{CC}=12\ V$，称为开路电压点（M）。

通过 M、N 两点联一条直线，就是直流负载线。

实际上，V_{CC}和 R_c是接在晶体管输出端组成的回路中，因而AB线分割的左右两部分的电压和电流必然相等。也就是说，直流负载线可以直接画在晶体管的输出特性曲线坐标内，如图3-20（d）所示。

画出直流负载线后，只要求出基极偏流 I_{BQ}，就能决定静态工作点，I_{BQ}可由公式求出：

$$I_{BQ}=\frac{V_{CC}-V_{BEQ}}{R_b}=\frac{12\ V-0.7\ V}{220\ k\Omega}\approx 50\ \mu A$$

求出 I_{BQ}的数值就得到相应的一条 I_{BQ}为 50 μA 的输出特性曲线，这条曲线与直流负载线的交点 Q，就是放大器的静态工作点。由 Q 点分别引垂线到横轴与纵轴，就可得到放大器静态时的 $V_{CEQ}=6\ V$，$I_{CQ}=3\ mA$，如图 3-20（d）所示。

例 3-5 某一放大器电路如图 3-21（a）所示。三极管的输出特性曲线由图 3-21（b）给出。试在输出特性曲线上作出直流负载线，并确定静态工作点（I_{BQ}、V_{CEQ}、I_{CQ}）。若图 3-21（a）中R_c改为2.5 kΩ，其他参数保持不变，直流负载线和静态工作点的情况又如何改变？

解 画出放大电路的直流通路如图 3-21（c）所示。

因为 $$V_{CE}=V_{CC}-I_C R_c$$

令 $$V_{CE}=0,\quad 得\quad I_C=\frac{20\ V}{5.1\ k\Omega}\approx 4\ mA，即为 M 点；$$

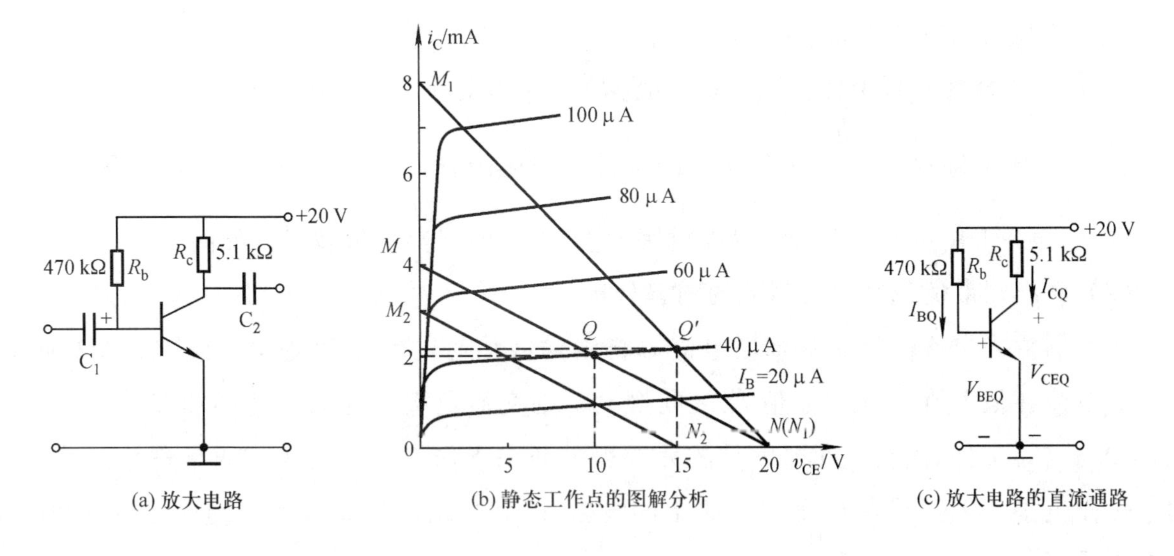

图 3-21　图解分析静态工作情况

令 $I_C=0$， 得 $V_{CE}=20\text{V}$，即为 N 点。

连接 M、N 两点，此直线即为直流负载线。

确定静态工作点 Q $\quad I_{BQ}\approx\frac{V_{CC}}{R_B}=\frac{20\ \text{V}}{470\ \text{k}\Omega}\approx 40\ \mu\text{A}$

在图 3-21（b）中找出对应 $I_B=40\ \mu\text{A}$ 的曲线，此曲线与直流负载线 MN 的交点即为放大电路的静态工作点 Q。在 Q 处分别作垂线交于横坐标、作水平线交于纵坐标可得 $V_{CEQ}\approx 10\ \text{V}$，$I_{CQ}\approx 2\ \text{mA}$。

若 $R_c=2.5\ \text{k}\Omega$，$V_{CC}=20\ \text{V}$，则可得

$$V_{CE}=V_{CC}-I_C R_c=20\ \text{V}-2.5\times10^3\ \Omega\times I_C$$

当 $V_{CE}=0$ 时，$I_C=8\ \text{mA}$；$I_C=0$ 时，$V_{CE}=20\ \text{V}$。作出直流负载线如图 3-21（b）中 M_1N_1 所示。由于 $I_{BQ}=40\ \mu\text{A}$，此时静态工作点为 Q'。

2. 用图解法分析输出端带负载时的放大倍数

（1）交流负载线

当放大器有交流信号输入时，放大器的负载应是集电极电阻 R_c 和负载电阻 R_L 的并联等效电阻 R_L'，即

$$R_L'=R_c/\!/R_L=\frac{R_cR_L}{R_c+R_L}$$

式中，R_L' 称为放大器的交流等效电阻。

用图解法分析放大器静态特性时，可根据直流负载电阻 R_c 作出直流负载线；那么，用图解法分析放大器动态特性时，也可根据交流等效负载电阻 R'_L 作出交流负载线。

画交流负载线的步骤如下：

① 在输出特性曲线上作出直流负载线 MN，并确定静态工作点 Q 的位置。

② 在 i_C 轴上确定 $i_C=\frac{V_{CC}}{R_L'}$ 辅助点 D 的位置，并连接 D、N 两点，得到辅助线 DN。

③ 过静态工作点 Q 作辅助线 DN 的平行线 $M'N'$ 即得交流负载线，如图 3-22 所示。

（2）输出端带负载时放大倍数的图解分析

放大器输入交流信号后，基极电流 i_B 将随输入信号的大小而变化。如图 3-22 所示，若基极电流在最大值 i_{B3} 至最小值 i_{B1} 之间摆动，则交流负载线与输出特性曲线族的交点也就在 Q_1 至 Q_2 点之间摆动，亦即信号放大过程中动态工作点移动轨迹，通常称为放大器的动态工作范围。Q_1Q_2 线在 v_{CE} 轴和 i_C 轴上的投影 Δv_{CE} 和 Δi_C，即是放大器的输出电压和电流的变化范围。

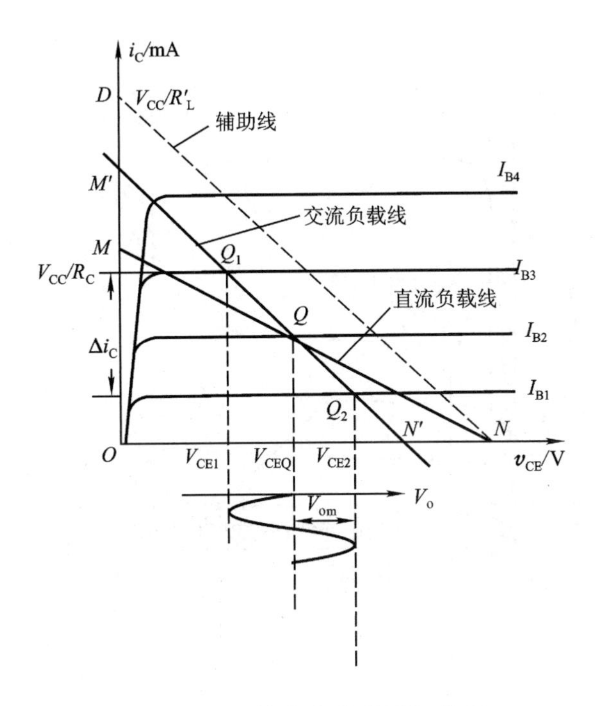

图 3-22　放大倍数的图解分析

在 v_{CE} 轴上借助于 Q_1、Q、Q_2 可在横轴上得到相应的 V_{CE1}、V_{CEQ} 和 V_{CE2}，可知输出电压的幅值 $V_{om}=V_{CE2}-V_{CEQ}$。假如已知输入信号的幅值 V_{im}，则可求出输出端带负载时放大器的放大倍数 A_v，即

$$A_v=\frac{V_{om}}{V_{im}} \tag{3-20}$$

3.4.2　静态工作点对输出波形失真的影响

在上节中，已对放大电路不设置静态工作点会引起失真的情况进行了分析，现在可以进一步看到，如果静态工作点选择不当，同样也会造成失真。

当输入端加上 v_i 后，基极电流 i_B 将在 I_{BQ} 上作相应的变化，由负载线和相应输出特性的交点便可画出集电极电流 i_C 和集射电压 v_{CE} 的变化。

由图 3-23 可见，如果静态工作点 Q 在交流负载线上位置定得太高（即 I_{BQ} 过大），如图 3-23 中 Q_A 处，则当 v_i 幅值较大时，其正半周已进入饱和区，造成输出电压波形负半周被部分削除，这种因三极管饱和而引起的失真称为**饱和失真**。反之，如果静态工作点在交流负载线上位置定得过低，如图 3-23 中 Q_B 处，则当 v_i 幅值较大时，其负半周已进入截止区，造成输出电压的正半周被部分削除，这种因三极管截止而引起的失真称为**截止失真**。由于它们都是三极管的工作状态离开线性放大区，进入非线性的饱和区或截止区所造成，因此统称非线性失真。

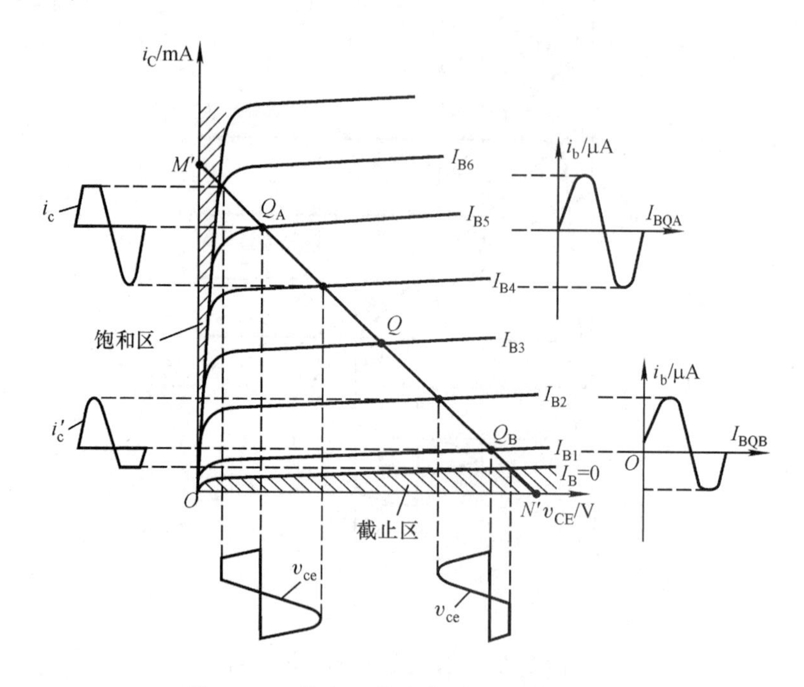

图 3-23　静态工作点与波形失真关系

通常，要求放大电路有最大的不失真输出信号，因此应该把静态工作点 Q 设置在适当位置。

综上所述，图解法比较直观，借助图解法可以合理安排工作点与负载线，以免在放大过程中发生饱和失真和截止失真；不足之处是作图比较复杂，而且误差较大，也不能确定放大电路的输入电阻和输出电阻。

3.5　共集电极放大电路

在第一章里，已经知道由于输入和输出回路公共端的选择不同，使放大器存在着三种基本组态。前面已经讨论了共发射极电路。本节着重讨论共集电极电路。

图 3-24 所示为共集电极电路。

从图中可见，就其交流通路而言，输入信号电压 v_i 加在基极，输出信号电压 v_o 从发射极输出，集电极为输入、输出信号的公共端，故称共集电极电路。被放大的信号从发射极输出所以又称射极输出器。

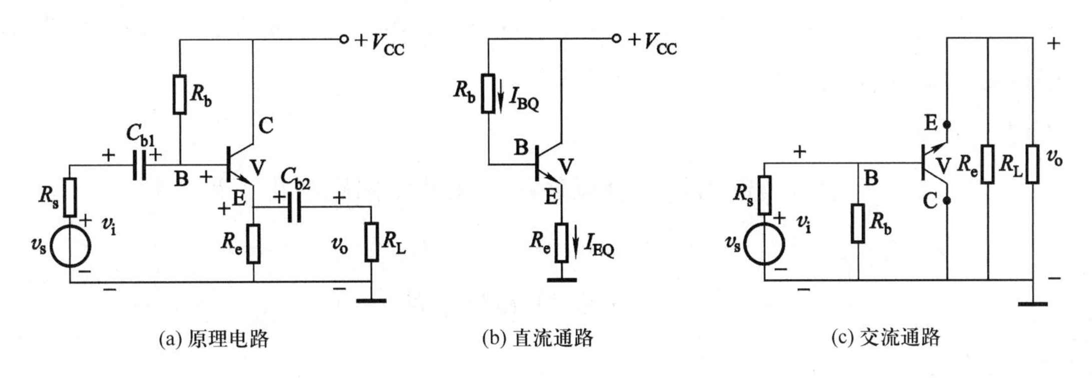

(a) 原理电路　　(b) 直流通路　　(c) 交流通路

图 3-24　共集电极电路

1. 电路特点

(1) 输出电压与输入电压同相且略小于输入电压

从图 3-24 所示电路的电压极性可以看出，由于输出电流自发射极流出，由它在输出负载上产生的输出电压 v_o 与输入电压 v_i 的瞬时极性相同，即 v_o 与 v_i 同相位变化。

在输入回路，有

$$v_i = v_{be} + v_o$$

其中 $v_{be} = i_b r_{be}$，其值很小，故可近似认为

$$v_o \approx v_i$$

由于输出信号电压近似等于输入信号电压，即电压放大倍近似等于1，好似输出电压等值地跟随输入电压而变化，故又将该电路称为**射极跟随器**（射随器）。虽然该电路没有电压增益，但对电流而言，i_e 仍为基极电流的 $(1+\beta)$ 倍，它有较强的电流放大能力。

(2) 输入电阻大

在图 3-24（c）中，射极输出器的负载电阻 $R'_L = R_e // R_L$。

由于 $i_B = i_e = (1+\beta) i_b$，现将射极电阻 R_e 折合到基极回路时，流过它的电流将由 i_e 变为 i_b，若保持 R_e 上电压不变，即 $i_e R_e = i_b R'_e$，那么，折合过来的电阻 R'_e 应是 R_e 的 $(1+\beta)$ 倍。因此，射极输出器的输入电阻

$$r_i = r_{be} + (1+\beta) R'_L$$

与共射极电路比较（共射电路中 $r_i \approx r_{be}$），射极输出器的输入电阻增加了 $(1+\beta)\ R'_L$，故射极输出器的输入电阻是很高的。

(3) 输出电阻小

由于 $v_o \approx v_i$，若 v_i 不变，输出电压 v_o 几乎不变，故其输出电阻很低，一般只有几欧至几十欧。

由于射极输出器有上述三个特点，它被广泛应用在电路的输入级、多级放大器的输出级或用于两级共射放大电路之间的隔离级。

2. 静态工作点计算

由图 3-24（b）所示射极输出器的直流通路，在基极回路列出下列方程：

$$\begin{aligned}V_{CC}&=I_{BQ}R_b+V_{BEQ}+I_{EQ}R_e\\&=I_{BQ}R_b+V_{BEQ}+(1+\beta)I_{BQ}R_e\end{aligned}$$

整理后得

$$I_{BQ}=\frac{V_{CC}-V_{BEQ}}{R_b+(1+\beta)R_e} \tag{3-21}$$

发射极电流是基极电流的（1+β）倍，故有

$$I_{EQ}=(1+\beta)I_{BQ} \tag{3-22}$$

$$V_{CEQ}=V_{CC}-I_{EQ}R_e \tag{3-23}$$

本章小结

本章是从第二章的“元器件”进展到由三极管与其他线性元件组成的放大“电路”。放大器是组成放大系统的最基本单元，它将三极管的电流放大转换为电压放大。掌握电压放大电路的基本特性是分析所有电子电路的重要基础。在这一章，读者必须掌握如下概念和原理，并初步熟悉电路分析的基本方法。

■ 对电压放大器的基本要求

（1）放大倍数应尽可能大些。

（2）信号放大时，应尽量避免失真，为此，放大器应有足够的线性放大区。

■ 单级电压放大器

（1）应理解电路的组成必须有具备放大功能的三极管，有保证三极管能正常放大的直流电源和基极偏置电路，应有将输出电流信号转换为电压信号的元件——集电极电阻等。

（2）应深刻理解放大器设置偏置电路的必要性：放大器如不设置基极偏流（$I_B=0$），信号将产生失真，这是因为，当信号为负半周时，三极管（NPN 型为例）的发射结因反偏而截止，致使信号无法传递；输入信号处于正半周时，若信号太小，三极管发射结处于死区范围，同样不能放大信号。为避免失真，放大器必须设置基极偏置电流，使放大器有一个合适的静态工作点，利用直流电流去驮载交流信号一起放大（使三极管发射结始终正

偏），再经过耦合电容的隔直作用，分离出放大后的交流信号输出至负载。

（3）应理解放大器工作时，既有直流分量，又有交流分量，用叠加原理可获得电路的总电量。初步建立放大电路是一种交直流共存电路的概念。掌握放大器的直流通路和交流通路的画法。学会电路的静态分析（无信号状态）和动态分析（有信号状态）。同时，必须牢记电路中各种电压、电流的符号规定，为今后学习奠定基础。

■ 要理解具有稳定工作点的放大电路

（1）该电路的基极偏置电路利用 R_{b1}、R_{b2} 串联分压提供基极电压 V_{BQ}，并通过 R_e，将电流 I_C 随温度变化的信息反馈到输入端。明确稳定工作点就是稳定 I_{CQ} 和 I_{EQ}。

（2）电路工作条件：有两点必须注意：① V_{BQ} 必须稳定不变且 V_{EQ} 应有一定的变化量，才能起调节作用，否则不能实现稳定静态工作点的目的。② 电路的工作条件是：ⓐ $I_2 \gg I_{BQ}$，$I_1 \approx I_2$，这样才能保证分压值 V_{BQ} 的稳定$\left(V_{BQ} \approx \dfrac{R_{b1}}{R_{b1}+R_{b2}}V_{CC}\right)$，基本不受 I_{BQ} 变化的影响。但是 I_2 值也不可太大，以免使 R_{b1}、R_{b2} 的功耗过大。ⓑ $V_{BQ} \gg V_{BEQ}$，$V_{EQ} \approx V_{BQ}$，这样，$I_E = \dfrac{V_{EQ}}{R_e} \approx \dfrac{V_{BQ}}{R_e}$，由于 V_{BQ} 基本恒定，因此可使 I_{EQ}、I_{CQ} 基本稳定。

■ 图解法和估算法是分析放大器的两种基本方法，图解法可以直观地了解放大器的工作原理，要熟练掌握直流负载线和交流负载线的画法，并深刻理解静态工作点选择不当会造成饱和失真和截止失真的道理。

■ 放大器的三种基本组态　由于三极管有三个电极，而放大器的输入端和输出端各需两个极，因此，对交流通路而言以三极管某一个极作为公共端，自然有三种组态，即共射、共集和共基电路。其中共射电路应用得较多，应掌握其工作原理和电路分析方法。共集电极电路又称射极输出器、射极跟随器。在电路形式上，它与共射电路有些相似，其实两者的电路特点是完全不同的。学习时，应把该电路的结构、特点、计算公式和电路分析作为重点。

■ 本章公式较多，读者应在理解的基础上记忆，切忌死记硬背、生搬硬套。关键是要能独立完成作业，在解题过程中，复习和巩固知识。培养自己良好的学习习惯和科学的思维方法。

习　题　三

3-1　对放大器有哪些基本要求？放大器的组成原则有哪些？

3-2　放大电路中，为什么要设置静态工作点？为什么一定要设置合适的静态工作点？

3-3 什么是放大器的直流通路和交流通路？两者画法的根据是什么？

3-4 请说出下列字符的含义：i_b、v_c、V_i、I_E、i_C。

3-5 如何理解放大器的输入电阻和输出电阻？对放大器的输入电阻和输出电阻有什么要求？为什么？

3-6 画出具有稳定工作点的放大电路的电路图，并回答它为什么能稳定工作点？

3-7 基本放大电路如图题 3-7、题 3-8 所示。已知 $V_{CC}=12$ V，三极管 $\beta=50$，$R_L=2$ kΩ。其余元件参数如图示。试：(1) 静态工作点；(2) 电压放大倍数；(3) 输入电阻和输出电阻。

3-8 上题中，如将三极管换成 $\beta=150$ 的三极管，其余参数不变，该电路能否起正常的放大作用？为什么？

3-9 在图题 3-9 中，已知 $R_{b1}=47$ kΩ，$R_{b2}=10$ kΩ，$R_c=3$ kΩ，$R_e=500$ Ω，$V_{CC}=12$ V，硅管 $\beta=40$。(1) 求静态工作点；(2) 如果换上 PNP 型管，则电路应怎样改动，才能使电路正常工作？

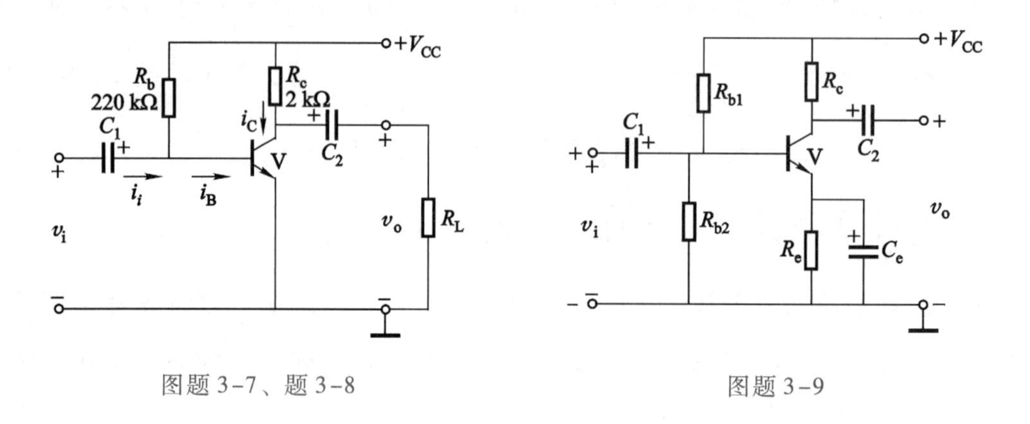

图题 3-7、题 3-8　　图题 3-9

3-10 试判断图题 3-10 中的电路能否实现交流电压放大作用？为什么？（设各电压和电阻都具有合适的值，输出端有隔直电容，图中未画出。）

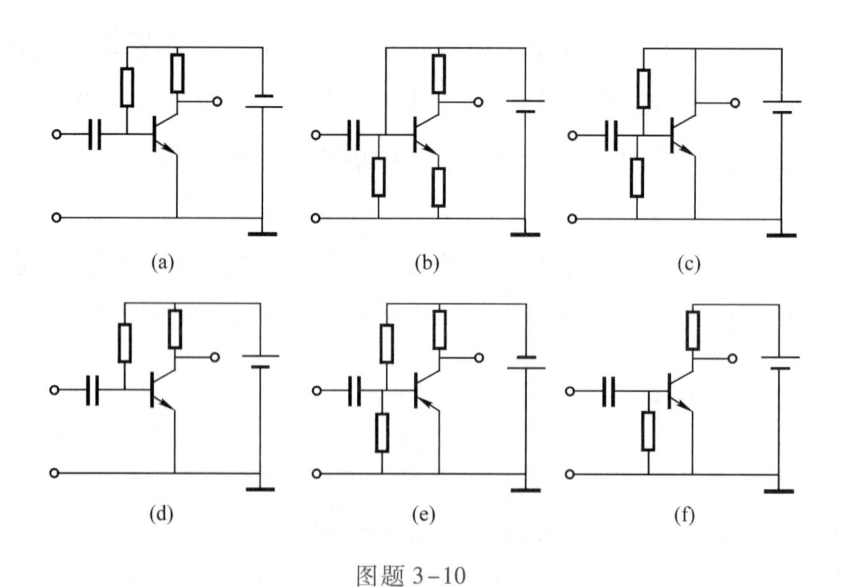

图题 3-10

3-11 在图题 3-11 中，已知三极管 $\beta=50$，$r_{be}=1\ k\Omega$，其余元件参数如图示．试：（1）估算放大器静态工作点；（2）求放大器的电压放大倍数；（3）如接上 4 kΩ 的负载电阻，问这时放大器的电压放大倍数下降到多少？

3-12 在图题 3-12 中，如单管放大器的 $V_{CC}=20\ V$，$R_c=5\ k\Omega$，$R_b=500\ k\Omega$，试用作图法求出该电路的静态工作点 I_{BQ}、I_{CQ}、V_{CEQ}。

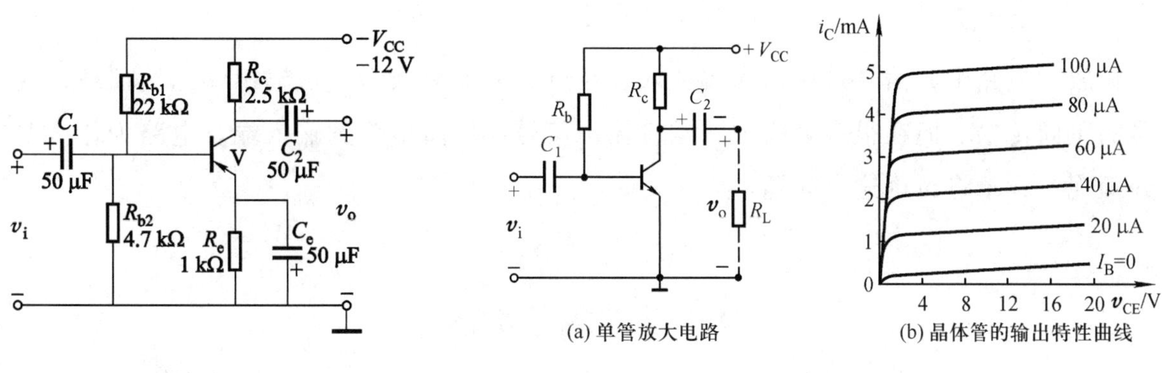

图题 3-11　　　　图题 3-12

3-13 在图题 3-12 中，如果 $V_{CC}=12\ V$，静态时 $V_{CE}=6\ V$，$I_C=1\ mA$，试作直流负载线。若三极管的 $\beta=55$，求出单管放大器的 R_c 及 R_b。

3-14 射极输出器电路如图题 3-14 所示。已知三极管 $\beta=50$，$V_{BEQ}=0.7\ V$。试估算其静态工作点。

3-15 如果在射极输出器的发射极电阻 R_e 上并联大容量的旁路电容，其后果如何？为什么？

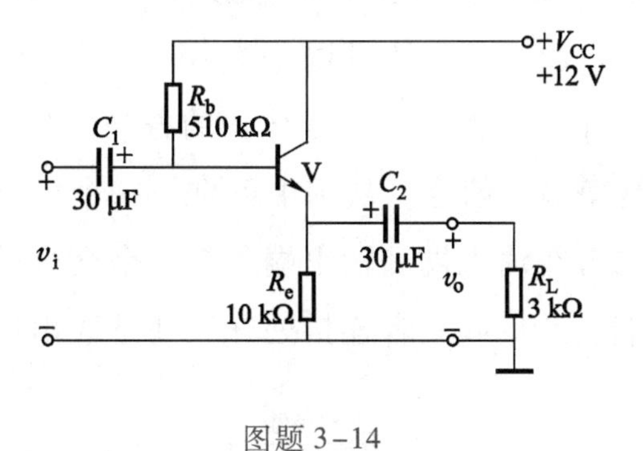

图题 3-14

第四章　负反馈放大电路

在放大电路中，信号是从输入端注入，经过放大器放大后，从输出端送给负载，这是信号的正向传输。但在很多电路中，常将输出信号再反向传输到输入端。电路为什么要这样处理呢？本章将讨论这个问题。

4.1　反馈的基本概念

4.1.1　什么是反馈

在放大电路中，从输出端把输出信号的部分或全部通过一定的方式回送到输入端的过程称为反馈。用于反向传输信号的电路称为反馈电路或反馈网络。凡带有反馈环节的放大电路称为反馈放大电路。被反馈的信号可以是电压也可以是电流。反馈放大器可以用图 4-1 所示框图来表示。图中，箭头表示信号传输的方向。X_i表示输入信号，X_o表示输出信号，X_f是反馈信号，X_i'是净输入信号。从图中可见，一个反馈放大器是由基本放大电路和反馈网络两部分组成。二者在输入端和输出端各有一个交合处。一个是基本放大电路的输出端、反馈网络的输入端以及负载三者连接处，该处是取出反馈信号的地方，故称取样

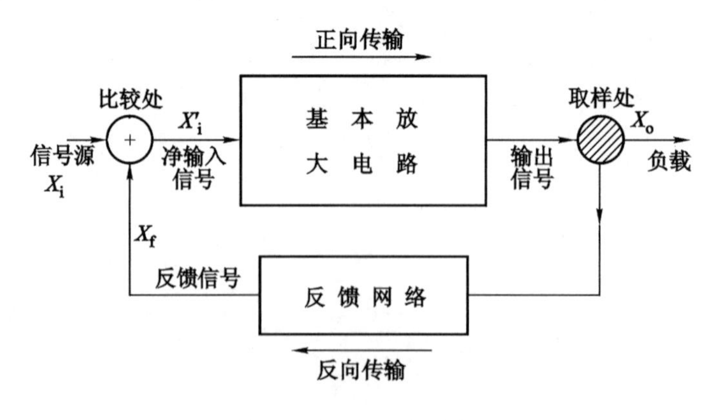

图 4-1　反馈放大器框图

处。另一个是基本放大电路的输入端、反馈网络的输出端以及信号源三者的汇合处，故称比较处。在该处，输入信号和反馈信号叠加得到净输入信号，送到基本放大电路的输入端。不难看出，反馈放大器与基本放大器有三点主要区别。一是它的输入信号是信号源和反馈信号叠加后的净输入信号，而不是由信号源单方提供的。二是它的输出信号在输送到负载的同时，还要取出部分或全部再回送到原放大器的输入端。三是引入反馈后，使信号既有正向传输也有反向传输，电路形成闭合环路。

4.1.2 反馈的基本类型

根据反馈信号是交流还是直流来分类，可分成直流反馈和交流反馈。根据反馈的极性来分类，可分为正反馈和负反馈。根据取样处的连接方式来分类，可分为电压反馈和电流反馈。根据比较处的连接方式来分类，可分为串联反馈和并联反馈。

1. 正反馈和负反馈

基本放大器的净输入信号是信号源的信号与反馈网络输出信号的叠加，当反馈信号与信号源的极性或相位相同时，叠加取二者之和，净输入信号比信号源提供的信号要大，这种反馈称为正反馈。反之，当反馈信号与信号源的极性或相位相反时，叠加取二者之差，净输入信号比信号源提供的要小，这种反馈称负反馈。

判断反馈是正反馈还是负反馈，可用瞬时极性法：先在放大器输入端设定输入信号对地的极性为“+”或“-”，再依次接相关点的相位变化情况推出各点信号对地的交流瞬时极性，再根据反馈到输入端（或输入回路）的反馈信号对地的瞬时极性判断，若使原输入信号减弱是负反馈，使原输入信号增强是正反馈。

例 4-1 试判断图 4-2 所示电路的反馈是正反馈还是负反馈。

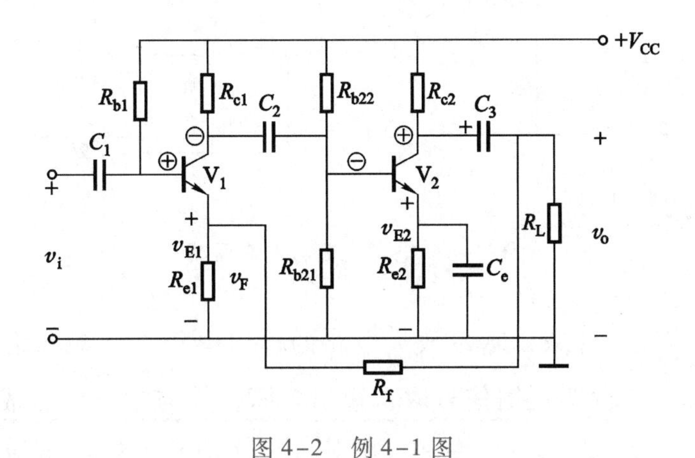

图 4-2 例 4-1 图

解 假定两级放大器输入端输入信号极性为上正下负，即 V_1 基极对地的极性为“+”，集电极倒相后对地极性为“-”，即 V_2基极为“-”，V_2集电极输出为“+”，通过 R_f反馈至 R_{e1}的电压对地极性为“+”，则净输入量 $v_{be}=v_i-v_f=v_i-v_{e1}$减小，可判断该反馈为负反馈。

例 4-2 判断图 4-3 所示电路中有无反馈存在，如有，属于何种反馈？

解 图 4-3 所示为分压式偏置电路，基极偏置电阻 R_{b1}和 R_{b2}对电源分压，为放大器提供稳定的 V_B。而 $I_E \approx I_C$，I_E在射极电阻上产生压降 $V_E = I_E \cdot R_e \approx I_C \cdot R_e$，其电压极性如图所示。放大器的净输入量为 $V_{BE}=V_B-V_E$。可见放大器的电流输出量 I_C通过 R_e转换成电压 V_E加给了输入端，所以存在反馈。而反馈量为 $V_F=V_E=I_C \cdot R_e$，R_e就是反馈元件。因为反馈元件 R_e并联了旁路电容 C_e，为交流信号提供了通路，消除了交流反馈的条件，所以放大器只有直流反馈。用瞬时极性法可判断如下：设 V_B某一时刻上升→V_{BE}↑→I_C↑→I_E↑→V_E↑$\xrightarrow{V_B\text{不变}}$$V_{BE}$↓。故为负反馈。

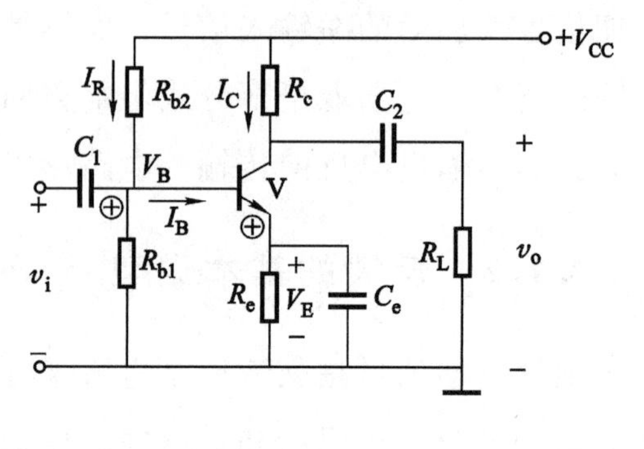

图 4-3 例 4-2 图

2. 电压反馈与电流反馈

在电路的取样处，基本放大电路的输出端、反馈网络的输入端和负载三者的连接方式，可有图 4-4 所示的电压反馈和电流反馈两种。

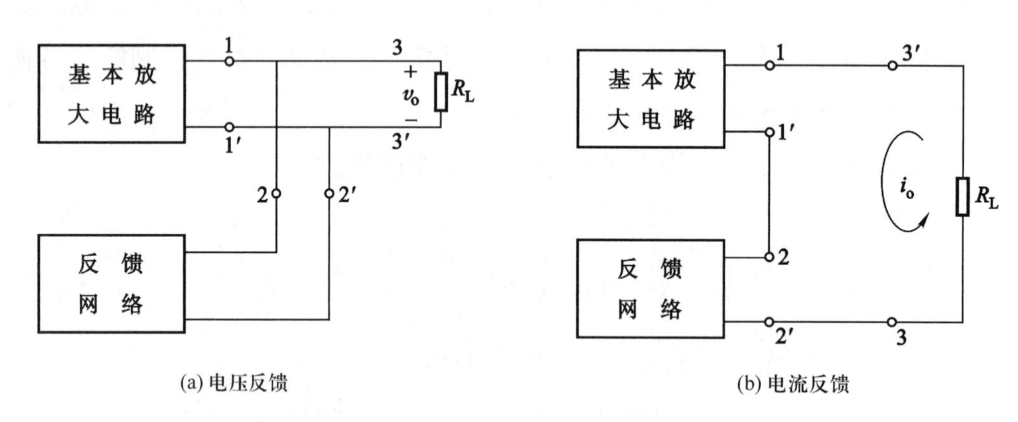

图 4-4 电压反馈与电流反馈

图 4-4（a）表示三者并联，基本放大电路的输出电压，反馈网络的输入电压和负载上得到的电压都相同，这说明反馈信号取自输出电压，并与输出电压成正比，这种反馈称为电压反馈。图 4-4（b）表示三者串联，则基本放大电路的输出电流、反馈网络输入端的输入电流和负载中流过的电流相同，这时反馈网络的输出信号与输出电流成正比，这种

反馈称为电流反馈。

判别的方法是，设想把输出端短路时，如反馈信号消失，则属于电压反馈；如反馈信号依然存在（由 i_o产生的反馈），则属于电流反馈。

3. 串联反馈与并联反馈

在电路的比较处，基本放大电路的输入端、反馈网络输出端和信号源三者之间的连接方式也有两种，图 4–5（a）表示三者串联，即放大器的净输入电压 X_i'是由信号源电压 X_i与反馈电压 X_f串联得到的，这种反馈称为串联反馈。这时，$X_i'=X_i-X_f$。如果放大器的净输入电压 X_i'是信号源电压 X_i与反馈电压 X_f并联得到的，那么这种反馈称为并联反馈。这时，输入到放大器的净输入电流 i_i'为信号源所提供的电流 i_i和由反馈电压 X_f形成的电流 i_f之差，即 $i_i'=i_i-i_f$。

判别的方法是：设想将输入端短路，若反馈电压为零则为并联型；反馈电压仍存在，则为串联型。值得注意的是，串联反馈总是以反馈电压的形式作用于输入回路，而并联反馈总是以反馈电流的形式作用于输入回路。

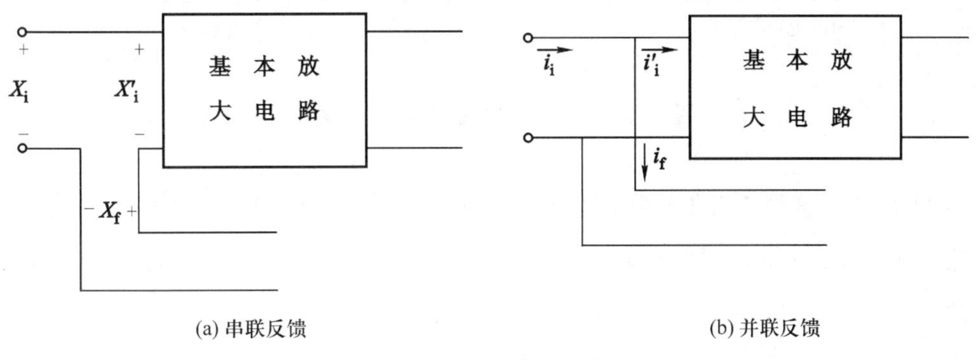

图 4–5　串联反馈与并联反馈

4. 反馈放大器的四种基本类型

根据以上讨论可知：根据反馈信号和输出信号的关系，可以分为电压反馈和电流反馈两类；根据反馈信号与输入信号的关系，又可分成串联反馈和并联反馈两类。显然，若同时考虑反馈网络的输入回路和输出回路，则负反馈电路可分为四种基本类型（正反馈也有四种类型，此处从略）。

① 电压串联负反馈

② 电压并联负反馈

③ 电流串联负反馈

④ 电流并联负反馈

根据图 4-4 和图 4-5，可进一步画出四种负反馈电路的框图，如图 4-6 所示。

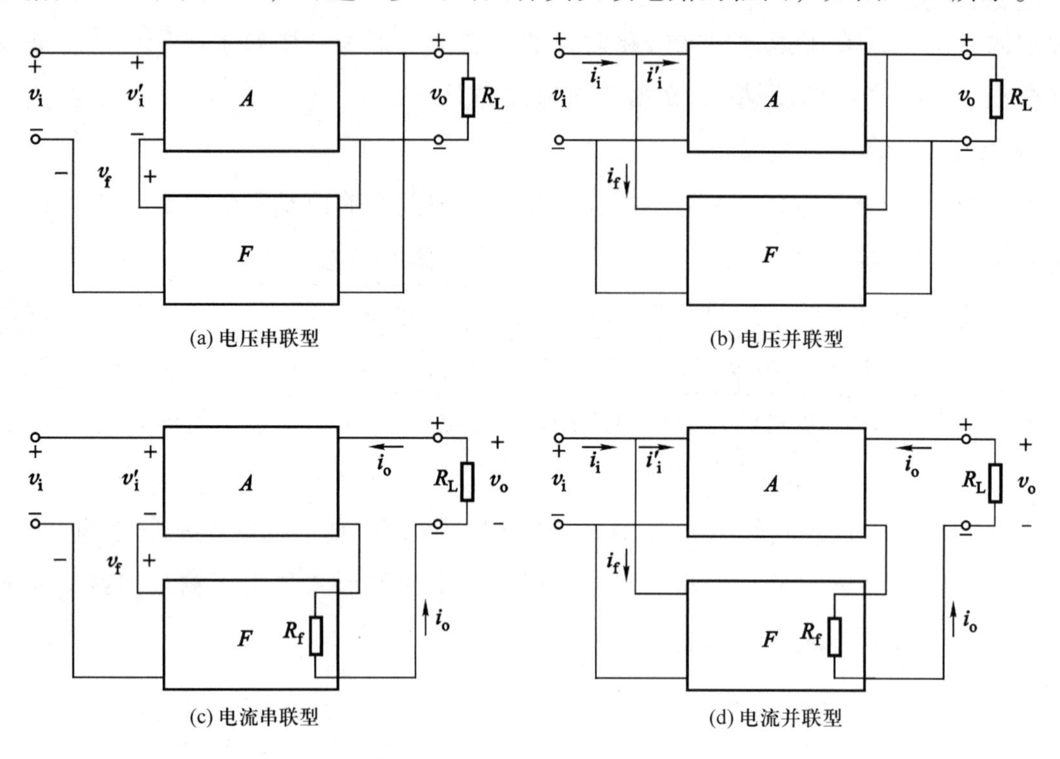

(a) 电压串联型　(b) 电压并联型

(c) 电流串联型　(d) 电流并联型

图 4-6　反馈放大器的四种基本类型

必须强调指出，这里提出的四种负反馈电路，并不是反馈形式的人为拼凑，而是实际电路的必然组合。每一种类型的负反馈电路，既有共性，又各有其特性，应注意重点掌握每种负反馈的电路特点以及反馈放大特性。

例 4-3　试判断图 4-7 所示电路的反馈类型。

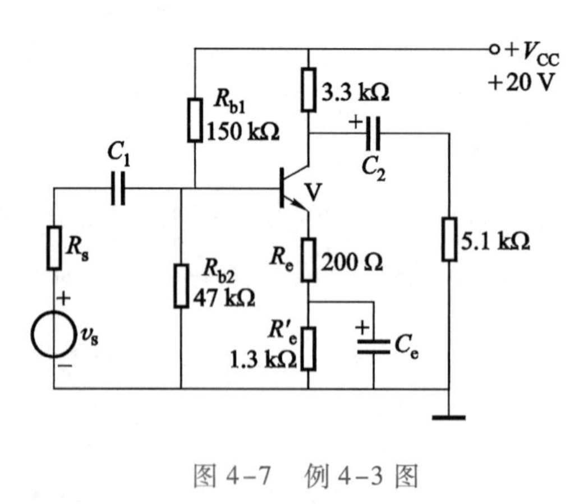

图 4-7　例 4-3 图

解　判断该电路的反馈类型，判断的思路是：

① 分析电路中是否存在反馈；

② 如果电路中确有反馈，判断其性质是正反馈还是负反馈；

③ 从输出回路分析反馈信号取自于输出电压还是输出电流，以判断它是电压反馈还是电流反馈。

④ 从输入回路分析反馈信号与原输入信号是串联还是并联，以判断它是串联反馈还是并联反馈。

具体分析如下：

① 在前面讨论基本放大器时，仅仅看到输出信号受输入信号的控制，而看不到输出信号对输入信号的影响。从本节讨论反馈概念可知，反馈放大器与基本放大器相比较，其显著特点是有一个联系输出回路与输入回路的反馈元件或反馈电路。在图 4-7 中，发射极电阻 R_e不仅是输出回路的一部分，也是输入回路的一部分。也就是说，通过 R_e的不仅有输出信号，而且也有输入信号。因而它能将输出信号的一部分取出来馈送给输入回路，从而影响原输入信号。由此可见，R_e是该电路的反馈元件，表明该电路确实存在着反馈。

② 用瞬时极性法来判断是反馈还是负反馈：设信号源瞬时极性为上正下负，加到三极管发射极的电压亦为上正下负，三极管的射极电流 i_e流经 R_e产生的压降就是反馈信号电压 v_f，它使加到发射结的纯输入信号电压 $v_{be}=v_i-v_f$比原输入信号电压 v_i小，故是负反馈。

③ 如将负载电阻 R_L短路，这时输出回路并不因负载短路而使反馈电流 i_e消失，说明反馈信号电压 v_f依然存在，因此，从输出端看，反馈属电流反馈。

④ 如将输入端短接，则反馈电压依然存在，故为串联反馈。从图中可以看出，反馈信号是与输入信号相串联，因此，可判断其为串联反馈。

综合以上分析，可以判断该电路是电流串联负反馈电路。

例 4-4 图 4-8（a）所示为另一负反馈放大电路，图 4-8（b）所示为它的交流通路，指出反馈类型。

解 从图 4-8（b）的交流通道中，可以看出，反馈信号取自于输出电压 $v_o=-i_c R_L'$，v_o越大，则 v_f也越大，它们之间成正比关系，故为电压反馈。从输入端看，反馈电阻 R_f与输入电路并联，而且，反馈信号虽然取自输出电压，但反馈到输入端却是以电流形式 i_f表现出来。并使净输入量$i_b=i_i-i_f$减少，故为并联反馈，总体来看，该电路是一个电压并联负反馈电路。

四种负反馈电路的比较见表 4-1。

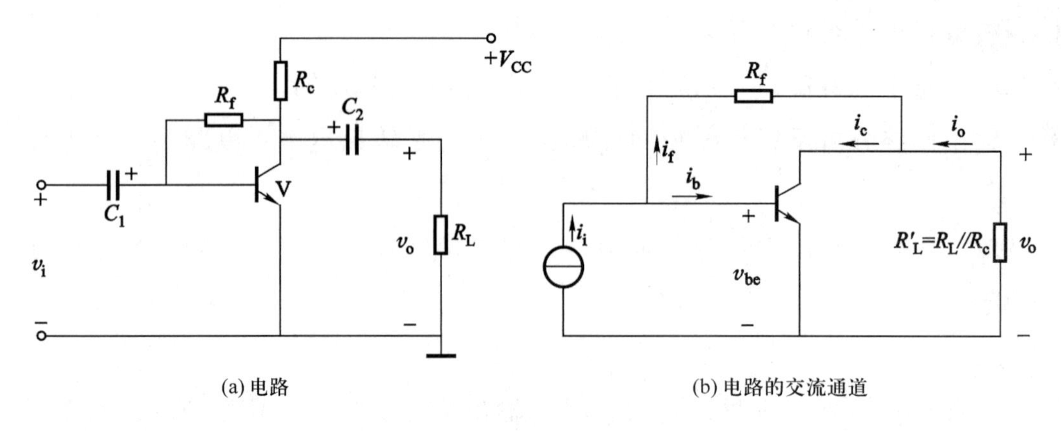

图 4-8　实例分析 4

表 4-1　四种负反馈电路的比较

比较项目		反馈类型			
		电压串联	电流串联	电压并联	电流并联
反馈作用形式	反馈信号取自	电压	电流	电压	电流
	输入端连接法	串联	串联	并联	并联
输入电阻		增大		减小	
输出电阻		减小	增大	减小	增大
被稳定的电量		输出电压	输出电流	输出电压	输出电流

表中有的结果读者可自行分析，为比较方便，在此一并列出。

4.2　负反馈对放大器性能的影响

掌握了反馈的基本概念后，就不难理解引入反馈信号，特别是引入负反馈信号的缘由了。虽然负反馈使放大器的增益下降，但却使放大器的多项性能指标得到改善，也就是说，负反馈以牺牲放大倍数为代价，来换取放大器性能指标的改善。下面就来讨论负反馈对放大器会产生哪些影响。

4.2.1　降低放大器的放大倍数，提高放大信号的稳定性

由图 4-1 所示反馈放大器的组成可见，在未接入负反馈之前，$X_f=0$，电路未形成闭合回路，此时的放大倍数称为开环放大倍数。这时，$X_i=X'_i$，相应的放大倍数为

$$A=\frac{X_o}{X_i'} \tag{4-1}$$

接入负反馈后，将反馈信号 X_f 与输出信号 X_o 之比，定义为反馈系数 F，即

$$F=\frac{X_f}{X_o} \tag{4-2}$$

净输入信号用 X_i' 表示，它是输入信号与反馈信号的差值，即

$$X_i'=X_i-X_f \tag{4-3}$$

不同类型的反馈电路，X_o、X_f、X_i、X_i' 应取不同的电量，例如，电压反馈电路的 X_o 应取电压，即 $X_o=v_o$，电流反馈电路的 X_o 应取电流，即 $X_o=i_o$，又如串联反馈电路的 X_f、X_i、X_i' 均应取电压（$X_f=v_f$，$X_i=v_i$，$X_i'=v_{be}$），并联反馈电路的 X_f，X_i，X_i' 均应取电流（$X_f=i_f$，$X_i=i_i$，$X_i'=i_b$）。

电路引入负反馈后，由于反馈元件连接了输出端与输入端，故电路成为一个闭合环路。环路闭合后输出信号 X_o 与环路输入信号 X_i 之比称为闭环放大倍数，记作 A_f，即

$$A_f=\frac{X_o}{X_i}=\frac{X_o}{X_i'+X_f}=\frac{1}{\frac{X_i'}{X_o}+\frac{X_f}{X_o}}=\frac{1}{\frac{1}{A}+F}$$

经整理后得

$$A_f=\frac{A}{1+AF} \tag{4-4}$$

由上式可知，引入负反馈后，放大器的闭环放大倍数降低了，且降低为原放大倍数的 $\left(\frac{1}{1+AF}\right)$。

从式（4-4）还可看出，当 $AF\gg1$ 时，$A_f\approx\frac{1}{F}$，这就是说，引入负反馈后，放大器的放大倍数只取决于反馈网络的反馈系数，而与基本放大器几乎无关。反馈网络一般是由一些性能比较稳定的无源元件（如 R、C 等）组成，因此，引入负反馈后放大倍数是比较稳定的。

4.2.2 减小非线性失真

无负反馈的放大器虽然设置了静态工作点，但由于三极管是非线性元件，在输入信号较大时，将产生波形失真，即非线性失真。假定输出的失真波形是正半周大负半周小，如图 4-9（a）所示。当放大器引入负反馈时（这里以引入电压串联负反馈为例，来说明它

是如何减小非线性失真的)，由于反馈电压正比于输出电压，即 $v_f \propto v_o$，使反馈电压 v_f 的波形也为正半周大，负半周小，将其反馈到输入端，与输入信号电压 v_i 串联，由于净输入电压 $v_i' = v_i - v_f$，使净输入电压为负半周大，正半周小，这种失真波形通过放大器放大后，对原输出电压正半周大负半周小的波形失真，起到一定的矫正和改善作用，如图 4-9（b）所示。

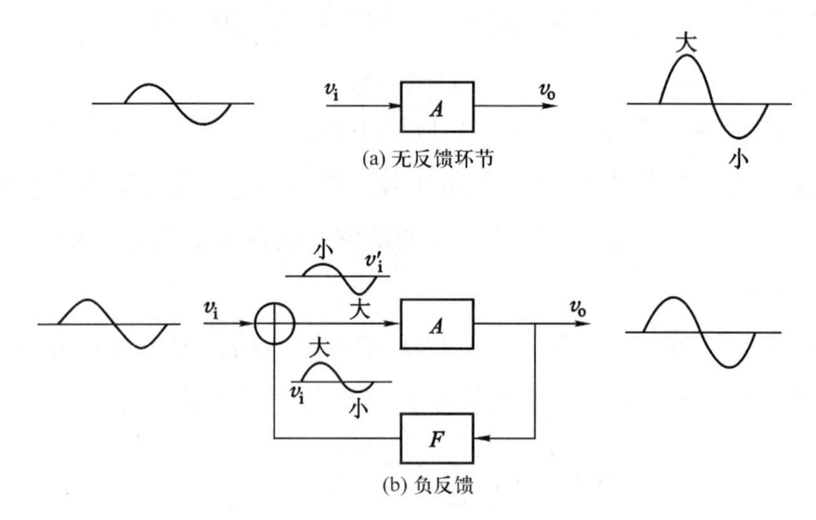

图 4-9 负反馈对非线性失真的改善

4.2.3 展宽频带

放大器引入负反馈后，放大倍数将减小，但负反馈对放大器中频区与高频区、低频区的放大倍数减小的程度是不同的。在中频区，放大器的放大倍数大，输出电压高，反馈电压也高，使放大倍数下降得就多，在高、低频区，放大倍数相对较小，输出电压和相应的反馈电压也小，因而放大倍数下降得就少，结果是放大器的幅频特性变得平坦，上限频率由 f_H 移至 f_{Hf}，下限频率由 f_L 移至 f_{Lf}，通频带变宽，如图 4-10 所示。

4.2.4 对输入电阻和输出电阻的影响

在负反馈电路中，负反馈对输入电阻和输出电阻的影响，可概括如下：

(1) 负反馈对输入电阻的影响，取决于它与输入电路的连接形式。

串联负反馈使放大器输入电阻增大，并联负反馈使放大器输入电阻降低。

(2) 负反馈对输出电阻的影响，取决于它与输出电路的连接形式。

电压负反馈使放大器的输出电阻降低，电流负反馈使放大器的输出电阻增大。

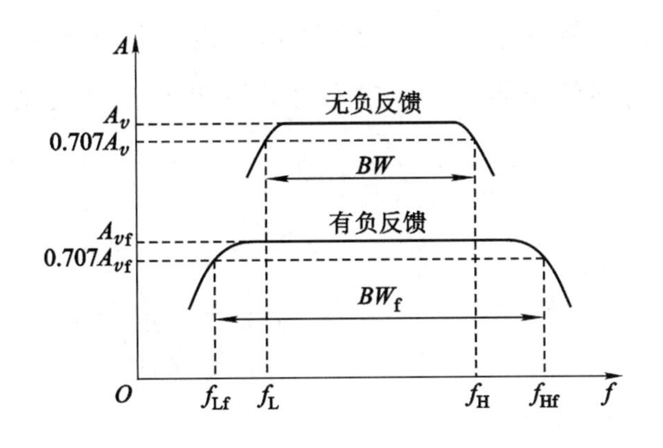

图 4-10　负反馈展宽频带

综上所述，电路引入负反馈后，可以改善放大电路的性能。因此，反馈被广泛应用于各种实际电路中。

*4.3　振荡的基本概念与原理

在上一节中，已经知道负反馈对放大电路的性能会产生一定影响。试想一下，如果电路引入正反馈，电路的工作情况又将是怎样变化呢？首先看一个熟悉的例子。

扩音机能将说话的声音通过话筒变成电信号，经放大后输送给扬声器，扬声器再把电信号还原成较强的声音。这是扩音机正常的工作过程。如果话筒与扬声器的位置较近或相互面对面，这时扬声器将发出很强的啸叫声，这是什么原因呢？这是因为声音进入话筒转变成微弱的电信号，经放大后输送给扬声器，转变成较大的声音，这声音又传给了话筒，再经放大、输出……如此循环往复，较微弱的声音就变成了刺耳的啸叫声。这种过程是一个正反馈过程，也是一种电声振荡现象。利用正反馈，合理地设计电路，就可使之成为一种能量转换装置，这就是本节要介绍的振荡电路。

前面讨论的放大器，在放大外来信号的过程中，都是利用三极管的电流放大作用把电源的直流电能转换成按信号规律变化的交流电能。这一节讨论的是正弦波振荡器。它无需外加信号，就能自动地把直流电能转换成具有一定频率和一定幅度的正弦波振荡。

从物理学中已经知道，在图 4-11（a）所示电路中，当开关接到 1 时，外加电压 V 向 C 充电，而后将开关接到 2，构成 LC 回路，在这个回路中，由于电感线圈和电容器交替充、放电，电容器中的电场能和电感线圈中的磁场能不断交替转换，就形成了 LC 自由振荡。在理想的 LC 回路中，自由振荡的波形为等幅正弦波。如图 4-11（b）所示。实际 LC

回路存在着损耗电阻 R，振荡波形如图 4-12 所示。由于每次充放电都要消耗能量，因此其振荡波形是持续有限时间的减幅振荡。这种振荡显然是没有实用价值的。

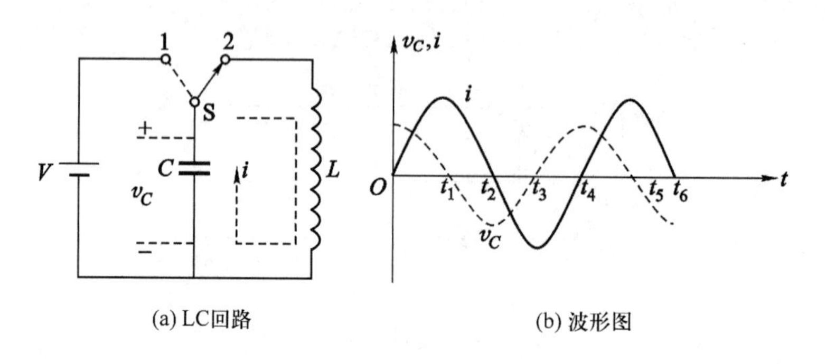

(a) LC回路　　(b) 波形图

图 4-11　LC 自由振荡波形

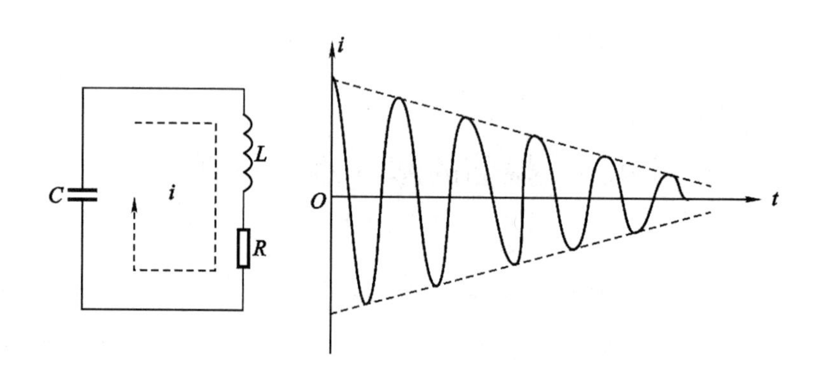

图 4-12　减幅振荡波形

4.3.1　自激振荡原理和振荡平衡条件

下面通过图 4-13 所示电路，说明自激振荡的基本原理。

当开关拨向“1”时，放大器输入端与信号源 v_i 接通，v_i 经放大后，在 LC 回路产生信号电压，并经 L_2 耦合加到负载 R_L 上，这种工作状态称为“他激”状态。当开关突然拨向“2”时，LC 回路的电压通过 L_1 与 L 的互感耦合，从 L_1 上获得感应电压 v_f。如果选定电感的同名端和匝数比 N_1/N，使 v_f 与输入信号同相位，同幅度，于是反馈信号 v_f 就可取代输入信号 v_i。这时，仍可维持 LC 回路的振荡。这种无需外加信号而靠振荡器内部反馈作用维持振荡的工作状态称为自激状态。这种依靠反馈维持振荡的振荡器称为反馈式自激振荡器。

自激振荡器的电路组成包括两个基本环节：放大器和反馈网络。图 4-14 所示为自激振荡器的方框图。

由图 4-14 可见，当振荡器维持等幅输出时，以下三式必须同时成立，即

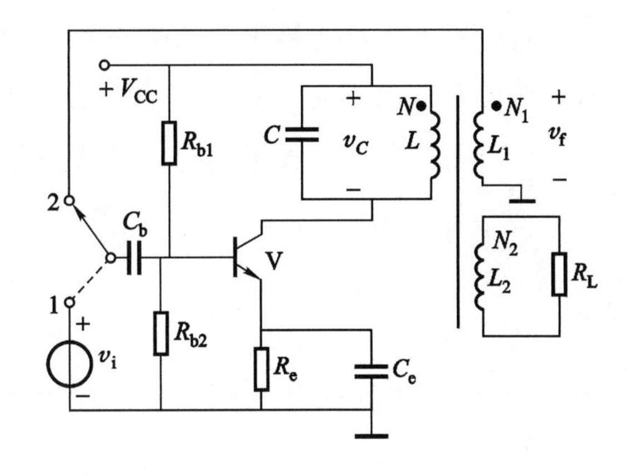

图 4–13　自激振荡基本原理

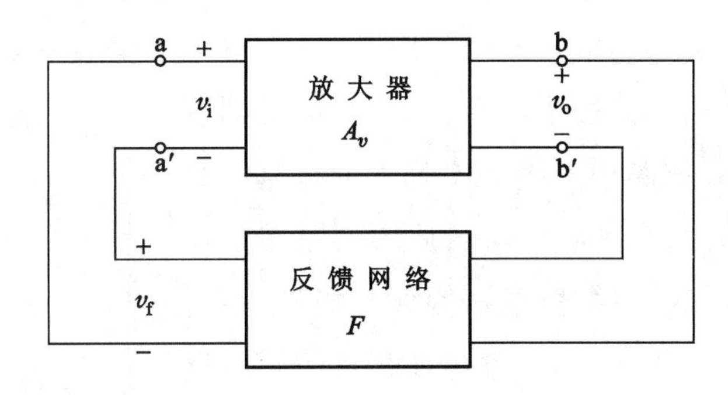

图 4–14　自激振荡器框图

$$v_f = v_i, \quad v_f = v_o F, \quad v_o = A_v v_i \tag{4-5}$$

上列各式就是维持等幅振荡的条件。它包括两方面内容。

（1）相位平衡条件

即反馈信号必须与输入信号同相位，即反馈极性必须是正反馈。

（2）振幅平衡条件

指反馈信号的振幅必须满足一定数值，才能补偿振荡器的能量损耗。也就是说，反馈信号 v_f的振幅应等于输入信号 v_i的振幅，根据式（4–5）可得出振幅平衡条件

$$A_v F = 1 \tag{4-6}$$

要使振荡器产生振荡，除满足上述两个条件外，还必须先给它一个起振的初始信号。这个初始信号不是图 4–13 电路中的外加信号，而是电路内部的噪声或者是从接通电源的瞬间获得。在接通电源瞬间，三极管的 i_b和 i_c从零突然变到某一数值，形成初始的冲击信号的信号，这个冲击信号包含着多种频率成分，经 LC 回路选出频率为 f_o的信号，通过变压器耦合，一部分送到负载，另一部分正反馈回送到输入端，再进行放大。在振荡初期，

$A_v \cdot F>1$，使振荡越来越强，当振荡电流大到超出三极管的线性区而进入非线性区时，A_v将减小，使$A_vF=1$，振幅不再增加而保持稳定。因此，自激振荡器在电源接通瞬间还必须满足起振条件即$A_vF>1$，保证LC回路的振荡从无到有，从小逐渐增大，直到满足平衡条件为止。

4.3.2　LC振荡器

LC振荡器是由电感L和电容C组成的振荡电路。常用的有变压器反馈式、电感反馈式和电容反馈式三种。

1. 变压器反馈式LC振荡器

电路结构如图4-15所示。从组成上看，与图4-14类似，不同的是省略了开关和外加信号v_i，其反馈网络由二次绕组L_2和C_b组成，C_b是隔直流的耦合电容。

该振荡器工作原理如下：接通电源，i_B、i_C从无到有而产生冲击信号，在LC回路中产生频率为f_0的振荡，其中一部分信号耦合到L_2，并经L_2反馈回放大器基极。设某瞬时基极电压极性为正，集电极电压因倒相极性为负，按图中同名端的符号可以看出，L_2上端电压极性为正，反馈回基极的电压极性为正，满足相位平衡条件。同时，只要变压器L_1与L_2匝数比恰当，即可满足振幅起振条件，进入三极管的非线性区后，就可自动满足振幅平衡条件。

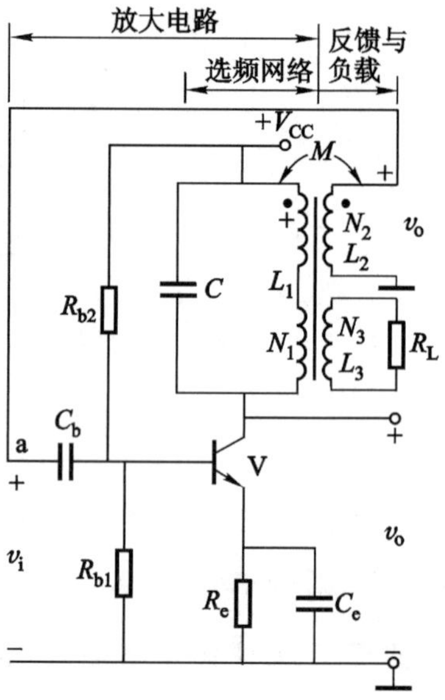

图4-15　变压器反馈式LC振荡器

以上分析的是共射集电极调谐变压器反馈式振荡电路，此外还有共射基极调谐，共基射极调谐等变压器反馈式振荡电路。

变压器反馈式振荡电路容易起振，振荡频率一般为几千赫至几兆赫。

2. 电感反馈式振荡器

这种振荡器又称电感三点式振荡器。从电路的交流通路（忽略偏置电阻）来看，三极管的三个电极分别与LC回路中L的三个点相连，故而得名，如图4-16所示。从图中可以看出，反馈线圈不用互感耦合而用中间抽头的自耦变压器形式，集电极电源从线圈抽头接入，通过部分绕组L_1送到集电极。

该电路只要电感抽头位置适当，振幅起振条件就能满足。用瞬时极性法，设基极电压瞬时极性为“+”，则集电极为“-”，LC回路另一端为“+”，反馈回基极为“+”，满足

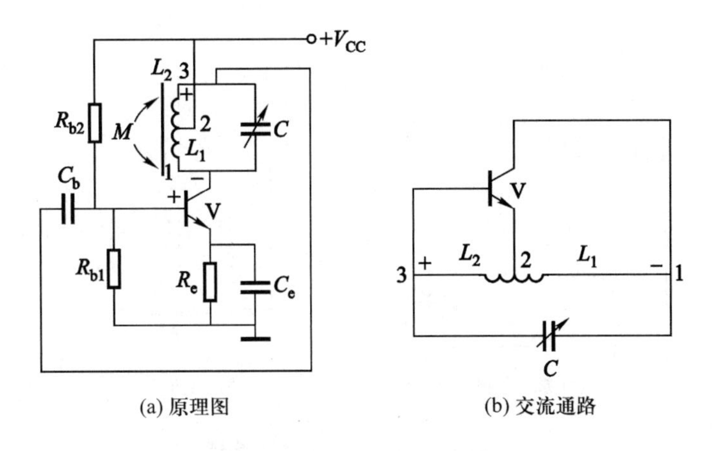

图 4-16　电感三点式振荡器

相位平衡条件，所以电路能够起振。

电路振荡频率为

$$f_0=\frac{1}{2\pi\sqrt{(L_1+L_2+2M)C}} \tag{4-7}$$

式中，M 为线圈 L_1、L_2之间的互感系数。

这种振荡电路易起振且振幅大，振荡频率可达几十兆赫。缺点是振荡波形失真较大。

3. 电容反馈式振荡器

这种振荡器又称电容三点式振荡器，如图 4-17 所示。在电路结构上与电感反馈式的区别有两点：第一是 LC 回路中，将电感支路与电容支路对调，且在电容支路中将电容 C_1、C_2接成串联分压形式，通过 C_2将电压反馈到基极；第二是在集电极加接电阻 R_c，用以提供集电极直流通路。

在图 4-17（b）所示交流通路中，三极管的三个电极与电容支路的三个点相接，电容三点式由此而得名。

适当调节 C_1、C_2的比值，改变反馈量，就能满足振幅起振条件。如果基极电位瞬时极性为“+”，则集电极为“−”，LC 回路“1”端为“−”，C_1、C_2连接点接地，LC 回路的另一端“3”为“+”，C_2上的电压反馈到基极为正，与原假设信号相位相同，满足相位平衡条件，因而电路起振。其振荡频率为

$$f_0=\frac{1}{2\pi\sqrt{L\dfrac{C_1C_2}{C_1+C_2}}} \tag{4-8}$$

电容三点式振荡器输出波形好，振荡频率可高达 100 MHz，缺点是频率范围较小。

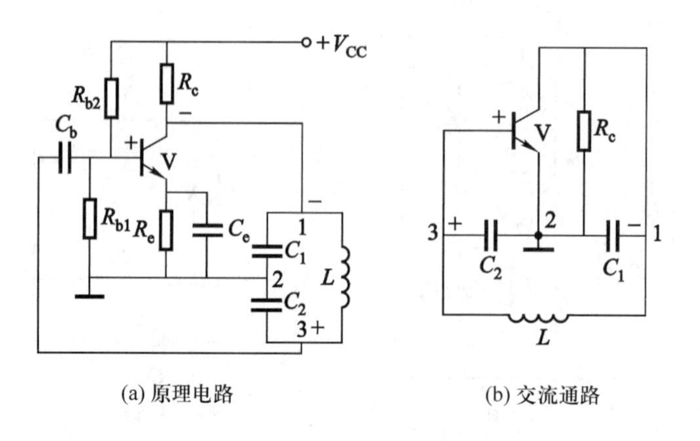

图 4-17　电容三点式振荡器

综上所述，不论电感三点式或电容三点式振荡器，为了满足相位平衡条件，它们在电路组成上（对交流通路而言）都必须遵循以下规则：接在发射极与集电极，发射极与基极之间的电抗必须为同性质电抗（同为电容或同为电感），接在集电极与基极之间的电抗必须为异性质电抗（前者为电容后者应为电感，前者为电感时后者应为电容）。通常将这个规则称为三点式振荡器的组成法则，可用来检查实际的三点式振荡电路是否正确。

4. 改进型电容反馈式振荡器

从电容反馈式振荡器的电原理图可以看出：三极管极间电容 C_{be} 和 C_{ce} 分别与 C_1、C_2 并联，构成了振荡电容的一部分。由于极间电容是不稳定电容，它们随着温度的变化或更换管子等因素而变化，因此会造成振荡频率的不稳定。

改进的措施是在 LC 回路的电感支路串入小容量电容 C，如图 4-18 所示。由于 $C \ll C_1$，$C \ll C_2$，使三个电容串联的等效电容近似等于 C。因而振荡器的振荡频率近似为

$$f_0 \approx \frac{1}{2\pi\sqrt{LC}} \tag{4-9}$$

从上式可以看出，电路的振荡频率基本与 C_1、C_2 无关，因此相对削弱了三极管极间电容的影响。在改变 C_1、C_2 的比例以调节反馈电压时，对振荡频率影响很小，此种电路振荡波形好，频率稳定。缺点是用作频率可调式振荡器时，输出幅度随频率而下降。

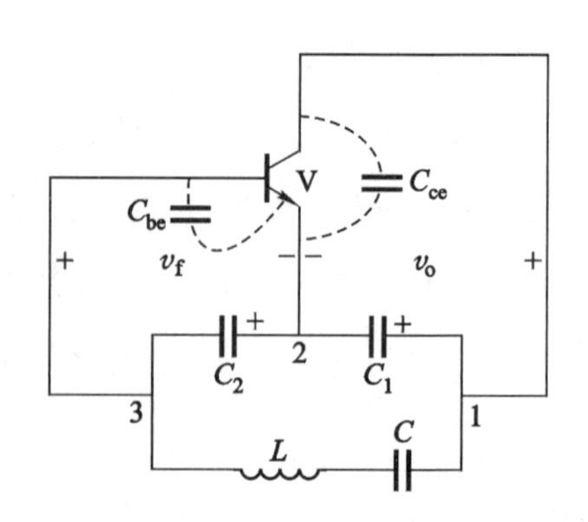

图 4-18　改进型电容反馈式振荡器

例 4-5　分析图 4-19 所示各电路能否构成正弦波振荡器？试说明原因。图中，C_b，C_e，C_c 均为隔直电容或旁路电容，它们在振荡频率上的容抗很小，近似

短路。

解 （a）图电路中，没有基极偏置电路，无基极偏流，故三极管不能进行放大，因此也就无法产生振荡。

（b）图电路中，集电极的直流通路被阻断，$I_{CQ}=0$，因三极管不能进行放大，也就不可能产生振荡。

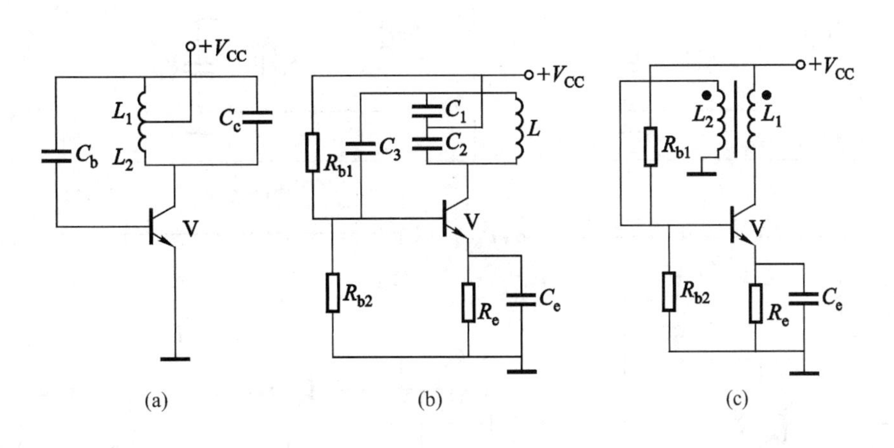

图 4–19　例 4–5 图

（c）图电路中，没有选频回路，而且 L_2并接在 R_{b2}上，将 R_{b2}短接，无法加偏置，因此不能形成正弦波振荡器。

例 4–6　试画出图 4–20 中各电路的交流通路。并用相位平衡条件判断哪些电路能产生振荡，哪些不能，说明理由。对于不能振荡的电路，应如何改接才能产生振荡。

解　各电路的交流通路，如图 4–21 所示。

（a）图中 L_2为反馈元件，根据瞬时极性法判断为负反馈电路，故不能产生振荡。只有将变压器的引出线端对换一下，同名端连接正确才有可能产生振荡。

（b）图中 L_1为反馈元件，根据瞬时极性法，设基极极性为正，则集电极为“–”，L_1上端为“+”，L_1下端为“–”（L_1下端对 L_2下端而言为“+”，如图 4–20（b）所示）。由于 L_1上端接电源，相当于交流接地，所以 L_1下端的极性对地为“–”，故为负反馈。亦不能产生振荡。将 L_1两端的外连接线对调，才有可能振荡。

（c）图中 C_1作为反馈元件，但反馈信号需通过 R_{b1}、R_{b2}构成回路，信号压降太大，可能无法起振。如在 R_{b2}两端并联一只电容，构成反馈信号的回路，就有可能起振。

（d）图中 L_2为反馈元件，且系正反馈，如满足振幅平衡条件，就可以起振。

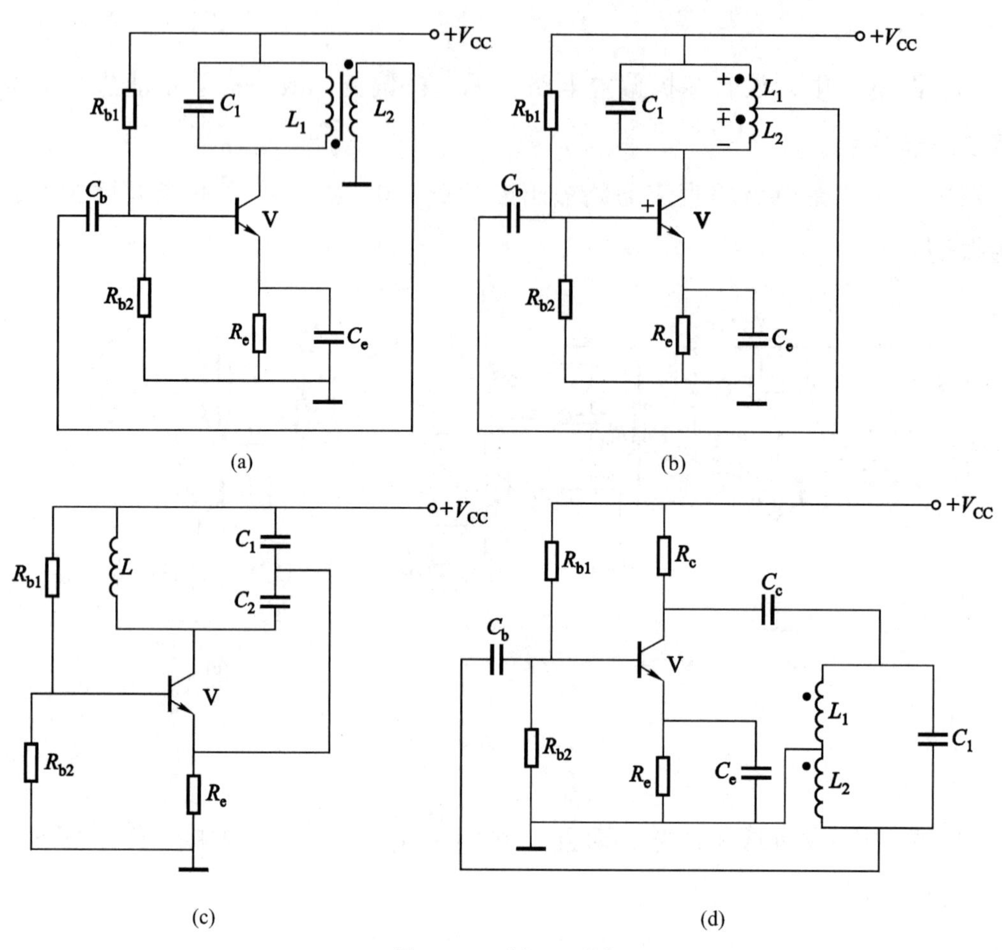

图 4-20　例 4-6 图

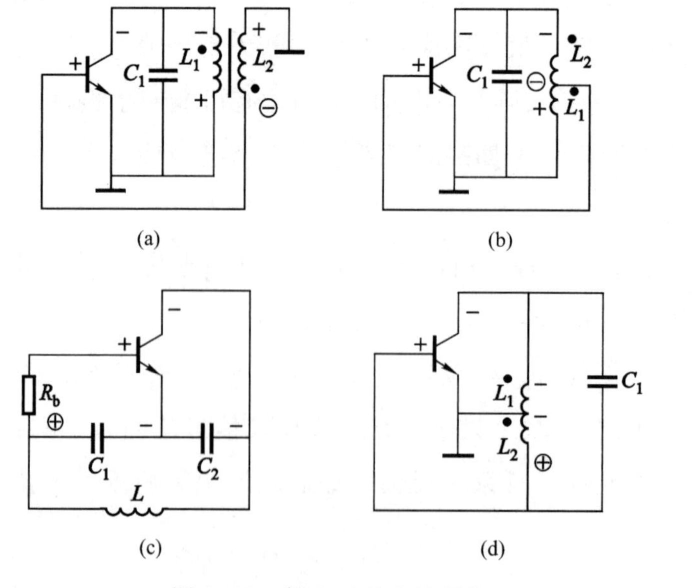

图 4-21　例 4-6 的交流通路

4.3.3 RC 振荡器

LC 振荡器一般用来产生频率为几百千赫至几百兆赫的振荡。如果要产生几千赫或更低频率的振荡时，则 L 和 C 的取值就相当大，而大电感、大电容的制作比较困难，且成本高。采用下面介绍的 RC 振荡器，则显得方便而经济。

RC 振荡器是用 RC 选频电路来代替 LC 振荡器中的 LC 选频回路，其工作原理是相似的。本节简单介绍 RC 振荡器中常用的 RC 桥式振荡器。

1. RC 串并联电路的选频特性

桥式振荡器电路由 RC 选频反馈网络和两级阻容耦合同相放大器两部分组成，如图 4-22 所示。

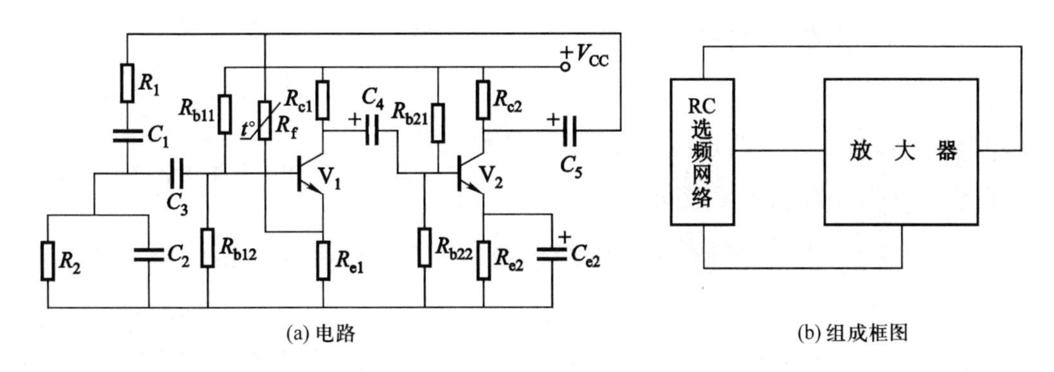

图 4-22 RC 桥式振荡器

为便于讨论，先将图 4-22（a）的 RC 串并联电路单独画出，如图 4-23（a）所示。假定信号电压 v_1 从 A、C 两端输入，经选频后的电压 v_2 从 B、C 两端输出。

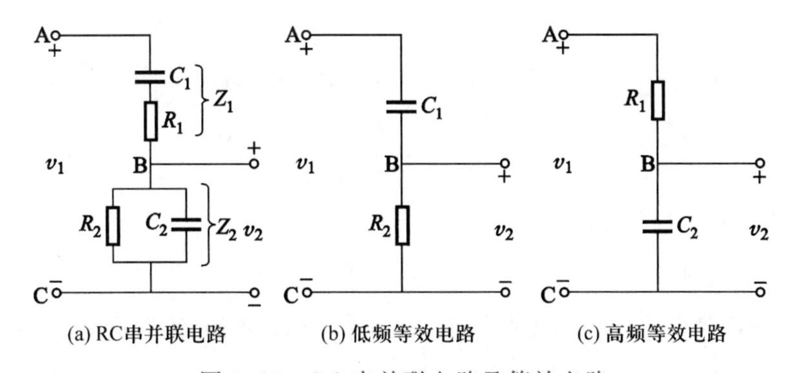

图 4-23 RC 串并联电路及等效电路

下面分析该电路的幅频特性与相频特性。

（1）输出电压 v_2 的幅频特性

① 输入信号频率较低时　在 RC 串并联电路中，C_1、C_2 容抗均很大。在 R_1C_1 串联部

分，$X_{C1} \gg R_1$，因此 R_1 上的分压可忽略。在 R_2C_2 并联部分，$X_{C2} \gg R_2$，因此，C_2 的分流量可忽略。这时的串并联网络等效于图 4-23（b）。从该图可看出，信号频率越低，X_{C1} 越大，R_2 分压越小，v_2 幅度就越小。

② 输入信号频率较高时　C_1、C_2 容抗均很小，此时的 RC 串并联等效电路如图 4-23（c）所示。从图中可以看出，信号频率越高，X_{C2} 越小，分压越小，v_2 幅度就越低。

RC 串并联电路的幅频特性曲线如图 4-24（a）所示。从图可知，只有在谐振频率 f_0 上输出电压振幅最大，偏离这个频率，输出电压振幅迅速减小，这就是 RC 串并联网络的选频特性。

（2）v_2 与 v_1 的相频特性

输出电压 v_2 与输入信号电压 v_1 的相位随信号频率的变化关系，称为相频特性如图 4-24（b）所示。

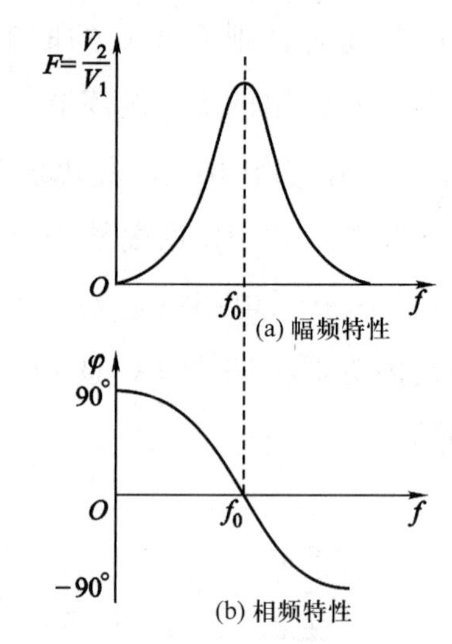

图 4-24　RC 串并联电路的频率特性曲线

从图中可以看出，当信号频率 f 等于谐振频率 f_0 时，v_2 与 v_1 的相位差 φ 等于零，即 v_2 与 v_1 同相位。

从上述分析可得出如下结论：当信号频率 f 等于 RC 电路的选频频率 f_0 时，输出电压 v_2 振幅最大，且与 v_1 同相。这就是 RC 串并联电路的选频原理。如果放大器为同相放大器即输出电压与输入电压同相，则将 RC 串并联电路作为反馈网络，当振荡频率等于 f_0 时，反馈回来的电压作阻性分压，不产生相移，这样就能满足自激振荡的相位条件而有可能产生振荡。

理论证明，当 $R_1=R_2=R$，$C_1=C_2=C$ 时，RC 串并联选频电路的选频频率为

$$f_0=\frac{1}{2\pi RC} \tag{4-10}$$

这时，v_2 幅度对 v_1 幅度的比值等于 1/3。

2. RC 桥式振荡电路

图 4-22 所示 RC 桥式振荡电路中，由 V_1、V_2 组成两级阻容耦合共射极同相放大器，通过具有选频作用的 RC 串并联反馈网络，将输出信号反馈到 V_1 输入端，若 RC 串并联电路的选频频率为 f_0，则只有频率为 f_0 的电压反馈到输入端，RC 选频网络对它的相移为零，才满足自激振荡的相位条件。从幅度来看，此时得到的反馈电压最大。只要放大器有合适的放大倍数（大于 3 倍），就能满足振幅条件而产生振荡。为减小振荡波形的失真和提高

电路稳定性，图中引入负反馈电阻 R_f，构成电压串联负反馈放大器。

将图 4-22 中的 RC 选频网络和负反馈电阻 R_f、R_{e1}，单独画出，即可组成如图 4-25 所示的电桥电路，这种 RC 振荡器又称文氏电桥振荡器。

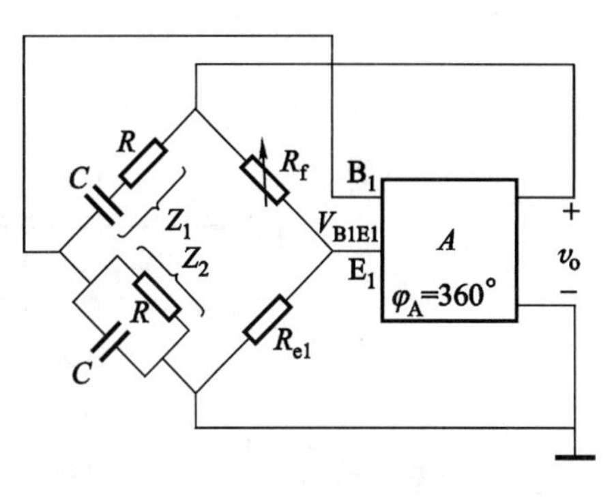

图 4-25　桥式选频电路

如将图 4-25 中的 RC 串并联选频网络改接成图 4-26所示结构，可获得振荡频率范围宽且连续可调的效果。从图中可以看出，用双连开关 S 切换不同的电阻，可以实现粗调，直接旋动双连可变电容器 C 的旋钮，可改变其容量实现细调。这种振荡器的振荡频率可从几赫调到几千赫。

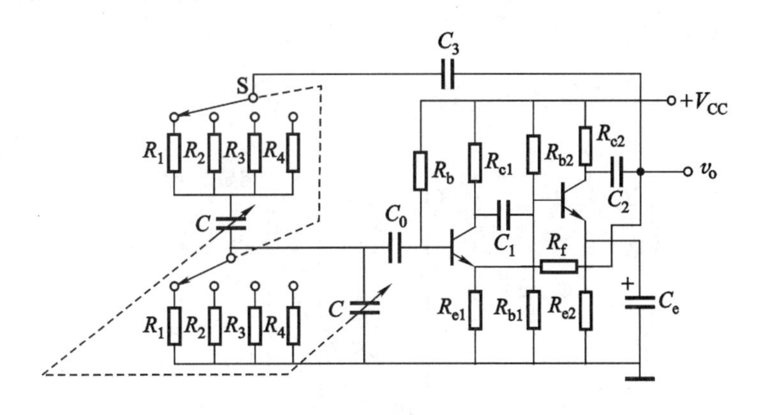

图 4-26　具有可调频率的 RC 选频振荡器

4.3.4　石英晶体振荡器

振荡器的振荡频率主要由它的选频网络的参数来决定。由于环境温度变化或电源电压波动等因素的影响，导致 L、C 或 R、C 参数的变化，因此，无论是 LC 振荡器还是 RC 振荡器，其振荡频率是不够稳定的。在要求振荡频率稳定度高的电子电路和设备中，需要一种高 Q 值、高稳定的振荡器，它就是本节介绍的石英晶体振荡器。

1. 石英晶体的压电效应与等效电路

天然石英是二氧化硅（SiO_2）晶体，将它按一定方位角切成薄片，称为石英晶体。在晶片的两个相对表面喷涂金属层作为极板，焊上引线作为电极，再用金属壳、玻壳或胶壳封装即制成石英晶体，如图 4-27 所示。

若在石英晶体两电极间加上电压，晶片将产生机械形变；反之，若在晶片上施加机械压力使其发生形变，则将在相应方向上产生电压。这种物理现象称为压电效应。如果在晶

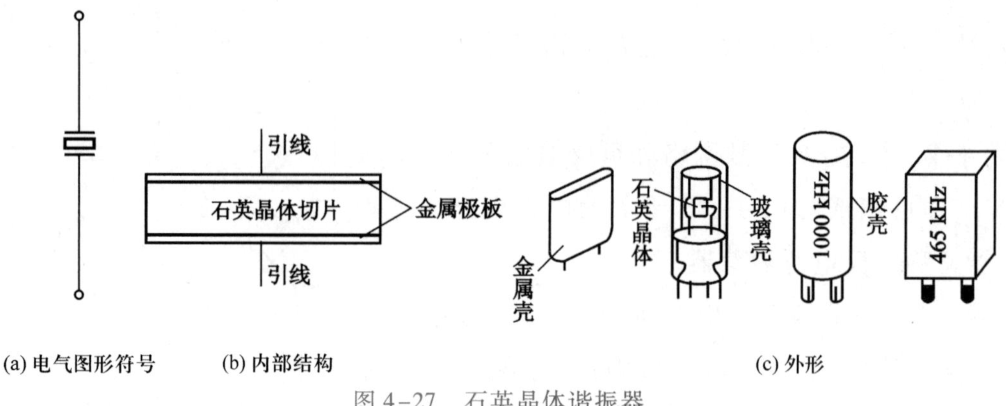

图 4-27　石英晶体谐振器

体两电极间加上交变电压，则晶片将产生相应的机械振动。当外加交变电压的频率与晶体固有振动频率相等时，通过晶体的电流达到最大，这就是晶体的压电谐振。产生谐振的频率称为石英晶体的谐振频率。

石英晶体谐振器的等效电路和频率特性如图 4-28 所示。

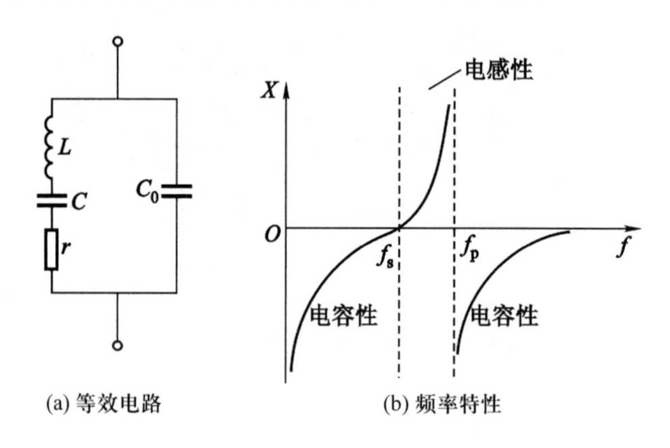

图 4-28　石英晶体谐振器的等效电路与频率特性

对等效电路中的“等效元件”作如下说明：

（1）C_0　可以看作晶体不振动时，相当于一只由两极板和晶体介质组成的平板电容器的静态电容。它与晶片的几何尺寸和电极的面积有关。C_0一般约几皮法至几十皮法。

（2）L　石英晶体振动时的振动惯性，用电感 L 等效。L 的值约为 $10^{-3} \sim 10^{-2}$ H。

（3）C　相当于晶片的弹性，用电容等效。

L 和 C 的值与晶体的切割方式、晶片和电极的尺寸、形状等有关。

（4）R　晶片振动时因摩擦而造成的损耗。它的阻值约为 100 Ω。

由于晶片的等效电感 L 很大，而等效电容很小，根据 $Q=\frac{1}{R}\sqrt{\frac{L}{C}}$ 可知，石英晶体谐振器

的 Q 值很高，一般约 $10^4 \sim 10^6$。

从石英晶体谐振器的等效电路可以看出，它可以产生两个谐振频率。

（1）当 R、L、C 支路发生串联谐振时，等效于纯电阻 R，阻抗最小，其串联谐振频率为

$$f_S = \frac{1}{2\pi\sqrt{LC}} \tag{4-11}$$

（2）当外加信号频率高于 f_S 时，X_L 增大，X_C 减小，R、L、C 支路呈感性，可与 C_0 所在电容支路发生并联谐振，其并联谐振频率为

$$f_P = \frac{1}{2\pi\sqrt{L\dfrac{C \cdot C_0}{C+C_0}}} = \frac{1}{2\pi\sqrt{LC}}\sqrt{1+\frac{C}{C_0}}$$

即

$$f_P = f_S\sqrt{1+\frac{C}{C_0}} \tag{4-12}$$

石英晶体的电抗-频率特性如图 4-28（b）所示。从图中可以看出，凡信号频率低于串联谐振频率 f_S 或高于并联谐振频率 f_P 时，石英晶体均呈容性。只有信号频率在 f_S 和 f_P 之间才呈感性，在感性区域，石英晶体的电抗随频率急剧变化。

2. 石英晶体振荡电路

石英晶体振荡器的实用电路有两种类型。一类为串联型，晶体工作在串联谐振频率 f_S 上，阻抗最小，可组成正反馈网络。另一类为并联型，晶体工作在 f_S 与 f_P 之间，起电感作用。

（1）串联型石英晶体振荡器

该振荡器如图 4-29 所示。图中石英晶体接在由 V_1、V_2 组成的两级放大器的正反馈网络中，当振荡器频率等于晶体的串联谐振频率 f_S 时，石英晶体呈纯电阻性，阻抗最小，正反馈最强，使电路满足自激振荡条件。对于谐振频率 f_S 以外的频率，石英晶体阻抗较大，且不是纯电阻性，相移亦不为零，不能满足振荡条件，电路不会起振。在正反馈电路中串入电阻 R_s，可用于调节反馈量的大小。R_s 过大，则反馈量小，电路不易起振；R_s 过小，反馈量过大，会导致波形失真。

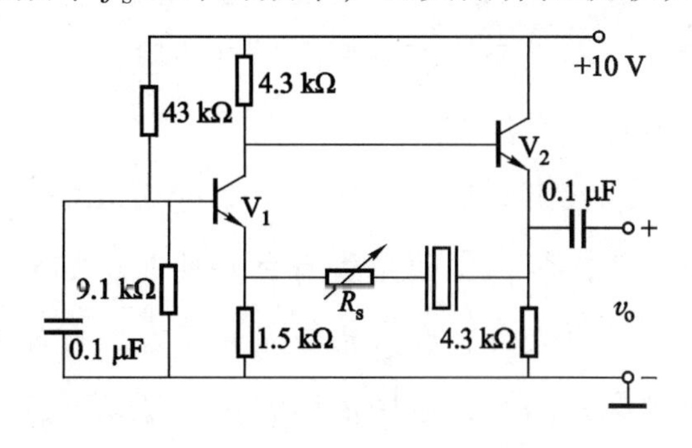

图 4-29　串联型石英晶体振荡器

（2）并联型石英晶体振荡器

这类石英晶体振荡器的应用电路很多。下

面以图 4-30 所示电路为例分析其工作原理。图（a）中 V_1 与石英晶体组成并联型石英晶体振荡器，V_2 组成共射极放大电路用来放大振荡信号，V_3 组成射极输出器，输出振荡信号。

图 4-30（b）是（a）图中晶体振荡器的交流通路，从图中可以看出，当石英晶体等效为感性电抗时，它与 C_1C_2 构成电容三点式振荡电路。其振荡频率为

$$f_0=\frac{1}{2\pi\sqrt{LC_\Sigma}}$$

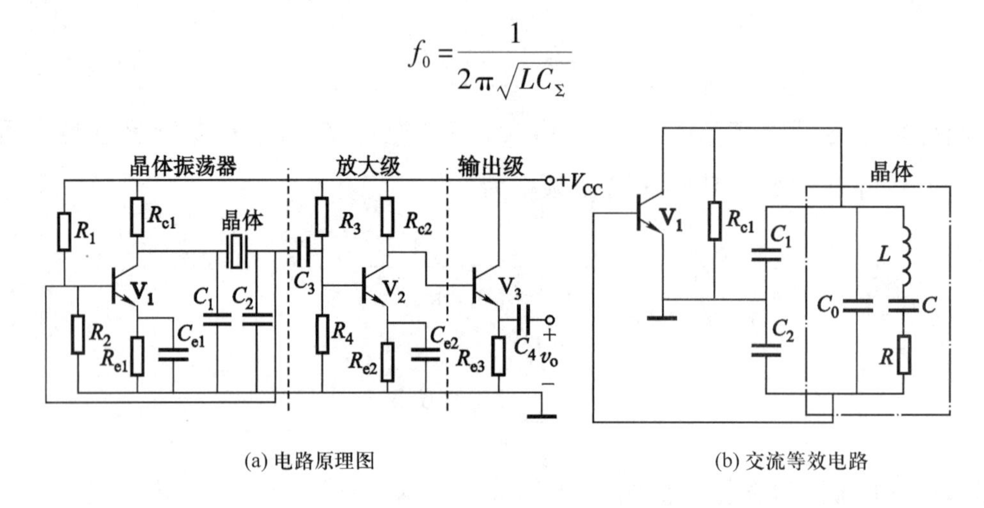

图 4-30　ZXB-1 型石英晶体振荡电路

式中

$$C_\Sigma=\frac{CC_0'}{C+C_0'}\qquad C_0'=C_0+\frac{C_1C_2}{C_1+C_2}$$

本 章 小 结

如果说，前三章教材是学习电子技术的基础，则本章的内容，无论从深度和难度来看，都有了较大提高。本章的特点是：概念新、名词术语多、理论分析抽象。因此，会给学习带来一定困难。为此提出如下学习建议，供读者学习时参照。

■　应深刻理解反馈的基本概念　反馈是将输出电流（或电压）的一部分或全部送回到输入端。反馈这一概念带有普遍性，不仅电子技术中应用反馈，在自动控制系统中，更要经常应用反馈。

本章讲解反馈是从以下角度切入的：放大电路性能的优劣，除了考虑放大倍数之外，还需考虑其他方面是否有良好性能，如放大器能否带动负载，是否会影响信号源工作，放大时是否失真，放大倍数是否稳定，频率特性是否理想等。这一章讨论负反馈放大器就是针对这些问题，运用反馈原理，把信号组成一个闭环系统，有目的地去改善某些性能，优化放大系统的特性。

■ 应整体把握反馈的相关知识体系：

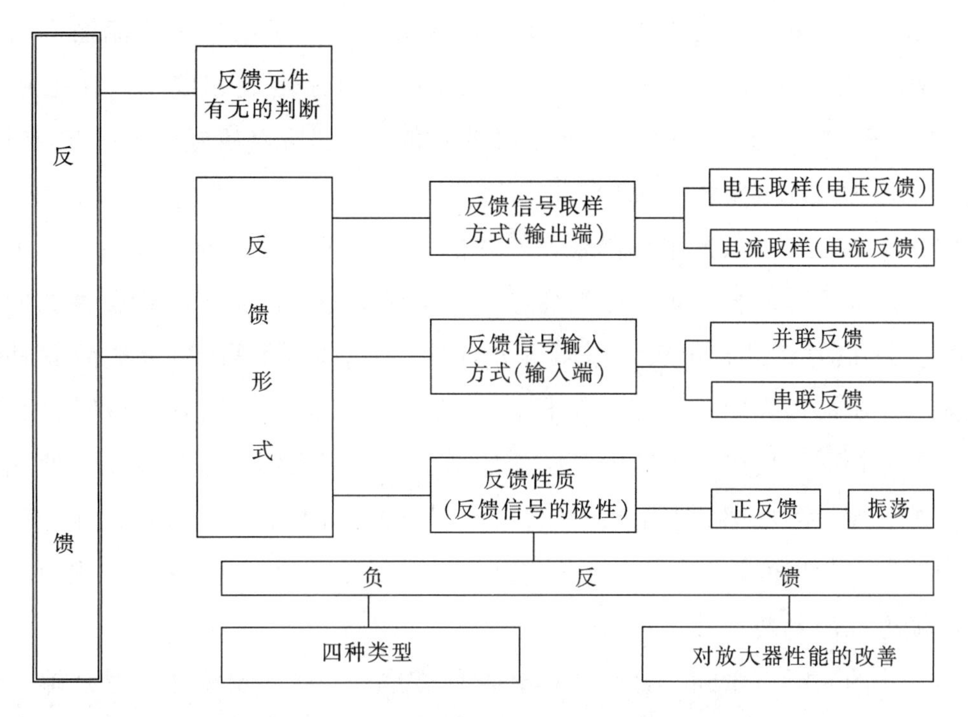

在把握反馈的整体知识体系的同时，必须理解和掌握以下知识点。

(1) 反馈元件有无的判断

从反馈的定义出发，放大电路中，必须有沟通输出、输入回路的元件或支路（反馈网络），才能形成反馈，因此，寻找这个元件（或支路）就成为判断有无反馈的关键。较明显的反馈元件自然不难找到。但有些反馈元件是隐含的，以射极输出器为例，表面看，发射极电阻 R_e，很难看出是反馈元件，但从它的交流通路来看，集电极是输入回路和输出回路的公共端，如图 4-31（a）、（b）所示。因此，R_e既是输出回路的电阻，又是输入回路的电阻，它将输出电压全部反馈到输入端。因此，R_e是反馈元件。

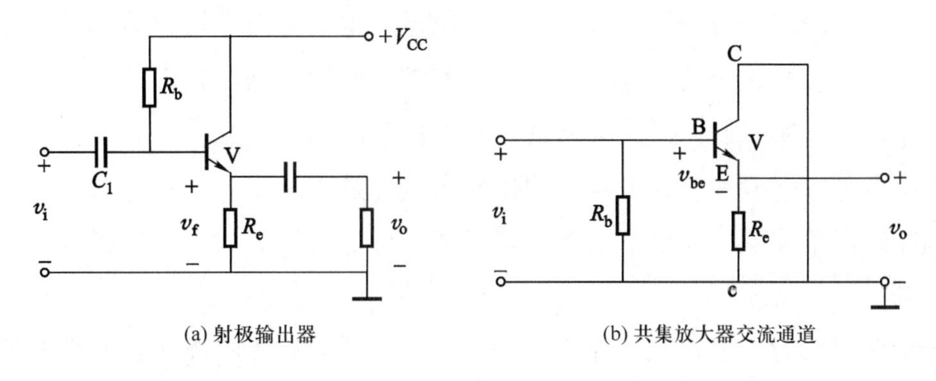

图 4-31 反馈元件的判断

（2）应用瞬时极性判断

应掌握以下几个要点：① 瞬时极性是在输入端任意假定的一个交流输入信号的瞬时极性（一般都以交流地作为参考点），切勿与该点的直流电位相混淆。在电路图中标注“+”号，表示该点电位在某一瞬间比静态时的电位高。（所以最好读成“电位升高”，而不要读成“电位为正”，以免与静态时电位的“正”“负”相混淆。）反之，注“-”号表示该点电位比静态时低（读成电位降低）。② 信号经共射极放大器传递时，凡由集电极输出的信号与原输入信号反相，瞬时极性变号；由发射极输出的信号，则极性相同，其瞬时极性不变号。③ 信号经耦合电容、电阻等元件传递时，一般只产生衰减而瞬时极性不会改变。信号经变压器传递时，同名端的极性一致。④ 当信号反馈到基极时，反馈信号与原假设信号极性相同，使放大器纯输入电流的增加即为正反馈；极性相反，使纯输入电流减小为负反馈。如信号反馈到发射极，当反馈信号极性与原输入信号极性相同时，是负反馈。（因为反馈信号使净输入信号电压 v_{be} 减小了。）反之，两者极性相反，则为正反馈。

（3）反馈方式的判断

对反馈方式的判断应做到“抓住规律，记住方法”。① 根据反馈信号从输出端取样方式，可确定是电压反馈还是电流反馈。如为电压负反馈（取样 v_o）可稳定输出电压，使输出电阻减小。如为电流负反馈（取样 i_o）可稳定输出电流，使输出电阻增大。② 根据反馈信号在输入端与原输入信号的叠加方式，可以判断是串联反馈还是并联反馈。若以电压叠加方式输入，是串联反馈；若以电流叠加方式输入，则是并联反馈。此外，根据经验，从反馈输入端来看，从共射放大器基极输入为并联反馈；从发射极输入则为串联反馈。串联负反馈使输入电阻增大，并联负反馈使输入电阻变小。

■ 应重点掌握正弦振荡电路的工作原理、振荡产生与否的判断方法。已经知道，放大器受输入信号的控制、没有输入信号就没有输出，因此，它不是振荡器。如果引入适当的正反馈电路，将输出信号反馈到输入端，当满足一定条件时，可以取消输入信号，利用反馈信号作为输入信号，维持放大器输出信号的频率幅度不变。这时，放大器就成了频率为 f_0 的等幅振荡器。实质上，振荡电路就是带正反馈的选频放大器。自激振荡必须满足起振条件和平衡条件。一般来说，关键是相位平衡条件是否满足。相位平衡条件可用瞬时极性法进行判断，简单地说，只要电路存在正反馈即可。对三点式振荡电路，可用三点式组成法则来判断。

在分析振荡电路时，要记住以下几个步骤：① 检查电路是否具有放大、反馈、选频网络三个组成部分。② 检查放大器有无稳定工作点的偏置电路，放大器能否正常工作。③ 分析是否满足相位和振幅的起振和平衡条件。

习 题 四

4-1 什么是反馈？什么是正反馈和负反馈？用什么方法判断，举例说明。

4-2 如何判断一个放大器是否引入反馈？什么是反馈元件？如何判断一个元件是否为反馈元件？

4-3 什么是电压反馈、电流反馈，如何判断？试各举一例说明之。

4-4 什么是串联反馈、并联反馈，如何判断？试各举一例说明之。

4-5 负反馈放大器有哪四种类型？分别画出这四种电路的电路图。

4-6 如何分析一个带有负反馈的实际电路？试举一例说明之。

4-7 电压负反馈为什么能稳定输出电压？电流负反馈为什么能稳定输出电流？

4-8 串联负反馈为什么能提高输入电阻？并联负反馈为什么会减小输入电阻？

4-9 负反馈为什么能改善放大器的性能指标？举例说明之。

4-10 试判断图题 4-10 所示放大器的反馈类型。若 $R_e=2\ \text{k}\Omega$，$R_f=100\ \Omega$，$R_L=2\ \text{k}\Omega$，试求闭环电压增益。

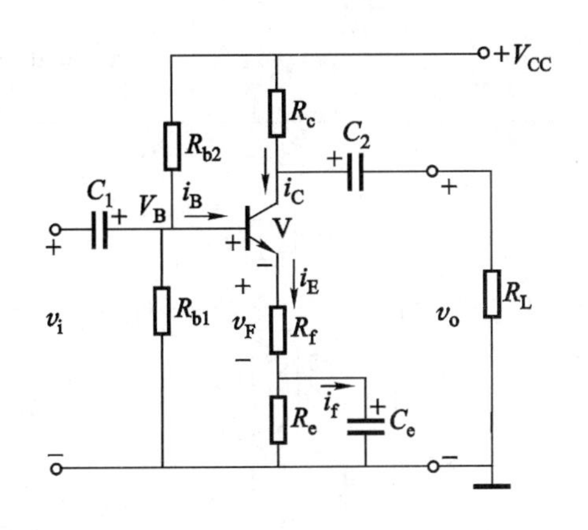

图题 4-10

***4-11** 在图题 4-11 所示电路中，标出反馈支路，判别反馈的极性和类别。

4-12 振荡器由哪几部分组成？各部分的作用是什么？

4-13 振荡器的起振需满足哪些条件？这些条件的含义是什么？

4-14 试分别画出变压器反馈式、电感三点式和电容三点式振荡器的典型电路，并简述各自的工作原理。

4-15 试用瞬时极性法判断图题 4-15 所示各电路能否满足相位平衡条件？并说明判断过程。

4-16 图题 4-16 所示为晶体管收音机的本机振荡电路。

（1）在图中标出振荡线圈一次、二次绕组的同名端；

（2）若将 L_{2-3}的匝数减少，会对振荡器造成什么影响？

（3）试计算：$C_4=10$ pF 时，在 C_5的最大变化范围内，振荡频率的可调范围。

4-17 试分析 RC 串、并联电路的选频原理，并判断图题 4-17 所示电路能否起振？

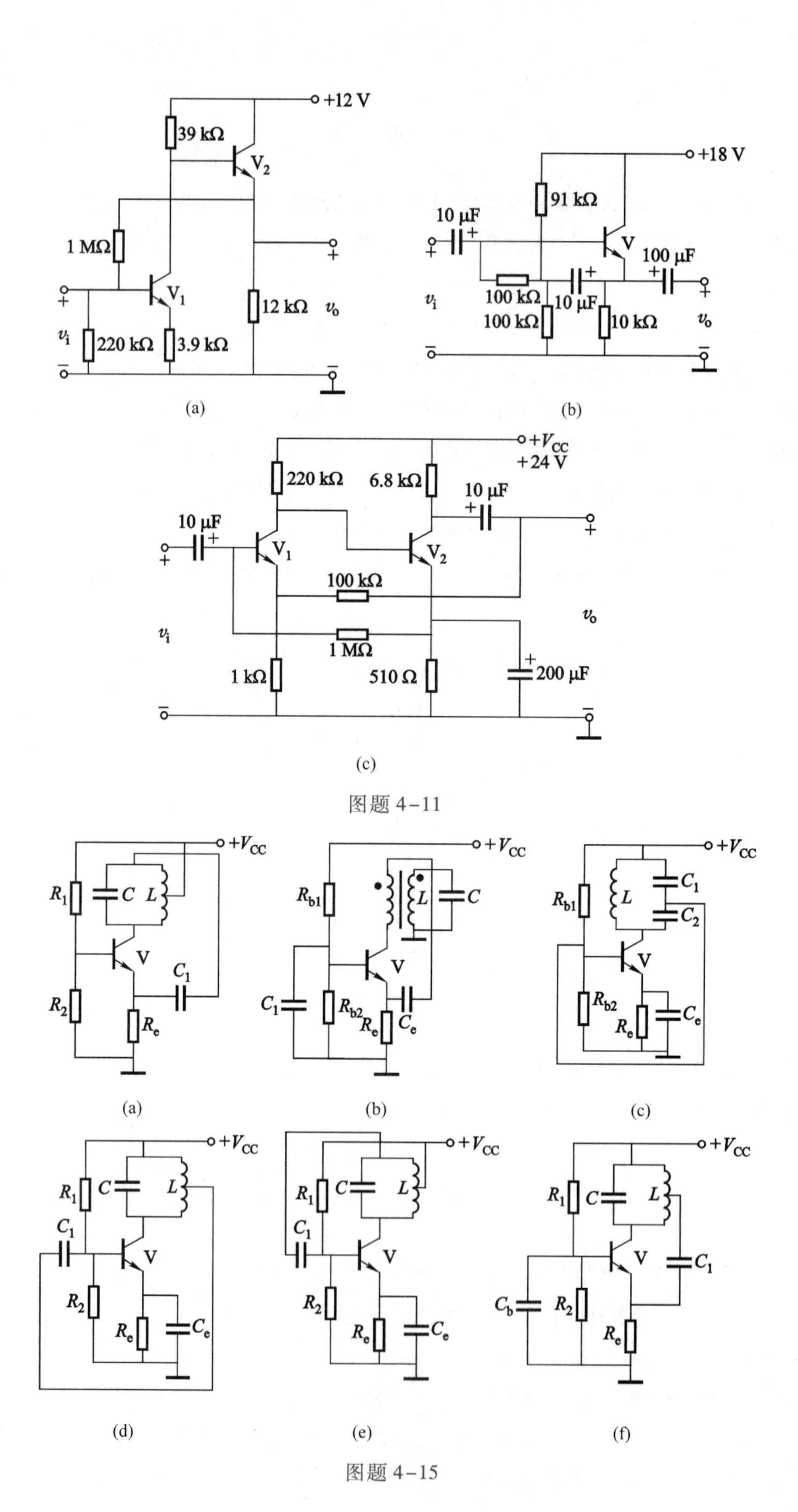
+12 V
39 kΩ
V_2
1 MΩ
V_1
12 kΩ
v_i
v_o
220 kΩ
3.9 kΩ
(a)
+18 V
91 kΩ
10 μF
V
100 μF
100 kΩ
10 μF
100 kΩ
10 kΩ
(b)
$+V_{CC}$
+24 V
220 kΩ
6.8 kΩ
10 μF
10 μF
V_1
V_2
100 kΩ
1 MΩ
1 kΩ
510 Ω
200 μF
(c)
R_1
R_2
R_e
C_1
C
L
V
R_{b1}
R_{b2}
C_e
C_2
C_b
(a)
(b)
(c)
(d)
(e)
(f)

图题 4-11

图题 4-15

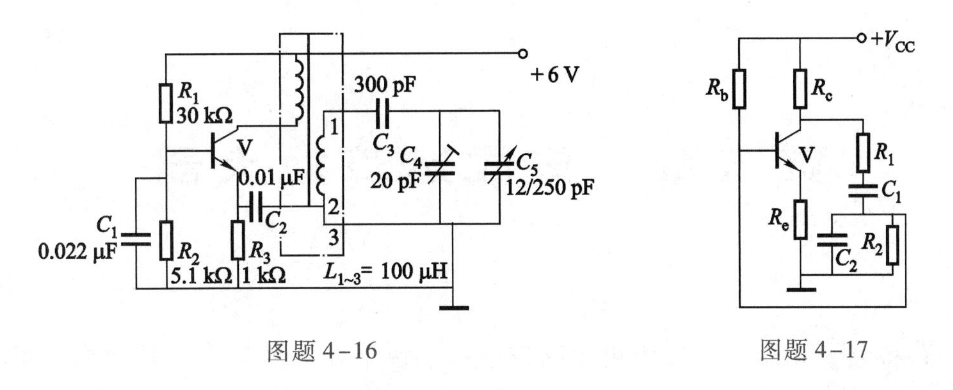

图题 4-16　　　　图题 4-17

4-18　石英晶体谐振器有什么特点？画出石英晶体谐振器的等效电路，并指出它有哪两个谐振频率？

第五章　集成运算放大器

集成电路将电子元器件和导线集中制作在一小块半导体基片上，从而缩小了体积和重量，降低了成本，极大地提高了电路的可靠性和稳定性。在早期，集成运算放大器主要用于计算机的数学运算，随着电子技术的不断发展，集成运算的应用早已不限于数学运算。它作为一种高放大倍数的直接耦合放大器，可以组合成各种实用电路，发展前景非常广阔。集成运算放大器的基本组成单元是直流放大器，本章将首先讨论直流放大器的有关概念，再侧重学习集成运算放大器的工作原理及其应用。

5.1　直流放大器

在电子技术中常需放大缓慢变化的信号。例如，为测量某一物体的温度，先用“传感器”将被测温度转换成电信号，由于温度的变化十分缓慢，转换成的相应电信号也就是一个缓慢变化的信号。一般来说，转换成的电信号十分微弱，必须加以放大，才能推动测量仪器、记录机构或控制执行元件的动作。这类信号不能用阻容耦合或变压器耦合的方式来放大，因为频率很低的信号将被电容器或变压器所阻断。这时必须采用直接耦合的直流放大器。

这种用来放大缓慢变化的信号或某个直流量的变化（统称直流信号）的放大电路，称为直流放大器。实际上，直流放大器不是仅仅用来放大直流信号，它还可放大不同频率的交流信号，确切地说，直流放大器是可以用来放大直流信号的放大器，为此，它必须具有如图5-1所示的幅频特性。为了比较，还画出了阻容耦合放大器的幅频特性，如图5-1（b）所示。

由图可见，直流放大器比阻容耦合放大器在低频端有更好的幅频特性。因此，直流放大器不仅可以放大直流信号，也可以放大交流信号。直流放大电路对于信号的放大作用，性能指标的计算等和交流放大电路基本上是一致的。但由于采用了直接耦合方式，它也存在一些特殊问题。

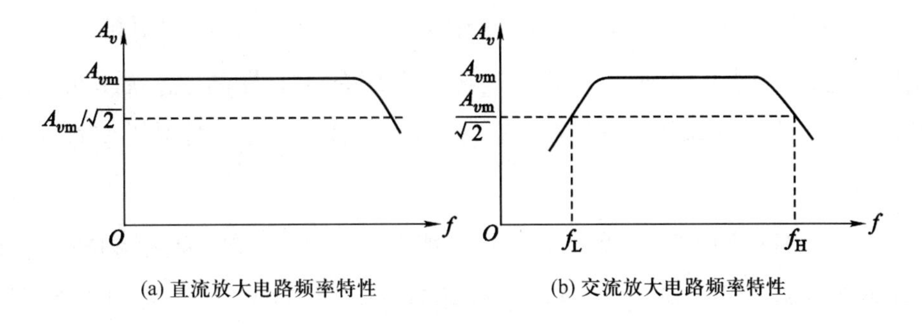

图 5-1　交、直流放大电路频率特性比较

5.1.1　前后级静态工作点的相互影响

在阻容耦合或变压器耦合的交流放大器中，各级静态工作点是各自独立，互不影响的。直流放大器采用直接耦合方式，因而带来了前后级的静态工作点相互影响，相互牵制的特殊问题。现以图 5-2 所示的两级放大器来说明这个问题（放大器中各元件有关数据如图所示）。

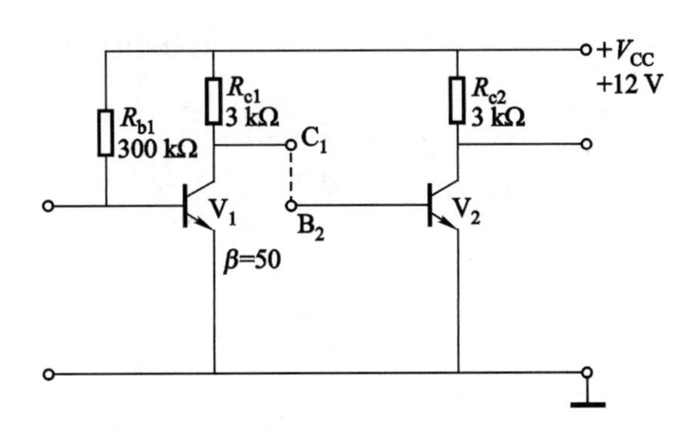

图 5-2　两级直耦放大器工作点相互影响

若 C_1 与 B_2 之间是断开的，可计算出前级放大器的静态工作点。

$$I_{BQ1} \approx \frac{V_{CC}}{R_{b1}} = \frac{12\ \text{V}}{300\ \text{k}\Omega} = 40\ \mu\text{A}$$

$$I_{CQ1} = \beta I_{BQ1} = 50 \times 40\ \mu\text{A} = 2\ \text{mA}$$

$$V_{CEQ1} = V_{CC} - I_{CQ1} R_c = (12 - 2 \times 3)\ \text{V} = 6\ \text{V}$$

可以看出，V_1 管处于放大状态。若将 C_1、B_2 连接，由于 $V_{BE2} = 0.7$ V，这样迫使 $V_{CE1} = V_{BE2} = 0.7$ V，V_1 将饱和，从而失去了放大功能，而 V_2 也将进入深饱和状态。

由上例不难看出，采用直接耦合时，放大器难以正常工作。如果采取适当措施，则上述情况就可能得到改善。图5-3（a）对电路做了一点变动，在V_2的射极上加接R_{e2}，用来抬高V_2管的射极电位，因$V_{CE1}=V_{BE2}+V_{E2}$，这样，前级的V_{CE1}提高了。后级的V_{BE2}也有了合适的值，信号就可以放大并耦合到后级。不过，由于加接了R_{e2}而引入了电流负反馈，会使放大器增益下降。

图5-3（b）采用硅稳压管（或串接几只二极管）来代替R_{e2}使之形成一定的电压V_Z。由于稳压管的交流电阻很小，其电流负反馈作用很小。图5-3（c）采用NPN管和PNP管组成互补耦合电路，也能改善前后级工作点的互相牵制。因NPN管集电极电位高于基极电位，而PNP管的集电极电位低于基极电位，这样配合使用时，就可使两级静态工作点均能较好地满足放大的要求。

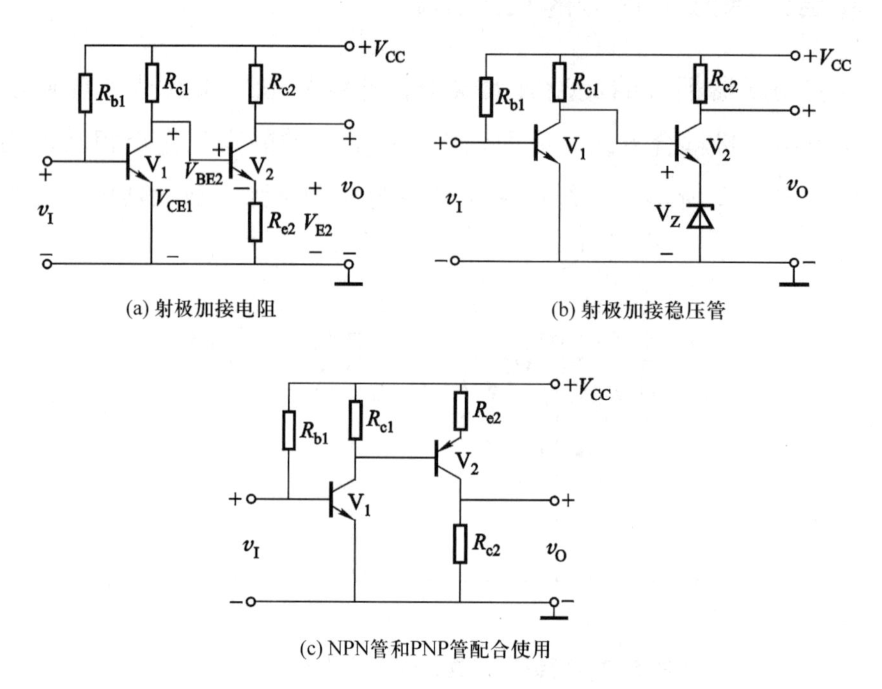

图5-3　改善前后级工作点相互牵制的措施

5.1.2　零点漂移现象

1. 什么是零点漂移（零漂）

在多级直流放大电路中，理想情况下，当输入信号$\Delta V_I=0$时，输出信号ΔV_O亦为零。但实际情况是由于各级静态工作点随温度、电源电压波动而变化，使输出信号$\Delta V_O\neq0$，这种现象称为**零点漂移**，简称**零漂**。

工作点漂移在交流放大器中也存在，但因电容器、变压器等耦合元件的阻断，它只局限在本级范围内，不会被逐级放大。但是在直接耦合放大电路中，这个微小的漂移会逐级放大，使输出电压偏离稳定值更严重。

从上面分析可以得出如下两个结论：

（1）第一级零漂所产生的作用最显著，因为它受到后面各级放大器放大。要减小零漂必须着重解决第一级。

（2）放大器的总的放大倍数越高，输出电压的漂移越严重。

2. 零点漂移的表示方法

在实际应用中，衡量一个直流放大器零点漂移的程度不能只看输出零漂电压绝对值的大小。而常把输出端零点漂移电压除以放大器放大倍数，得到的数就是等效到输入端的零点漂移电压，简称输入零漂——作为衡量其质量的指标。输入零漂的重要意义在于它确定了直流放大电路正常工作时，所能放大的有用信号的最小值。只有输入信号电压大于输入漂移电压时，才能在输出端将有用信号分辨出来。

3. 抑制零漂的措施

（1）选用稳定性能好的硅三极管作放大管。

（2）采用单级或级间负反馈来稳定工作点，以减小零点漂移。

（3）采用直流稳压电源，减小由于电源电压波动所引起的零点漂移。

（4）采用差分放大电路抑制零漂。

差分放大器不仅能有效地放大直流信号，而且能有效地减小由于电源波动和温度变化所引起的零点漂移。因而获得广泛应用。特别是大量应用于集成运放电路，作为前置级。

5.2 差分放大电路

在讨论差分放大电路前，先对图 5-4 所示电路的性能特点作一讨论，这个电路是由两个完全相同的单管共射电路组成。

该电路有如下特点

（1）对共模信号的抑制作用

该电路能有效地抑制零漂，关键是它的左右电路完全对称。例如，温度升高时，V_1 的 I_{CQ1} 增大，V_2 的 I_{CQ2} 同样增大，两管集电极电流增量相等，即 $\Delta I_{C1}=\Delta I_{C2}$，使集电极电压变化量相等，即 $\Delta V_{CQ1}=\Delta V_{CQ2}$，若输出电压取自两管集电极之间（称为双端输出），则输出

电压变化量 $\Delta V_O = \Delta V_{C1} - \Delta V_{C2} = 0$，电路有效地抑制了温度变化带来的零漂。再如电源电压升高时，使 V_1、V_2 的 V_{C1} 与 V_{C2} 都增加，而且增量相同，仍有 $\Delta V_O = \Delta V_{C1} - \Delta V_{C2} = 0$，因此，该电路能有效抑制零漂。

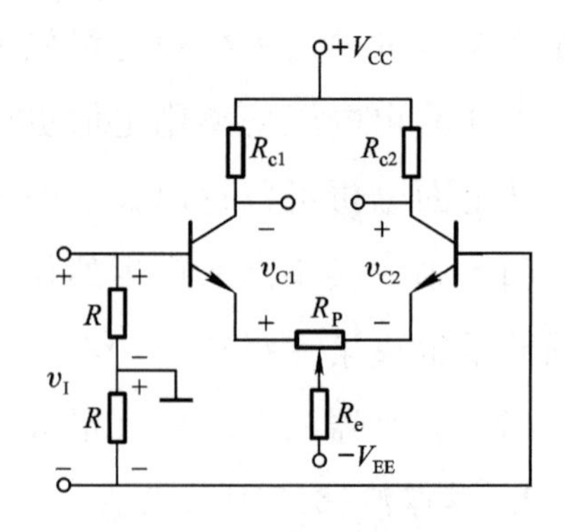

图 5-4　差分放大电路

将零点漂移折算到电路的输入端时，相当于在三极管 V_1 和 V_2 的输入端加上大小相等、极性相同的输入漂移电压。通常把这种大小相等，极性相同的输入信号称为**共模信号**。把这种输入方式称为共模输入。上面分析的温度或电源波动所引起的零点漂移，相当于电路输入端引入了共模信号。

（2）对差模信号的放大作用

将有用信号电压 v_I 加到两放大电路输入端之间，如图 5-5（a）所示。加在 V_1 基极的信号对地电压为正极性，加到 V_2 基极的信号电压为负极性。由于分压电阻均为 R，且电路对称，所以加到两管基极上的信号完全相等，但极性相反。通常把这种大小相等，极性相反的信号称为**差模信号**，把这种输入方式称为**差模输入**。

设两个放大器放大倍数均为 A_V，送入 V_1 管的输入信号电压为 $v_I/2$，V_2 管的输入信号电压为 $-v_I/2$，即

$$v_{I1} = \frac{1}{2}v_I,\quad v_{I2} = -\frac{1}{2}v_I$$

$$v_{C1} = A_V \cdot v_{I1} = \frac{1}{2}A_V \cdot v_I$$

$$v_{C2} = A_V \cdot v_{I2} = -\frac{1}{2}A_V \cdot v_I$$

双端输出时，输出电压 $v_O = v_{C1} - v_{C2} = \frac{1}{2}A_V v_I - \left(-\frac{1}{2}A_V v_I\right) = A_V v_I$

则差分放大电路的电压放大倍数为

$$A_{VD} = \frac{v_O}{v_I} = \frac{A_V v_I}{v_I} = A_V = -\beta\frac{R_c}{r_{be}} \tag{5-1}$$

式中，r_{be} 为每个放大器的输入电阻。可见，其放大倍数与单级放大电路相同。可以认为，该电路多用一只三极管以换取对零点漂移的抑制。

（3）共模抑制比

该电路的优良性能在于能有效地放大差模信号，有效地抑制共模信号。对差模信号的

放大倍数越大，对共模信号的放大倍数越小，电路的性能就越好。通常把差模放大倍数 A_{VD} 与共模放大倍数 A_{VC} 的比值称为共模抑制比用 K_{CMR} 表示。

$$K_{CMR}=\frac{A_{VD}}{A_{VC}} \tag{5-2}$$

当电路完全对称时，共模放大倍数 A_{VC} 为零，则共模抑制比 K_{CMR} 为无穷大。

图 5-5（a）所示电路是不能作为实用电路的。第一，要做到电路完全对称是十分困难的，既然电路不可能完全对称，那么两管输出端的零点漂移就不能有效地被抵消。第二，若需要单端输出，即从单管集电极到地输出信号电压时，输出端的零点漂移仍然存在，无法被抵消，因而该电路抑制零漂的优点就荡然无存了。

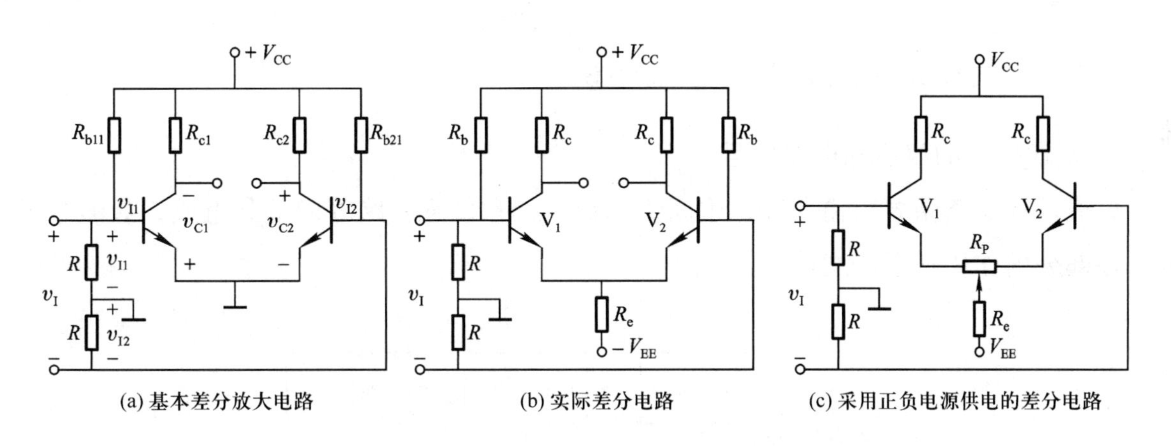

图 5-5　几种差分电路

实际差分放大电路如图 5-5（b）所示。与上述电路的差别仅是两管发射极接入稳流电阻 R_e。当共模输入时，由于两管产生相同的增量电流，这两个增量电流共同流入 R_e，产生很强的电流负反馈，R_e 越大，反馈作用就越强，因此，不论双端输出或单端输出，它对共模信号的放大倍数都很小，而差模输入时，由于两管产生数值相等极性相反的增量电流，它们流过 R_e 时将相互抵消，因此，R_e 对差模信号不产生电流负反馈作用，仍保持高的放大倍数。可见，接入 R_e 后，既有高的差模放大倍数，又保持了对共模信号或零漂强抑制能力的优点。

在实际电路中，一般都采用正负两个电源供电，如图 5-5（c）所示。图中 V_{CC} 为正电源电压，V_{EE} 为负电源电压，采用双电源供电时，电路中偏置电阻可省略，直接改变 R_e，就可调节静态工作点电流。由于 $V_{BQ}\approx 0$，所以两管发射极静态电位 $V_{EQ}=-V_{BE}=-0.7\ \text{V}$，

则流过 R_e 的静态电流为 $I_E=\frac{V_{EQ}-V_{EE}}{R_e}\approx\frac{-V_{EE}}{R_e}$，$I_{CQ1}=I_{CQ2}=\frac{I_E}{2}$。电路中，$R_P$ 为调整电位器。用来补偿两管不对称，使静态输出电压为零。

5.3 集成运算放大器

集成运算放大器的应用日益广泛，它除了完成诸如加法、减法、微分、积分等各种数学运算外，还可以完成信号的产生、转换、处理等各种功能，因此，集成运算放大器已成为模拟系统的一个基本单元。

5.3.1 集成运算放大器的基础知识

1. 集成运放的组成和电路符号

集成运放电路主要由输入级、中间级、输出级和偏置电路等四部分组成，如图 5-6 所示。各部分的作用如下所述。

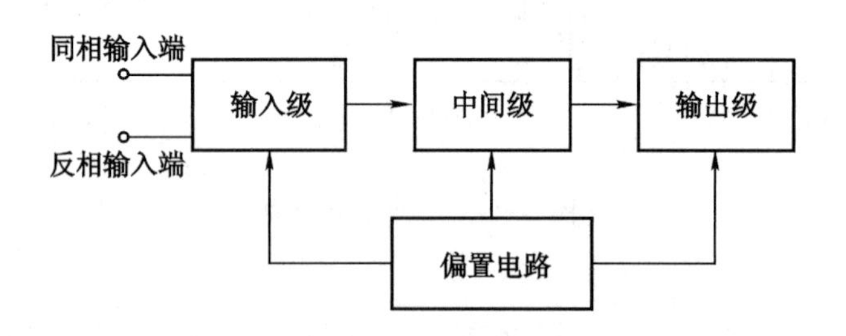

图 5-6 集成运放组成框图

输入级由差分放大电路组成，应用该电路的目的是力求获得较低的“零漂”和较高的共模抑制比。作为集成运放的输入级，它有两个输入端。其中一端为同相输入端，输入信号在该端输入时，输出信号与输入信号相位相同；另一端为反相输入端，输入信号在该端输入时，输出信号与输入信号相位相反。

中间级由高增益的电压放大电路组成。

输出级由三极管射极输出器互补电路组成（参阅下一章的功率放大器）。

偏置电路为集成运放各级电路提供合适而稳定的静态工作点。

集成运放电气图形符号如图 5-7 所示。在图中只标明信号输入端与输出端，其中同相输入端用“+”或“P”表示，反相输入端用“-”或“N”表示。输出端用“v_O”或“OUT”表示。

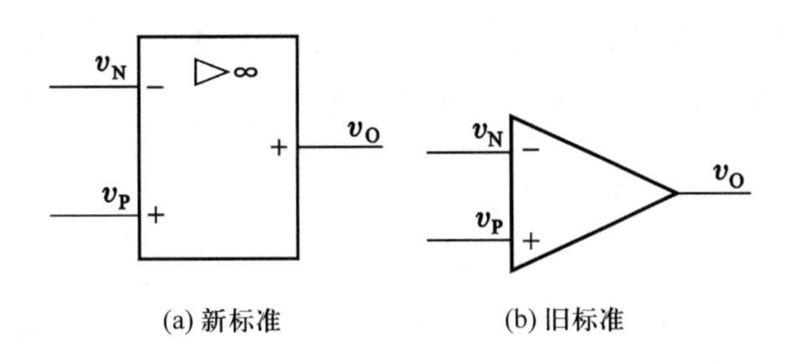

图 5-7 集成运放电气图形符号

2. 集成运放的主要参数

（1）开环差模电压放大倍数 A_{V0}

未引入反馈时的集成运放的放大倍数，称开环差模电压放大倍数，记作 A_{V0}。其值很大，约 $10^4 \sim 10^7$ 倍。

（2）输入失调电压 V_{IO}

集成运放输入级的差分放大电路不可能完全对称，导致未加输入电压时，输出电压不为零，称运放失调。欲使输出电压为零，必然要在输入端另加补偿电压，这个电压的数值反映了运放的失调程度，称为输入失调电压。这个数值越小，表明输入级对称性越好。

（3）输入失调电流 I_{IO}

由于工艺上的误差，输入信号为零时，运放两输入端的基极静态电流不相等，其差值称为输入失调电流 I_{IO}，这个数值越小，表明输入级管子 β 的对称性越好。

（4）共模抑制比 K_{CMR}

电路开环状态下，差模放大倍数 A_{VD} 与共模放大倍数 A_{VC} 之比，即 $K_{CMR}=\dfrac{A_{VD}}{A_{VC}}$

K_{CMR} 越大，运放对零漂的抑制能力越强。

（5）输出峰-峰电压 V_{OPP}

又称输出电压动态范围，指运放处于空载时，在一定电源电压下输出的最大不失真电压的峰峰值。

除上述参数外，还有温度漂移、转换速率等参数，在此不一一赘述。了解集成运放主要性能参数及其含义，目的在于正确地挑选和使用它。

3. 理想集成运放

随着集成工艺的发展，集成运放的性能越来越好，它的开环差模电压和输入电阻均很大，输出电阻很小，已接近理想电压放大器的性能。因此，工程上在分析集成运放应用电路性能时，可用理想运放表示。一个理想运放，具备下列条件，即

① 开环电压放大倍数 $A_{VD}=\infty$；

② 输入电阻 $r_{i}=\infty$；

③ 输出电阻 $r_{o}=0$；

④ 共模抑制比 $K_{CMR}=\infty$。

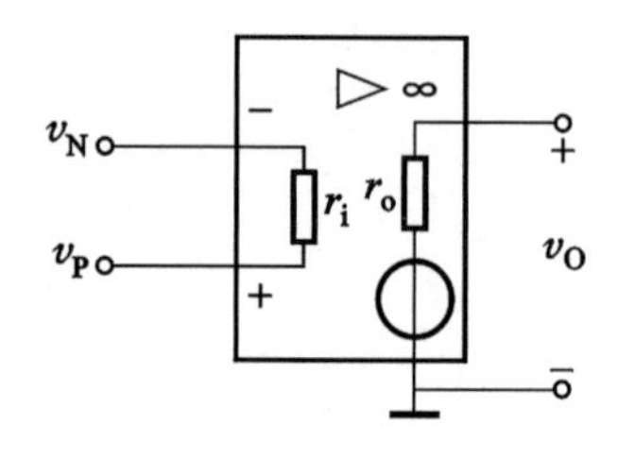

图 5-8　理想运算放大器

根据上述理想条件，可以直接推导出如下结论：

(1) 理想运放的两输入端电位差趋于零

从图 5-8 中可看出：$A_{VD}\cdot(v_P-v_N)=v_O$，由于 $A_{VO}\rightarrow\infty$，而 v_O 是一个有限值，所以 $v_P-v_N\approx0$，$v_P\approx v_N$。

(2) 理想运放的输入电流趋于零

在输入端因 $v_P\approx v_N$，而 $r_i\rightarrow\infty$，故同相、反相输入端都不取用电流，即 $i_N=i_P=0$。

上述结论使运放电路的分析大为简化。

5.3.2　集成运算放大器构成的基本运算电路

集成运放外围加接适当的反馈网络，可以组合成多种不同功能的应用电路。在众多应用电路中，最基本最广泛的应用是比例运算放大器，它又分为反相比例运算放大器和同相比例运算放大器。

1. 反相比例运算放大器

(1) 电路结构

反相比例运算放大器的电路结构如图 5-9 所示。图中，输入电压 v_I 通过 R_1 接至反相输入端。在输出端与反相输入端之间接有反馈电阻 R_f，形成电压负反馈。同相输入端经 R_2 接地。R_2 称为平衡电阻，其值等于反相输入端上外接的电阻值，即 $R_2=R_1/\!/R_f$。

图中，因输入电阻 $r_i=\infty$，故输入电流 $i_I=0$，$v_P=0$，即 P 点与地等电位，又由于 $v_P=v_N$，则反相输入端 N 点亦与地等电位。故 N 点与 P 点电位相同，相当于短路，但内部并未短路，称为“虚假短路”。N 端称“虚地”。意即并非真正“接地”。“虚地”是反相输入运放的一个重要特点。

(2) 闭环电压放大倍数 A_{VF}

根据以上分析并结合图 5-9 (b) 可以看出：

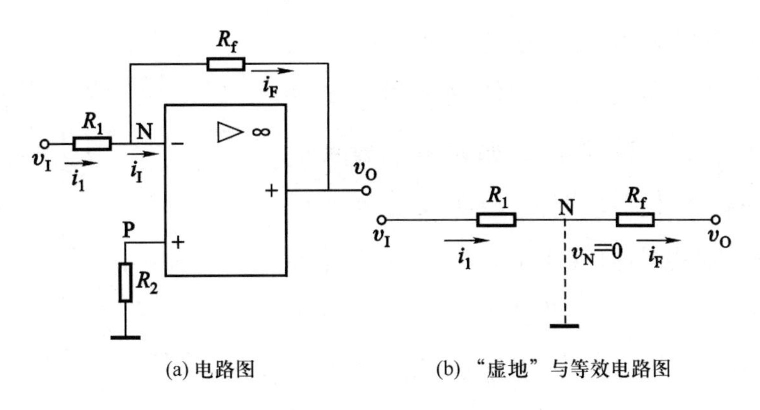

图 5-9　反相比例运算放大器

$$v_N=0, \qquad i_I=0 \qquad 则\ i_1=i_F$$

在信号输入支路上有

$$i_1=\frac{v_I-v_N}{R_1}=\frac{v_I}{R_1}$$

在反馈电路上有

$$i_F=-\frac{v_N-v_O}{R_f}=-\frac{v_O}{R_f}$$

因 $i_1=i_F$，则

$$\frac{v_I}{R_1}=-\frac{v_O}{R_f}$$

即

$$v_O=-\frac{R_f}{R_1}v_I \tag{5-3}$$

故其闭环电压放大倍数为

$$A_{VF}=\frac{v_O}{v_I}=-\frac{R_f}{R_1} \tag{5-4}$$

从上式可以看出：反相比例运算放大器的闭环电压放大倍数仅由外接反馈电阻 R_f 和输入端电阻 R_1 的比值决定，与集成运放本身的参数无关。式（5-3）还说明：输出电压与输入电压相位相反，大小成一定比例关系，即该电路完成了对信号的反相比例运算，故称反相比例运算放大器。

2. 同相比例运算放大器

（1）电路结构

同相比例运算放大器的电路结构如图 5-10 所示。图中，输入信号电压 v_I 接入同相输入端，反馈电压从输出端取出，通过反馈电阻 R_f 加到反相输入端形成电压负反馈。为使输入端保持平衡，应使 $R_2=R_1 /\!/ R_f$。根据理想运放条件，$v_N=v_P$，由于同相输入端接输入电压，即 $v_P=v_I$ 所以，$v_N=v_I$，可见，P、N 两端对地电压均等于 v_I，相当于在集成运放两输入端引入共模电压，使输出信号中存在着共模分量带来的误差。因此，使用中应选用共模抑制比高的运放。

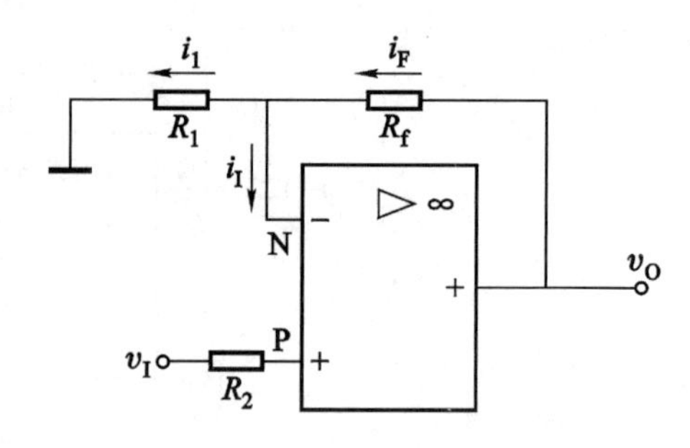

图 5-10　同相比例运算放大器

（2）闭环电压放大倍数 A_{VF}

因为 $i_I=0$，所以 R_1 中电流 i_1 等于反馈电流 i_F，由于 $i_1=\frac{v_N}{R_1}=\frac{v_I}{R_1}$，$i_F=-\frac{v_N-v_O}{R_f}=-\frac{v_I-v_O}{R_f}$，于是求得

$$v_O=\frac{R_f+R_1}{R_1}v_I=\left(1+\frac{R_f}{R_1}\right)v_I \tag{5-5}$$

即同相输入比例运算电路的闭环电压放大倍数

$$A_{VF}=\frac{v_O}{v_I}=\frac{R_1+R_f}{R_1}$$

$$=1+\frac{R_f}{R_1}$$

同相输入运算电路的放大倍数与 A_V 无关，而取决于电阻 R_f 与 R_1 的比值，只要选用精密优质电阻，即可获得精度和稳定性高的闭环增益。从式（5-5）中还可看出，其 v_O 与 v_I 是同相位的。

5.3.3　集成运算放大器构成的应用电路

集成运放具有体积小，可靠性高，功耗低及漂移小等优点，因而被广泛地应用于电子技术的各个领域。本节将介绍几种典型应用电路。

1. 运算电路

（1）加法运算电路（加法器）

加法器实际上是在反相比例运算放大器的基础上增加几条输入支路，即成为图 5-11 所示的加法运算电路。由图可见，各输入支路由对应的信号源

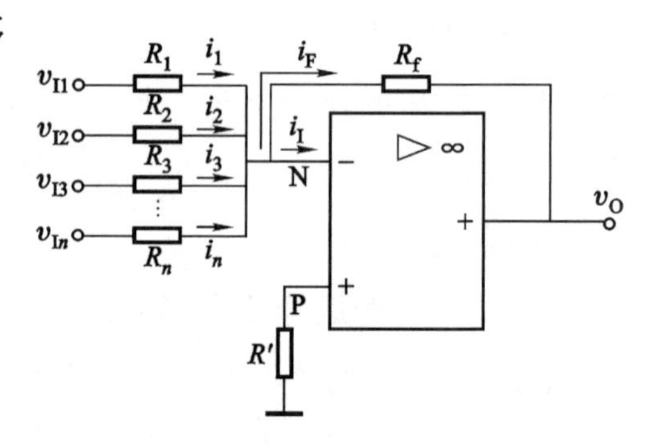

图 5-11　加法运算电路

和各自的输入电阻组成。

在虚地点 N，因 $i_I=0$

所以有

$$i_F=i_1+i_2+i_3+\cdots+i_n$$

其中，$$i_F=\frac{v_N-v_O}{R_f}=-\frac{v_O}{R_f},\quad i_1=\frac{v_{I1}-v_N}{R_1}=\frac{v_{I1}}{R_1},\quad \cdots,\quad i_n=\frac{v_{In}-v_N}{R_n}=\frac{v_{In}}{R_n}$$

经整理得

$$v_O=-R_f\left(\frac{v_{I1}}{R_1}+\frac{v_{I2}}{R_2}+\frac{v_{I3}}{R_3}+\cdots+\frac{v_{In}}{R_n}\right)$$

如果取 $R_1=R_2=R_3=\cdots=R_n=R$，则

$$v_O=-\frac{R_f}{R}(v_{I1}+v_{I2}+v_{I3}+\cdots+v_{In})$$

如果取 $R_f=R$，则

$$v_O=-(v_{I1}+v_{I2}+v_{I3}+\cdots+v_{In}) \tag{5-6}$$

由此可知：输出电压等于各输入电压之和，从而实现了加法运算。式中的负号表示输出电压与输入电压相位相反。

(2) 减法运算电路（减法器）

对两个输入信号之差进行放大，即可实现代数相减运算功能，图 5-12 所示电路为完成这种代数相减功能的运放电路。

参看图 5-12（a），设输入电压力 v_{I1} 和 v_{I2}。

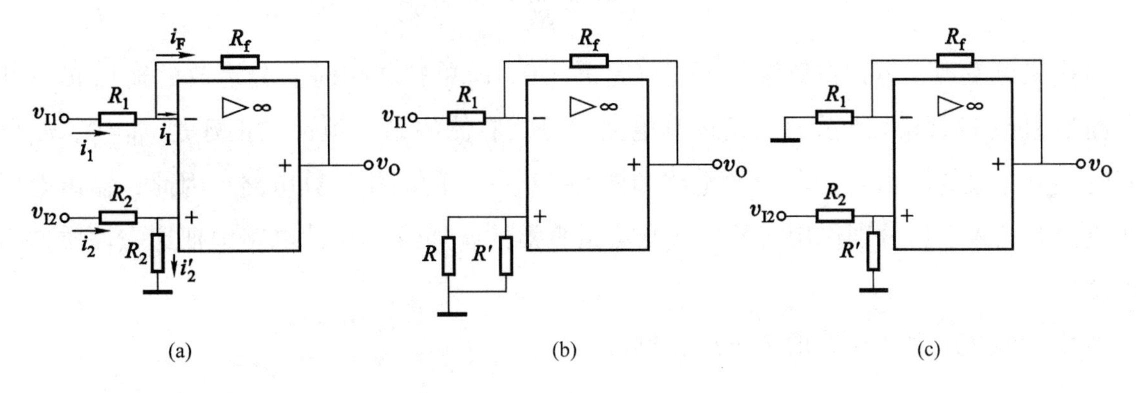

图 5-12　减法运算电路

由理想运放的两条重要结论可知，图（a）中的 $i_I=0$，所以有

$$i_1=i_F \text{和} i_2=i_2'$$

即 $$\frac{v_{I1}-v_N}{R_1}=\frac{v_N-v_O}{R_f}\text{和}\frac{v_{I2}-v_P}{R_2}=\frac{v_P}{R_2'}$$

上式中 $$v_N=\frac{v_{I1}R_f+v_OR_1}{R_1+R_f}\text{和 }v_P=\frac{R_2'}{R_2+R_2'}\cdot v_{I2}$$

又因为 $v_N=v_P$ 所以有

$$\frac{v_{I1}R_f+v_OR_1}{R_1+R_f}=\frac{R_2'}{R_2+R_2'}\cdot v_{I2}$$

由上式得

$$v_O=\left(\frac{R_1+R_f}{R_1}\right)\left(\frac{R_2'}{R_2+R_2'}\right)v_{I2}-\frac{R_f}{R_1}v_{I1}$$

为了使电路平衡，选择 $R_1/\!/R_f=R_2/\!/R_2'$，且满足

$$R_1=R_2,\quad R_f=R_2'$$

则有 $$v_O=\frac{R_f}{R_1}(v_{I2}-v_{I1}) \tag{5-7}$$

该式说明，电路的输出电压是与两个输入电压差成比例的，即该电路完成了减法运算。图5-12（a)所示电路又称差分运放电路，该电路增益只与外接电阻有关，即 $A_{VF}=\frac{R_f}{R_1}$。

将式（5-7）写成

$$v_O=-\frac{R_fv_{I1}}{R_1}+\frac{R_fv_{I2}}{R_1}=v_O'+v_O''$$

由该式可发现，等式右侧第一项正好是 $v_{I2}=0$、v_{I1} 单独作用时差分运放的输出 v_O'，其等效电路如图 5-12（b）所示的反相运算电路。等式右侧的第二项，又正好是 $v_{I1}=0$，v_{I2} 单独作用时差分运放的输出 v_O''。其等效电路如图 5-12（c）的同相运算电路。因此，输出电压可看成是两个输入电压分别作用于差分式减法运算器的叠加值（线性电路中把这一性质称为叠加原理)。

在式（5-7）中，如果取 $R_f=R_1$，则

$$v_O=v_{I1}-v_{I2}$$

即输出电压等于两输入电压之差，这种电路即为减法器。

例 5-1 试写出图 5-13 电路的运算关系，已知 $R_1=R_2=R_{f1}=R_{f2}$。

解 第一运放为同相比例运放。

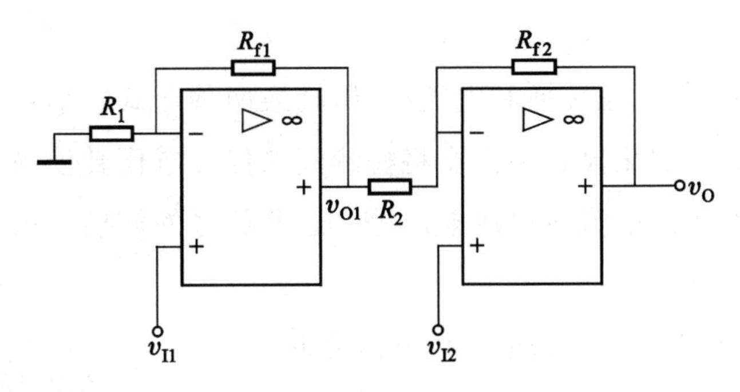

图 5–13　例 5–1 图

$$v_{O1}=\left(1+\frac{R_{f1}}{R_1}\right)v_{I1}=2v_{I1}$$

第二运放为差分输入减法器，运用叠加原理

$$v_O=v'_O+v''_O$$

其中
$$v'_O=-\frac{R_{f2}}{R_2}\cdot v_{O1}=-2v_{I1}$$

$$v''_O=\left(1+\frac{R_{f2}}{R_2}\right)v_{I2}=2v_{I2}$$

所以　$v_O=2v_{I2}-2v_{I1}=2\ (v_{I2}-v_{I1})$。

例 5–2　集成运放能作为反相器或电压跟随器使用吗？

解　集成运放能作为反相器使用，在图 5–9 所示反相比例运算放大器中，取 $R_f=R_1$ 时，$v_O=-v_I$，这时的集成运放就可当作反相器使用。

集成运放也可作为电压跟随器，它实际上就是图 5–10 所示同相比例运放中取 R_f 为零、R_1 为无穷大时的一种特例。即

$$A_{VF}=1+\frac{R_f}{R_1}=1+\frac{0}{\infty}=1\text{，}A_{VF}=1$$

集成运放反相器和电压跟随器，可分别用图 5–14（a）和图 5–14（b）表示。

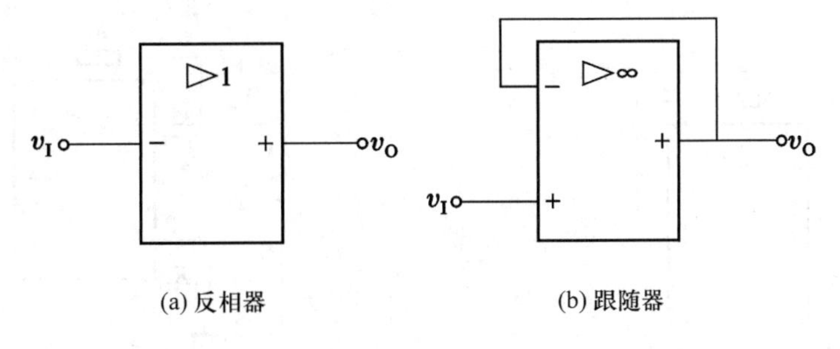

图 5–14　集成运放反相器和电压跟随器

2. 信号转换电路

信号转换一般指电压/电流转换和电流/电压转换两种形式。信号转换电路在自动化技术中应用十分广泛，如自动化仪表中需要将检测到的信号电压转换成电流，光电设备中需要将光电管或光电池的输出电流转换成电压等。这些信号的转换，都可用集成运放完成。

（1）电压/电流转换器

电压/电流转换器的作用是将输入电压信号转换成输出电流信号。如果输入电压恒定，在一定负载范围内则要求输出电流亦恒定，使转换器成为一个恒流源，为电子设备提供输出电流。图 5-15 所示电路为集成运放电压/电流转换器。输入电压从反相端输入，R_1为输入端电阻，R_L为负载电阻，R_2为平衡电阻。在理想条件下，$i_I=0$，所以有

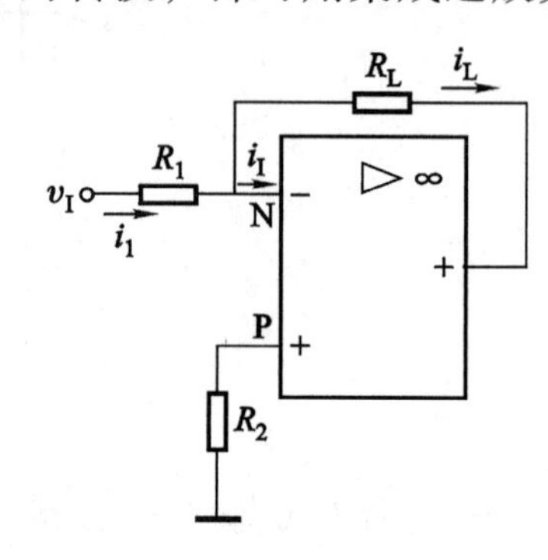

图 5-15　反相输入式电压/电流转换器

$$i_L=i_1=\frac{v_I}{R_1}$$

该式说明，负载电流与输入电压成正比，而与负载电阻R_L无关，那么，只要输入电压v_I恒定，则输出电流i_L也就稳定不变。如将输入电压从同相端输入，则成为如图 5-16 所示的电压/电流转换器。其原理是

$$v_N=v_P=v_I$$

则 $i_L=i_1=\dfrac{v_I}{R_1}$。其效果与前一种相同，仅i_L的流向相反。该电路由于采取同相输入，使输入电阻高，电路转换精度也高。但不足的是采取同相输入时，不可避免有共模电压输入，因此，应选用共模抑制比高的集成运放。

（2）电流/电压转换器

图 5-17 所示电路中，因为输入电流 $i_I=0$，所以有 $i_F=i_1$，$v_O=-i_FR_f=-i_1R_f$。

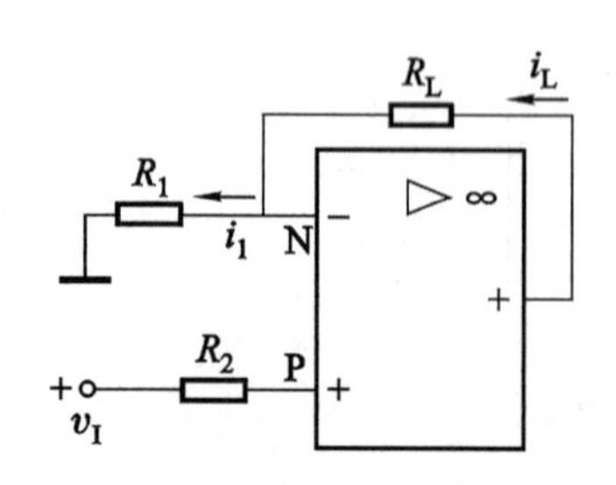

图 5-16　同相输入式电压/电流转换器

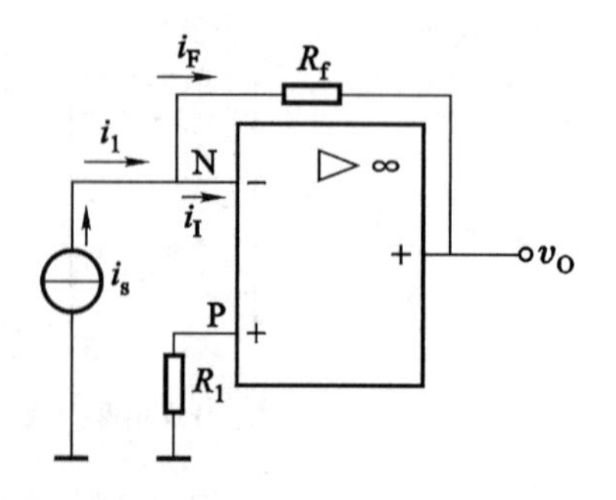

图 5-17　电流/电压转换电路

由此可知，输出电压与输入电流成正比，如果输入电流恒定，只要 R_f 阻值稳定，则输出电压也是恒定的。

（3）交流耦合放大器

在许多应用中，要求输入信号必须通过隔直流电容加到集成运放的输入端，这时，可采用图 5-18 所示的交流耦合放大器。其中，图（a）所示为反相交流耦合放大器，图（b）为同相交流耦合放大器。图中，C_1、C_2 为隔直电容，其容量足够大，近似交流短路。

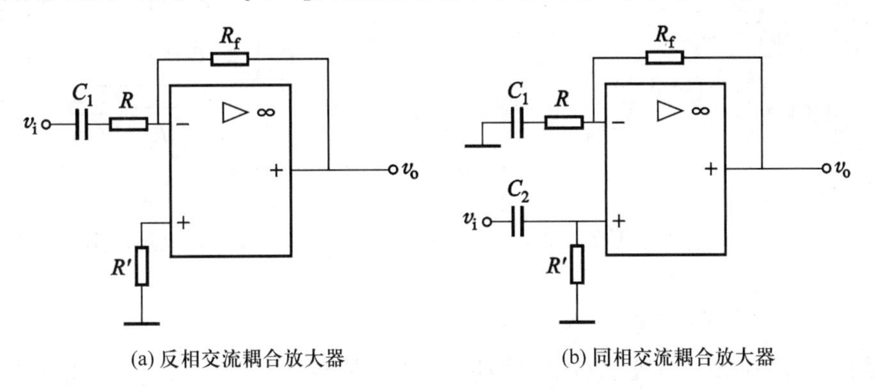

图 5-18　交流耦合放大器

这种放大器的直流工作点非常稳定，放大器的增益取决于电路元件的参数，反相交流放大器的放大倍数为 $A_{VF}=-\dfrac{R_f}{R}$；同相交流放大器的放大倍数为 $A_{VF}=1+\dfrac{R_f}{R}$。

由集成运放构成的交流耦合放大器，在音频范围内有着广泛的用途。具有组装简单，调整方便等优点。

图 5-19 所示电路为高输入电阻交流耦合放大器。交流输入信号经隔直电容 C_1 从同相端输入，反馈电路由 R_f、R_2、C 组成，由于 C 容量较大，可认为对交流短路。由于集成运放开环电压放大倍数很大，且 $v_N=v_P$，所以 A、B 两点的交流信号几乎相等。R_1 上无交流电流流过相当于开路，因而从输入端看，它的输入阻抗极大，输入电阻可达 10 MΩ。该电路增益 $A_{VF}=1+\dfrac{R_f}{R_2}$。

（4）集成运放正弦波振荡器

用集成运放可组成性能优良的正弦波振荡器。图 5-20 所示电路为 RC 文氏电桥振荡器。电路中 RC 串并联选频网络接入正反馈电路，反馈信号从同相端输入。令选频反馈网络元件参数为 $R_1=R_2=R$，$C_1=C_2=C$。因此该电路的振荡频率为 $f_0=\dfrac{1}{2\pi RC}$。该电路的闭环电压放大倍数由 R_t 与 R_f 阻值决定。R_t 为热敏电阻，具有温度补偿作用，可自动稳定振荡电压幅度。

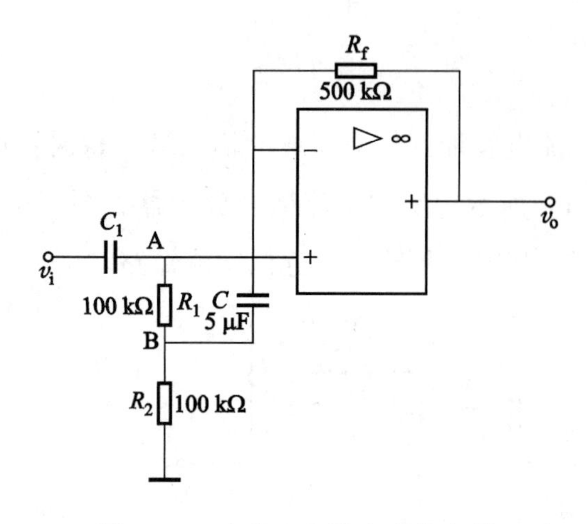

图 5-19　高输入电阻交流放大器

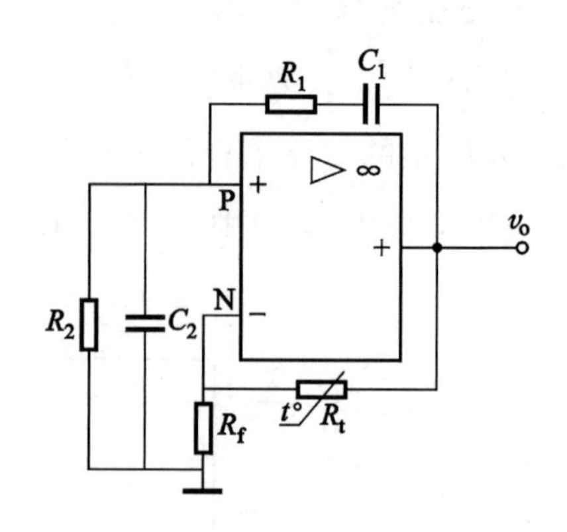

图 5-20　集成运放 RC 正弦波振荡器

(5) 集成运放功率驱动电路

随着集成技术的发展，OTL、OCL 等功率放大电路已日趋集成化。由于功放电路后级通常工作在大电流、高电压状态，因此在输出功率管的芯片内，由于过热而易遭损坏，目前常采用将功率管从芯片内搬走，而采用驱动电路的办法，使电路故障率明显下降。应用运算放大电路作为驱动电路已十分成熟。图 5-21 所示为典型的运算放大器功率驱动电路。图中可看出，在运算放大电路的正、负电源接线端与外加正、负电源之间分别接入三极管

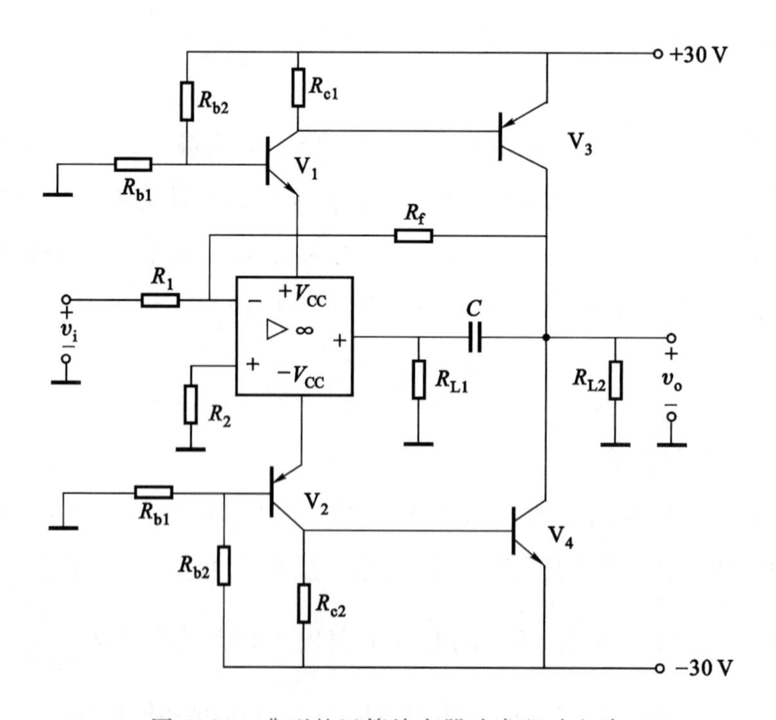

图 5-21　典型的运算放大器功率驱动电路

V_1 和 V_2。R_{b1}、R_{b2}为两管的基极偏置电阻，由于其阻值相等，故对电源分压后，使基极电位分别固定在±15 V 左右。在输入信号的负半周，输出电流经 V_1、运算放大电路的输出级到达集成运放的负载电阻 R_{L1}上，其输出电压为正；在输入信号为正半周时，电流由“地”经 R_{L1}、运算放大电路输出级流向 V_2。V_1、V_2的集电极电流分别推动 V_3、V_4工作，在 R_{L2}上可获得所需功率。图中电容 C 起消振作用。

5.3.4 集成运算放大器使用常识

1. 集成运放的保护措施

在某些应用场合，电路中需加保护电路，以避免集成运放损坏。

（1）电源极性接反的保护

图 5-22 所示为电源极性错接的保护电路，图中两只二极管为保护二极管。利用二极管的单向导电性，当电源极性正确时，它正常导通；一旦电源极性接反，二极管反偏截止，电源不通，保护了运放。应用时，二极管的反向工作电压必须高于电源电压。这种保护电路主要用于高电源电压的场合。

（2）输入保护

当运放输入信号过强时，有可能损坏运放电路，图 5-23 所示为输入保护电路。VD_1、VD_2一正一反并接在输入回路中。利用硅二极管正向导通时两端电压为 0.7 V，以限制运放的信号输入幅度，无论信号电压极性是正是负，只要超过 0.7 V，总有一只硅二极管正偏导通，从而保护了运放组件。

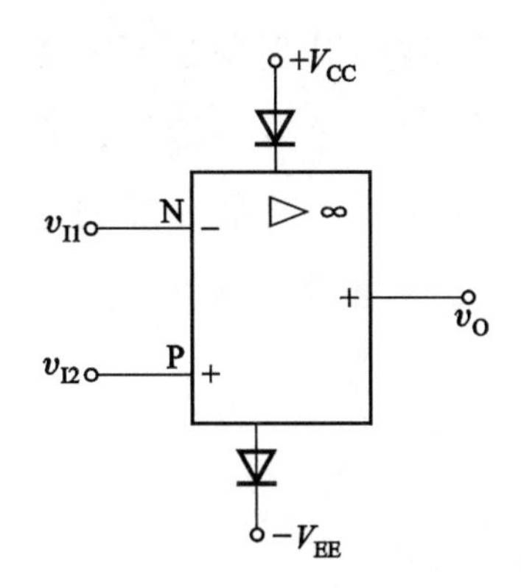

图 5-22 电源极性错接的保护电路

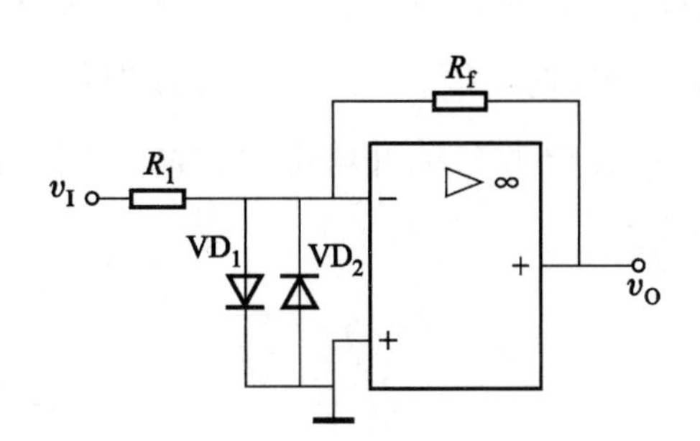

图 5-23 运放的输入保护电路

（3）输出保护

图 5-24 所示为运放输出保护电路。在输出端一正一反串联两只稳压二极管 VD_{Z1} 和 VD_{Z2}，当输出端出现正向或负向过电压时，都将有一只稳压管导通，另一只稳压管反向击

穿，从而将输出电压幅度稳定在安全范围内。为了不影响信号电压的正常输出，两只稳压二极管的稳压值应略高于最大允许输出电压。

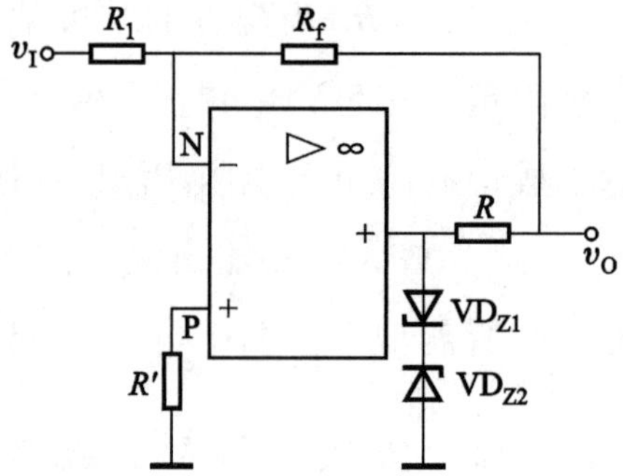

图 5-24　运放的输出保护电路

2. 集成运放常见故障分析

集成运放在接好外电路并接通电源后，有时可能达不到预期的要求，或不能正常工作，常见故障有以下几种情况。

（1）不能调零

这种现象是指将输入端对地短路使输入信号为零时，调整外接调零电位器，仍不能使输出电压为零。出现这种故障是输出电压处于极限状态，或接近正电源，或接近负电源。如果这是开环调试，则属正常情况。当接成闭环后（即引入较强的负反馈后），若输出电压仍在某一极限值，调零也不起作用，则可能是接线错误、电路上有虚焊点、或运放组件损坏。

（2）阻塞

该故障的现象是运放工作于闭环状态下，输出电压接近正电源或负电源电压极限值，不能调零，信号无法输入。其原因是输入信号过大或干扰信号过强，使运放内部的某些管子进入饱和或截止状态，有的电路从负反馈变成了正反馈。排除这种故障的方法是断开电源再重新接通，或将两个输入端短接一下即能恢复正常。

（3）自激

因集成运放电压增益很高，易引起自激，造成工作不稳定。其现象是当人体或金属物靠近它时，表现更为显著。产生自激的原因可能是 RC 补偿元件参数不恰当，输出端有容性负载或接线太长等。为消除自激现象，可重新调整 RC 补偿元件参数，加强正、负电源退耦（即在电源两端并联电容以防止信号经电源内阻耦合形成自激）或在反馈电阻两端并联电容等。

本 章 小 结

这一章学习了集成电路的有关知识。由于集成运放是在线性放大区工作，因此又称为线性集成电路。它是将元件、电路系统合为一体的器件。集成运放实质上是一种高放大倍数的直流放大器。因此，应首先掌握直流放大器的有关概念。

■ 直流放大器的学习思路

简单直接耦合放大器 $\xrightarrow{\text{前后级静态工作点相互牵制}}$ 改进直接耦合电路结构 $\xrightarrow{\text{存在零点漂移}}$ 差分放大器

（1）要理解直耦放大器存在的两个问题

一是前后级静态工作点相互牵制的问题，为此，多级放大器直接耦合后，必须使前后级静态电位配置得当，保证前后级放大管均工作在放大区，且有合适的静态工作点。二是零点漂移现象：在没有信号输入的情况下，放大器的输出端静态电位本应保持不变；但是，由于外界因素的影响，如温度变化、电源电压波动等会产生干扰信号，这些微小的变化信号都会由于直接耦合而逐级放大，产生输出信号，这种现象就是零点漂移现象。零点漂移的后果是使真正有用的信号被淹没而无法分辨。严重时甚至可使放大器的后级无法工作于线性放大区。解决零漂的办法是赋予放大器有识别有用信号的能力。差分放大器就是基于这种构思而形成的。

（2）要掌握差分放大器的重要特性

① 差分放大电路具有良好的对称结构；② 差分放大器具有放大差模信号的能力；③ 差分放大器具有抑制共模信号的能力。因为温度的变化、电压的波动等外界因素产生的影响，它们对两只放大管的影响是等同的，即都是以共模信号形式出现，电路对这些不利因素，均具有很强的抑制作用。所以差分放大器具有高稳定性、低漂移和抗干扰能力强等优点。

■ 熟练掌握集成运放的功能和特性

（1）掌握集成运放的主要特性

① 开环电压放大倍数 A_{V0}（未接入负反馈环节时的电压放大倍数）很高，可达几十万倍以上；② 开环输入电阻很高，可达几百千欧甚至兆欧量级，故集成运放的输入电流极小，可在微安以下；③ 输出电阻很低，通常只有几百欧；④ 共模抑制比很大，可达 10^4 倍以上。在理想状态下，集成运放的主要参数为：

开环差模电压放大倍数 $A_{V0}=\infty$

开环差模输入电阻 $r_i=\infty$

开环差模输出电阻 $r_o=0$

共模抑制比 $K_{CMR}=\infty$

记住这些参数，对分析电路和解决实际问题是至关重要的。

（2）深刻理解集成运放运算电路的工作原理

运算放大器之所以有“运算”之称，是因为只要通过外部电路的连接，就可使输入信号电压与输出信号电压之间具有一定的运算关系。而分析这种运算关系，是建立在两个重要的设定条件之上的，即：① 理想运算放大器两输入端电位相等；② 理想运算放大器输入电流等于零。对于这两个设定，必须充分理解。此外，由于集成运放的开环放大倍数极高，只要有一个微小的输入信号，就可以使输出电压饱和而无法工作；另一方面也为了放大系统的稳定，集成运放总是接入深度负反馈环节，因此在放大器中，它通常都是在闭环状态下工作的。

（3）学习集成运放的目的全在于应用

在使用时，应首先查阅集成电路手册，根据外部接线图进行接线。一般集成运放有以下接线端：正电源 V_{CC}端（一般为+15 V）、负电源 V_{EE}端（一般为-15 V）、同相输入端、反相输入端、输出端、接地端、外接调零电阻端、外接 RC 相位补偿（用来消除自激振荡）的接线端等。各种型号的运算放大器，其引脚接线各不相同，使用时应特别注意。

习　题　五

5-1　什么是直接耦合放大器？它适用于哪些场合？与阻容耦合放大器相比有哪些优点？

5-2　直接耦合放大器有什么特殊问题？在电路上采取什么办法来解决？

5-3　解释：共模信号、差模信号、共模放大倍数、差模放大倍数、共模抑制比。

5-4　集成运放由哪几部分组成？试分析其作用。

5-5　集成运放有哪些常用参数？解释这些参数的含义。

5-6　理想集成运放应满足哪些条件？

5-7　试推导反相比例运算放大器和同相比例运算放大器的闭环电压放大倍数。

5-8　画出由集成运放组成的加法和减法运算电路，并分析其运算关系。

5-9　画出输出电压 v_O与输入电压 v_I符合下列关系式的集成运放电路：

（1）$\frac{v_O}{v_I}=-1$　（2）$\frac{v_O}{v_I}=1$　（3）$\frac{v_O}{v_I}=10$　（4）$\frac{v_O}{v_{I1}+v_{I2}+v_{I3}}=-20$

5-10　图题 5-10 所示理想运放电路中，若 $v_{I1}=-2$ V，$v_{I2}=3$ V，$v_{I3}=4$ V，$v_{I4}=-5$ V，求 v_O的值。

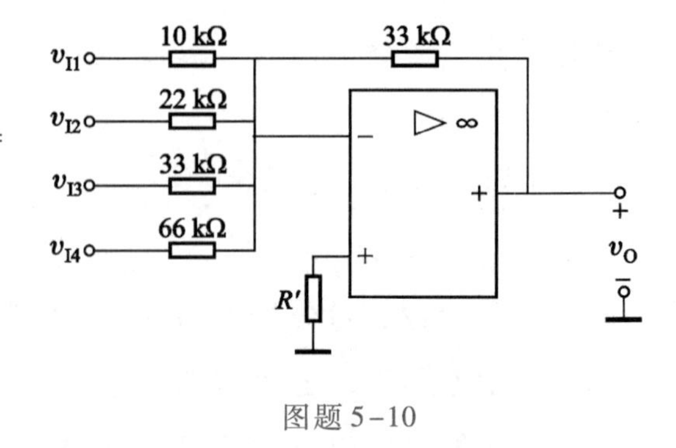

图题 5-10

5-11　图题 5-11 所示电路中，已知 $V_{CC}=12$ V，$R_1=20$ kΩ，$R_2=10$ kΩ，求 v_O的值。

5-12　图题 5-12 运放电路中，$R=10$ kΩ，$v_{I1}=2$ V，$v_{I2}=-3$ V，试求输出电压 v_O的值。

5-13　在图题 5-13 中，$R_1=R_2=R_3=R_4=10$ kΩ，$v_{I1}=10$ V，$v_{I2}=20$ V。求输出电压 v_O。

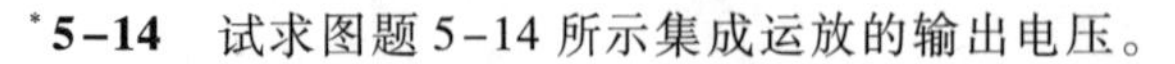

***5-14**　试求图题 5-14 所示集成运放的输出电压。

5-15　画出集成运放反相输入式电压/电流转换器的电路，并简述原理。

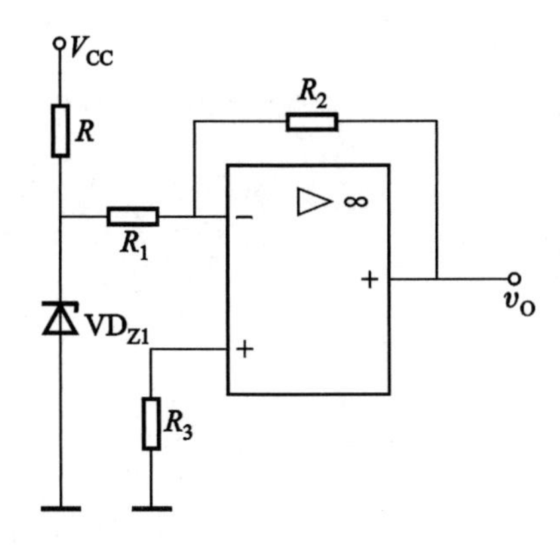

图题 5-11

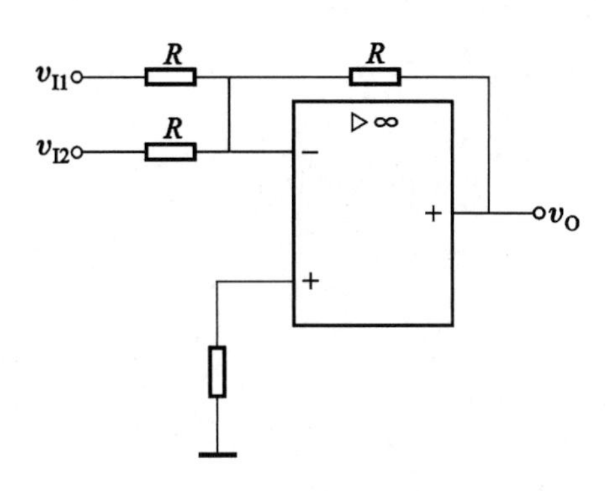

图题 5-12

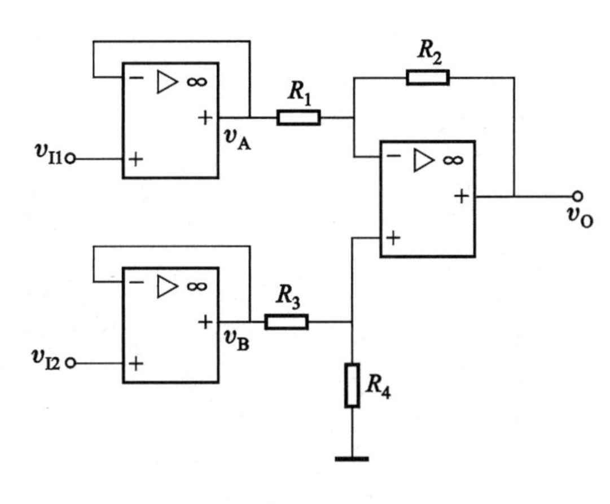

图题 5-13

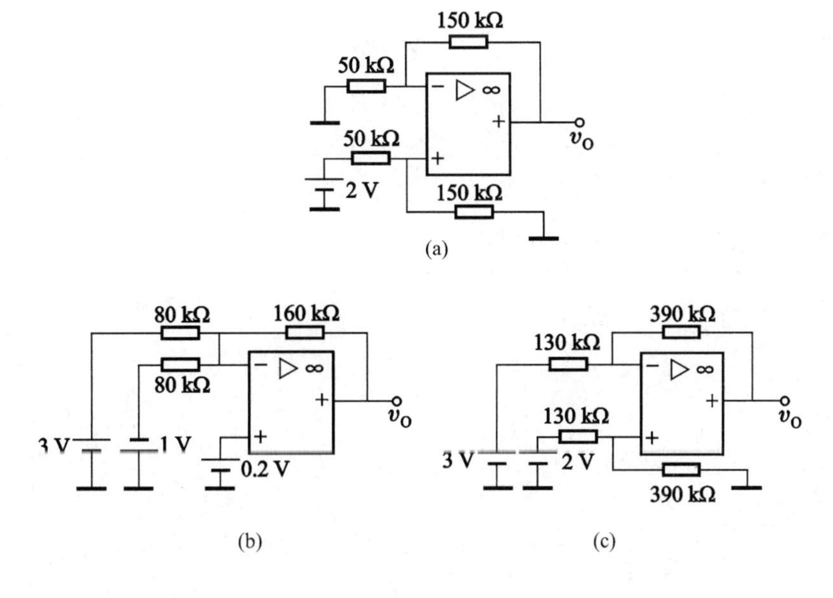

图题 5-14

5-16 画出集成运放电流/电压转换器的电路，并简述原理。

5-17 画出集成运放的（1）电源极性反接保护，（2）输入保护，（3）输出保护的电路，并分别说明其保护原理。

5-18 集成运放工作时产生自激的原因是什么？如何消除自激？

第六章　功率放大电路

6.1　功率放大概念

前几章讲述的交流放大器中，晶体管处于小信号工作状态，放大器的输出功率较小。在电子设备中，放大器的最后一级要带动一定的负载，如收音机、扩音机、电视机伴音系统的末级，要推动扬声器使其发出声音；在自动控制系统中，放大电路的末级要推动电动机旋转或使继电器动作。为此，放大电路的末级在输出大幅度信号电压的同时，还必须输出大幅度电流，即要向负载提供足够的功率。这种放大器就称为功率放大器。功率放大器的品质如何将直接影响到整个电子设备的指标。

6.1.1　对功率放大器的要求

1. 输出足够的功率

在保证功率管安全工作的前提下，功率放大器的最大输出功率受到允许失真的限制，允许失真越小，最大输出功率也越小。

2. 放大器的效率要高

功率放大器与上述电压放大器一样，都是将直流电能转变成按照输入信号的变化而变化的交流输出信号。在转换过程中，从直流电源取得的直流电能中，一部分转换为所需交流输出功率，其他部分全部消耗在功率管中。功率放大器的效率用符号 η 表示，定义为

$$\eta=\frac{P_o}{P_d}\times100\% \tag{6-1}$$

式中，P_o——功率放大器的交流输出功率；

　　P_d——功率放大器的直流电源提供的直流功率。

对于不同的功率放大器，有着不同的效率。在功放电路确定后，应尽可能提高功放电路的效率。

3. 失真要小

由于功率放大器工作在大信号状态，功放管的电压、电流变化幅度大，超出晶体管特性曲线的线性范围，产生非线性失真，严重时还将产生幅度失真，如图 6-1（a）所示。此外，在常用的乙类推挽功率放大器中，还会产生交越失真，如图 6-1（b）所示。

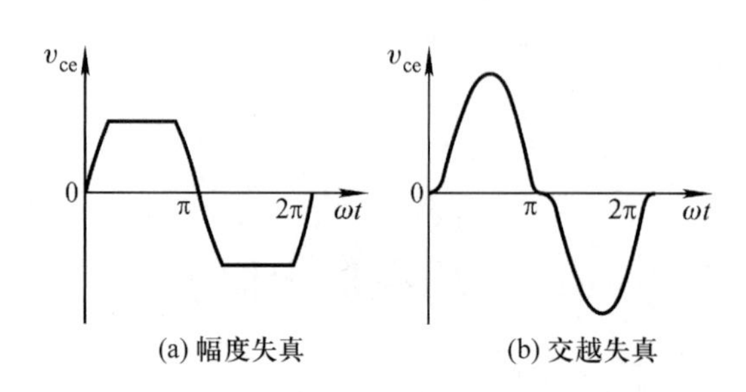

图 6-1　幅度失真及交越失真的波形

4. 功率管要安全工作

为了获得大的输出信号功率，功率管往往工作在极限运用状态，为了保证功率管安全工作，除了限制它的最大集电极电压和电流外，还应限制功率管的结温，为此在大功率管中一般都必须采取良好的散热措施，否则功放管很容易损坏。在实际电路中，为了在发生异常情况时能确保功率管安全工作，一般都采取功率管保护电路。

6.1.2　功率放大器的种类和型式

1. 功率放大器的种类

（1）甲类——功放管的静态工作点 Q 的位置较高，一般取在放大区的中间部位。当输入正弦信号时，功放管在一个信号周期内均导通。

（2）乙类——功放管的静态工作点 Q 的位置处在放大区与截止区的交界处。当输入正弦信号时，功放管在一个信号周期内半周导通，半周截止。

（3）甲乙类——功放管的静态工作点 Q 的位置略高于乙类，但低于甲类。当输入正弦信号时，功放管导通大于半周。

2. 功率放大器的电路型式

（1）单管功率放大器——一个功放管，工作在甲类，功放管与输入信号源，功放管与输出负载，都采用变压器耦合电路。

（2）推挽功率放大器——两个配对功放管，工作在乙类或甲乙类，输入、输出都采用变压器耦合电路。

（3）互补对称式推挽功率放大器——两个配对功放管，工作在乙类或甲乙类，无输入、输出变压器，故电路简称为 OTL（Out Transformerless 的缩写）电路，是目前应用较广的一种功放电路。

6.2　OTL 电路组成特点及工作原理

6.2.1　双电源互补对称电路

1. 电路基本结构

图 6-2（a）所示电路是双电源互补对称电路的基本形式，简称 OCL 电路，图中 V_1、V_2分别为 NPN 管和 PNP 管，从该电路的交流通路可以看出，两管基极连在一起，作为信号的输入端，射极连在一起，作为信号的输出端，接上公共负载 R_L；而集电极分别加正和负两个极性的电源电压，对信号而言，它是输入输出信号的公共端，即两只三极管接成公共负载的射极输出器电路。图6-2（b）和（c)所示它的分解电路。

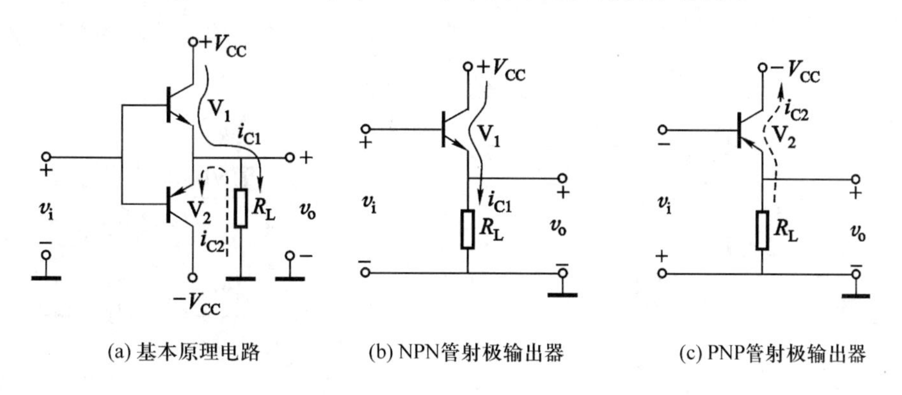

图 6-2　OCL 基本原理电路

2. 工作原理

未加输入信号时，由于两管均无偏置，故两管基极电流均为零而截止。

当输入信号到达电路输入端时，在输入信号的正半周，输入端上正下负，两管基极电压升高，NPN 管 V_1因正偏而导通，PNP 管 V_2则因反偏而截止。V_1的集电极电流 i_{C1}由正电源$+V_{CC}$经 V_1流至负载 R_L，R_L上得到被放大的正半周信号电流，如图中实线所示。在输入信号负半周，输入端上负下正，两管基极电位下降，V_2正偏导通，V_1截止。V_2的集电极电流 i_{C2}自接地端经 R_L和 V_2流回负电源$-V_{CC}$，在 R_L上获得放大的负半周信号电流，如图中虚线所示。可见输入信号变化一周，V_1、V_2分别放大信号的正、负半周，使负载获得一个周期的完整信号。若 V_1、V_2两管的 β 值和饱和压降等参数一致，则两管交替工作时互为补充，因此，这种电路称为互补对称电路。单电源供电的 OCL 电路又称 OTL 电路。

3. 实用 OCL 电路

在上述电路中，输入信号电压必须大于三极管发射结的导通电压时，三极管才能导通。而小于导通电压时无电流输出。这样，在输出波形正负半周的交界处将造成波形失真，通常把这种失真称为交越失真，如图 6-3 所示。如何消除交越失真呢？可采用图 6-4 所示的实用 OCL 电路，由图可见，在 V_2、V_3基极之间串入二极管或电阻（也可将两者同时串入），以供给两管一定的正向偏压，使 V_2、V_3静态时都处于微导通状态，即各有一定的基极电流。两管处于甲乙类工作状态，各输出大于半周的正弦波电流，只要偏置取得合适，它们相互补偿，就可消除交越失真，在负载上得到不失真的正弦波，如图 6-4 所示。V_2、V_3的基极偏压是 V_1的集电极电流 i_{C1}在 VD_4和 R_1上产生的电压降提供的。二极管 VD_4具有温度补偿功能，使电路在温度变化时，仍能稳定工作。V_1甲类工作，作为功率放大器的激励级。

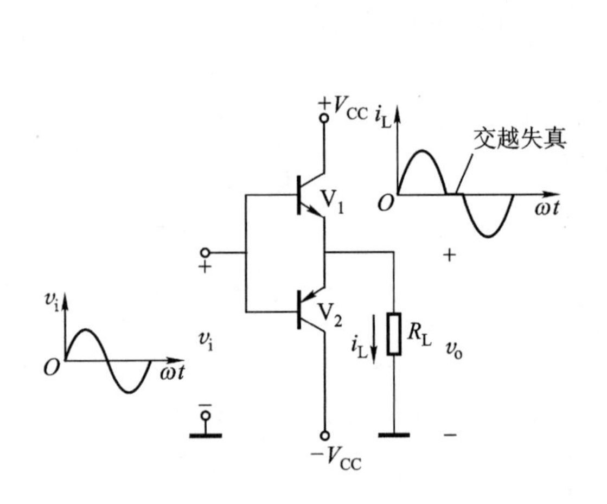

图 6-3　放大电路的交越失真

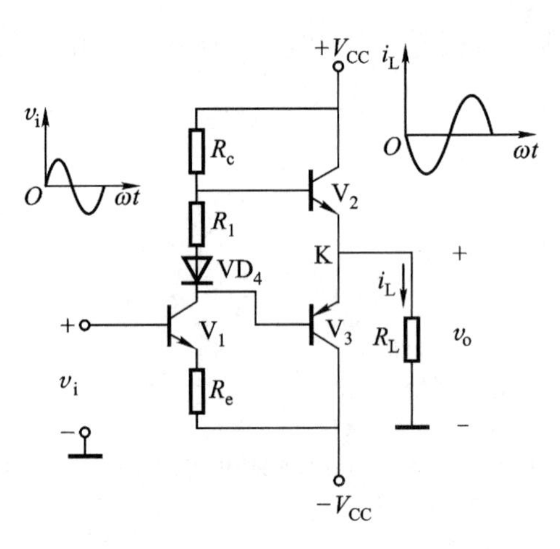

图 6-4　加偏置电路的 OCL 电路

6.2.2　单电源互补对称电路

OCL 电路要用两个电源供电，目前使用更为广泛的是单电源供电的 OTL 电路。

1. 基本电路

单电源供电的 OTL 基本电路如图 6-5 所示。与 OCL 电路相比，它省去了负电源，输出端加接了一只大容量电容器。没有信号输入时，电源 V_{CC}经 V_1、R_L对电容器 C 充电，极性为左正右负，电容器两端电压 v_C为电源电压的一半即$\frac{1}{2}V_{CC}$。NPN 管 V_1集电极与发射极之间的直流电压亦为$\frac{1}{2}V_{CC}$；PNP 管 V_2集电极由 C 上电压供电，其值为$-\frac{1}{2}V_{CC}$。

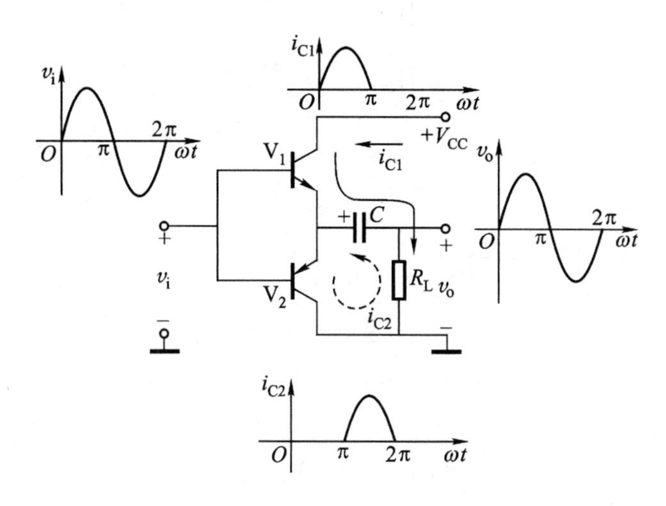

图 6-5　基本 OTL 原理电路

2. 工作原理

OTL 电路的工作原理与 OCL 电路相似，输入信号正半周，V_1导通，V_2截止，V_1的 i_{C1}由$+V_{CC}$经V_1和 C 流到 R_L，使其获得正半周信号。在输入信号的负半周，V_2导通，V_1截止，V_2的 i_{C2}由 C 正极经 V_2送到 R_L，最后回到 C 的负极。两只管子用射极输出形式，轮流放大正负半周信号，实现双向跟随。电容 C 不仅耦合输出信号，还在输入信号负半周，向 V_2供电，起到负电源$\left(-\frac{1}{2}V_{CC}\right)$的作用。应当指出，电容器 C 的容量需足够大，对信号频率的容抗很小，近似短路，因此，C 上仅有直流电压$-\frac{1}{2}V_{CC}$，等效为一个恒压源，无论信号怎样变化，电容器 C 上的电压基本不变。

3. 实用电路

在上述基本电路中，V_1与 V_2两管都没有加偏置，因而两管的静态基极电流均为零，电路会产生交越失真。为克服这一弊端，常采用图 6-6 所示的实用电路。

图中，V_1是激励级，它为由 V_2、V_3组成的互补对称电路提供激励信号。R_1与输出端相连，起交、直流负反馈作用，它也是 V_1的偏置电阻。调节 R_1 使输出 O 点电压为电源电压 V_{CC}的一半。这样电容器充电电压为 $V_{CC}/2$。电阻 R_2与二极管 VD_4串接加在 V_2、V_3的基极之间，当 V_1的集电极电流流经 R_2与 VD_4时，形成一个合适的偏压，以消除交越失真。

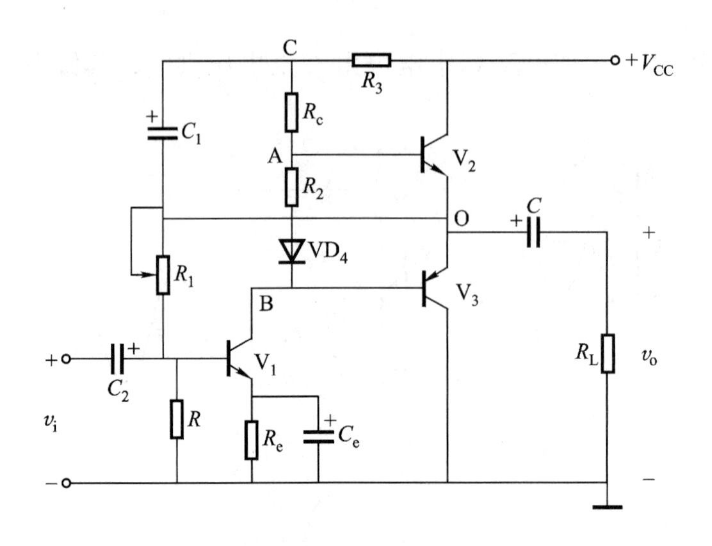

图 6-6　OTL 实用电路

C_1、R_3组成具有升压功能的自举电路。它的作用简述如下：V_2、V_3均接成射极跟随器电路，它的电压放大倍数小于1。为了输出足够功率，必须有大的输出电压，因而激励级就必须提供更大的输入激励电压，为此采用自举电路，只要C_1足够大，其上交流电压很小，因而C点电位跟随输出O点电位而变化，相当于V_1管的电流供电电压自动升高，确保V_1管输出足够的激励电压。R_3为隔离电阻，将电源与C_1隔开，使C_1上举的电压不被V_{CC}吸收。

4. 采用复合管的 OTL 电路

输出功率大的电路，必须采用大功率三极管。由于大功率管的电流放大系数β往往较小，而且在互补对称电路中选用对称管也比较困难。在实际应用中，常采用复合管来解决这两个问题。

所谓复合管是指用两只或多只三极管按一定规律组合，等效成一只三极管，如图 6-7 所示。复合管组合的原则是：

（1）保证参与复合的每只三极管三个电极的电流按各自的正确方向流动。

（2）复合管的类型取决于前一只三极管。

复合管的电流放大倍数约为两只三极管电流放大系数的乘积。

复合管提高了电流放大倍数，也增大了穿透电流，使其热稳定性变差。为克服这一缺点，可在V_1射极接入电阻。R_{e1}将V_1的穿透电流I_{CEO1}分流，从而减小了总的穿透电流I_{CEO}，其电路如图 6-8所示。复合管组成的功率放大器如图 6-9 所示。图中，V_2、V_4组合成 NPN 管，V_3、V_5组合成 PNP 管。R_7、R_8用于减小复合管穿透电流。R_9、R_{10}为负反馈电阻，用

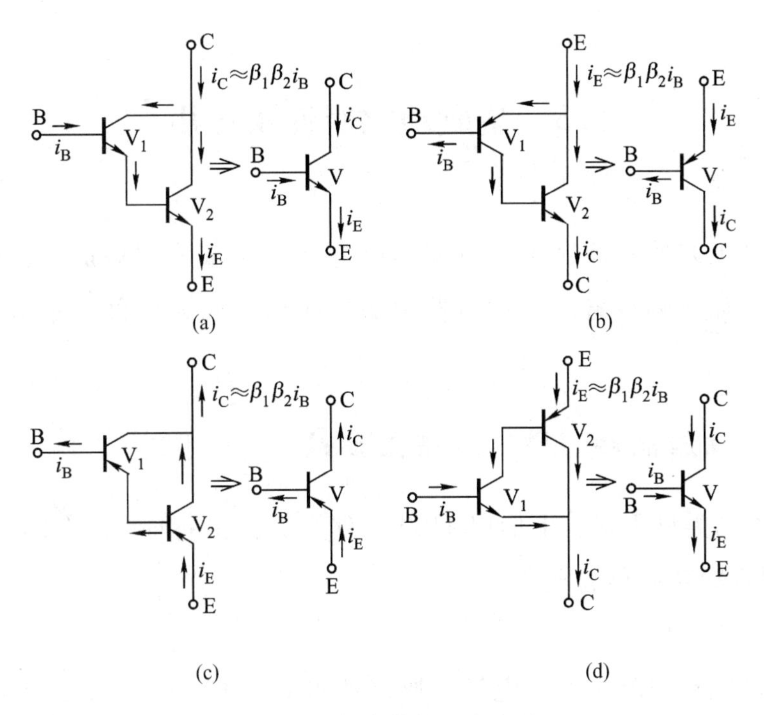

图 6-7　复合管的组合方式

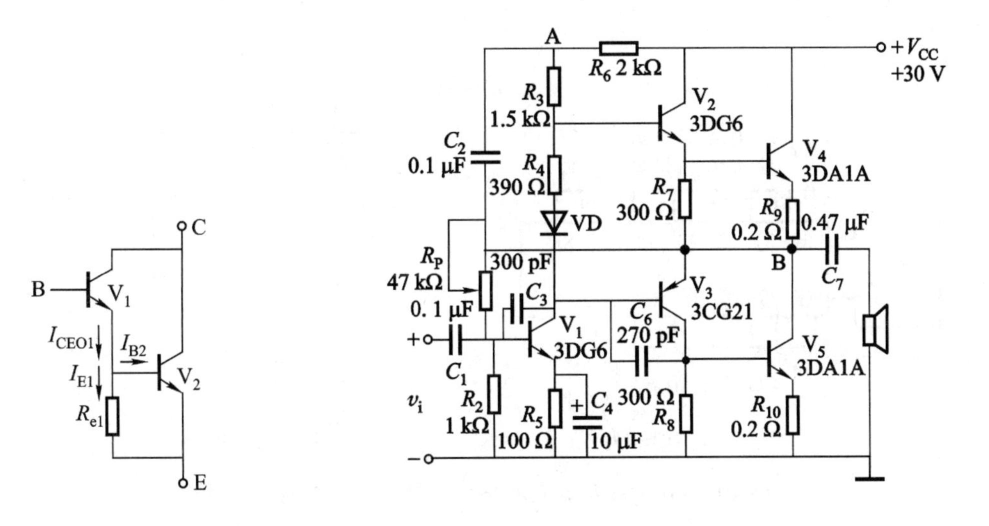

图 6-8　减小穿透电流电路　　　　图 6-9　复合管组成的功率放大器

于稳定工作点和减小失真。C_3、C_6为消振电容，用于消除电路可能产生的自激。C_2、R_6组成自举电路。R_4、VD 串接在 V_1的集电极电路，集电极电流在其上的电压降为两只复合管基极提供起始偏压，以消除交越失真。V_1的基极偏压取自中点电位$\frac{1}{2}V_{CC}$。用复合管的 OTL 电路在有输入信号时的工作过程与前述的实用电路完全相同。

由图可见，采用复合管后，大功率管 V_4和 V_5均为 NPN 型管，配对比较容易。

6.3　集成功放器件及应用

随着集成技术工艺的不断完善，目前功放电路已大量采用集成电路，形成系列的集成功率放大器件，如音响设备和家用电器中的集成功率放大器件。本节简单介绍集成功放器件及其应用。

6.3.1　集成功放器件的性能及主要参数

集成功放器件的类型很多，下面以4100系列为例，作一简要的介绍。

1. 4100系列音频功放集成电路

（1）外形图与引出脚

4100系列集成电路引脚排列与电气图形符号如图6-10所示。它是带散热片的14脚双排直插式塑料封装结构。其引脚可按图6-10放置逆时针方向依次编号。

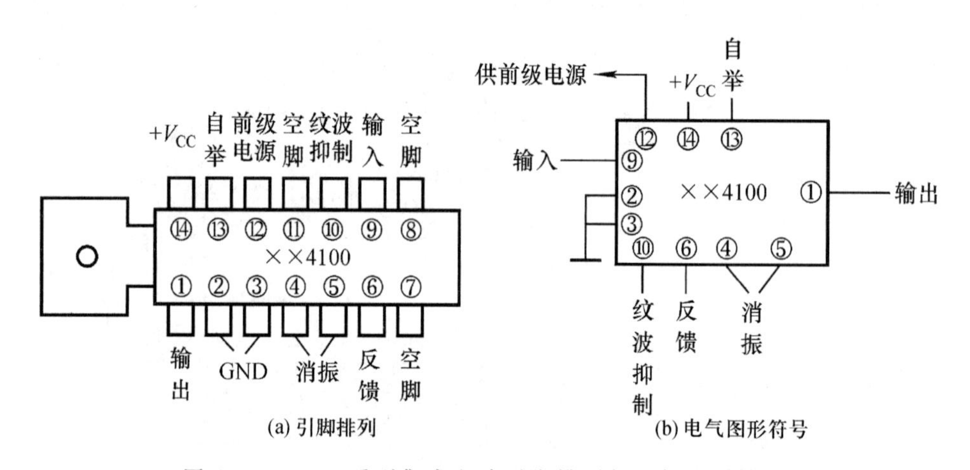

图6-10　4100系列集成电路引脚排列与电气图形符号

4100系列集成电路有很多国内外生产厂家的产品，但其内部电路、技术指标、外形尺寸、封装形式与引脚分布都是一致的，在使用中可以互换。属于该系列的有4101、4102、4112等产品。

（2）典型工作电压

4100系列集成电路中，由于型号不同，所需电源电压不同，则各引脚工作电压也不一样。表6-1列出了该系列集成电路各引脚工作电压的典型值。在使用中，测量各引脚的直流电压，再与其典型值比较，是判断集成电路工作是否正常的有效方法。

2. STK4101 系列功放厚膜集成电路

(1) STK4101 系列功放厚膜集成电路简介

STK4101 系列音响集成电路广泛应用于组合音响的立体声功率放大。具有输出功率大、失真小、性能稳定、精度高、耐热性好、外围电路简单等优点。该产品有从 STK4101 到 STK4191 等十余个品种。它们的引脚功能与内部电路结构相同，除工作电压和输出功率不一样外，其余参数是一致的，见表 6-2。

表 6-1　4100 系列集成电路各引脚典型工作电压

型号	引脚													
	①	②	③	④	⑤	⑥	⑦	⑧	⑨	⑩	⑪	⑫	⑬	⑭
	工作电压/V													
4100	3	空	0	4.3	0.8	3	空	空	3.6	3.1	空	5.8	5.9	6
4101	3.6	空	0	4.9	0.8	3.6	空	空	3.6	3.7	空	7.2	7.4	7.5
4102	4.5	0	0	6	1.2	3	空	4	4.3	5.1	空	8.6	8.9	9
4112	4.5	空	0	5.4	0.8	4.5	空	空	4	4.5	7.8	8.6	7.4	9

表 6-2　STK4101 Ⅱ 系列厚膜集成电路参数表

型号	输出功率 /W	最高电源电压 /V	推荐电源电压 /V	负载阻抗 /Ω	谐波失真 /%	静态电流 /mA	输入阻抗 /kΩ
STK4101 Ⅱ	2×6	±20.5	±13.2	8	0.3	120	55
STK4111 Ⅱ	2×10	±26	±17				
STK4121 Ⅱ	2×15	±30.5	±20				
STK4131 Ⅱ	2×20	±34.5	±23				
STK4141 Ⅱ	2×25	±39	±26				
STK4151 Ⅱ	2×30	±42	±27.5				
STK4161 Ⅱ	2×35	±45	±30				
STK4171 Ⅱ	2×40	±48	±32				
STK4181 Ⅱ	2×45	±50	±33.5				
STK4191 Ⅱ	2×50	±52.5	±35				

（2）STK4151 Ⅱ音响厚膜集成电路

STK4151 Ⅱ音响厚膜集成电路各引脚功能与典型直流工作电压值见表6-3。

表6-3 STK4151 Ⅱ各引脚功能及电压

引 脚	功 能	直流电压/V
①	R声道信号输入	-0.15
②	R声道负反馈	-0.15
③	前级接地	0
④	前级负电源	-27
⑤	R声道激励级负载	-1.3
⑥	空脚	0
⑦	负电源电子滤波器输出	-29
⑧	负电源电子滤波器滤波	-30
⑨	R声道末级负电源-G	-30
⑩	R声道信号输出	0
⑪	L/R声道公共正电源+G	+30
⑫	前级正电源	+28
⑬	L声道信号输出端	0
⑭	L声道末级负电源-G	-30
⑮	L声道激励级负载	-1.3
⑯	末级接地端	0
⑰	L声道负反馈端	-0.15
⑱	L声道信号输入端	-0.15

6.3.2 集成功放的典型应用电路

1. 用DG4100集成电路组成的OTL功率放大电路

图6-11所示为用DG4100集成电路组成的OTL功率放大器。图中，C_1、C_5分别为输入、输出信号耦合电容；C_3、C_7为消振电容，用于抑制可能产生的高频寄生振荡；C_4为交流负反馈电容，亦可起消振作用；C_6为自举电容，用于自举升压；C_8、C_9为退耦滤波电容；R_1、C_2与内电路中的元件构成交流负反馈网络，调节R_1大小，可调节负反馈深度，控制功放电路增益。

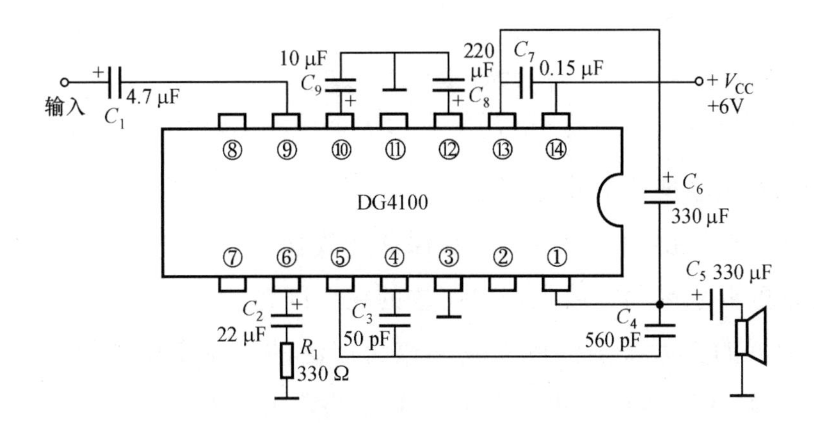

图 6-11　DG4100 典型应用电路

该应用电路可作为收音机的整个低频放大和功率放大电路，其输入端可直接与收音机的检波输出端相接。4100 系列集成电路还可作为收录机、电唱机的功率放大电路。

2. 用 STK4151Ⅱ厚膜集成电路组成的立体声功放电路

STK4151 立体声功率放大器电路如图 6-12 所示，该图选自国产组合音响钻石 FL-888 型的功率放大器。从图中可以看出，它具有对称的电路结构，即左/右声道均采用完全相同的 OCL 电路完成信号的功率放大。

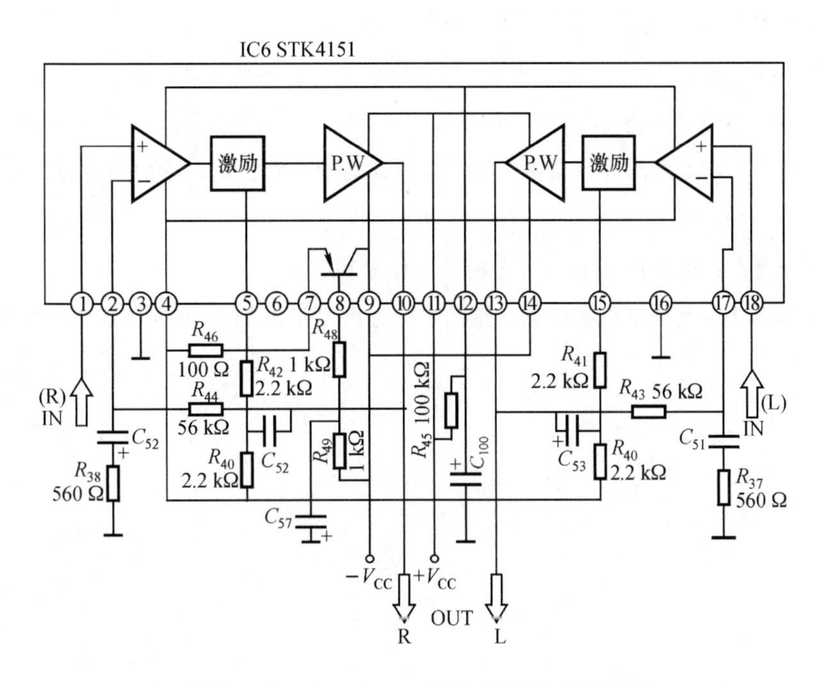

图 6-12　STK4151 立体声功率放大器电路

本 章 小 结

学习这一章应着重掌握以下几个问题：

■ 功率放大器以输出功率为重点。在保证功放管安全工作的前提下且允许失真限度内，满足输出功率的要求是功率放大器要解决的主要问题。

■ 功率放大器的类型很多，目前应用较为广泛的是无变压器耦合的推挽功率放大器，常见的有 OTL 和 OCL 两种形式。由于 OTL 电路输出端不用电容耦合，低频特性优良，在高保真的音响设备中广泛应用。对于其工作原理，应深刻理解。

■ 集成功放是功率放大器的发展方向，学习这一章时应予以足够的重视。在使用集成功放时，应熟悉集成功放器件的主要参数、使用常识、集成功放型号的互换，并能较熟练地掌握一两个典型的应用电路。

习 题 六

6-1 什么是功率放大器？对功率放大器有哪些要求？

6-2 功率放大器有哪些种类和电路型式？

6-3 画出 OTL 电路的基本电路，并分析其工作原理。

6-4 画出实用 OTL 电路，并回答以下问题：(1) V_1、V_2、V_3的作用是什么？(2) 电路采取什么措施来消除交越失真？(3) 电路中哪些元件组成自举电路，它在电路中起什么作用？(4) 简单分析工作过程。

6-5 在实际使用中，OTL 电路为什么常采用复合管作为功率管？复合管的组成原则是什么？运用复合管有哪些利弊？

6-6 画出用复合管组成的 OTL 电路，并分析其工作原理。

6-7 为什么说集成功放电路是功率放大电路的发展方向？画出 4100 系列集成电路的引脚排列与符号，并说出各引脚的作用。

第七章　直流稳压电源

任何一种电路都需要电源，它是电子电路工作的“能源”和“动力”。不同的电路对电源的要求是不同的。常用的电源除电池外，还采用将电网提供的交流电直接变换为直流电的电源。在很多电子设备和电路中需要一种当电网电压波动或负载发生变化时，输出直流电压仍能基本保持不变的电源。我们把这种电源称为直流稳压电源。

显然，在第二章讨论过的整流滤波电路的输出电压，还算不上是稳定电压，当电网电压上下波动或负载发生变化时，其输出电压将会发生较大变化。如果在整流滤波电路后面再加上稳压电路，就可组成直流稳压电源。直流稳压电源组成框图及其对应波形图如图7-1所示。

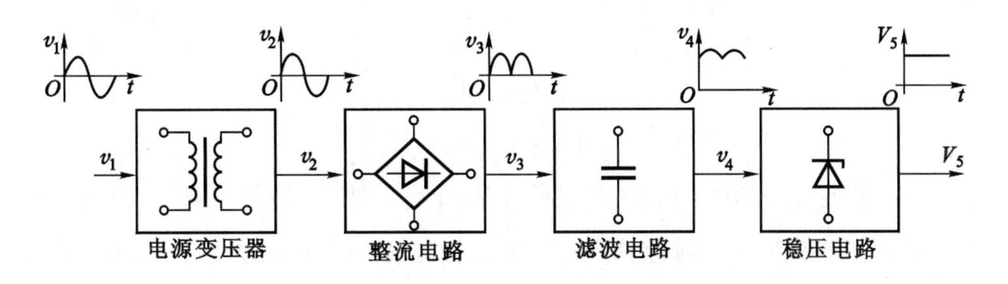

图7-1　直流稳压电源组成框图及其对应波形图

7.1　晶体管稳压电源

在第二章第三节介绍过简单硅稳压二极管稳压电路，因其负载能力差且输出电压不可调，因而使用范围受到限制。本节将从基本的串联型稳压电路入手，进而介绍稳压性能优良的稳压电路。

7.1.1　串联型稳压电路

图7-2（a）所示为串联型稳压电路，主要元件为三极管和稳压二极管，在该电路中

三极管作调整电压用，相当于一只可变电位器，由于负载与起调整作用的三极管相串联，故称串联型稳压电路。稳压二极管 VD_Z起稳定三极管基极电压作用。

为什么说三极管在电路中能起调整作用呢？从三极管输出特性来看，当三极管工作在放大区时，接入负载后其集-射极之间的电压将随基极电流 I_B而变化，I_B大，V_{CE}就小，因此，三极管可视为受基极电流控制的可变电位器，如果将它串入稳压电路，就可利用其电压的变化来实现稳压。

从图 7-2 中可以看出，V 为 NPN 型三极管，$V_B>V_E$。

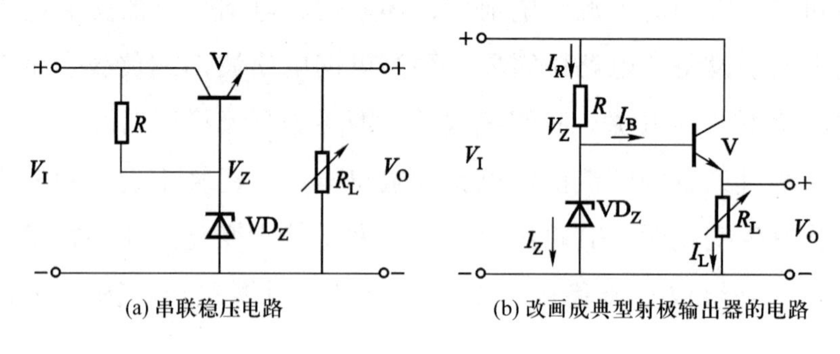

图 7-2　串联型稳压电路

因此 $$V_{BE}+V_O=V_Z$$

即 $$V_{BE}=V_Z-V_O$$

由上式可知：假定输出电压 V_O由于某种原因升高，因 V_Z是稳定值，所以三极管的 V_{BE}将减小，使 I_B减小，三极管集-射电压 V_{CE}增大，由于 $V_O=V_I-V_{CE}$，因而抑制了输出电压 V_O的升高，使其趋于稳定。其稳压过程可表示为

$$V_O\uparrow \longrightarrow V_{BE}\downarrow \longrightarrow I_B\downarrow \longrightarrow$$

$$V_O\downarrow \longleftarrow V_{CE}\uparrow \longleftarrow$$

若输出电压因某种原因下降时，其变化过程与此相反。

图中，基极电阻 R 为稳压管的限流电阻，稳压管提供的稳定电压 V_Z作为串联型稳压电路中的比较基准电压，在这个基准上，检测出输出电压的变化，加到调整管基射极间，控制调整管的管压降，因此，V_Z的稳定是保证输出电压稳定的前提，将图 7-2（a）改画成图（b）的形式，可以看到，稳压管接在调整管 V 的基极上，V 接成射极跟随器，因此稳压管承受的电流比负载电流 I_L减小了（$1+\beta$）倍，保证了 V_Z的稳定。

7.1.2 具有放大环节的串联型可调稳压电源

上述串联型稳压电源的稳压性能并不理想，且输出电压不能调节。图 7-3（a）所示为串联型可调稳压电源框图。

1. 电路及各元件的作用

电路如图 7-3（b）所示，它由四个部分组成：调整部分（调整管 V_1）、取样电路（R_1、R_P、R_2组成的分压器）、基准环节（稳压管 VD_Z和 R_3组成的稳压电路）、比较放大级（放大管 V_2等）。

调整管 V_1是该稳压电源的关键元件，利用其集射极之间的电压 V_{CE}受基极电流控制的原理，调整输出电压。

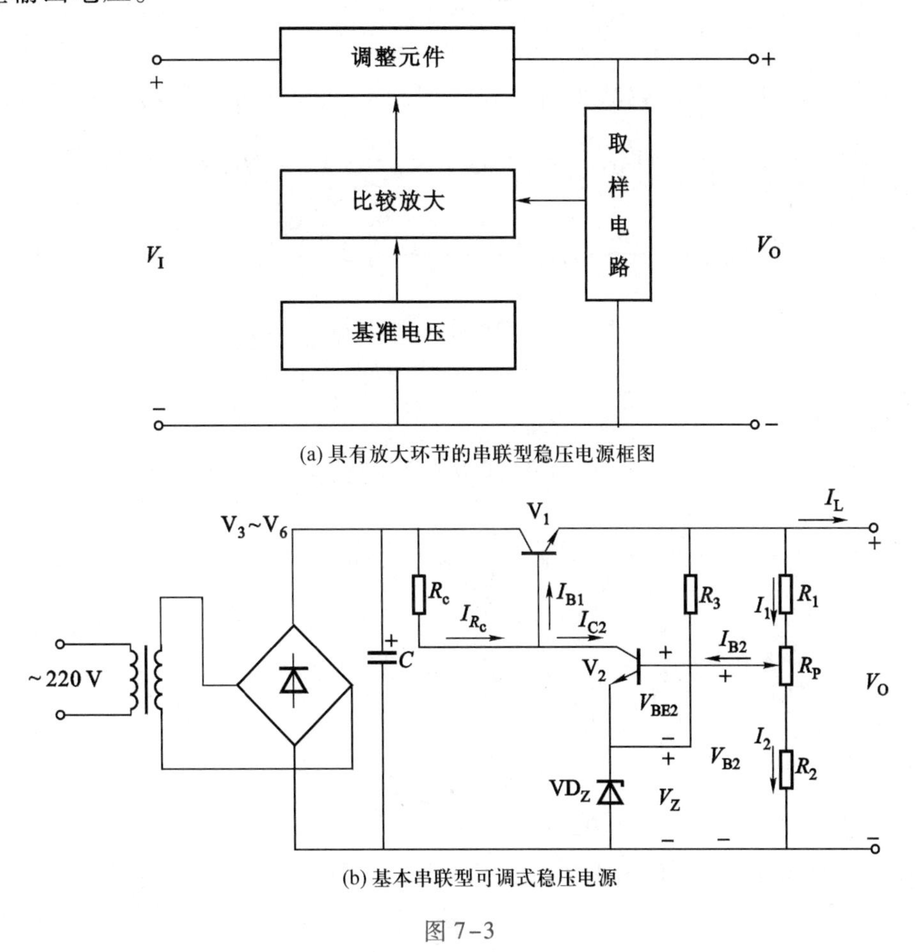

(a) 具有放大环节的串联型稳压电源框图

(b) 基本串联型可调式稳压电源

图 7-3

R_1、R_P、R_2组成输出电压 V_O的取样电路，将 V_O的一部分送入 V_2的基极 V_{B2}，V_{B2}与基准电压 V_Z相比较，其差值即 V_O的变化量加在 V_2管的输入端，V_2对这个差值进行放大后去控制调整管的基极电流 I_{B1}，从而使调整管 V_1 的 V_{CE} 发生变化而达到稳定电压的作用。

2. 稳压原理

（1）当电网电压升高或负载增大时　输出电压在这种情况下有上升的趋势，取样电路的分压点 V_{B2} 升高，因 V_Z 不变，所以 V_{BE2} 升高，I_{C2} 随之增大，V_{C2} 降低，则调整管 V_{B1} 亦降低，I_{B1} 下降，I_{C1} 随着减小，V_{CE1} 增大，使输出电压 V_O 下降。因而输出电压上升的趋势受到遏制而保持稳定。上述稳压过程如下：

$$V_I\uparrow\ (R_L\uparrow) \longrightarrow V_O\uparrow \longrightarrow V_{B2}\uparrow \longrightarrow V_{BE2}\uparrow \longrightarrow I_{B2}\uparrow \longrightarrow I_{C2}\uparrow \longrightarrow V_{B1}\downarrow \longrightarrow I_{B1}\downarrow \longrightarrow V_{CE1}\uparrow \longrightarrow V_O\downarrow$$

可简化概括为

$$V_O\uparrow \longrightarrow V_{CE1}\uparrow \longrightarrow V_O\downarrow$$

（2）当电网电压下降或负载减小时　输出电压有下降趋势，电路的稳压过程如下：

$$V_I\downarrow\ (R_L\downarrow) \longrightarrow V_O\downarrow \longrightarrow V_{B2}\downarrow \longrightarrow V_{BE2}\downarrow \longrightarrow I_{B2}\downarrow \longrightarrow I_{C2}\downarrow \longrightarrow V_{C2}\uparrow \longrightarrow I_{B1}\uparrow \longrightarrow I_{E1}\uparrow \longrightarrow V_{CE1}\downarrow \longrightarrow V_O\uparrow$$

可简化概括为

$$V_O\downarrow \longrightarrow V_{CE1}\downarrow \longrightarrow V_O\uparrow$$

3. 输出稳定电压的调节

由图 7-3（b）可见，在忽略 V_2 管的基极电流的情况下，按分压关系有

$$V_{B2}=\frac{R_2+R_{P(下)}}{R_1+R_2+R_P}V_O$$

上式整理得

$$V_O=\frac{R_1+R_2+R_P}{R_2+R_{P(下)}}V_{B2}$$

$$=\frac{R_1+R_2+R_P}{R_2+R_{P(下)}}(V_Z+V_{BE2})$$

$R_{P(下)}$ 为可变电阻抽头下部分阻值。因 $V_Z \gg V_{BE2}$，则

$$V_O=\frac{R_1+R_2+R_P}{R_2+R_{P(下)}}V_Z$$

式中，$\frac{R_2+R_{P(下)}}{R_1+R_2+R_P}$ 为分压比，或称取样比，用 n 表示，则

$$V_O = \frac{V_Z}{n} \tag{7-1}$$

式（7-1）说明，只要改变 R_P 的抽头位置，即可改变电路分压比，从而调整输出电压 V_O 的大小。

4. 影响串联型可调式稳压电源稳压性能的因素

（1）取样电路　取样电路的分压比 n 越稳定，则稳压性能越好。为此，取样电阻 R_1、R_2 和 R_P 应采用金属膜电阻，并满足 I_1 远大于 I_{B2}。

（2）基准环节　从式（7-1）可看出，V_Z 值越稳定，则 V_O 也越稳定。因此稳压管应选用动态电阻小、电压温度系数小的硅稳压二极管。

（3）放大环节　放大级的 A_V 越大，则调压越灵敏，稳压性能就越好，所以应使比较放大级有较高的增益和较高的稳定性。

（4）调整环节　输出功率较大的稳压电源，应选用大功率三极管作调整管。但大功率管的 β 较小，影响稳压性能，故常采用图 7-4（a）所示的复合管，其 β 可提高到 $\beta \approx \beta_1 \cdot \beta_2$。为减小复合管穿透电流大而影响稳压性能，在 V_2 发射极上加电阻 R，如图 7-4（b）所示。电阻 R 的作用就是为 V_2 的穿透电流提供分流支路。

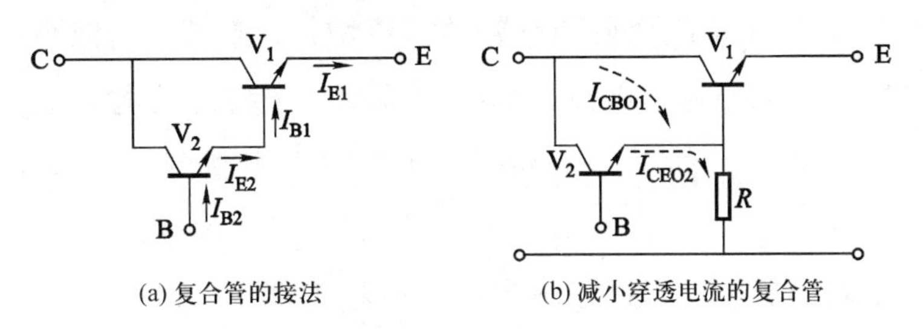

图 7-4　用复合管作调整管

调整管除常采用复合管外，有时因三极管的极限电流 I_{CM} 不够大而采用多管并联；或因三极管允许的极限电压 BV_{CEO} 不够高而采用多管串联运用。几个三极管并联运用时，一般都接有“均流电阻”以减小电流分配不均；几个三极管串联运用时，一般都接有“均压电阻”以减小电压分配不均。其电路接法分别如图 7-5（a）、（b）所示。

7.1.3　提高串联型稳压电路性能的措施

图 7-3（b）所示的典型串联型晶体管稳压电路在一般场合已能满足要求，但该电源的输出电压稳定度、输出电压的温度稳定性以及输出电压的调节范围等性能还不尽理想。

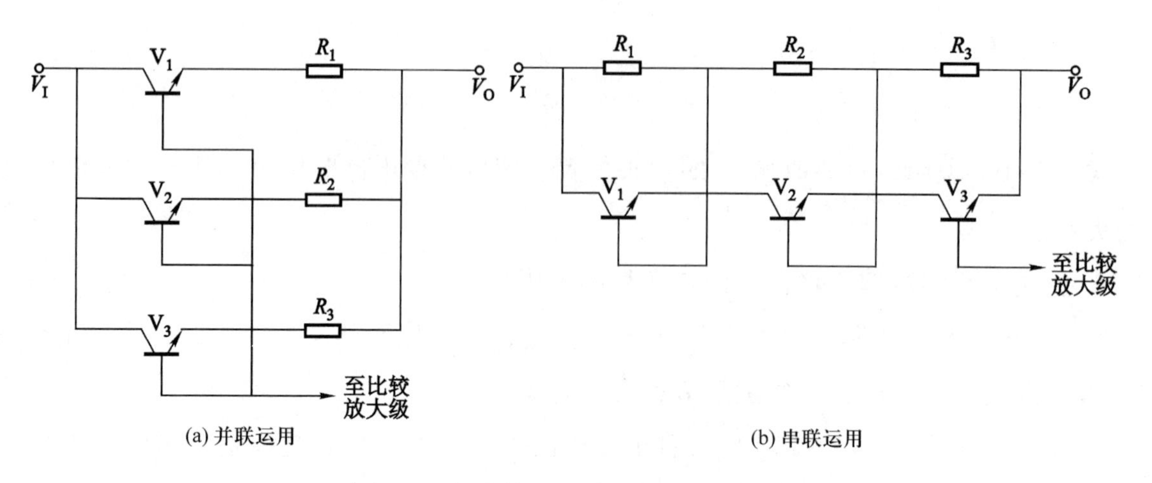

图 7-5 调整管的并联运用和串联运用

为了进一步提高稳压电源的质量和使电路安全可靠地运行，需要对这种串联型晶体管稳压电路作一定的改进。

1. 提高稳定度的措施

从图 7-3（b）中可以看出，R_c既是放大级的集电极电阻，又是调整管的偏置电阻，因此，输入电压的不稳定会导致放大级的电源电压的不稳定和调整管的偏流不稳定。例如，若输入电压 V_I升高，通过 R_c会使调整管的偏流增加，造成 V_{CE1}减小，使调整管的调整能力下降。反之亦然，为克服这一缺点，R_c必须接到一个稳定的电源上，为此，可用一稳定的辅助电源为 R_c提供电压，如图 7-6 所示。辅助电源由整流二极管 VD、滤波电容 C_3、稳压二极管 VD_{Z2}和电阻 R_5组成。由于 R_c（R_4）接到了稳定的辅助电源上，从而克服了输入电压波动对稳压电路的影响，提高了输出电压的稳定性。

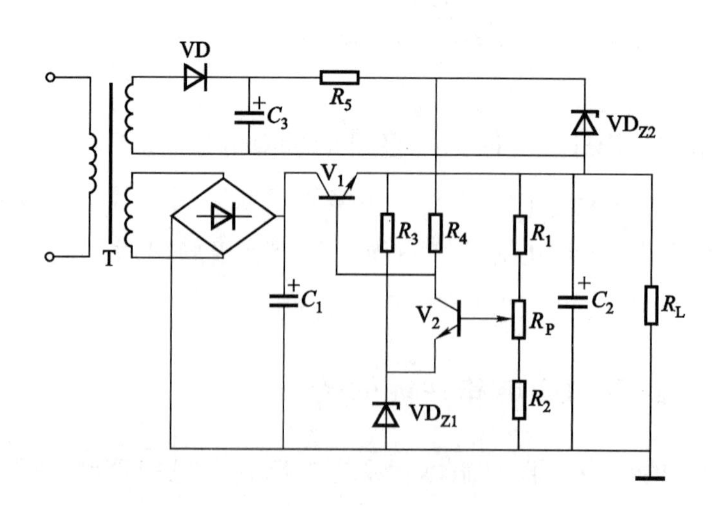

图 7-6 具有辅助电源的串联型稳压电源

2. 提高温度稳定性的措施

在串联型晶体管稳压电路中，比较放大级是一个直流放大器，因此，输出电压 V_O将随温度的变化而发生漂移。为了克服温度对输出电压的影响，除采用温度系数很小的采样电阻外，比较放大级还采用能够抑制温漂的差分放大电路，就能有效提高稳压电路的温度稳定性。图 7-7 所示为具有差分放大器的稳压电路。图中，V_2、V_3组成差分放大器。

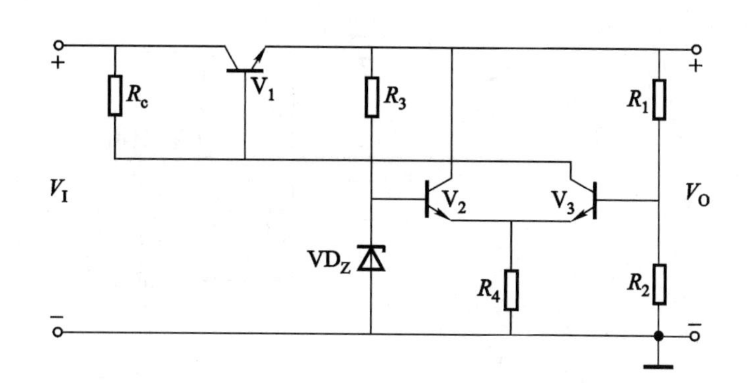

图 7-7 采用差分式放大电路的稳压电源

图中 V_2和 V_3为一对差分放大管。作基准电压用的稳压管 VD_Z接在 V_2的基极，采样电压接在 V_3基极。

由于差分放大器对两管基极电压之差进行放大，R_4是两管的公共电阻，使温度对差分管的影响受到了抑制，因而该电路同样能把输出电压的变化采样加以放大后，去控制调整管的基极，从而使输出电压稳定。

为提高稳压电路温度稳定性，应选用温度系数一致的差分放大管和温度系数较小的稳压管。

7.1.4 保护电路

在串联型稳压电路中，若负载过重，输出电流剧增，调整管的功耗将大大增加。在负载短路情况下，输入电压将全部加在调整管两端。这样的过载即使时间很短，也会使调整管和整流二极管损坏。一般熔断器的熔断速度过慢，必须采取更有效的保护电路。保护电路很多，下面介绍常用的两种电路。

1. 限流式保护电路

当输出电流超过额定值时，保护电路开始动作，使输出电流限制在一定的范围内。

图 7-8 所示电路为二极管限流式保护电路。

图中，R 为检测电阻，阻值常取得很小（一般小于 1 Ω），流过电流 I_L，其上压降为

I_LR。电路正常工作时，即 $I_L<I_{Lmax}$，$V_{BE1}+I_LR<0.7\ \text{V}$，此时二极管处于截止状态，相当于开路，对调整管 V_1 的工作不产生影响。当负载电流 $I_L>I_{Lmax}$ 时，使 $V_{BE1}+I_LR>0.7\ \text{V}$，此时，二极管导通，相当于短路。由于二极管导通后的分流作用，使调整管的基极电流 I_{B1} 大大减小，限制了集电极电流 I_{C1} 的增加，从而保护了调整管。一旦负载电流减小，二极管又处于截止状态，电路自动恢复正常工作。

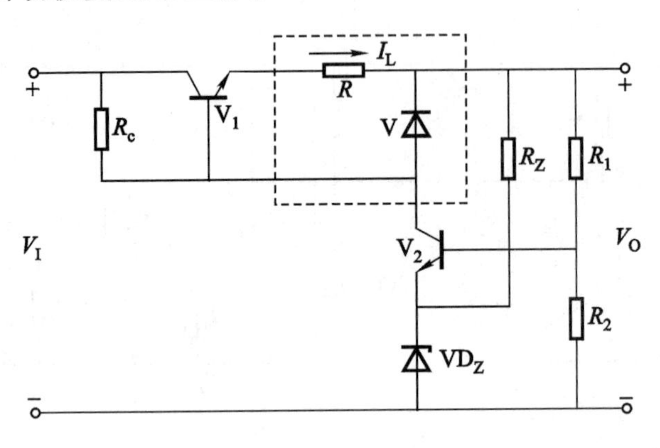

图 7-8　二极管限流式保护电路

2. 截流式保护电路

当输出过载或短路时，保护电路动作使调整管截止（或趋于截止），从而使通过调整管的电流减至最小，起到保护作用。

图 7-9 所示电路为三极管截流式保护电路。

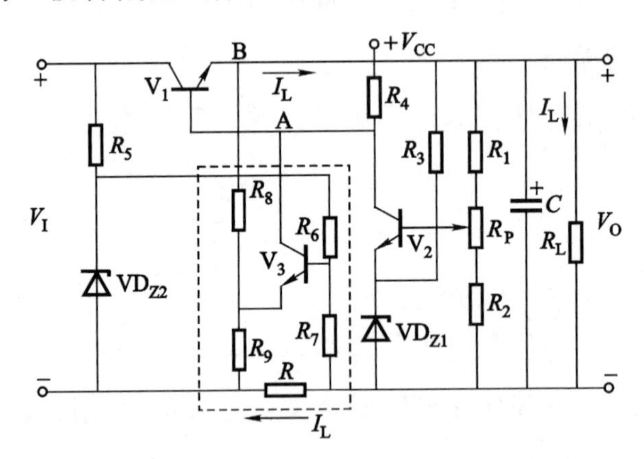

图 7-9　三极管截流式保护电路

图中，V_3 为保护管，连同其外围电阻组成保护电路，电阻 R_5、稳压管 VD_{Z2} 组成简单的稳压源，经分压电阻 R_6、R_7 为 V_3 提供基极的基准电压。V_3 的发射极电压由输出电压 V_O 经电阻 R_8、R_9 分压提供。R 为检测电阻，接在 R_7 和 R_9 之间。由图可见，V_3 的基射极之间

的电压为

$$V_{BE3}=(V_{R7}+V_R)-V_{R9}$$

当负载电流 I_L 在正常范围之内时，I_L 较小，$V_R=I_LR$ 也较小，$V_{R7}+V_R<V_{R9}$，则 V_{BE3} 为负值，V_3 管因发射结反偏而截止，保护电路不起作用，稳压电路正常工作。

当负载电流 I_L 因过载或负载短路而突然增大时，I_L 超过额定值，R 上的电压降增大，使 $V_{R7}+V_R>V_{R9}$，从而导致 V_3 导通，I_{C3} 增大，V_{C3} 下降，即调整管 V_{B1} 下降，使调整管的 V_{CE1} 增大，导致输出电压 V_O 下降，电路将发生下面的正反馈过程：

$$I_{C3}\uparrow\longrightarrow I_{B1}\downarrow\longrightarrow I_{C1}(I_L)\downarrow\longrightarrow V_{CE1}\uparrow\longrightarrow V_O\downarrow\longrightarrow V_{E3}\downarrow$$

$$I_{C3}\uparrow\longleftarrow V_{BE3}\uparrow\longleftarrow$$

这一正反馈过程促使 V_3 管迅速饱和（饱和时，$V_{CE3}=0.2$ V 左右），而 V_O 的下降促使 V_{E3} 迅速下降，导致 $V_{E3}\approx V_A$，因而 $V_A\approx V_B$，使调整管 V_1 趋于截止，保护了调整管。当 I_L 恢复正常后，I_LR 减小，V_B 相应减小，稳压电路自动恢复正常工作。

7.1.5 串联型稳压电源举例

图 7-10 所示串联型稳压电源典型电路。

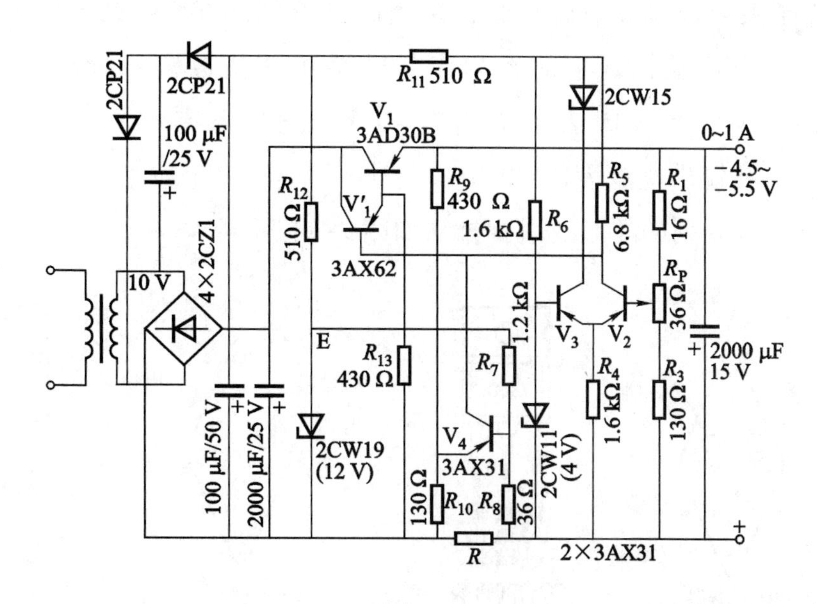

图 7-10　串联型稳压电源典型电路

该电路包括整流（桥式）、滤波（电容滤波）和稳压（串联可调式）三部分。其稳压电路部分具有以下特点：

(1) 电路中的调整管 V_1、放大管 V_2、V_3和过流保护三极管 V_4均使用 PNP 型锗管，输出电压的极性为负。

(2) 因输出电流较大（0～1 A)，所以调整管由 V_1和 V_1'两个管子组成复合管。

(3) 为提高稳压电路的温度稳定性，放大电路采用由 V_2、V_3组成的差分放大电路。

(4) 为提高稳压性能，放大管的集电极负载电阻 R_5接至一个辅助电源。

(5) 过载保护部分由 V_4等组成三极管截流式保护电路。

7.2 集成稳压器及应用电路

用分立元件组装的稳压电源，固然有输出功率大，适应性较广的优点，但因其体积大，焊点多，可靠性差而使其应用范围受到限制。近年来，集成稳压电源已得到广泛的应用，其中小功率的稳压电源以三端式串联型稳压器的应用最为普遍。

7.2.1 固定式三端集成稳压器

该稳压电源电路仅有输入、输出、接地三个接线端子，并具有固定的输出稳定电压因而得名。其成品采用塑料或金属封装，常用的有 W7800 和 W7900 系列，前者为正电压输出，后者为负电压输出。它的系列序号的最末两位数表示标称输出电压值，如 W7812 表示输出+12 V，W7905 表示输出为−5 V。此外还有 6 V、8 V、12 V、18 V、24 V 等几个挡级，其输出电流为1.5 A。

W7800 和 W7900 系列的外形及引脚排列如图 7-11 所示。

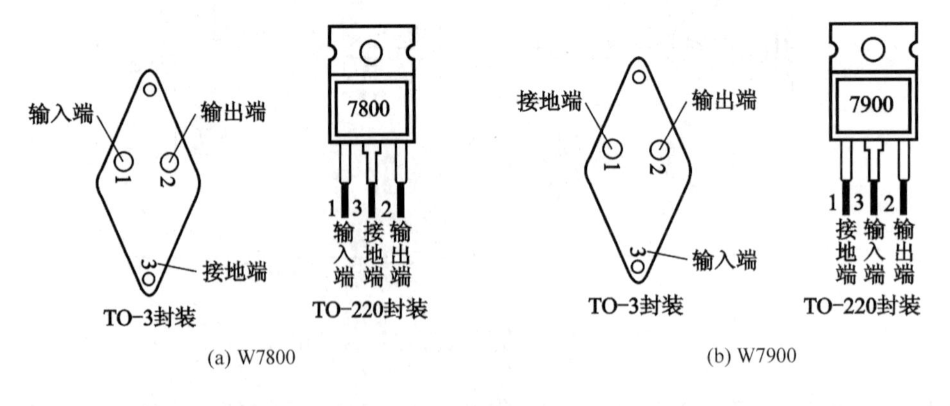

图 7-11 W7800 和 W7900 外形及引脚排列

1. 主要性能参数（W7800 系列）

（1）最大输入电压 V_{Imax}

稳压器正常工作时所允许输入的最大电压。

（2）输出电压 V_O

稳压器正常工作时，能输出的额定电压。

（3）最大输出电流 I_{Omax}

保证稳压器安全工作时允许输出的最大电流。

（4）电压调整率 S_V　$S_V=\dfrac{\Delta V_O/V_O}{\Delta V_I}\times 100\%$

输入电压每变化 1 V 时输出电压相对变化值 $\Delta V_O/V_O$ 的百分数。此值越小，稳压性能越好。

（5）输出电阻 R_o　$R_o=\left.\dfrac{\Delta V_O}{\Delta I_O}\right|_{\Delta V_I=0}$

在输入电压变化量 ΔV_I 为零时，输出电压变化量 ΔV_O 与输出电流变化量 ΔI_O 的比值。它反映负载变化时的稳压性能。R_o 越小，稳压性能越好。

在使用三端集成稳压器时，应参看有关资料，了解其主要性能参数。

2. 典型应用电路

（1）基本应用电路

图 7-12 所示为三端固定式稳压器的一般接法。输入、输出端并联高频旁路电容。接线时，管脚不能接错，公共端不得悬空。

(a) W7800基本稳压电路　(b) W7900基本稳压电路

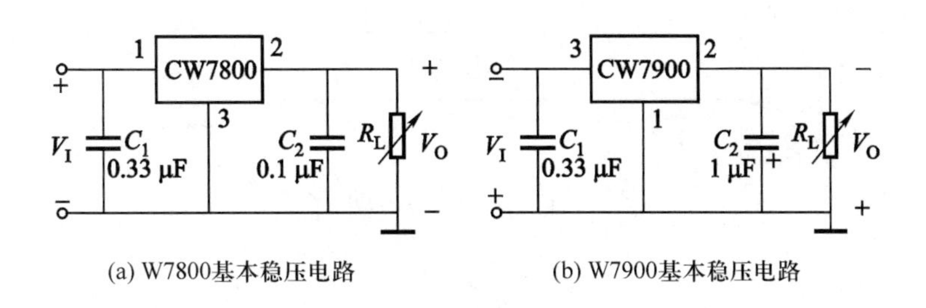

图 7-12　固定输出的基本稳压电路

（2）输入电压的扩展

W7800 系列规定最大允许的输入电压，超过该值就要损坏稳压器。若输入电压超过允许值，可用图 7-13（a）、（b）、（c）的三种方案之一来扩展输入电压。

图 7-13（a）系串入三极管来降低输入电压。图 7-13（b）是用电阻来降压，只适用

于额定负载，不允许轻载、空载工作。图 7-13（c）采用一只稳压器降压。

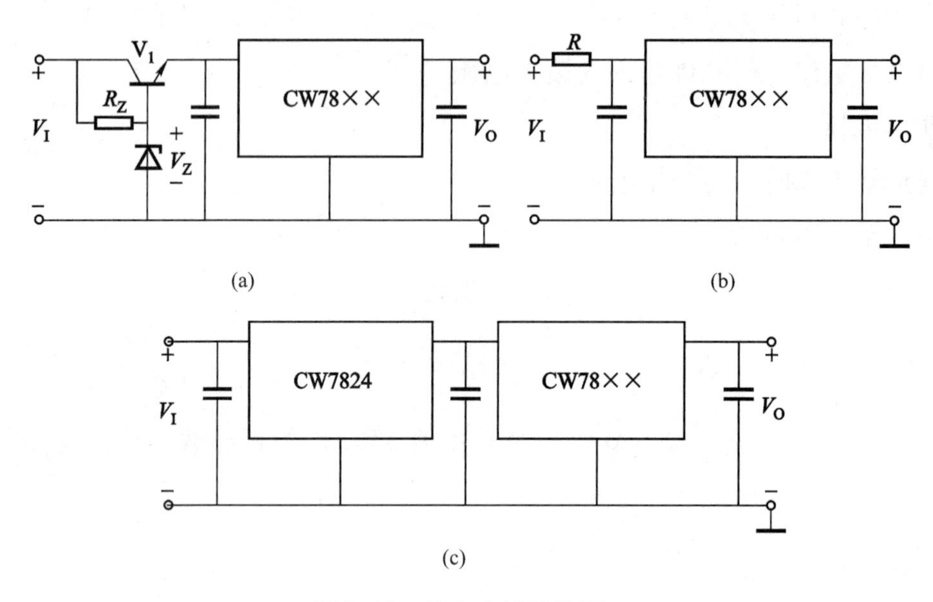

图 7-13　输入电压的扩展

（3）输出电压的扩展

如需将输出电压提高到所需值，可采用图 7-14 所示电路，此电路的输出电压 $V_O=V_{\times\times}+V_Z$。其中，$V_{\times\times}$为集成稳压器的输出直流电压。

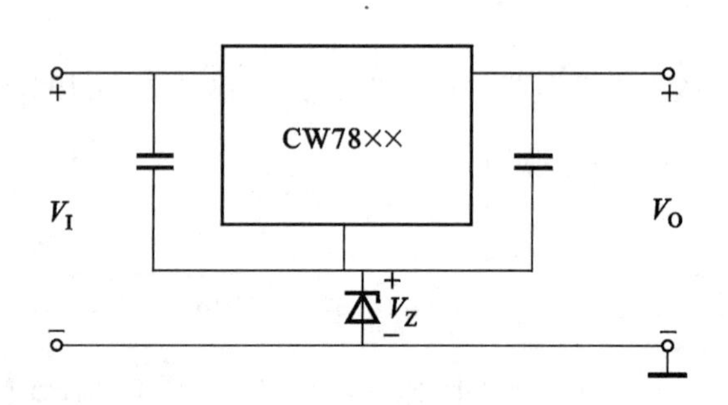

图 7-14　输出电压的扩展

（4）输出电流的扩展

在需要稳压器输出电流增大的场合，可采用图 7-15 所示电路。图 7-15（a）采用并联电阻 R 的方法扩流。R 的值应取 $R\geqslant\frac{V_{\text{Imin}}-V_O}{I_{\text{Lmin}}}$。图 7-15（b）用一只 PNP 功率管扩流。也可用两只稳压器并联输出，如图 7-15（c）所示。并联使用时应注意两集成稳压器的参数要一致。

(5) 输出电压可调电路

固定式三端集成稳压器与集成运放电路适当连接，就可组成输出电压可调的稳压电路。图 7-16 所示为这一电路的典型接法。图中集成运放为 F007，输出电压为 7 ~30 V 可调。

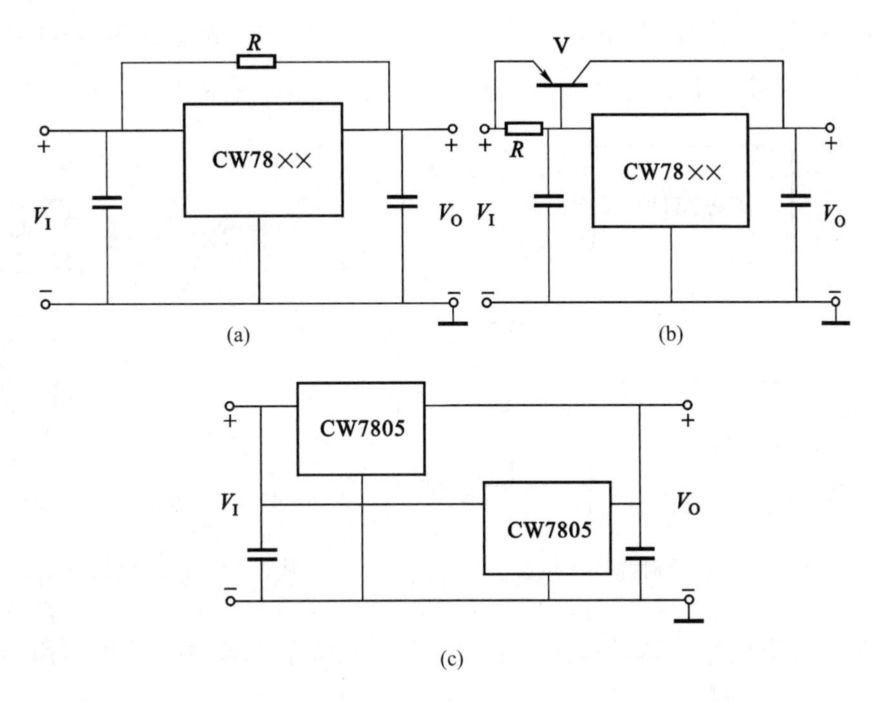

图 7-15 输出电流的扩展

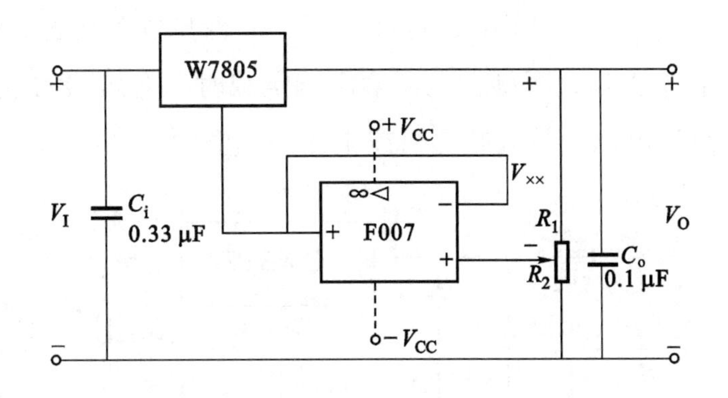

图 7-16 输出电压可调的稳压电路

(6) 正负对称的稳压电源

采用两只不同型号的三端集成稳压器，可组合成一种正负对称输出电压的稳压电源，如图 7-17 所示。

7.2.2 可调式三端集成稳压器

该集成稳压器不仅输出电压可调，而且稳压性能指标均优于固定式集成稳压器，被称为第二代三端集成稳压器。其调压范围为1.2～37 V，最大输出电流为1.5 A。常用的有正电压 W117/217/317 系列和负电压系列 W337。其内部电路与固定式 W7800 系列相似，所不同的是三个端子为输入端、输出端和调整端，如图 7-18 所示。

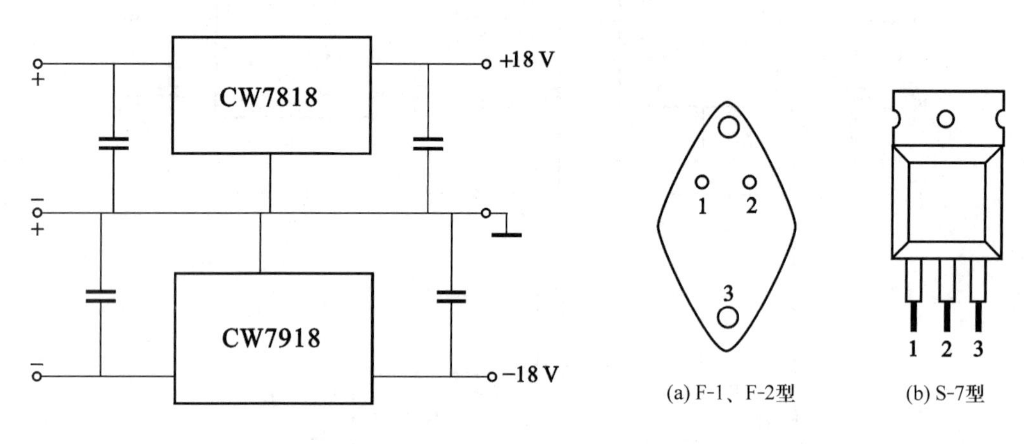

图 7-17 正负对称稳压电源

图 7-18 三端可调集成稳压器

W317 三端可调集成稳压器的应用电路如图 7-19 所示。该电路是很实用的 3 V 便携式收音机用电源。图中 1 为调整端、2 为输入端、3 为输出端。C_1为滤波电容，C_2用于消除高频自激并减小纹波电压，C_3为旁路电容，C_4为输出滤波电容。通过调节 R_1和 R_2的阻值可使输出电压为3 V。发光二极管 LED 能显示收音机是否与电源接通，另外它还作为稳压器的必要负载，使其正常工作，否则在电源输出端空载时，变压器的二次电压会很高。由于 W317 体积很小，故该电源可放入收音机或电源附加盒中。

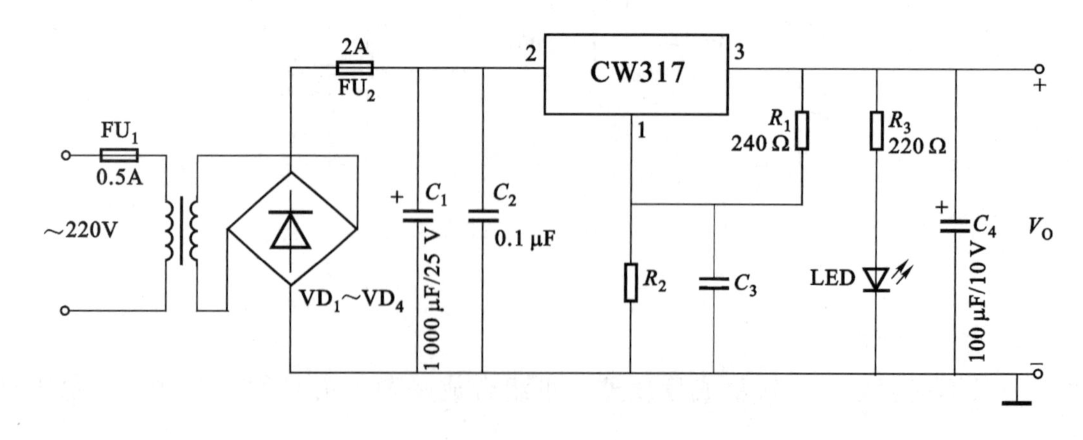

图 7-19 CW317 组成的三端集成稳压电路

*7.3 开关稳压电源简介

以上讨论的稳压电源都属于线性稳压电路。这种稳压电源虽然优点突出，但调整管功耗大，加上电源变压器笨重、耗能，使电源效率大为降低。近年来研制出了调整管工作在开关状态的开关式稳压电源，其调整管只工作在饱和与截止两种状态，即开、关状态，使管耗降到最小，使整个电源体积小，效率高，稳压性能好，稳压范围大。它广泛应用于彩色电视机、录像机以及对稳压电源要求较高的场合。

开关型稳压电源的形式很多，根据电源的能量供给电路的接法不同可分为并联型和串联型两类。下面以并联型开关稳压电源为例分析其结构原理。

并联型开关稳压电源主要由开关调整管、储能电路、取样比较电路、基准电路、脉冲调宽和脉冲发生电路等组成。其储能电路由储能电感 L、储能电容 C 和续流二极管 VD_Z 组成。因储能电感 L 与负载并联，所以称为并联型开关稳压电源，如图 7-20 所示。

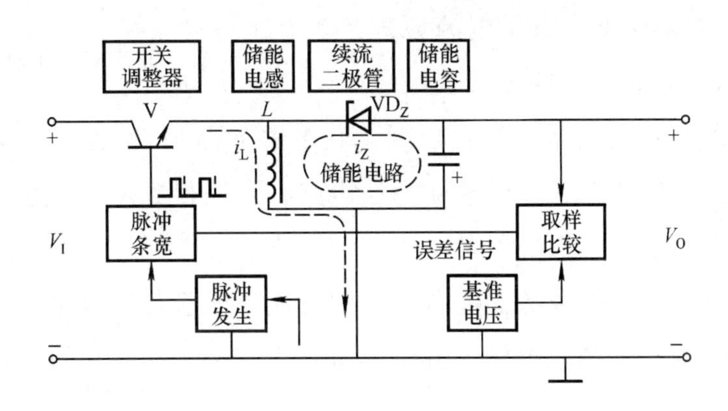

图 7-20　并联型开关稳压电源框图

从图 7-20 可见，通过调整管 V 周期性的开关作用。将输入端的能量注入储能电路，由储能电路滤波后送到负载。调整管开启（饱和导通）时间越长，注入储能电路的能量越多，输出电压越高。但调整管的开关时间受基极脉冲电压控制，这个脉冲电压由脉冲发生器产生，受脉冲调宽电路控制，脉冲宽度越宽，调整管饱和导通时间越长。而脉冲宽度又受取样电压与基准电压比较后的误差电压控制。例如输出电压升高时，取样电压升高，比较后误差电压升高，使脉冲调宽电路的脉冲宽度变窄，调整管开启时间缩短，输入储能电路能量减少，使输出电压降低。当输出电压降低时，其变化过程与此相反。

下面分析储能电路对能量储存与输出的规律。电网上的交流电通过整流滤波得到直流电压 V_I，作为开关稳压电路的输入直流电压，在调整管开启（饱和导通）期间，输入直流电压 V_I通过调整管 V 加到储能电感 L 两端。在 L 中产生不断增长的电流 i_L，由于 L 的自感作用将产生上正下负的自感电动势，使续流二极管 VD_Z反偏截止，以便 L 将 V_I的能量转换成磁场能储存于线圈中。调整管 V 导通时间越长，i_L越大，L 储存的能量越多。当调整管从饱和导通跳变到截止瞬间，切断外电源能量输入电路，L 的自感作用将产生上负下正的自感电动势，导致续流二极管 VD_Z正偏导通。这时 L 将通过 VD_Z释放能量并向储能电容 C 充电，并同时向负载供电。当调整管再次饱和导通时，虽然续流二极管 VD_Z反偏截止。但可由储能电容释放能量向负载供电。

通过上面分析可以归纳出开关稳压电源工作原理。调整管导通期间，储能电感储能，并由储能电容向负载供电；调整管截止期间，储能电感释放能量对储能电容充电，同时向负载供电。这两个元件还同时具备滤波作用，使输出波形平滑。并联型开关稳压电源原理电路如图 7-21 所示。在有的并联型开关稳压电源中，储能电感以互感变压器的形式出现，其电路如图 7-22 所示。它的优点是可以通过变压器的不同抽头，再加上各自的整流滤波电路，可以得到不同数值的多路直流电压输出。这种稳压电源在彩色电视机等设备中得到广泛应用。

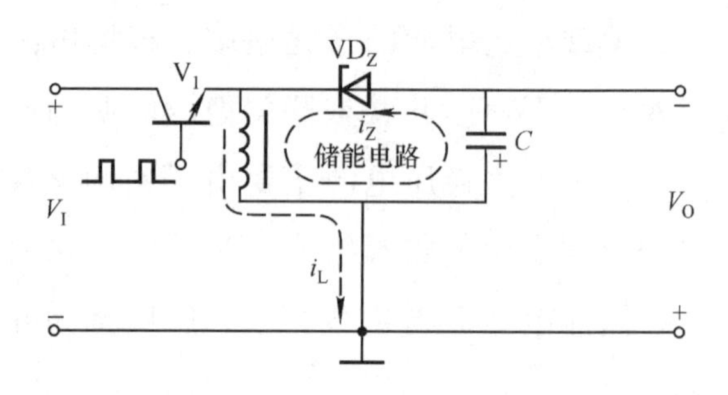

图 7-21　并联型开关稳压电源原理图

如果将并联型开关稳压电源的储能电感 L 和续流二极管位置互换，使储能电感 L 与负载串联，即成为串联型开关稳压电源，其电路如图 7-23 所示。它的工作原理与并联型开关稳压电源相同。

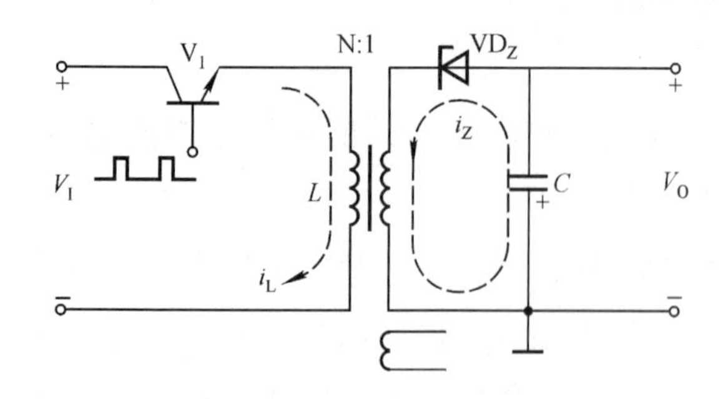

图 7-22　用脉冲变压器的并联型开关电源

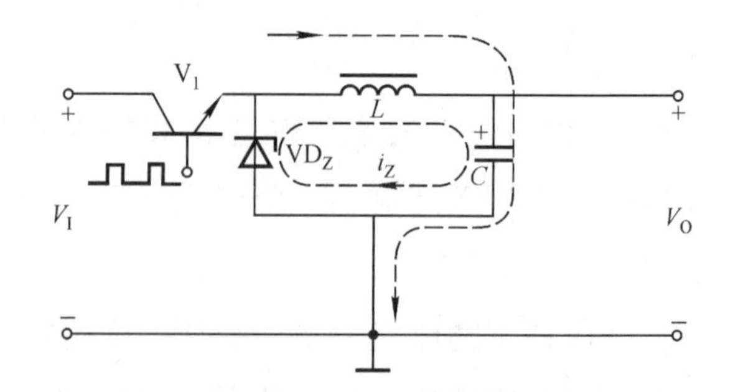

图 7-23　串联型开关稳压电源原理图

本章小结

本章直流稳压电源是第二章整流与滤波电路的延续。学好这一章的关键是要理清以下几个问题：

■ 电路电压不稳定的原因　一是交流电网不稳定，一般约有±10%的波动；二是整流滤波电路有一定的内阻，当负载电流发生变化时（负载重，电流大；负载轻，则电流小），引起内阻上的压降发生变化，从而引起输出电压的变化，如图7-24所示。

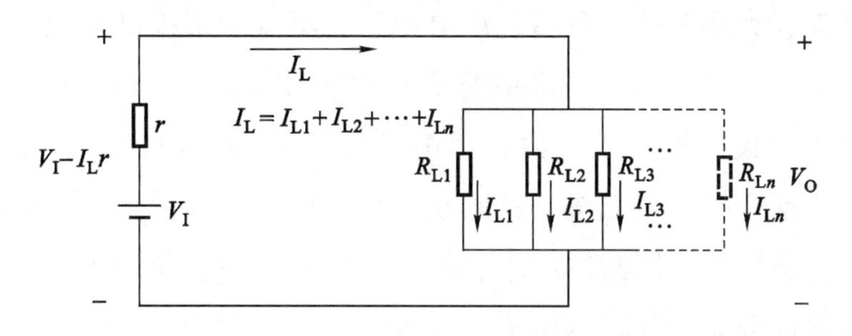

图7-24　负载变化引起输出电压不稳定示意图

为了得到稳定的直流电压，就要在整流滤波电路后面加接稳压电路。

■ 如何稳压　教材中介绍的带有放大环节的串联稳压电路，是目前广泛应用的一种分立元件稳压电源。我们必须理解它的组成和工作原理。着重探究以下问题：

（1）为什么要设比较放大级　这一级是将输出电压经取样电阻分压（分压点在放大管的基极），与基准电压（放大管的射极电压）相比较，然后将其“差值”进行放大后，送到调整管，去调节调整管的V_{CE}，从而稳定输出电压。这样，输出电压由于某种原因有上升或下降的趋势时，放大管能非常灵敏地将这个“偏差”（因为将这个偏差放大了）传递到调整管，也就是说，输出电压的微小变化，会立刻引起调整管基极电流的变化。因此，比较放大级在很大程度上提高了调整管调整电压的灵敏度。

（2）调整管为什么能调节输出电压使其稳定　我们知道，调整管（C、E两极）是与负载串联的。调整管（集射极之间）相当于一只可变电位器，亦即集射极之间的电压是随基极电流的不同而变化的。它们有如下的关系：

$$I_B\uparrow \longrightarrow V_{CE}\downarrow;\quad I_B\downarrow \longrightarrow V_{CE}\uparrow$$

由于稳压电路的输入电压，调整管的V_{CE}和输出电压是串联关系，即有：$V_I=V_{CE}+V_O$。

当调整管R_{CE}增大时，V_{CE}上升，则输出电压降低；反之，V_{CE}减小，则输出电压增加。

总体来看，假设负载变轻，输出电压有上升的趋势，调整管的调整过程可表示如下：

负载变轻（即 $R_L\uparrow$）$\longrightarrow V_O\uparrow\longrightarrow V_{B2}\uparrow\longrightarrow I_{B2}\uparrow\longrightarrow I_{B1}\downarrow$ ——

$V_O\downarrow\longleftarrow V_{CE1}\uparrow\longleftarrow$

由于调整管的调整作用，输出电压的上升趋势受到遏制而保持稳定。

(3) 串联型稳压电路的调整过程从其实质而言是一种负反馈 反馈网络就是取样电路，反馈电压就是比较放大管的基极电压，反馈类型为电压串联负反馈。对稳压电源电路的进一步分析，能使我们学到的知识前后贯穿，相互联系，融会贯通。

■ 掌握了带有放大环节的串联型稳压电源，就不难理解提高该电路的稳压性能的各项措施。在学习过程中，必须学会“牵牛鼻子”的学习方法，在教材内容的学习上，不宜平均使用气力，对于关键问题，重点内容不能满足于一知半解，浅尝辄止，而应反复思考，深刻理解。坚持这样的学习方法，就能收到举一反三、触类旁通、事半功倍的效果。

■ 三端式集成稳压器，因其体积小、外围元件少、性能稳定可靠、使用调整方便等突出优点，将逐步取代分立元件稳压电源，代表了稳压电源的方向，应重点掌握固定输出式和可调式两种基本类型，并理解扩展其功能的电路原理。

习 题 七

7-1 串联可调稳压电源由哪几部分组成？各部分的作用是什么？

7-2 在电网电压不变的情况下，假如负载电流增大（负载变重）时，分析图 7-3（b）的稳压过程（试用符号“↑”或“↓”表示其稳压过程）。

7-3 在负载不变的情况下，假如电网电压升高时，试分析图 7-3（b）的稳压过程。

7-4 在串联型稳压电路中，为什么有时需用复合管来做调整管？

7-5 在图题 7-5 所示的稳压电源中，如果稳压管的 V_Z变低，对输出电压有什么影响？为什么？

7-6 在图 7-3（b）电路中，若 R_P的抽头向上移动时，则输出的稳定电压是增大还是减小？为什么？

7-7 半导体收音机需+6 V 直流电源，请用三端固定式集成稳压器组成+6 V 稳压源，画出该电源的电路图。

7-8 如何扩展集成稳压器 W7800 系列的应用范围？试举几例说明之。

7-9 在图题 7-9 中，稳压管 VD_Z的稳定电压 $V_Z=6$ V，$V_{BE}=0.7$ V，试计算输出电压 V_O的可调范围。

7-10 上题中，若数值更改为：$R_1=R_3=300\ \Omega$，$R_2=200\ \Omega$，当 $V_I=15$ V，R_2电位器的滑动触点在中点位置时，$V_O=10$ V。(1) 求可调输出电压的最小值和最大值；(2) 若 V_I变化 ±10%，问 V_1管最大压降是多少？

7-11 串联型稳压电源为什么要加保护电路？画出限流式和截流式两种保护电路的电路图，并简要说

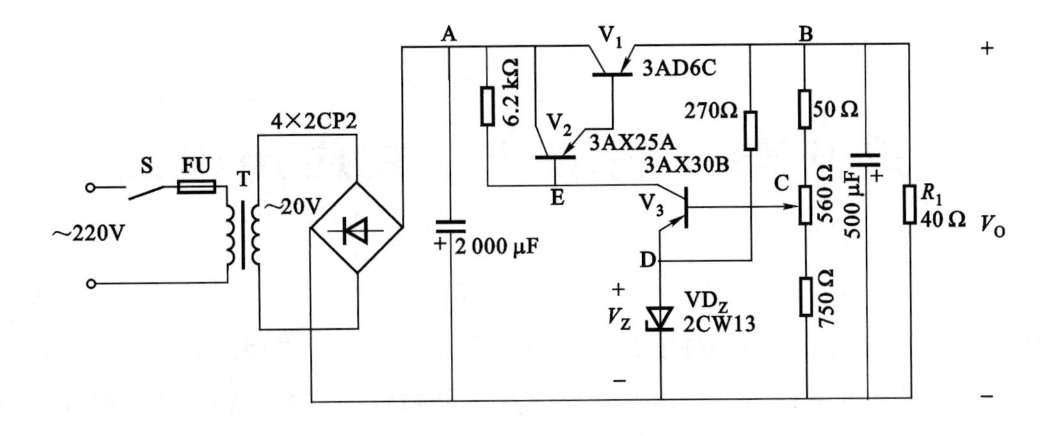

图题 7-5

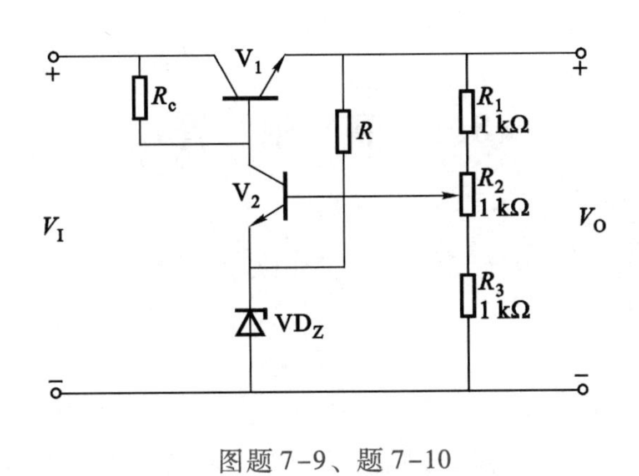

图题 7-9、题 7-10

明其工作原理。

*7-12　什么是开关稳压电源？它的基本工作原理是怎样的？

* 第八章　晶闸管及其应用电路

晶闸管俗称可控硅，它是一种能控制强电的半导体器件。常用的晶闸管有单向和双向两大类。另外，还有光晶闸管、快速晶闸管、逆导晶闸管等许多品种。由于晶闸管具有体积小、重量轻、效率高、寿命长、使用方便等优点，它已广泛应用于各种无触点开关电路及可控整流设备中。本章简要介绍晶闸管的结构、工作原理及其应用电路。

8.1 晶　闸　管

8.1.1 单向晶闸管

1. 单向晶闸管的结构与图形符号

单向晶闸管的外形有平面型，螺栓型和小型塑封型等几种。图 8-1（a）所示为常见的外形。它有三个电极：阳极 A、阴极 K 和控制极 G。图 8-1（b）所示为单向晶闸管的电气图形符号。它的文字符号一般用 SCR、KG、CT、VT 表示。

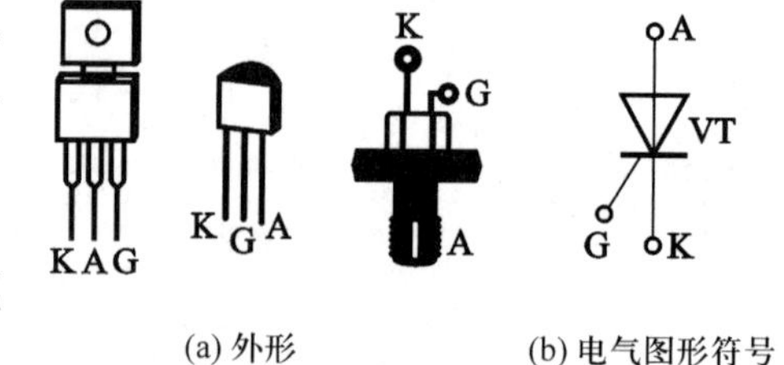

图 8-1　单向晶闸管的外形和电气图形符号

单向晶闸管的内部结构包含四层半导体材料构成的三个 PN 结（J_1、J_2、J_3），它的电极分别从 P_1（阳极 A）、P_2（控制极 G）、N_2（阴极 K）引出，如图 8-2（a）所示，它的等效电路（三个 PN 结构成两个连接的三极管）和导通瞬间 V_A、V_G的电压极性如图 8-2（b）所示。

2. 单向晶闸管的工作原理

从电路符号看，单向晶闸管很像一只二极管，只比二极管多了一个控制电极。实际上，单向晶闸管像二极管一样只能正向导通，它与二极管最根本的区别是，它的导通是**可控的**。现做实验如下，按图 8-3 电路，把阳极 A 接在直流电源 V_A正极，把阴极 K 经指示

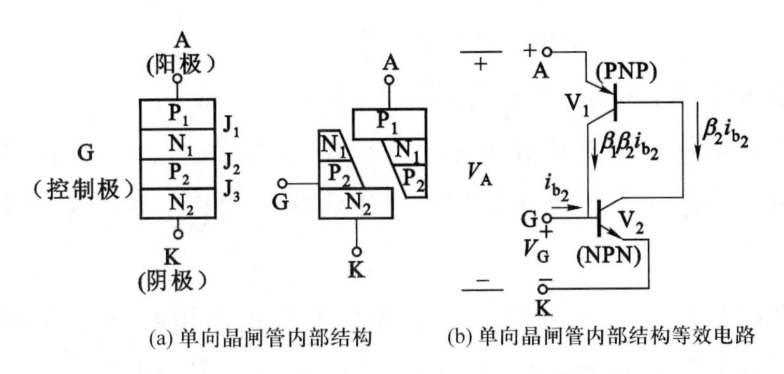

(a) 单向晶闸管内部结构　(b) 单向晶闸管内部结构等效电路

图 8-2　单向晶闸管内部结构及等效电路

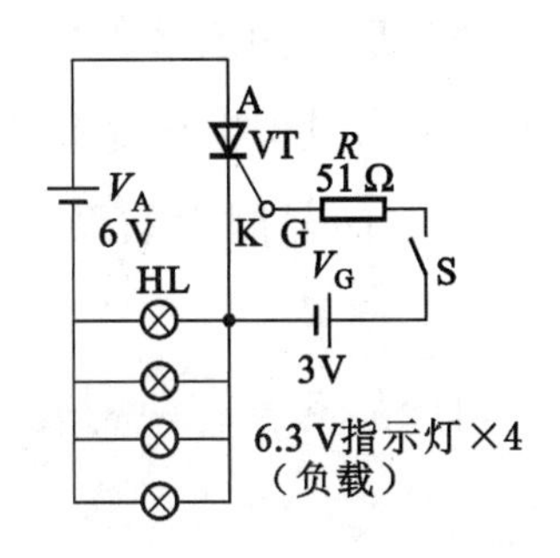

图 8-3　单向晶闸管工作原理实验电路

灯 HL 接在电源负极，再将控制极 G 接上限流电阻 R，经开关 S 接直流电源 V_G正极，V_G负极接阴极 K。当开关 S 断开时，发现单向晶闸管不像二极管那样正向导通，使负载指示灯发亮，(二极管在这种情况下是导通的，这正是它们的不同点)。当开关 S 接通时，即给控制极 G 加上控制正电压，也就是加上触发信号，电路中四只并联的指示灯全部被点亮，这说明晶闸管导通了。(在电路中起了“开”的作用）晶闸管导通后，若将开关 S 断开，即去掉控制极正向电压，灯泡仍然亮着，这表明晶闸管仍然导通。这说明，晶闸管一旦导通后，控制极 G 就失去了控制作用。如果要使单向晶闸管重新关断，必须将 V_A降低到一定程度时才能实现。

综上所述，单向晶闸管的工作特点有如下几点。

(1) 单向晶闸管导通必须具备两个条件：一是晶闸管阳极与阴极间接正向电压；二是控制极与阴极之间也要接正向电压。

(2) 晶闸管一旦接通后，去掉控制极电压时，晶闸管仍然导通。

(3) 导通后的晶闸管若要关断时，必须将阳极电压降低到一定程度。

(4) 晶闸管具有控制强电的作用，即利用弱电信号（即触发信号）对控制极的作用，就可使晶闸管导通去控制强电系统。由上述实验可看出，为使其导通而给控制极所加的触发信号电流不足 10 mA，但晶闸管的负载电流已达 1 A 左右。

3. 单向晶闸管的主要参数

(1) 额定正向平均电流　在规定环境温度和散热条件下，允许通过阳极和阴极之间的电流平均值。

(2) 维持电流　在规定环境温度、控制极断开的条件下，保持晶闸管处于导通状态所需要的最小正向电流。一般为几毫安到几十毫安不等。

(3) 控制极触发电压和电流　在规定环境温度及一定正向电压条件下，使晶闸管从关断到导通，控制极所需的最小电压和电流。小功率晶闸管触发电压约 1 V，触发电流为零点几毫安至几毫安，中功率以上晶闸管触发电压为几伏至几十伏，电流为几十毫安至几百毫安。

(4) 正向阻断峰值电压　在控制极开路和晶闸管正向阻断（即晶闸管截止）的条件下，可以重复加在晶闸管两端的正向峰值电压。使用时，正向电压若超过此值，晶闸管即使不加触发电压也能从正向阻断转而导通。

(5) 反向阻断峰值电压　在控制极断开时，可以重复加在晶闸管上的反向峰值电压。通常正、反向峰值电压是相等的，统称峰值电压。一般晶闸管的额定电压就是指峰值电压。

4. 单向晶闸管的型号及简易检测

(1) 型号

国产晶闸管有两种表示方法，即 3CT 系列和 KP 系列。3CT 系列表示参数的方式如下所示。

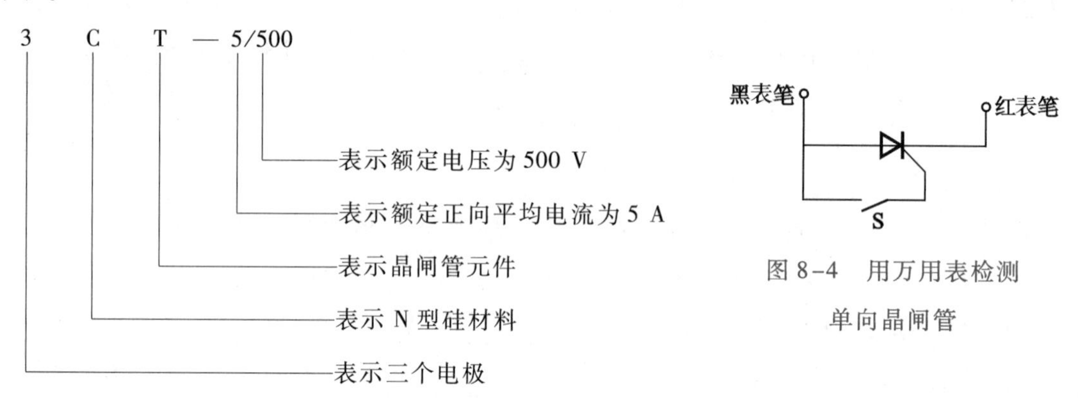

图 8-4　用万用表检测单向晶闸管

KP 系列使用时可参看产品说明书，此处不再列出。

(2) 简易检测

晶闸管使用前需要进行检测，以确定其好坏，简易检测方法如下：

a. 用万用表“$R\times10$”挡，黑表笔接阳极，红表笔接阴极，指针应接近∞，见图 8-4；

b. 当合上 S 时，表针应指很小阻值，约为 60～200 Ω，表明晶闸管能触发导通。

c. 断开 S，表针不回到零，表明晶闸管是正常的。(有些晶闸管因维持电流较大，万用表的电流不足以维持它导通，当 S 断开后，表针会回到零，也是正常的)，如果在 S 未合上时，阻值很小，或者在 S 合上时，表针也不动，表明晶闸管质量太差，或已击穿、断极。

8.1.2 双向晶闸管

由于双向晶闸管具有正、反向都能控制导通的特性，并且又有触发电路简单，工作稳定可靠等优点，因此在无触点交流开关电路中，经常使用。

1. 双向晶闸管的结构与符号

双向晶闸管外形及图形符号，分别如图 8-5（a）、（b）所示，它的文字符号常采用 TLC、SCR、CT 及 KG、KS 等表示，本书用 VT 表示。

双向晶闸管是由制作在同一硅单晶片上，有一个控制极的两只反向并联的单向晶闸管所构成。它是 N-P-N-P-N 五层三端半导体器件，如图 8-6 所示。双向晶闸管也有三个电极，但它没有阴、阳极之分，而统称主电极 T_1 和 T_2，另一个电极 G 为控制极。

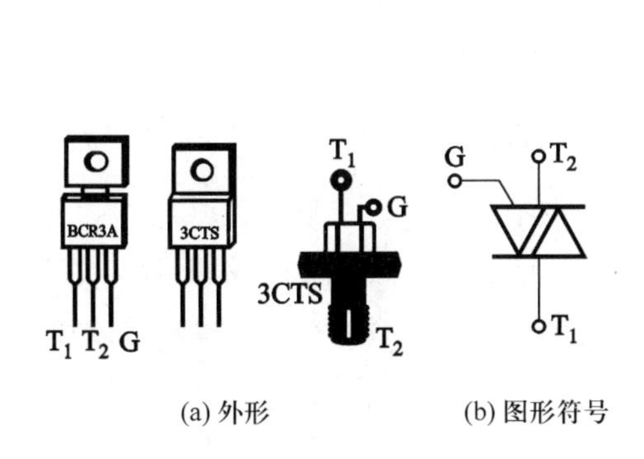

(a) 外形　(b) 图形符号

图 8-5　双向晶闸管外形及图形符号

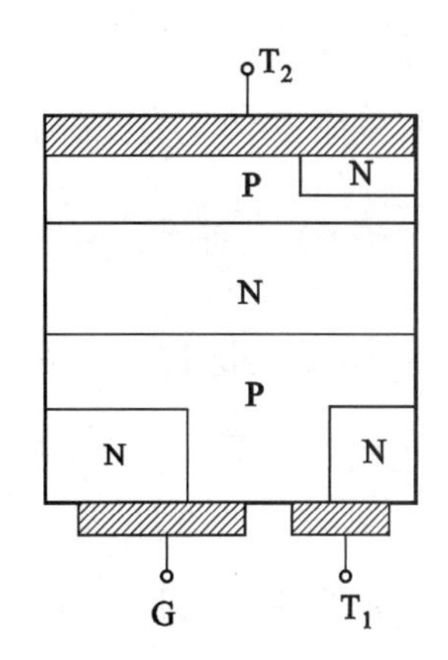

图 8-6　双向晶闸管结构

2. 双向晶闸管的工作特点

双向晶闸管的一个重要特性是：它的主电极 T_1、T_2 无论加正向电压还是反向电压，其控制极 G 的触发信号无论是正向还是反向，它都能被“触发”导通。由于双向晶闸管具有正、反两个方向都能控制导通的特性，所以主电极间电压不像单向晶闸管那样是直流形式，而是交流形式。

3. 双向晶闸管的检测

（1）用万用表“$R\times1$ k”挡，黑表笔接 T_1，红表笔接 T_2，表针应不动或微动，调换两表笔，表针仍不动或微动为正常。

（2）将万用表量程换到“$R\times1$”挡，黑表笔接 T_1，红表笔接 T_2，将触发极与 T_2 短接一下后离开，万用表应保持几欧至几十欧的读数；调换两表笔，再次将触发极与 T_2 短接一下后离开，万用表指示情况同上。经过 1、2 两项测量，情况与所述相符，表示器件是好的，若情况与第 2 次不符，可采用（3）所示方法测量。

（3）对功率较大或功率较小但质量较差的双向晶闸管，应将万用表黑表笔接电池负极。然后再按（2）所述方法测量判断。

8.2 晶闸管触发电路

晶闸管的导通，除了在阳极与阴极之间加正向电压外，还必须在控制极加正向触发电压。提供正向触发电压的电路称为触发电路。加触发电压后，晶闸管一旦导通，则去掉触发电压，晶闸管亦不会截止。因此，常用脉冲电压作为触发电压。单向晶闸管的触发电路常用一种称为单结晶体管组成的脉冲电路。（脉冲的概念将在数字电路中讲述。）

8.2.1 单向晶闸管触发电路

1. 单结晶体管的结构和型号

单结晶体管的结构，如图 8-7（a）所示。它有三个电极：发射极 E、第一基极 B_1、第二基极 B_2，只有一个 PN 结，所以称为单结晶体管，或双基极二极管。单结晶体管的电路符号和外形如图 8-7（b）、（c）所示。

图中发射极箭头指向 B_1 极，表示经 PN 结的电流只流向 B_1 极。

单结晶体管的型号有 BT31、BT32、BT33、BT35 等。

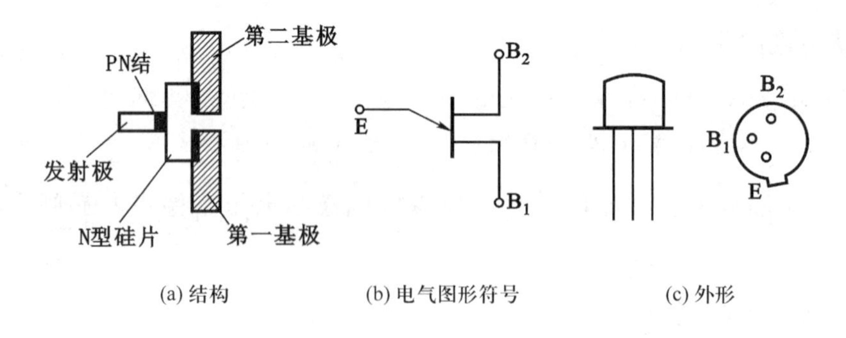

(a) 结构　　(b) 电气图形符号　　(c) 外形

图 8-7　单结晶体管的结构、电气图形符号和外形

2. 单结晶体管的基本特性

单结晶体管的等效电路如图 8-8 所示。图中，r_{b1} 表示 E 与 B_1 间的电阻，它随发射极电流而变，即 I_E 上升，r_{b1} 下降。r_{b2} 表示 E 与 B_2 间的电阻，数值与 I_E 无关。两基极间的电阻

为 r_{bb}，即 $r_{bb}=r_{b1}+r_{b2}$。r_{b1}与 r_{bb}的比值称分压比 η，即 $\eta=\frac{r_{b1}}{r_{bb}}$，（一般 η 在 0.3～0.8 之间）。V_{BB}是加在 B_2上的正向电压，V_{EE}是加在 E 上的正向电压。VD 表示 E 与 B_1之间的 PN 结。如果 V_{EE}很低，VD 反偏而截止；当 V_{EE}上升至某数值，VD 导通，r_{b1}突然下降，E 与 B_1之间趋于导通（亦即单结晶体管导通）。从图 8-8 可看出：单结晶体管导通的条件是：

$$V_{EE}>\eta V_{BB}+V_D \text{（}V_D\text{为 PN 结的正向压降）}$$

因此，只要改变 V_{EE}的大小，就可控制单结晶体管的导通与截止。从而获得从 B_1输出的脉冲电压。

3. 单结晶体管触发电路

图 8-9 所示为单结晶体管触发脉冲形成电路。其工作原理如下。

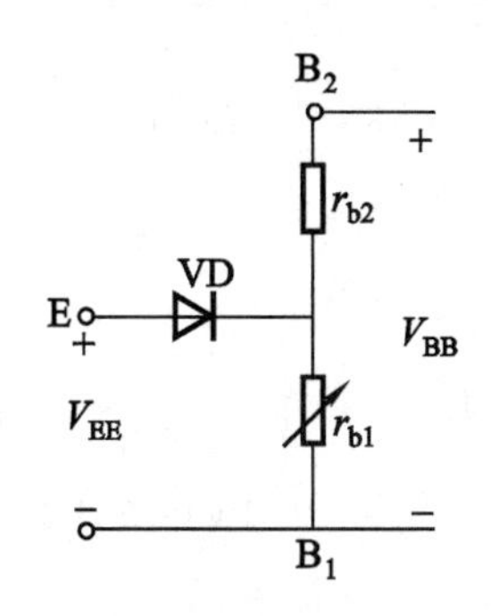

图 8-8　单结晶体管等效电路

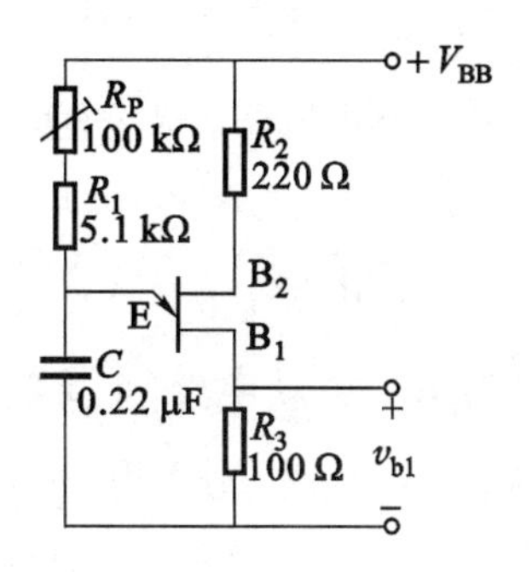

图 8-9　单结晶体管触发电路

电源电压接通后，V_{BB}通过微调电阻 R_P和电阻 R_1向电容 C 充电，当充电电压 V_C上升至大于 $\eta V_{BB}+V_D$时，单结晶体管导通，C 迅速放电，在电阻 R_3上形成一个很窄的正脉冲 v_{b1}。此时电容 C 两端电压几乎降为零。第一周期过后，单结晶体管截止，由 V_{BB}继续通过 R_P、R_1给 C 充电，这样连续不断重复上述过程，从而获得晶闸管电路所需的触发脉冲电压。

8.2.2　双向晶闸管触发电路

一般有双向二极管触发电路、RC 触发电路、晶体管组合触发电路以及氖管触发电路等几种。

1. 双向二极管触发电路

在图 8-10 中，VT_1为双向二极管（2CTS），VT_2为双向晶闸管，R_L为负载，当交流电源处于正半周时，电源通过 R_1、R_P向电容 C 充电，电容 C 上的电压极性为上正下负。当这个电压增高到双向二极管的导通电压时，VT_1突然导通，使双向晶闸管的控制极 G 和主电极 T_1间得到一个正向触发脉冲，晶闸管导通。而后当交流电源过零的瞬间，双向晶闸管自行阻断；当交流电源处于负半周时，电源电压对电容 C 反向充电，C 上的极性为下正上负，当电压值达到 VT_1 的转折电压时，双向二极管突然反向导通，使双向晶闸管得到一个反向触发信号，双向晶闸管也导通。调节 R_P 的值，即可改变电容的充电时间常数，从而改变脉冲出现时刻，也就改变了晶闸管的导通角。

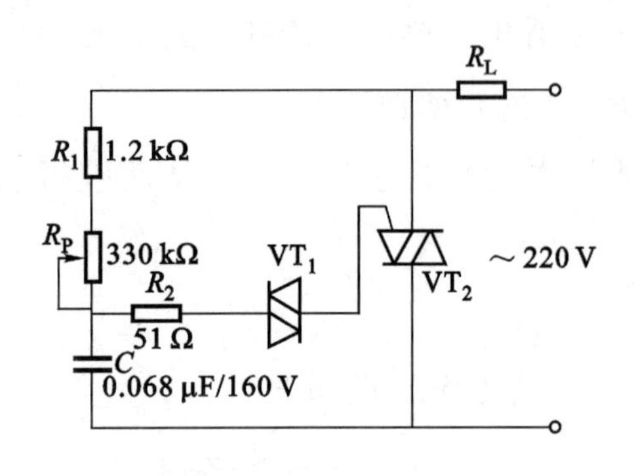

图 8-10　双向二极管触发电路

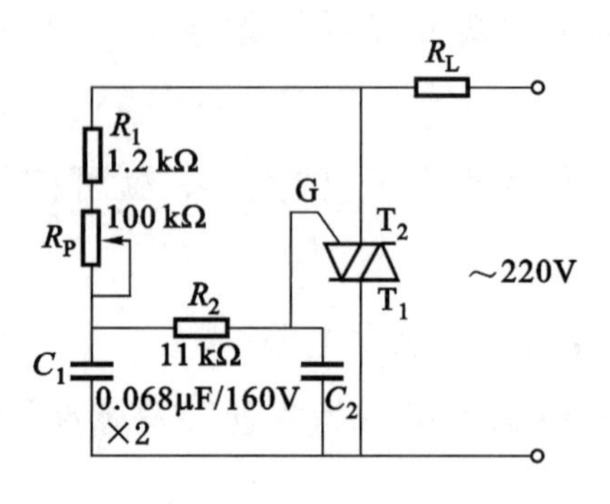

图 8-11　*RC* 触发电路

2. 其他类型的触发电路

图 8-11 所示为 *RC* 触发电路，该电路的特点是简单，成本低。图 8-12 所示为晶体管组合电路。图中 V_1、V_2 均为 NPN 型三极管，使用时只用 C、E 两极。图 8-13 所示为氖管触发电路，该电路的特点是成本低，且氖管可作指示器，当氖管发光时，表示双向晶闸管已导通，负载上有电流通过。

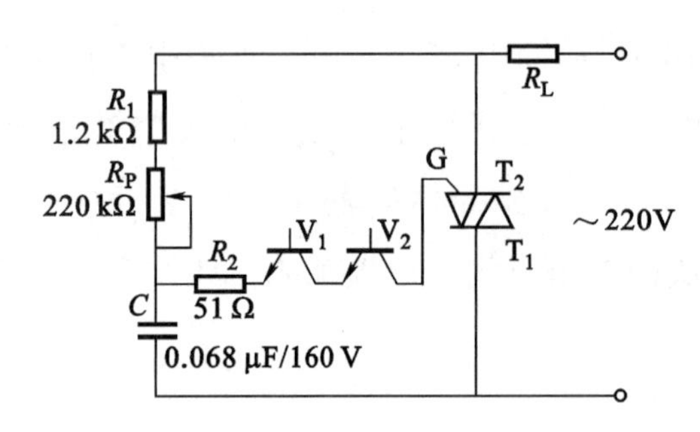

图 8-12　晶体管组合触发电路

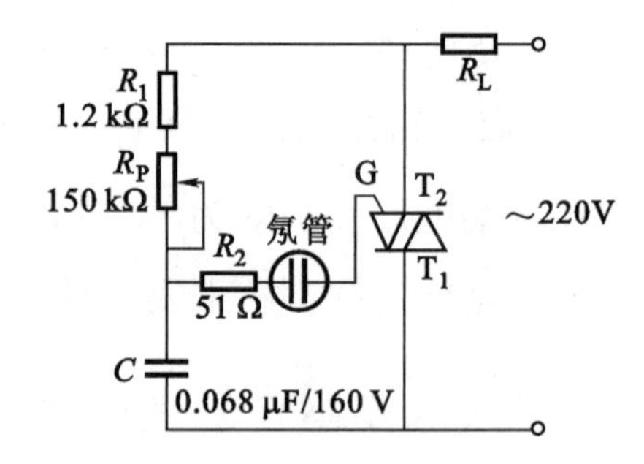

图 8-13　氖管触发电路

8.3　晶闸管应用电路

8.3.1　晶闸管整流电路

利用单向晶闸管的“触发导通”特性，可用它组成可控整流电路，这种整流电路与一般整流电路不同之处在于输出的负载电压是“可控的”。

1. 单相半波可控整流电路

图 8-14（a）所示为单相半波可控整流电路。设 v_1 为变压器一次电压，v_2 为二次电压，R_L 为负载。

参看图 8-14（a），其工作原理如下。

（1）v_2 为正半周时，晶闸管 VT 承受正向电压，如果此时没有加触发电压，则晶闸管处于正向阻断状态，负载电压 $v_L=0$。

（2）当 $\omega t=\alpha$ 时，控制极加有触发电压 v_G，晶闸管具备了导通条件而导通，由于晶闸管正向压降很小，电源电压几乎全部加到负载上，$v_L=v_2$。

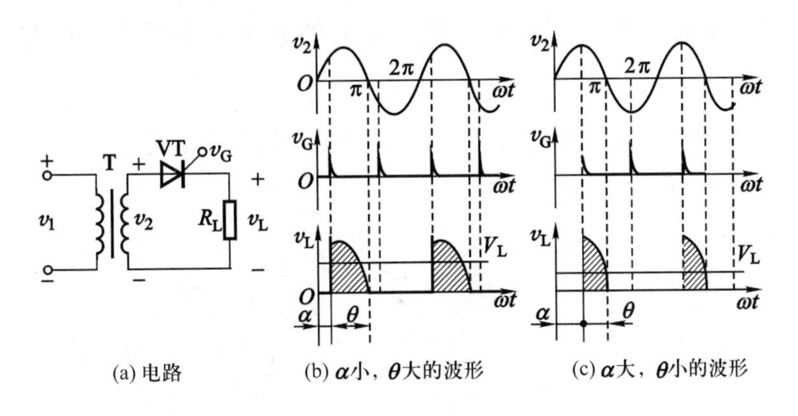

(a) 电路　(b) α小，θ大的波形　(c) α大，θ小的波形

图 8-14　单相半波可控整流电路

（3）在 $\alpha<\omega t<\pi$ 期间，尽管 v_G 在晶闸管导通后即已消失，但晶闸管仍保持导通，因此，在这期间，负载电压 v_L 基本上与次级电压 v_2 保持相等。

（4）当 $\omega t=\pi$ 时，$v_2=0$，晶闸管自行关断。

（5）当 $\pi<\omega t<2\pi$ 时，v_L 进入负半周后，晶闸管承受反向电压，呈反向阻断状态，负载电压 $v_L=0$。

在 v_2 的第二个周期里，电路将重复第一周期的变化。如此不断重复，负载 R_L 上就得到单向脉动电压。

在图 8-14（b）中，可以看出，在电角度 $0\sim\alpha$ 期间晶闸管正向阻断；在 $\alpha\sim\pi$（即 θ）期间，晶闸管导通。

通常，把 α 称为**控制角**，把 θ 称为**导通角**。显然，控制角 α 越大，导通角 θ 就越小，它们的和为定值，即 $\alpha+\theta=\pi$。

不难看出，改变触发电压到来的时刻，亦即改变控制角 α 的大小，就可改变导通角 θ，也就改变了负载电压 v_L的平均值。在图 8-14（c）中，控制角 α 较图 8-14（b）增大，而导通角 θ 减小，由于 θ 减小，负载电压平均值亦将减小。反之，若控制角 α 减小，导通角 θ 增大，则负载电压平均值将增大。

2. 单相桥式可控整流电路

图 8-15（a）所示为单相桥式可控整流电路。T 为变压器，VD_1 ~ VD_4四只整流二极管组成桥式整流电路，晶闸管 VT 控制输出电压的值，R_L为负载。

参看图 8-15（a），工作原理如下：

（1）桥式整流输出电压，对晶闸管 VT 而言是正向电压，只要触发电压 v_G到来，VT 即可导通。如忽略它的正向压降，则负载电压 v_L将与 v_2'对应部分基本相等。

（2）当 v_2'经过零值时，晶闸管自行关断，在 v_2的第二个半周中，电路将重复第一半周的情况。图 8-15（b）所示为工作波形图。

由图可知，该电路也是通过调整触发信号出现的时间来改变晶闸管的控制角 α 和导通角 θ，从而控制输出直流电压的平均值。

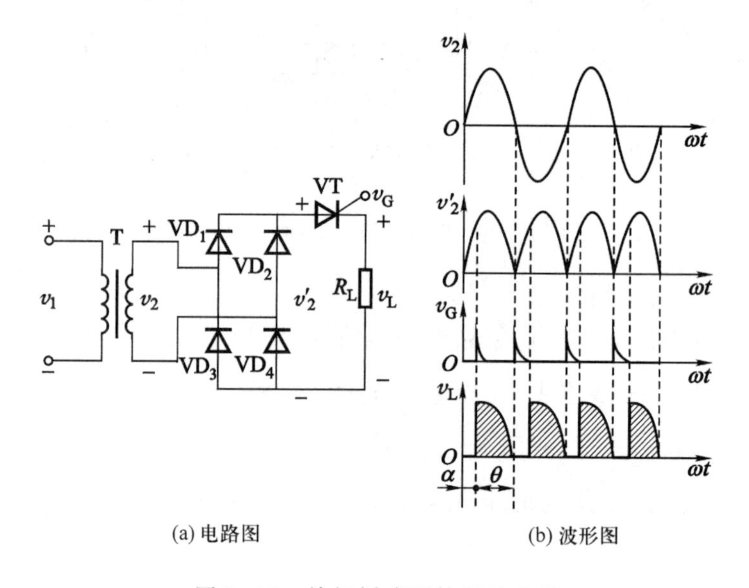

图 8-15　单相桥式可控整流电路

8.3.2　其他应用电路

1. 音乐彩灯控制器

图 8-16 所示为音乐彩灯控制电路。它的工作原理如下。从收录机等音响设备的扬声器两端，引出音频信号（属交流正弦波信号），经升压变压器 T 升压后，作单向晶闸管

(3CT 型) 的触发信号。由于音频信号的幅度会随着音乐节奏而不断变化，因此，当幅度大时（交流正半周)，使晶闸管导通，而幅度小时，晶闸管仍处于阻断状态。另外，由于音频信号的构成比较复杂，因此，某些信号也会改变晶闸管的导通角。这样晶闸管就工作在导通、阻断或非全导通状态，使负载黄、红、绿、蓝四组彩灯随音乐的旋律而不断闪烁。

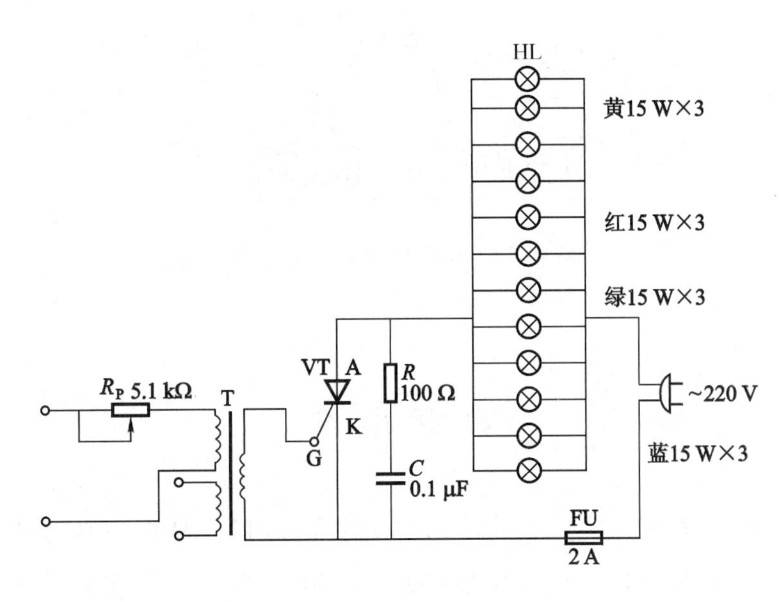

图 8-16　音乐彩灯控制电路

图中 R_P 为 5.1 kΩ 带开关的大型电位器，调节 R_P 的值，可以使彩灯工作在跳跃、闪烁的工作状态。T 为升压变压器，可用半导体收音机的输出变压器代替，使用时，变压器二次侧接电位器，一次侧接在晶闸管的 G、K 之间。VT 可选用 3 A/600 V 的 3CT 型国产塑封单向晶闸管，R 用 100 Ω/0.5 W 金属膜电阻，C 用 0.1 μF/400 V 涤纶电容，彩灯可用 15 W/220 V 的普通彩色灯泡。

2. 安全感应开关电路

双向晶闸管能直接应用在交流电源负载上作无触点开关。安全感应开关是以双向晶闸管 3CTS 为主组合而成的。其用途是安装在某些场合作防盗用；也可安装在机床、冲床等有危险的场所，防止事故的发生。

安全感应开关的原理如图 8-17 所示。图中 N 为氖管，B 是一块金属板，作为感应板，放置在危险区的边缘。其工作原理是：利用人体接近感应板时产生的电容和本机的电容器 C_1 对电源进行分压，促使氖管导通点燃，再经 V_1 组成的射极输出器使双向二极管 2CTS 导通，触发双向晶闸管 3CTS 导通，插座上就有电流通过，带动负载（如电铃）工作。图中

R_5、C_2起改善双向晶闸管的感性负载的作用，防止电压过高，起到保护 3CTS 的作用。调整 C_1 的大小和改变感应板的大小，就可改变人体与感应板的触发距离，即调节感应开关的灵敏度。

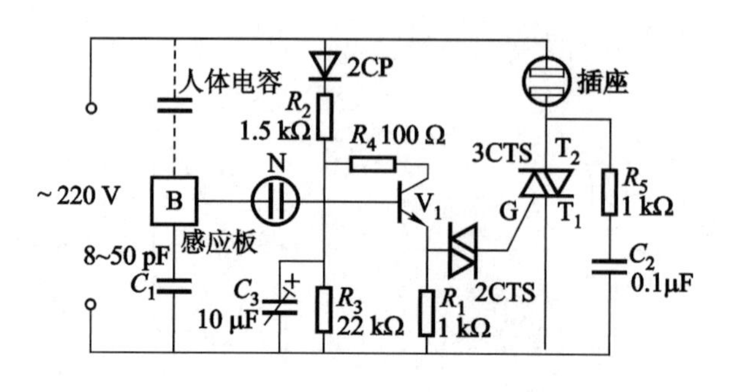

图 8-17　安全感应开关电路图

本章小结

晶闸管是一种可控电子开关。它将半导体器件的应用，从弱电领域扩展到强电领域。因此，在自动控制系统中得到了日益广泛的应用。学习本章，为我们今后自学有关电路、应用新技术，均可奠定一定的基础。

■　学习本章的基本要求

（1）了解单向、双向晶闸管的基本结构和工作原理，掌握其导通与关断条件。

（2）掌握晶闸管触发电路的构成和工作原理。

（3）掌握晶闸管的应用电路，特别是几种基本的可控整流电路。了解其工作原理和工作特性。

■　晶闸管同二极管和三极管的比较。

（1）晶闸管与二极管的比较：二者均有单向导电性，不同之处在于二极管只能正向导通，反向截止，而晶闸管正反向均可截止，并有可控特性。

（2）晶闸管与三极管的比较：二者均有以小控大（放大）的作用，不同之处是：① 三极管放大时，输出信号的大小与输入信号大小成正比，而晶闸管放大信号时，输入与输出信号的大小不存在正比例关系，输出信号的大小主要决定于电路参数和电源电压。② 三极管作为开关使用时，是通过基极电流（或电压）进行控制，而晶闸管的触发电压只能控制其导通，不能控制关断，一旦导通，触发电压可以取消。

■　掌握晶闸管的工作原理

（1）晶闸管导通原理　在本章第一节图 8-2 所示的晶闸管等效电路中可看出：晶闸管可视为两只异型晶体管的组合，阳极一侧为 V_1 管，阴极一侧为 V_2 管，控制极 G 既是 V_2 的基极，又是 V_1 的集电极。其导通原理可以这样理解：当晶闸管加上正向阳极电压，并在控制极加上正向触发电压时，从等效电路中看到 V_2 管首先导通放大，其集电极电流 i_{C2} 经 V_1 的发射结构成回路，使 V_1 管也导通放大，此时，V_1 管的集电极电流 i_{C1} 经 V_2 管发射结构成 V_2 管的基极电流，经 V_2 管再一次进行电流放大。如此不断进行正反馈放大，直到晶闸管完全导通，此时，相当于晶闸管开关的闭合状态。由于最终进入饱和导通状态 β 下降，晶闸管电流将最后稳定在某一数值上。

（2）晶闸管的导通与关断条件　从工作原理可知，晶闸管实质上是一只无触点开关，因此理解的重点是如何控制其通断问题。

① 导通条件　a. 电源工作条件：阳极加适当正向电压，可近似为 $V_A>0$。b. 控制导通条件：控制极至阴极间，加足够大的正向触发电压，可近似认为 $V_G>0$。c. 电路维持导通条件：电路参数必须保证晶闸管阳极工作电流大于维持电流，维持电流是维持晶闸管导通的最小阳极电流。因为阳极电流太小时，晶闸管内的等效三极管会进入截止区，从而使 β 值下降，无法维持正反馈放大，而使晶闸管自然关断。

② 关断条件：晶闸管导通后的关断，与有无触发电压无关。而只与电源及电路条件有关，故关断条件是：a. 撤除阳极电压，即 $V_A \leqslant 0$。b. 阳极电流减小到无法维持导通的程度，即 $I_A<I_H$。

■　掌握晶闸管的应用（应首先重点理解单向可控整流电路的工作原理）

“可控”是针对整流输出电压的平均值而言，控制的方法是利用晶闸管元件既具有整流功能又具有可控的特性来实现的。

（1）晶闸管在交流电路中的导通与关断　根据晶闸管的工作原理可知，晶闸管在交流电路中工作的特点是：① 只有电源电压为正半周时，晶闸管才有导通的可能。② 在电源电压为正半周时，只有第一个触发脉冲有效（脉冲电压的大小和宽度应足够大），它使晶闸管触发导通。③ 电源电压大约在过零点时，晶闸管会自然关断，因此电源每变化一个周期，必须重新触发一次。

（2）可控整流原理　控制在半波内第一个触发脉冲出现的时间，就可以控制晶闸管在电源正半周内导通的角度 θ（导通角）。电源在正半周中，第一个触发脉冲出现时的电角 α 称为控制角。注意分清控制角与导通角的含义。弄清它们之间的关系：$\theta+\alpha=\pi$。

应该理解，导通角不同时，整流输出电压的平均值也不同，所以控制触发脉冲出现的时间（α 角）就可以控制输出电压平均值的大小。

■ 双向晶闸管由于它具有正、反向都能控制导通的特性，触发电路又比较简单，所以它是颇具应用前景的半导体器件。学习该电路可与单向晶闸管作类比，以得出两者各自的特点。双向晶闸管的输出电压不像单向晶闸管那样是直流而是交流。教材中的应用电路，应理解其工作原理，建立晶闸管“以弱控强”的概念。

习 题 八

8-1 晶闸管有哪两种类型？画出两种晶闸管的电路符号，并分别指出三个电极的名称。

8-2 为什么说晶闸管具有“弱电控制强电”的作用？你是如何理解的？

8-3 单向晶闸管的工作原理是什么？它在什么条件下才能导通？什么条件下关断？

8-4 双向晶闸管的特点是什么？它与单向晶闸管有何异同？

8-5 双向晶闸管为什么能用在交流开关电路上？

8-6 画出单向半波可控整流电路的电路图及工作波形图。并简述其工作原理。

8-7 什么是控制角？什么是导通角？两者有什么关系？

8-8 什么是单结晶体管？为什么它可以用于单向晶闸管的触发电路？

8-9 图题 8-9 所示为晶闸管防盗报警电原理图，试说明当 AB 导线（作警戒用）被弄断时，报警器为什么会发声报警？

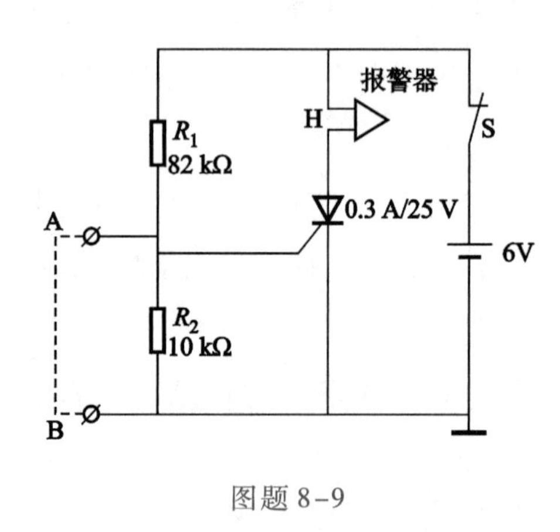

图题 8-9

8-10 分析图题 8-10 中的两个电路，在开关 S 接通后又断开时，灯泡亮暗情况有何不同？（设两个电路中各元件参数完全相同）

8-11 观察调光台灯的内部电路，画出它的电路图，并说明灯光亮度调节原理。

8-12 利用晶闸管的工作特点，试设计一个简易的防盗报警装置，并画出该装置的电原理图。

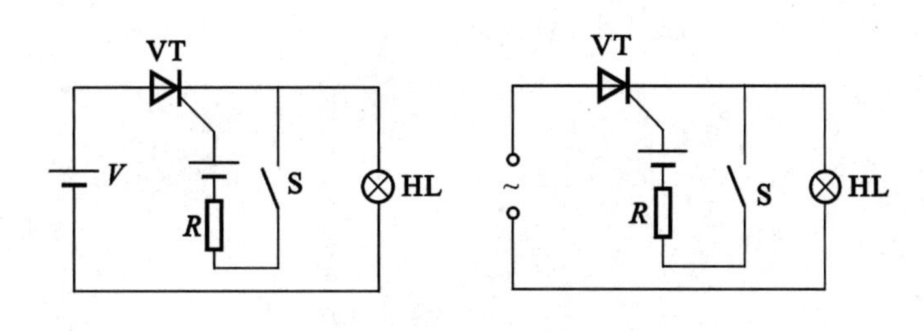

图题 8-10

第二篇　数字电子技术

第九章　逻辑门电路

数字电路是近代电子技术的重要基础。数字技术在近十年来获得空前飞速的发展。随着数字集成工艺的日臻完善，数字技术已渗透到国民经济和人民生活的各个领域。

掌握数字电路的基本理论及其分析方法，对于学习和掌握当代电子技术是非常必要的。

9.1　数字电路的特点及分析方法

1. 数字信号的特点

电路中的数字信号在数值上是不连续的，它不随时间连续变化，即为离散的电信号。

2. 数字电路的特点

数字电路的基本工作信号是二进制的数字信号，而二进制数只有 **0** 和 **1** 两个基本数字，对应在电路上只需要两种不同的工作状态，即低电平和高电平（或称低电位和高电位）。所以电路简单，易于集成化，数字电路通常多采用集成电路。

3. 数字电路的分析方法

数字电路主要是研究电路的输出信号与输入信号之间的状态关系，即所谓的逻辑关系。通常，数字电路用逻辑代数、真值表、逻辑图等方法进行分析。

数字电路和模拟电路是电子电路的两个分支，在实际中，两者常配合应用。例如，用传感器得到的信号，大多是模拟信号，实际使用的信号也往往需要模拟信号，因此，常需要将数字信号与模拟信号进行转换（D/A 转换或 A/D 转换）。此外，由于采用集成电路，输出功率有限，因此，在控制系统中，必须配置驱动电路，才能驱动执行机构动作。

9.2　晶体管的开关特性

数字电路是开关电路。二极管和三极管是组成开关电路的最基本元件。掌握晶体管的开关特性对了解它在数字电路中的作用是十分必要的。

9.2.1 二极管的开关特性

在模拟电路基础篇中已经知道，利用二极管的单向导电性，可以把它作为电子开关使用。如图 9-1 所示电路中，当开关 S 合向 A 时，二极管承受正向电压，VD 导通，它呈现的正向压降很小（硅管约 0.7 V，锗管约 0.3 V），二极管导通时的状态就相当于开关的接通状态。当 S 合向 B 时，二极管承受反向电压而截止，它所呈现的反向电阻很大，相当于开关的断开状态，它的反向电压等于电源电压 V_2。

从理想的开关特性来看，开关接通时，开关电阻为零，开关两端电压也等于零；开关断开时，开关电阻为无穷大，开关两端电压等于电源电压。从实际情况看，当二极管导通时，其正向电阻并不为零，正向压降也不为零。当二极管反向截止时，它的反向电阻并非无穷大，因此，二极管作为开关使用时有一定的局限性。但是，只要它的正向电阻和反向电阻有很大差别，二极管就可作为开关使用。

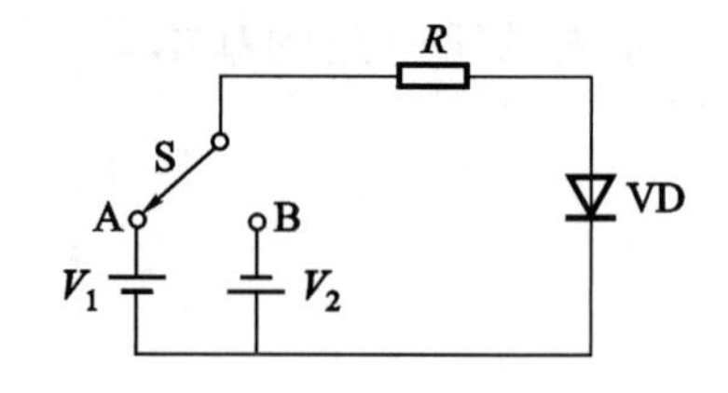

图 9-1　二极管的开关作用

9.2.2 二极管开关的应用

1. 限幅电路

限幅电路又称削波电路。削波的含义就是将输入波形中不需要的部分去掉。限幅电路通常由二极管和电阻组成。为便于分析，把二极管当作理想开关。

（1）串联型上限幅电路

电路及限幅波形如图 9-2 所示。

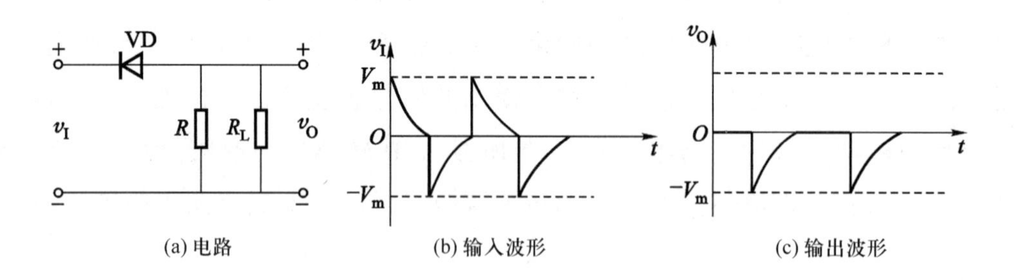

图 9-2　串联型上限幅电路

图中，二极管与负载电阻串联，R 为泄放电阻，它的作用是为电路中可能接入的电容提供放电回路，要求 $R \gg R_L$。输出电压取自电阻两端。

该电路的工作过程可简要表示如下：

$$v_I \geqslant 0 \longrightarrow \text{VD 截止} \longrightarrow v_O = 0$$

$$v_I < 0 \longrightarrow \text{VD 导通} \longrightarrow v_O = v_I$$

在图 9-2（b）所示波形的输入电压作用下，从图 9-2（c）中可见，输出信号幅度受到限制。该电路开始起限幅作用的是“0”电平，在零电平以上的部分被“削去”。通常把开始起限幅作用的电平称限幅电平。所以该电路的全称为“限幅电平为零的串联型上限幅电路”。

（2）并联型下限幅电路

电路及波形如图 9-3 所示。电源 V_G 与二极管 VD 串联后再与负载电阻并联，显然该电路的限幅电平为 V_G。

电路的工作过程可简要表示如下：

$$v_I \geqslant V_G \longrightarrow \text{VD 截止} \longrightarrow v_O = v_I$$

$$v_I < V_G \longrightarrow \text{VD 导通} \longrightarrow v_O = V_G$$

可见，它是限幅电平为 V_G 的下限幅电路，又因二极管与负载电阻并联，所以电路的全称为“限幅电平为 V_G 的并联型下限幅电路”。

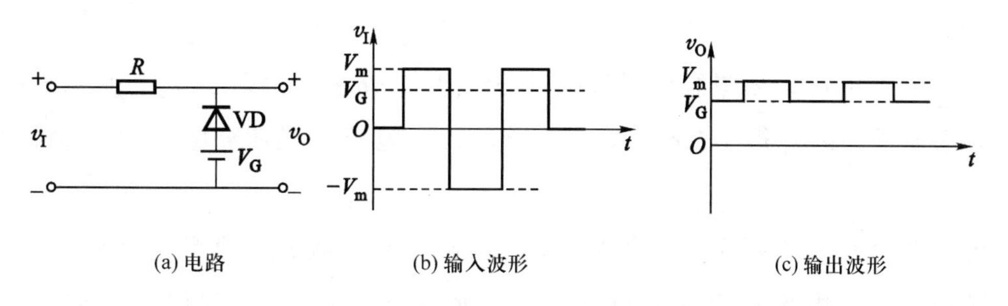

图 9-3　并联型下限幅电路

如果将上、下并联限幅电路并联起来，可以组成并联双向限幅器，其工作原理读者可自行分析。

综上所述，串联型限幅电路是利用二极管截止起限幅作用；而并联型限幅电路是利用二极管导通起限幅作用。

2. 钳位电路

能把输入信号的顶部或底部钳制在规定电平上的电路称为钳位电路。钳位电路一般由 *RC* 耦合电路和二极管组成。

图 9-4 所示为顶部钳位在零电平的钳位电路。

假设输入信号是一串方波信号，如图 9-4（b）所示，其波形持续时间为 t_p，两个波形相隔时间为 T，$t_p=\frac{T}{2}$。并设二极管 VD 的正向电阻为 r_D，反向电阻为 R_D，则电路参数一般应满足下列条件：$r_D \ll R \ll R_D$，$RC \gg t_p$，$r_D C \ll t_p$

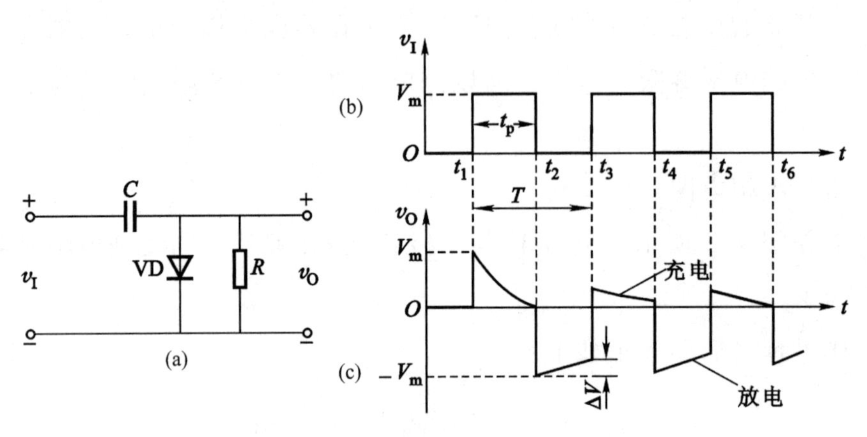

图 9-4　波顶钳位于零的钳位电路和波形

其工作原理简述如下：

（1）当 $t=t_1$ 时

v_I从 0 V 上跳至 V_m，因电容两端电压不能突变，故 v_O也上跳至 V_m；在 $t_1 \sim t_2$期间，二极管 VD 正偏导通，因 r_D很小，$r_D C \ll t_p$，v_I通过 r_D向电容 C 迅速充电完毕，v_O降至 0 V。

（2）当 $t=t_2$时

v_I从 V_m下跳至 0 V，又因电容器两端电压不能突变，故 v_O从 0 V 下跳到$-V_m$；在 $t_2 \sim t_3$期间，二极管截止，电容 C 通过 R 放电。由于 $RC \gg t_p$，其放电速度很慢，在 $t_2 \sim t_3$时间内，平顶部分仅降落了 ΔV，所以到 t_3时，电容器的两端电压为 $V_m-\Delta V$。

（3）当 $t=t_3$时

v_I又上跳至 V_m，则 v_O也上跳至 V_m，使输出电压比 0 V 略高一些，当 $v_O>\Delta V$ 时二极管又导通，电容 C 又很快充电，v_O 降至 0 V。

（4）当 $t=t_4$时

又重复 t_2时刻的过程，以后周而复始，输出端成为顶部电位固定在零电平的方形波，如图 9-4（c）所示。

如果将图 9-4（a）中的二极管 VD 反接，就可将波形的底部钳位在零电平上。若在二极管支路上串接一个参考电压 V_G，则输出电压的波形就被钳位在 V_G上。

9.2.3　三极管的开关特性

已经知道，三极管有放大、饱和、截止三种工作状态，在模拟电路中，主要讨论三极管的放大性能，而在数字电路中，三极管作为开关使用时，它是工作在饱和、截止两种状态下。

1. 饱和导通条件及其特点

在前面讨论的基础上，再作进一步分析。从图 9-5 中可以看出，当改变 R_P 使三极管的基极电流增大时，其工作点将向上移动。继续增大 I_B，当 $I_B = 100\ \mu A$ 时，三极管达到临界饱和点，此时基极电流用 I_{BS} 表示，称为临界饱和基极电流。

三极管达到临界饱和状态之后，如果 I_B 继续增大，三极管就进入饱和状态。这时 I_C 维持在一定值上几乎不变，这个值用 I_{CS} 表示。因此，三极管饱和的条件是：基极电流足够大，即 $I_B \gg I_{BS}$。

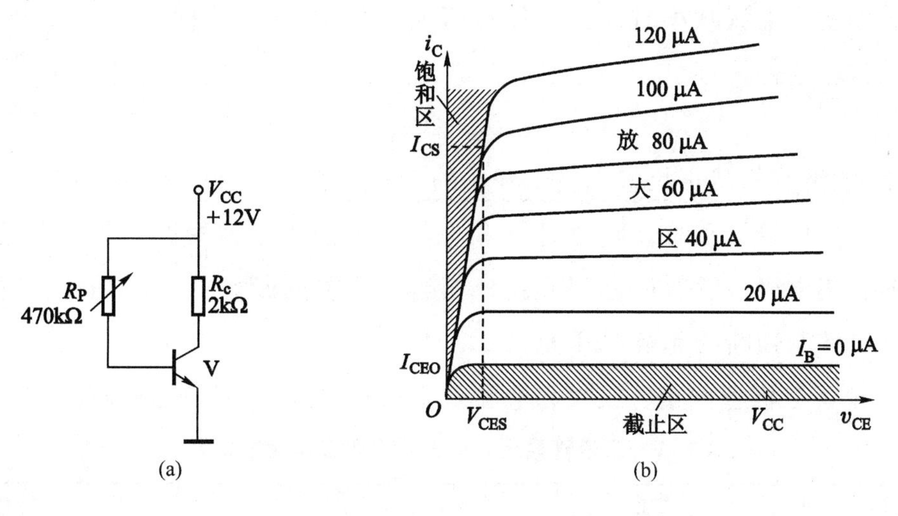

图 9-5　三极管的三个工作区

如前所述，三极管在饱和状态下，集电极与发射极之间的电压称为饱和压降，用 V_{CES} 表示，V_{CES} 一般只有零点几伏（硅管约 0.3 V，锗管约-0.1 V），而

$$I_{BS} = \frac{I_{CS}}{\beta} = \frac{V_{CC} - V_{CES}}{\beta R_c} \approx \frac{V_{CC}}{\beta R_c}$$

所以，饱和条件通常可以表示为

$$I_B \geqslant I_{BS} = \frac{V_{CC}}{\beta R_c}$$

当三极管处于饱和状态时，对于硅管来说，$V_{BES} = 0.7$ V 而 $V_{CES} = 0.3$ V，可见，$V_{BC} >$

0，也就是说，发射结和集电结均处于正向偏置。

三极管饱和之后，如 I_B 越大，则三极管饱和越深，抗干扰能力就越强。也就是说，三极管受到干扰后，由于饱和较深而不容易脱离饱和状态。

由图 9-5（a）可知，三极管处于饱和状态时

$$I_{CS}=\frac{V_{CC}-V_{CES}}{R_c}\approx\frac{V_{CC}}{R_c}=\frac{12\ \mathrm{V}}{2\times10^3\ \Omega}=6\ \mathrm{mA}$$

所以三极管的饱和内阻

$$R_s=R_{ce}=\frac{V_{CES}}{I_{CS}}=\frac{0.3\ \mathrm{V}}{0.006\ \mathrm{A}}=50\ \Omega$$

这个电阻与负载电阻 R_c 相比，可以忽略不计。由此可见，三极管饱和导通状态相当于开关的接通状态。

2. 截止条件及其特点

当三极管的基极电流减小时，其工作点将向下移动。$I_B=0$ 时，$I_C\approx0$，$V_{CE}\approx V_{CC}$，显然，三极管的截止条件为

$$V_{BE}\leqslant0$$

不难看出，三极管的截止状态相当于开关的断开状态。

综上分析，三极管饱和时，V_{CE} 很小，集电极、发射极近似短路，相当于开关的接通；三极管截止时，集电极、发射极近似开路，相当于开关的断开。也就是说，三极管相当于一个由基极电流控制通断的无触点开关。

表 9-1 列出了三极管截止、放大和饱和工作状态的特点，以便判断比较。

表 9-1　三极管截止、放大、饱和工作状态特点

工作状态		截止	放大	饱和
条　件		$i_B\approx0$	$0<i_B<\frac{I_{CS}}{\beta}$	$i_B\geqslant\frac{I_{CS}}{\beta}$
工作特点	偏置情况	发射结和集电结均反偏	发射结正偏，集电结反偏	发射结和集电结均正偏
	集电极电流	$i_C\approx0$	$i_C=\beta i_B$	$i_C=I_{CS}\approx\frac{V_G}{R_c}$ 且不随 i_B 增加而增加
	管压降	$V_{CEO}\approx V_{CC}$	$V_{CE}=V_{CC}-i_CR_c$	$V_{CES}\approx0.3$ V（硅管） $V_{CES}\approx-0.1$ V（锗管）
	C、E 间等效电阻	很大，相当于开关断开	可变	很小，相当于开关接通

3. 三极管开关时间

由于三极管内部电容的影响，三极管由截止状态转换为饱和状态不是立即完成的，而是需要经历一段时间，这个时间称为开通时间，用 t_{on} 表示；同理三极管由饱和状态转换为截止状态也不是立即完成的，所需经历的时间称为关闭时间，用 t_{off} 表示。t_{on} 和 t_{off} 总称为三极管的开关时间。三极管的开关时间与三极管的类型有关，开关时间的长短将影响信号传输的速度，各种三极管的开关时间可以从有关手册中查到。

9.2.4 晶体管反相器

反相器是最基本的开关电路。图 9-6（a）所示为晶体管反相器电路。其中三极管是开关元件，$-V_{BB}$ 是使三极管可靠截止而设置的偏置电源。

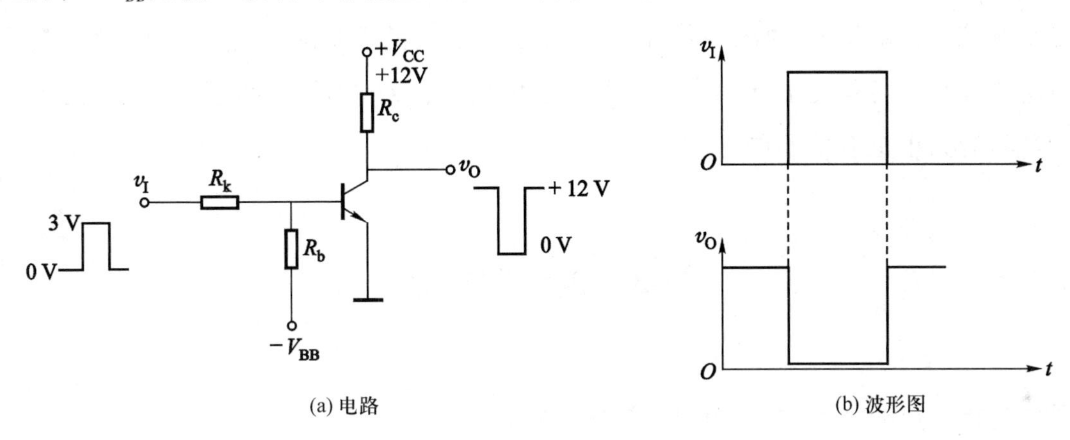

(a) 电路　　(b) 波形图

图 9-6　晶体管反相器

反相器的工作原理是：

（1）输入为低电位，即 $v_I = 0$ V 时，三极管 V 截止（相当于开关断开），输出为高电位，$v_O \approx V_{CC} = 12$ V。

（2）输入为高电位，即 $v_I = 3$ V 时，三极管 V 饱和导通（相当于开关接通），输出为低电位，$v_O \approx V_{CES} \approx 0$ V。

可见，输出信号与输入信号是反相的，即输入低电平，输出为高电平；输入高电平，输出为低电平。

反相器的输入、输出波形如图 9-6（b）所示。

9.2.5 加速电容

反相器在高速工作时，晶体管本身的开关时间就不容忽视。为了减少开关时间，除应选择开关时间短的三极管外，还可以在电路上采取措施以提高开关速度。

如图 9-7 所示，在电阻 R_1上并联一个电容 C_S，这个电容称为加速电容，其工作原理如下。

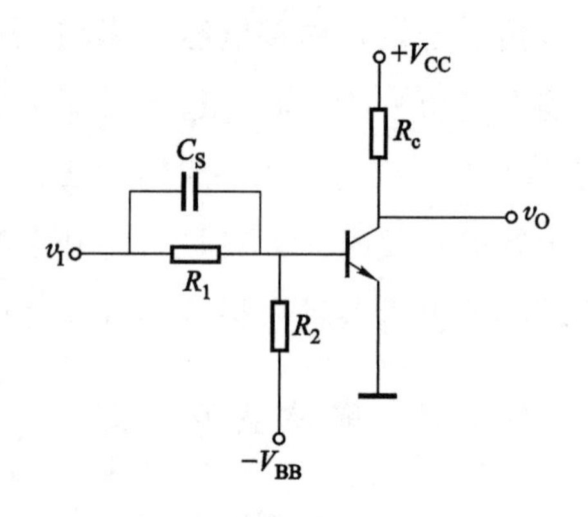

图 9-7　加速电容的作用

当输入信号正跳变瞬间，C_S两端电压不能突变，C_S可看作短路，从而提供一个很大的基极电流 i_B，使三极管迅速进入饱和状态。随着 C_S的充电，i_B逐渐减小并趋于稳定，这时，C_S相当于开路，基极电流由 v_I、$-V_{BB}$及 R_1、R_2所决定，而与 C_S无关。

当输入信号下跳到零的瞬间，输入端与三极管的发射极可看成连接在一起，这时，C_S两端的电压就直接加在发射结上，由于 C_S的放电作用，可以形成很大的反向基极电流，使管子截止。因此，加速电容在一定程度上起到提高开关速度的作用。对于开关速度要求不同的电路，所用加速电容的大小也有所不同。

9.3　逻辑门电路

逻辑是指一定的因果关系，即“条件和结果的关系”。

为了简便地描述逻辑关系，通常用人们熟知的符号 **0** 和 **1** 来表示某一事件的对立状态，如电位的“高”与“低”，信号的“有”或“无”，开关的“合”与“断”，事物的“真”与“假”等。这里的 **0** 和 **1** 的概念，并不是通常在数学中表示的数量的大小，而是作为一种表示符号，故称之为逻辑 **0** 和逻辑 **1**。

在逻辑电路中，用 **1** 表示有信号或满足逻辑条件。用 **0** 表示无信号或不满足条件。在数字电路中，通常用电位的高、低去控制门电路。假定用 **1** 表示高电平，用 **0** 表示低电平，为正逻辑。若 **1** 表示低电平，**0** 表示高电平，则称负逻辑。本书在讨论各种逻辑关系时，均采用正逻辑。

基本的逻辑门电路有“**与**门”“**或**门”和“**非**门”。

9.3.1　与门电路

1. 与逻辑关系

与逻辑关系可用图 9-8 说明。图中只有当两个开关都闭合时，灯泡才亮；只要有一个开关断开，灯泡就不亮。这就是说，“当一事件（灯亮）的几个条件（两个开关均闭合）全部具备之后，这事件（灯亮）才能发生，否则不发生”。这样的因果关系称为与逻辑关系。

2. **与**门电路

能实现**与**逻辑功能的电路称为与门电路。图 9-9 所示为具有两个输入端的二极管**与**门电路。A、B 为输入端，假定它们的低电平为 0 V，高电平为 3 V，Y 为信号输出端。并设二极管为理想开关。

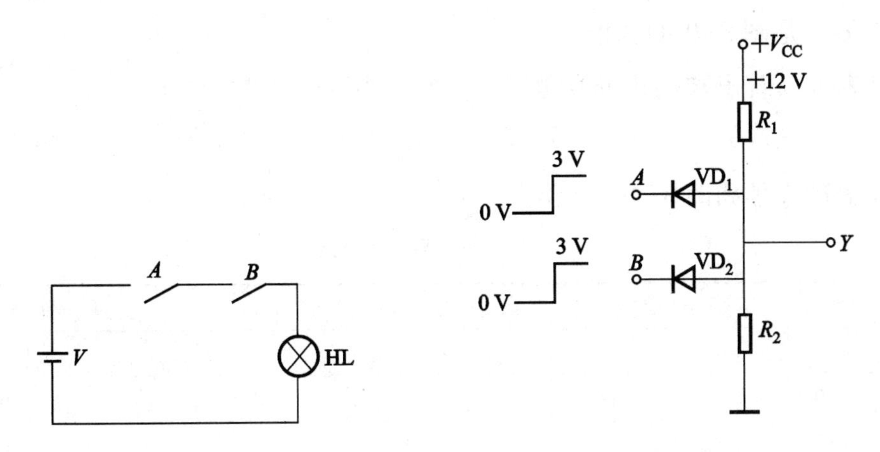

图 9-8 用串联开关说明**与**逻辑关系　　图 9-9 二极管**与**门电路

（1）当 A、B 都处于低电平 0 V 时，二极管 VD_1、VD_2 都导通，Y=0 V，输出低电平。

（2）当 A=0 V，B=3 V 时，VD_1 优先导通，Y 被钳位在 0 V，VD_2 反偏而截止。

（3）当 A=3 V，B=0 V 时，VD_2 优先导通，Y 被钳位在 0 V，VD_1 反偏而截止。

（4）当 A、B 都处在高电平 3 V 时，VD_1 与 VD_2 均截止，Y 端输出高电平（即 3 V）。

从上述分析可知，输入端全为高电平时，输出也为高电平，即“全 **1** 出 **1**”；输入端有一个或一个以上为低电平时，输出端为低电平，即“有 **0** 出 **0**”，见表 9-2。

表 9-2　与逻辑关系

输　入		输　出	输　入		输　出
A	B	Y	A	B	Y
0 V	0 V	0 V	3 V	0 V	0 V
0 V	3 V	0 V	3 V	3 V	3 V

在分析逻辑电路时，常采用逻辑代数，关于逻辑代数，在第十章还要作介绍，为了叙述方便，此处先作一些说明。

与逻辑关系可用如下逻辑函数式表达

$$Y=A \cdot B$$

与门输入端可以不止两个，但逻辑关系是一样的。例如，三个输入端 A，B，C，则 $Y=A \cdot B \cdot C$。

与门的逻辑关系，除了用逻辑函数表示外，还可用真值表表示。

所谓真值表是指表明逻辑门电路输出端状态和输入端状态逻辑对应关系的表格。它包括了全部可能的输入值组合及其对应的输出值。表 9-3 是图 9-9 的真值表。

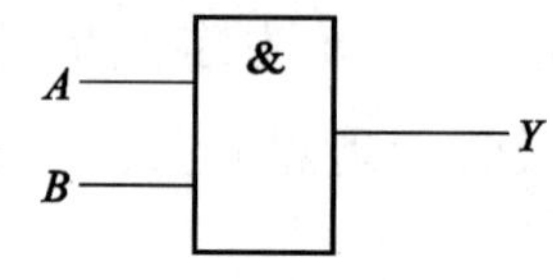

图 9-10 与门的逻辑符号

从真值表可以看出**与**门电路的逻辑功能为“有 **0** 出 **0**，全 **1** 出 **1**”。

与门的逻辑符号如图 9-10 所示。

表 9-3 与门真值表

输入		输出
A	B	Y
0	**0**	**0**
0	**1**	**0**
1	**0**	**0**
1	**1**	**1**

9.3.2 或门电路

1. **或**逻辑关系

或逻辑关系可用图 9-11 说明。图中电路由两个并联开关和灯泡组成。显然，只要两个开关中有一个（或一个以上）接通，灯就会亮；只有当开关全部断开，灯才不亮。这就是说，在决定一事件的各种条件中，至少具备一个条件，这事件就会发生。这样的因果关系称为**或**逻辑关系。

2. **或**门电路

能实现**或**逻辑关系的电路称为**或**门电路。图 9-12 所示为具有两个输入端的二极管**或**门电路。

根据分析，输入端只要有一个处于高电平，则输出为高电平，输入端全为低电平时，输出才是低电平。**或**逻辑关系见表 9-4。

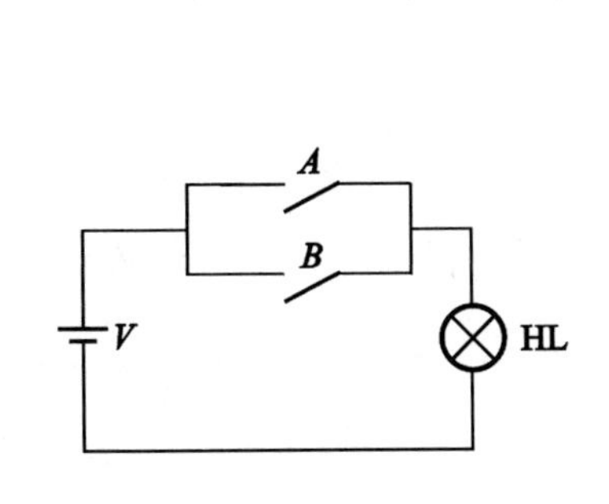

图 9-11　用并联开关说明或逻辑关系

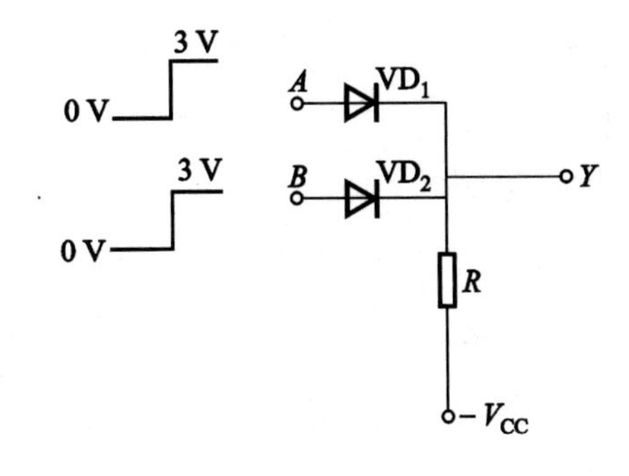

图 9-12　二极管或门电路

表 9-4　或逻辑关系

输　　入		输　　出
A	B	Y
3 V	3 V	3 V
0 V	3 V	3 V
3 V	0 V	3 V
0 V	0 V	0 V

或逻辑的逻辑函数表达式为

$$Y=A+B$$

真值表见表 9-5，从真值表可以看出**或**门的逻辑功能为“有 **1** 出 **1**，全 **0** 出 **0**”。

或门的逻辑符号用图 9-13 表示。

表 9-5　或门真值表

输　　入		输　　出
0	**0**	**0**
0	**1**	**1**
1	**0**	**1**
1	**1**	**1**

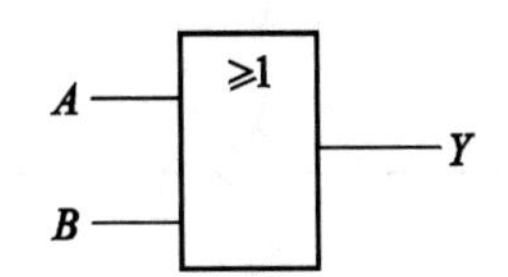

图 9-13　**或**门的逻辑符号

9.3.3　非门电路

1. 非逻辑关系

非逻辑关系可用图 9-14 说明。开关与灯泡并联，当开关断开时，灯亮；开关闭合时，灯不亮。也就是说，“事件（灯亮）和条件（开关）总是呈相反状态”，这种关系称为非逻辑关系。

2. **非门电路**

图 9-15 所示为最简单的**非**门电路。不难看出，它的输出信号与输入信号存在“反相”关系。即输入低电平，输出为高电平；输入高电平，输出为低电平。

非门的逻辑函数表达式为

$$Y=\overline{A}$$

非门电路一般只有一个输入端和一个输出端。

非门的真值表见表 9-6。

由**非**门的逻辑函数表达式和真值表可知**非**门的逻辑功能为“有 **0** 出 **1**，有 **1** 出 **0**”。

非门的逻辑符号如图 9-16 所示。

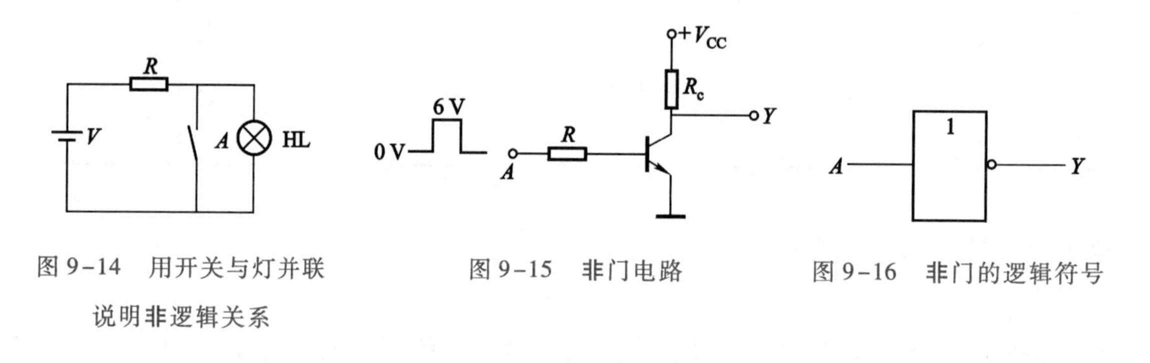

图 9-14　用开关与灯并联说明非逻辑关系　　图 9-15　非门电路　　图 9-16　非门的逻辑符号

表 9-6　非门真值表

输　入	输　出
A	*Y*
0	**1**
1	**0**

上述三种门电路是最基本的逻辑门，如将这些门电路经适当的组合，还能构成以下的复合逻辑门。

9.3.4　与非门

将一个**与**门和一个**非**门连接起来，就构成了一个**与非**门。

与非门的逻辑函数表达式为

$$Y=\overline{A \cdot B}$$

与非门的逻辑结构及逻辑符号如图 9-17 所示。

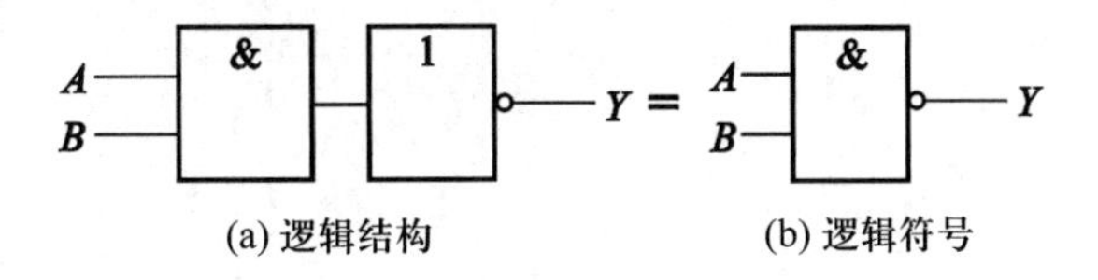

(a) 逻辑结构　　(b) 逻辑符号

图 9-17　与非门逻辑结构及逻辑符号

根据**与非**门的逻辑函数式，可得出**与非**门的真值表，见表 9-7。

表 9-7　与非门真值表

A	B	AB	$Y=\overline{A \cdot B}$
0	**0**	**0**	**1**
0	**1**	**0**	**1**
1	**0**	**0**	**1**
1	**1**	**1**	**0**

由**与非**门的逻辑函数表达式和真值表可知**与非**门的逻辑功能为“全 **1** 出 **0**，有 **0** 出 **1**”。

9.3.5　或非门

在**或**门后面接一个**非**门，就构成**或非**门。其逻辑结构及逻辑符号如图 9-18 所示。

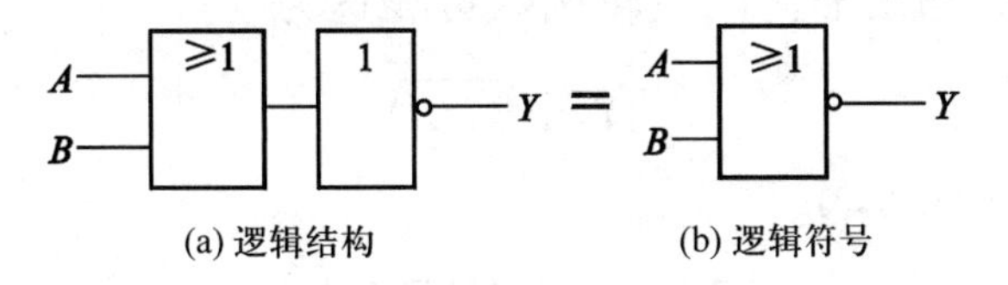

(a) 逻辑结构　　(b) 逻辑符号

图 9-18　或非门逻辑结构及逻辑符号

或非门的逻辑函数式为

$$Y=\overline{A+B}$$

根据上式可得出**或非**门的真值表，见表 9-8。

表 9-8　或非门真值表

A	B	$A+B$	$Y=\overline{A+B}$
0	0	0	1
0	1	1	0
1	0	1	0
1	1	1	0

从真值表可知**或非**门的逻辑功能是“全 **0** 出 **1**，有 **1** 出 **0**”。即输入全为低电平时，输出端是高电平，只要输入端有一个是高电平，输出端即为低电平。

9.3.6　与或非门

与或非门是由多个基本门组合在一起所构成的复合逻辑门，一般由两个或多个**与**门和一个**或**门，再和一个**非**门串联而成。其逻辑结构与逻辑符号如图 9-19 所示。

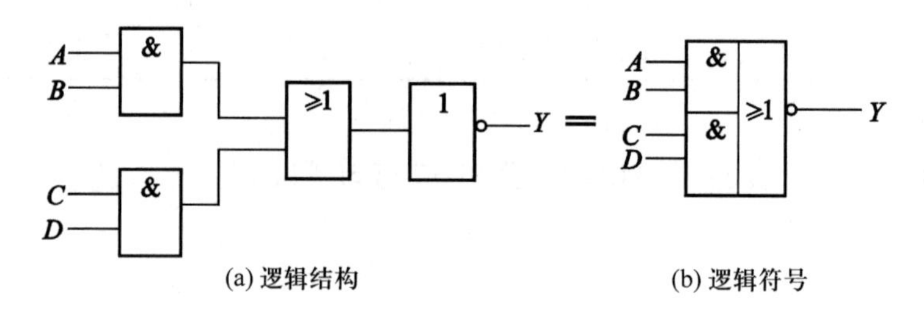

图 9-19　与或非门的逻辑结构及逻辑符号

与或非门的逻辑关系是，输入端分别先**与**，然后再**或**，最后是**非**。

根据上述逻辑关系，**与或非**门的逻辑函数可表达为

$$Y=\overline{AB+CD}$$

与或非门的真值表见表 9-9。

表 9-9　与或非门真值表

A	B	C	D	Y
0	0	0	0	1
0	0	0	1	1
0	0	1	0	1
0	0	1	1	0
0	1	0	0	1

续表

A	*B*	*C*	*D*	*Y*
0	**1**	**0**	**1**	**1**
0	**1**	**1**	**0**	**1**
0	**1**	**1**	**1**	**0**
1	**0**	**0**	**0**	**1**
1	**0**	**0**	**1**	**1**
1	**0**	**1**	**0**	**1**
1	**0**	**1**	**1**	**0**
1	**1**	**0**	**0**	**0**
1	**1**	**0**	**1**	**0**
1	**1**	**1**	**0**	**0**
1	**1**	**1**	**1**	**0**

从上表可以看出，**与或非**门的逻辑功能是："当输入端中任何一组全为**1**时，输出即为**0**，只有各组至少有一个为**0**时，输出才是**1**"（一组全**1**出**0**，各组有**0**出**1**）。

9.3.7　异或门

图9-20所示为**异或**门的逻辑结构图及逻辑符号。

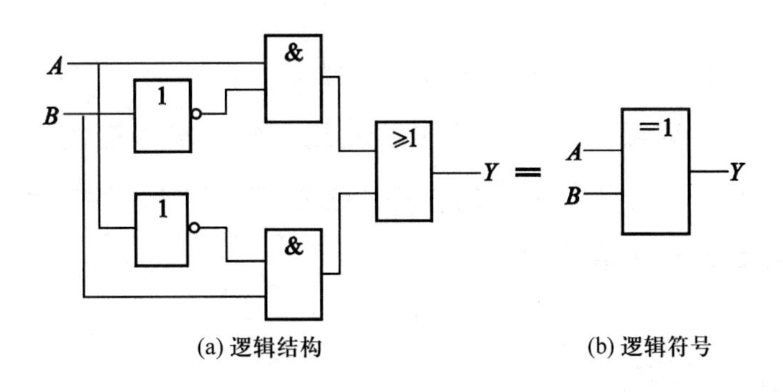

图9-20　**异或**门逻辑结构图及逻辑符号

异或门的逻辑函数式为

$$Y=\bar{A}B+A\bar{B}$$

表9-10为**异或**门真值表。

表 9-10　异或门真值表

A	B	Y
0	**0**	**0**
0	**1**	**1**
1	**0**	**1**
1	**1**	**0**

从逻辑函数式及真值表可看出**异或**门的逻辑功能是当两个输入端一个为**0**，另一个为**1**时，输出为**1**；当两个输入端均为**0**或均为**1**时，输出为**0**。

上述逻辑功能可简单表达为："同出**0**，异出**1**"。

异或门在数字电路中作为判断两个输入信号是否相同的门电路，是一种常用的门电路。它的逻辑函数式还可表示为

$$Y=A\oplus B$$

9.3.8　同或门

如将**异或**门和**非**门连接起来，则

$$\begin{aligned}Y&=\overline{\bar{A}B+A\bar{B}}\\&=\overline{\bar{A}B}\cdot\overline{A\bar{B}}\\&=(A+\bar{B})\cdot(\bar{A}+B)\\&=AB+\bar{A}\bar{B}\end{aligned}$$

可得到另一种逻辑门——**同或**门。它的逻辑功能是，两个输入端均为**0**或均为**1**时，输出为**1**；两个输入端不同时，输出为**0**（可简单表达为"同出**1**，异出**0**"）。

同或门的逻辑函数式还可表示为

$$Y=A\odot B$$

表 9-11 为**同或**门真值表。

表 9-11　同或门真值表

A	B	Y
0	**0**	**1**
0	**1**	**0**
1	**0**	**0**
1	**1**	**1**

上述八种逻辑门是最常用的逻辑门电路。在数字电路中广泛使用的是集成电路逻辑门。

9.4 TTL 集成逻辑门

上节讨论的各种逻辑门电路，是由单个分立元件，如电阻、电容、二极管和三极管等连接而成的。在数字技术领域里，大量使用的是数字集成电路。

TTL 集成逻辑门电路，是指晶体管-晶体管逻辑门电路，它的输入端和输出端都是由三极管组成。简称 TTL 电路，它的开关速度较高，是目前用得较多的一种集成逻辑门。

对于集成逻辑门，这里不再介绍其内部电路组成，主要讨论它的外部特性，逻辑功能及主要参数，以便于应用。

9.4.1 TTL 集成电路的产品系列和外形封装

我国优选国际通用品种列为国家标准。表 9-12 是常用的主要系列。在 TTL 产品中，CT74LS 系列为现代主要应用产品。ALS 系列是 LS 系列的后继产品，它们在速度和功耗等方面，有较大改进。

表 9-12 TTL 主要产品系列

系列	子系列	名称	国际型号	部标型号
TTL	TTL	基本型中速 TTL	CT54/74	T1000
	HTTL	高速 TTL	CT54/74H	T2000
	STTL	超高速 TTL	CT54/74S	T3000
	LSTTL	低功耗 TTL	CT54/74LS	T4000
	ALSTTL	先进低功耗 TTL	CT54/74ALS	

TTL 集成电路从前大都采用双列直插式外形封装。这类集成电路引脚的编号判断方法是：把标志（半圆形凹口）置于左端，逆时针转向自下而上顺序读出序号，如图 9-21 所示。图中所示外引线排列图表示 CT74LS00（四 2 输入**与非**门，即内部有四个**与非**门，每个**与非**门均有两个输入端）的外引线编号及含义。其中：

A、B 为各门的输入端，Y 为输出端。其中 1A、1B，1Y；2A、2B，2Y 等以字头数字区分四个**与非**门。其共用电源为 V_{CC}（⑭脚），共用一个接地点 GND（⑦脚）。CT74LS00 简称 74LS00，或 LS00。

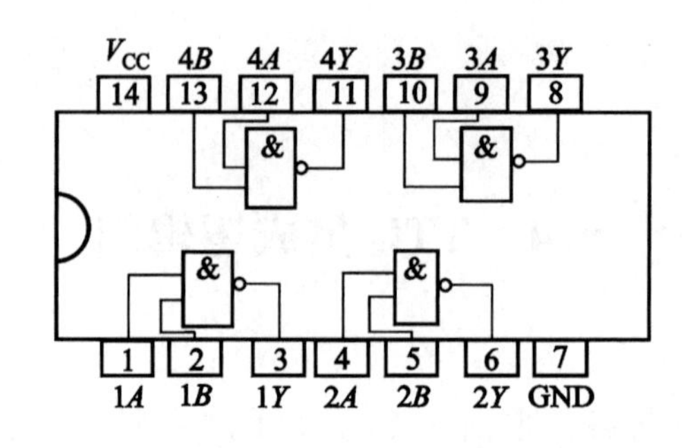

图 9-21　74LS00 引脚排列图

9.4.2　TTL 集成门电路主要参数

以 TTL 与非门参数为例作简单说明，参看表 9-13。

表 9-13　TTL 与非门 LS00 的主要参数

参数名称和符号		CT74LS00
电 源 电 压	V_{CC}	5 V
输出高电平电压	V_{OH}	≥2.7 V
输出低电平电压	V_{OL}	≤0.5 V
输出高电平电流	I_{OH}	≤0.4 mA
输出低电平电流	I_{OL}	≤8 mA
输入高电平电压	V_{IH}	≥2 V
输入低电平电压	V_{IL}	≤0.8 V
传输延迟时间	t_{PLH}	≤22 ns
	t_{PHL}	≤15 ns

1. 输出高电平 V_{OH} 和输出低电平 V_{OL}

输出高电平时，要求输出电压足够高，输出低电平时，要求输出电压足够低。例如，TTL 与非门，$V_{CC}=5$ V 时，规定 $V_{OH}\geq 2.7$ V、$V_{OL}\leq 0.5$ V 便认为合格。通常约定 $V_{OH}\approx 3.4$ V，$V_{OL}\approx 0.3$ V。

2. 输入高电平 V_{IH} 和输入低电平 V_{IL}

V_{IH} 是指输入高电平的最低值，即输入电压 v_I 要大于 V_{IH} 时才算是输入高电平；V_{IL} 是指输入低电平的最高值，即 $v_I\leq V_{IL}$ 时，才算是输入低电平。例如，TTL 与非门的 $V_{IH}\geq 2$ V、

$V_{IL} \leqslant 0.8$ V。有时，把这两个值的中间值称为输入的阈值电压 V_{IT}，即 $V_{IT}=1.4$ V，约定 $v_I>1.4$ V 的输入为高电平，$v_I<1.4$ V 的输入为低电平。

3. 输出高电平电流 I_{OH} 和输出低电平电流 I_{OL}

I_{OH} 是输出为高电平时流出电流的极限值，如果超过这个极限，输出就不再是高电平。I_{OL} 是输出为低电平时流入电流的极限值，如果超过这个极限值，输出就不再是低电平。例如，表9-12 中TTL **与非**门的 $I_{OH} \leqslant 0.4$ mA，$I_{OL} \leqslant 8$ mA。

4. 传输延迟时间 t_{PHL} 和 t_{PLH}

与非门工作时，其输出信号相对于输入信号有一定的时间延迟，如图 9-22 所示。

从输入信号波形上升沿的 50% 到输出波形下降沿的 50% 的时间间隔，称为输出从高电平到低电平的传输延迟时间 t_{PHL}；从输入信号下降沿的 50% 到输出信号上升沿的 50% 的时间间隔，称为输出低电平到高电平的传输延迟时间 t_{PLH}。

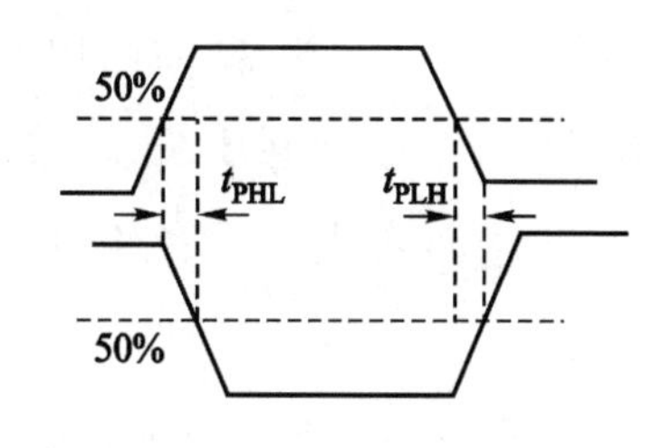

图 9-22 传输延迟时间

t_{PHL} 和 t_{PLH} 的平均值称为平均传输延迟时间 t_{PD}，它是表征门电路开关速度的一个参数。t_{PD} 越小，开关速度就越快。TTL 电路的开关速度较快，其 t_{PD} 为几纳秒到几十纳秒。

5. 扇出系数 N_O

与非门输出端能驱动同类门的数目，称为扇出系数 N_O，它是描述 TTL **与非**门带负载能力的参数。TTL **与非**门的扇出系数为 $N_O \geqslant 8$。

9.4.3 TTL 与非门应用举例

用一只 CT74LS00 四 2 输入**与非**门，可以组成一个简易的电源电压监视器。图 9-23 所示为它的电原理图。

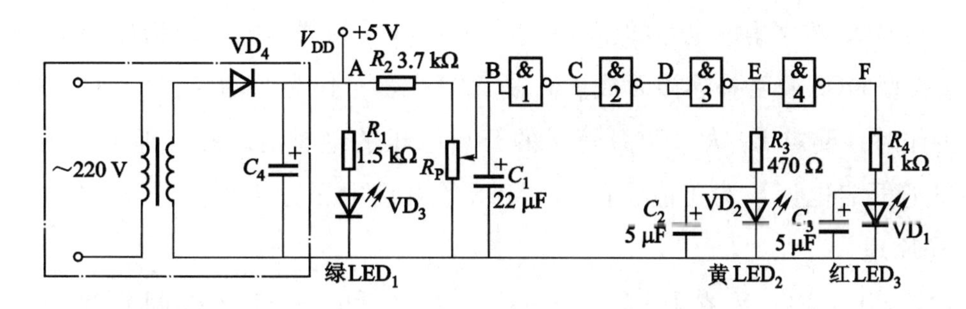

图 9-23 TTL 与非门应用举例

在电路中，CT74LS00 中每一个**与非**门的两个输入端均联在一起，作**非**门使用。电路装有红、黄、绿三只发光二极管，作电压正常与否的指示。

当电压正常时，（如电源为 AC220 V 时，经 VD_4半波整流，再经 C_4滤波后得 5 V 直流电压）绿色 LED_1发光；当电压偏低时如电源电压降至 AC200 V 时，绿色 LED_1及黄色 LED_2同时发光，当电压偏高时，如电源电压升至 AC240 V 时，绿色 LED_1及红色 LED_3同时发光。

该电压监视器的工作原理是，接通电源，A 点电压约为 5 V，绿色 LED_1保持常亮。在电源正常时，调节电位器 R_P，使 B 点电位刚好处于**与非**门的门槛电压，此时黄色 LED_2和红色 LED_3均不亮。当电源电压偏低时，B 点电位低于门槛电压，则门 1 输入为低电平，输出为高电平，故 E 点为高电平，F 点为低电平，黄色 LED_2导通而发光，而红色 LED_3截止，不发光。当电源电压偏高时，B 点电位上升，E 点电位下降，F 点电位上升，因而红色 LED_3导通而发光，黄色 LED_2因截止而不发光。

9.5 CMOS 集成逻辑门

在模拟电路中，已经介绍过 MOS 场效晶体管。MOS 器件的基本结构有 N 沟道和 P 沟道两种，相应的由 MOS 管组成的门电路有三种类型：一种是由 PMOS 管组成的 PMOS 电路；另一种是 NMOS 管组成的 NMOS 电路；还有一种是由 PMOS 管和 NMOS 管组成的互补电路即 CMOS 电路。由于 CMOS 电路是应用较广并且具有发展前途的集成门电路，故本节着重介绍 CMOS 电路。

9.5.1 CMOS 反相器

1. 电路结构

反相器是 MOS 数字集成电路的基本单元。CMOS 反相器的电路结构如图 9-24 所示。它是由两个增强型 MOS 管互补连接而成。V_1是 NMOS 管，作为驱动管；V_2为 PMOS 管作为负载。正常工作时，要求 V_{DD}大于两只管子的开启电压的绝对值之和。即 $V_{DD}>V_{TN}+|V_{TP}|$。V_{TN}（NMOS 管开启电压）为正值，V_{TP}（PMOS 管开启电压）为负值。

2. 工作原理

当 $v_I=V_{IL}=0$ V 时，V_1截止；$V_{GS2}=-V_{DD}$，V_2饱和，S_2与 D_2极间相当于短路，所以 $v_O\approx V_{DD}$。

当 $v_I = V_{IH} = V_{DD}$ 时，V_1 的 $V_{GS1} > V_{TN}$，V_1 饱和导通，$V_{GS2} = 0$ V，因而 V_2 截止，S_2 极与 D_2 极之间相当于开路，因 V_1 饱和，D_1 极与 S_1 极间相当于短路，所以 $v_O = V_{OL} = 0$ V。

由上可见，图 9-24 所示电路，当输入低电平时，输出为高电平；当输入为高电平时，输出为低电平，实现了逻辑反相功能。CMOS 反相器也可理解为一个单刀双掷开关，如图 9-25 所示。

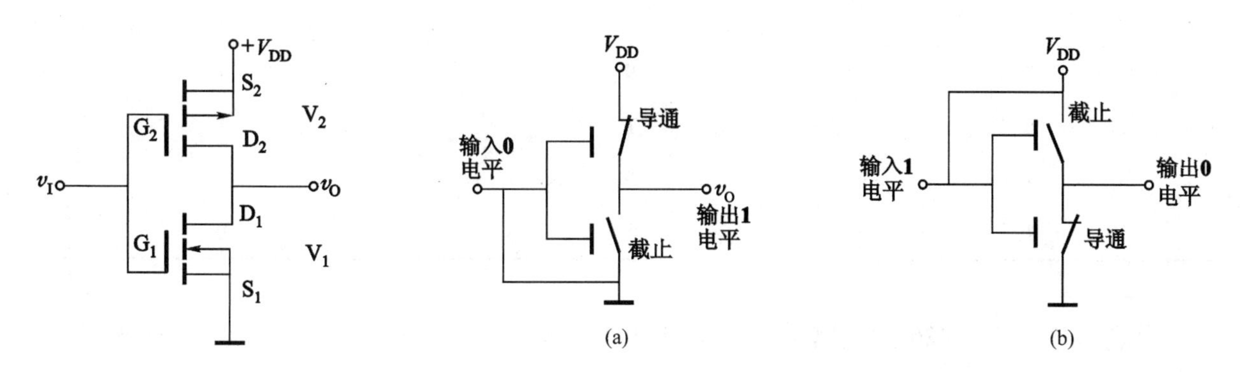

图 9-24　CMOS 反相器

图 9-25　CMOS 反相器工作状态示意图

3. 特点

（1）功耗低　CMOS 反相器不论是输出高电平还是低电平，都只有一个 CMOS 管导通，因此电源电流均是极小的漏电流，功耗极低。

（2）开关速度高　由于 CMOS 管导通时电阻都很小，这就大大缩短了负载端杂散电容的充放电时间，提高了开关速度。

（3）抗干扰能力强　由于 CMOS 反相器的电压传输特性比较理想，特性曲线的转折区比 TTL 陡直，故抗干扰能力更强。

（4）输出幅度大　CMOS 反相器输出高电平 $V_{OH} \approx V_{DD}$，输出低电平 $V_{OL} \approx 0$ V，故输出电压幅度大，电源利用率高。

9.5.2　CMOS 与非门

1. 电路结构

CMOS 与非门的电路结构如图 9-26 所示。V_1、V_2 为 NMOS 管，两管串联；V_3、V_4 为 PMOS 管，两管并联。A、B 为输入端，Y 为输出端。

2. 工作原理

当 A、B 端有一端或两端为低电平 0 V 时，CMOS 管 V_1、V_2 中总有一个截止或两个均截止，而 CMOS 管 V_3、V_4 中总有一个或两个饱和导通。因此，输出为高电平 $v_O = V_{OH} =$

V_{DD}。

当 A、B 端全为高电平时，V_1、V_2 均饱和导通，而 V_3、V_4 均截止，故输出为低电平 $v_O=V_{OL}=0$ V。

根据以上分析，可列出真值表，见表 9-14。

表 9-14　图 9-26 电路的真值表

A	B	Y
0	**0**	**1**
0	**1**	**1**
1	**0**	**1**
1	**1**	**0**

由表可知，图 9-26 的电路满足“有 **0** 出 **1**，全 **1** 出 **0**”的逻辑关系，故为**与非门**。

9.5.3　CMOS 或非门

1. 电路结构

CMOS **或非门**电路结构如图 9-27 所示。V_1、V_2 为并联的 N 沟道增强型 MOS 管；V_3、V_4 为串联的 P 沟道增强型 MOS 管。A、B 为输入端，Y 为输出端。

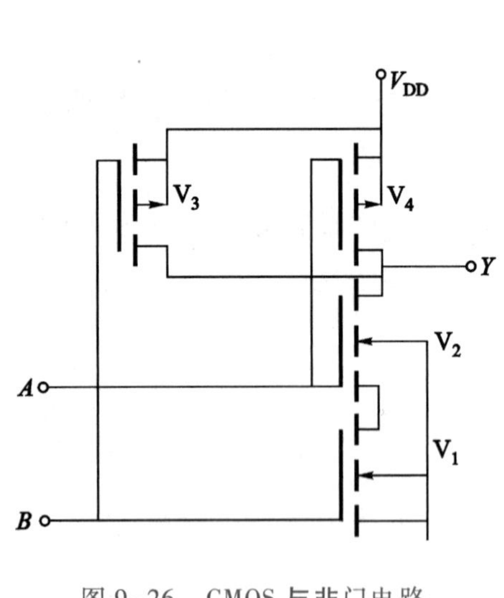

图 9-26　CMOS 与非门电路

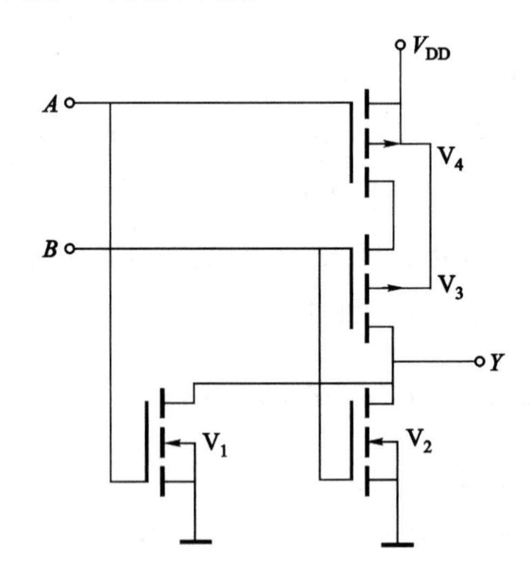

图 9-27　CMOS 或非门电路

2. 工作原理

当输入端有高电平 V_{DD} 时，CMOS 管 V_1、V_2 中总有一只或两只饱和导通，而 CMOS 管

V_3、V_4中总有一只或两只截止，所以输出为低电平，$v_O=V_{OL}=0$ V。

当输入端全为低电平 0 V 时，V_1、V_2均截止，而 V_3、V_4均饱和导通，所以输出为高电平，$v_O=V_{OH}=V_{DD}$。

根据以上分析，可列出真值表，见表 9-15。

表 9-15　图 9-27 电路的真值表

A	*B*	*Y*
0	**0**	**1**
0	**1**	**0**
1	**0**	**0**
1	**1**	**0**

由表可知，图 9-27 电路满足“有 **1** 出 **0**，全 **0** 出 **1**”的逻辑关系，故为**或非门**。

9.5.4　CMOS 传输门

1. 电路结构

CMOS 传输门的电路结构与逻辑符号如图 9-28 所示。PMOS 管和 NMOS 管的源极与漏极相并联而构成传输门的输入端与输出端。两管的栅极分别加上互补的控制信号 v_C 和 $\bar{v}_C$，v_I为输入端，v_O为输出端。

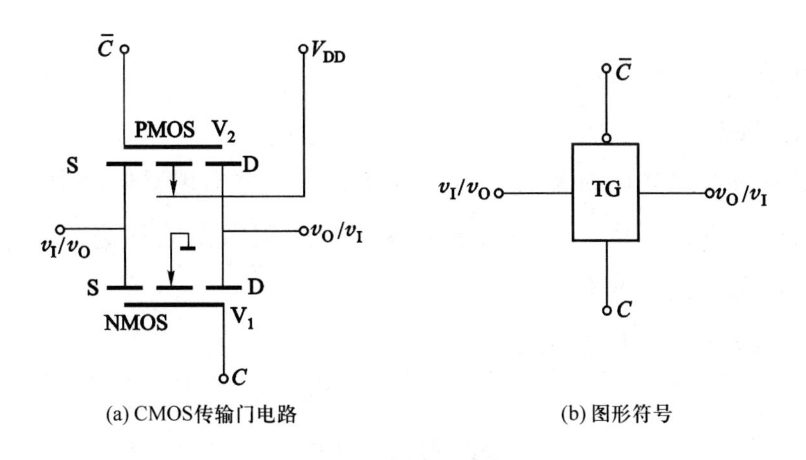

图 9-28　CMOS 传输门

2. 工作原理

设控制信号高电平 $V_{OH}=V_{DD}$，低电平 $V_{OL}=0$ V。

（1）当控制端 *C* 加高电平，$v_C=V_{DD}$（$\bar{v}_C=0$ V）时，若输入信号 v_I在 0 ~ V_{DD}之间变化，

则 CMOS 管 V_1和 V_2中至少有一个是导通的，即传输门的输入和输出之间呈低阻状态，传输门导通，相当于开关接通。此时 $v_O = v_I$。

（2）当控制端 C 加低电平，$v_C = 0$ V（$\bar{v}_C = V_{DD}$）时，只要 v_I在 0 ~ V_{DD}间变化，V_1与 V_2均截止，即传输门截止，相当于开关的断开。

根据上述分析可见，传输门是一种传输信号的可控开关电路，由于 MOS 管结构对称，其源极与漏极可对调使用，因此，传输门具有双向性，也称双向开关。

9.5.5 CMOS 电路的应用

1. 产品系列和外形封装

CMOS 集成电路的产品系列见表 9-16。

CMOS 集成电路的外形封装与 TTL 集成门电路相同，如 CC4001 为四 2 输入**或非**门，内含四个 2 输入端**或非**门，共用一个电源 V_{DD}（引脚⑭）和一个接地点 V_{SS}（引脚⑦），V_{DD}和 V_{SS}与 TTL 的表示字符 V_{CC}、GND 有所不同，以示区别。

表 9-16 CMOS 集成电路主要产品系列

系　列	子 系 列	名　称	国标型号	部标型号
MOS	CMOS	互补场效晶体管型	CC4000	C00
	HCMOS	高速 CMOS	CT54/74HC	
	HCMOST	与 TTL 兼容的高速 CMOS	CT54/74HCT	

2. CMOS 电路使用注意事项

（1）输入端不能悬空

MOS 电路是一种高输入阻抗器件，若输入端悬空，易出现感应静电而击穿栅极，或受外界干扰，造成逻辑混乱。因此，多余输入端应根据逻辑功能接高电平（如**与**门、**与非**门）或接低电平（如**或**门、**或非**门）。

（2）电源不能接反，也不能超压

本 章 小 结

数字电路与模拟电路有着诸多不同的特点，因此在学习数字电路的过程中，应掌握不同的学习方法。

■　晶体管开关电路是数字电路中的基本单元。开关电路只有两种状态，故可以用来表示**0**和**1**。

（1）晶体管截止工作状态——相当于开关断开

其工作条件是：$V_{BE} \leqslant 0$，$I_B = 0$

其工作状态是：$I_C = I_{CEO}$，$V_{CE} \approx V_{CC}$

（2）晶体管饱和导通状态——相当于开关闭合

其工作条件是：$I_B \geqslant I_{BS} \approx \dfrac{V_{CC}}{\beta R_c}$

其工作状态是：$I_C \approx \dfrac{V_{CC}}{R_c}$，$V_{CE} = V_{CES}$

晶体管开关是一种无触点开关，它与普通触点开关的差别在于：① 晶体管开关的开关速度很高；② 晶体管必须保持 I_B 不变才能保持接通；③ 导通时，管子有饱和压降，关断时管子有漏电流。

晶体管的饱和与截止工作状态，在第二章中已有分析，本章着重分析工作条件。对工作条件的分析，一般只需粗略估算 I_B 的大小即可进行判断。即

$I_B \leqslant 0$ 时，晶体管为截止状态。

$I_B = \dfrac{I_C}{\beta}$，晶体管处于放大状态。

$I_B > \dfrac{I_{CS}}{\beta}$，晶体管为饱和导通状态。

■ 晶体管反相器

（1）反相器的特点：在晶体管基极要加负偏置电压，以确保在无输入信号时，晶体管能可靠截止。基极偏置电阻并联加速电容，用以提高开关的速度。

（2）输出与输入信号的逻辑关系：当输入信号为高电平“**1**”使晶体管饱和导通时，输出电压 $V_O \approx 0$；当输入信号为低电平“**0**”时，晶体管截止，输出端为高电位，$V_O \approx V_{CC}$。可见，晶体管的输出状态决定于输入信号状态，而且输出信号与输入信号反相，故称反相器。

■ 逻辑门电路是数字电路的基础。为便于学习、比较各种基本逻辑门，现将常用逻辑门的逻辑符号、逻辑函数表达式及逻辑功能归纳于表 9-17。

■ 从器件特性来分，数字集成电路有 TTL 和 MOS 两大系列，应用时要注意它们的外引线的功能和排列。TTL **与非**门是逻辑门电路中应用最广泛的基本单元。应着重掌握其外特性及逻辑功能。CMOS 电路是 MOS 电路中最有前途，应用较广的集成电路，它的基本逻辑单元是反相器，实际运用中都用一只 MOS 管作为负载。

表 9-17　常用逻辑门一览表

逻辑门	逻辑符号	逻辑函数表达式	逻辑功能
与门	A, B —— & —— Y	$Y=A\cdot B$	有 0 出 0，全 1 出 1
或门	A, B —— ≥1 —— Y	$Y=A+B$	有 1 出 1，全 0 出 0
非门	A —— 1 —o Y	$Y=\overline{A}$	有 0 出 1，有 1 出 0
与非门	A, B —— & —o Y	$Y=\overline{A\cdot B}$	全 1 出 0，有 0 出 1
或非门	A, B —— ≥1 —o Y	$Y=\overline{A+B}$	全 0 出 1，有 1 出 0
与或非门	A, B —— &；C, D —— & ；≥1 —o Y	$Y=\overline{AB+CD}$	一组全 1 出 0，各组有 0 出 1
异或门	A, B —— =1 —— Y	$Y=\overline{A}B+A\overline{B}$ $=A\oplus B$	同出 0，异出 1
同或门	A, B —— =1 —o Y	$Y=AB+\overline{A}\overline{B}$ $=A\odot B$	同出 1，异出 0

习　题　九

9-1　二极管和三极管为什么能作为开关使用？它们和普通触点开关有何不同？

9-2　图题 9-2（a）～（d）电路是由电源 V、二极管 VD 和小灯泡组成，问电路接通后，哪些电路的小灯泡能发光？为什么？

9-3　设图题 9-3（a）中输入波形 v_I 为正负尖顶状波形，试画出输入信号通过图中（b）～（e）各电路后输出信号 v_O 的波形（设二极管正向压降为零，反向电阻为无穷大，$V_m>V_G$）。

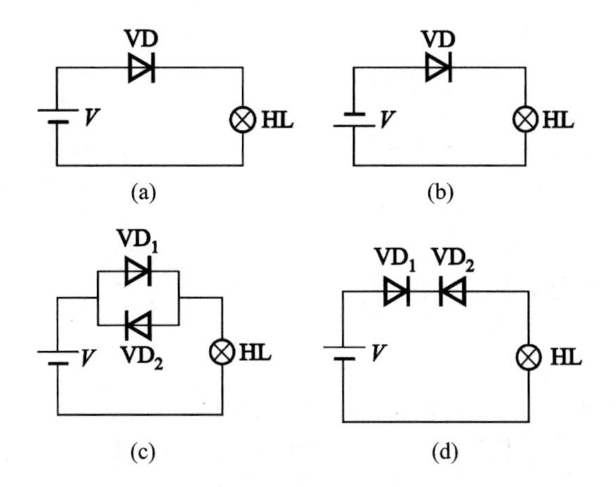

图题 9-2

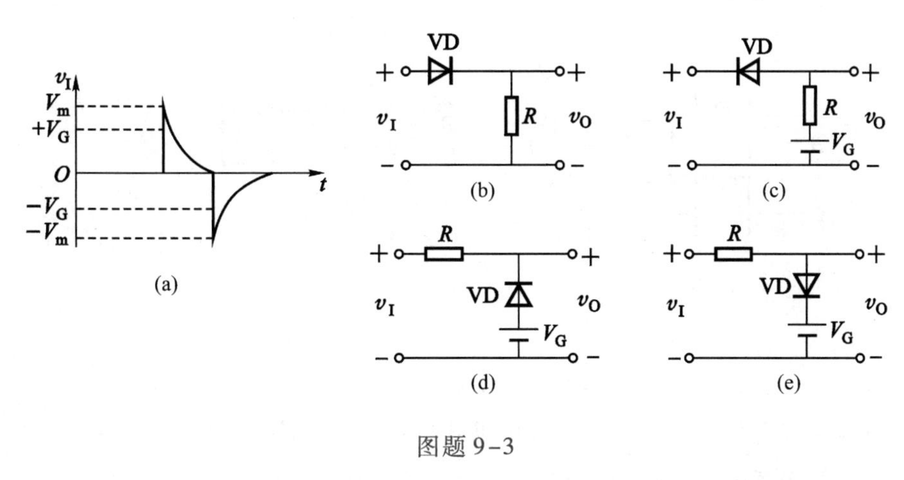

图题 9-3

9-4 写出图题 9-4 中各门电路的输出结果（输入信号如图中所示）。

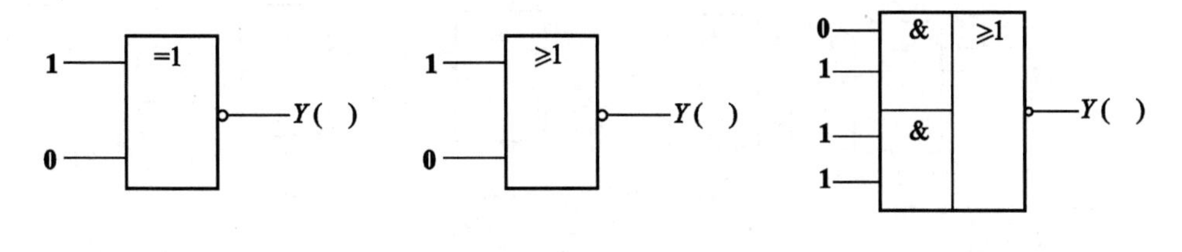

图题 9-4

9-5 根据图题 9-5 的逻辑符号和输入波形，试画出相应的输出波形。

9-6 列出图题 9-6 所示逻辑图的真值表，并写出它的逻辑函数式。

9-7 写出图题 9-7（a）~（d）各逻辑图的逻辑函数式。

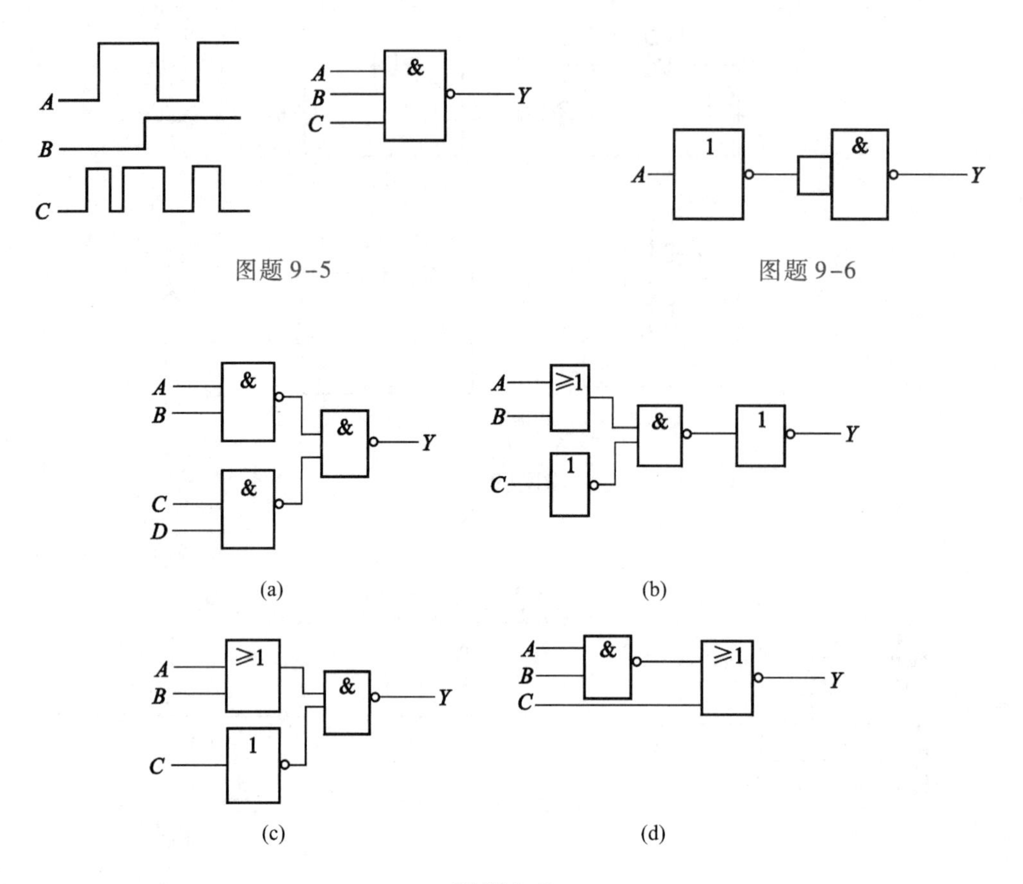

图题 9-5

图题 9-6

图题 9-7

9-8 数字集成电路有哪两大类？画出 CT74LS00 集成**与非**门的外引线排列图。并指出各引脚功能。

9-9 TTL **与非**门如图题 9-9 所示连接，试将输出信号的逻辑电平填入括号内。

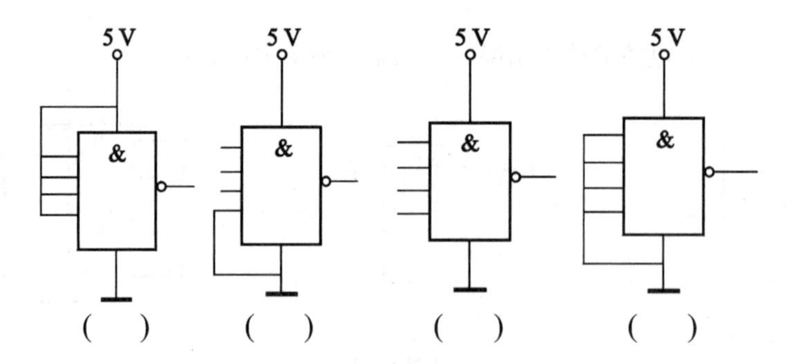

图题 9-9

9-10 TTL **与非**门有哪些主要参数？说明其主要含义。

9-11 什么是 CMOS 电路？有何特点？在使用 CMOS 门电路时，能否将输入端悬空？为什么？

9-12 画出 CMOS 反相器、**与非**门、**或非**门和传输门的电路图。

9-13 图题 9-13 所示为三个 CMOS 门电路与其输入信号波形，试分别画出相应的输出波形。

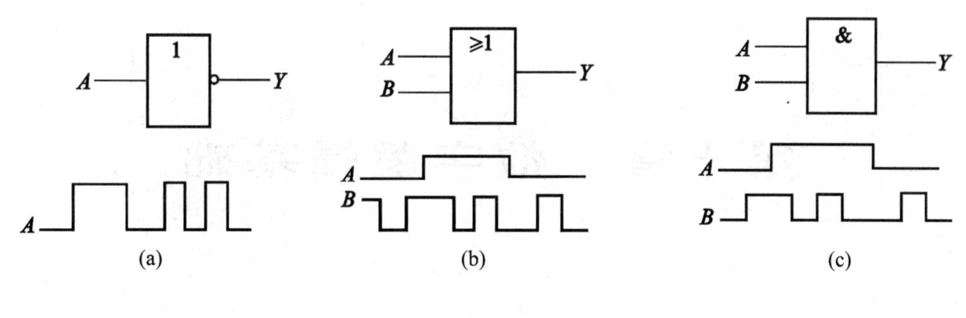

图题 9–13

第十章　数字逻辑基础

10.1　数　　制

在数字电路中，通常采用二进制数。什么是二进制数呢？它与十进制数有什么不同？数字电路为什么要采用二进制数？回答这些问题需要从“数制”谈起。

数制，就是数的进位制。按照进位方法的不同，就有不同的计数体制。例如，有“逢十进一”的十进制计数，有“逢八进一”的八进制计数，还有“逢十六进一”的十六进制计数和“逢二进一”的二进制计数等。本节重点介绍二进制计数的表示方法和运算方法以及二进制数与十进制数的相互转换。

10.1.1　十进制数

十进制数的特点如下。

（1）采用十个基本数码：0、1、2、3、4、5、6、7、8、9。

（2）按“逢十进一”的原则计数，即 $9+1=10$。

在十进制数里，同一数码在不同位置上所表示的数值是不同的。例如，“666”虽然三个数码都是“6”，但左边的是百位数，它表示 600，即 6×10^2；中间一位是十位数，它表示 60，即 6×10^1；右边的一位为个位数，它表示 6，即 6×10^0，用数学式可表示为

$$666=6\times10^2+6\times10^1+6\times10^0$$

对于十进制数的任一正整数 M，可以写成以 10 为底的幂求和的展开形式，即

$$\boldsymbol{M}=a_{n-1}\times10^{n-1}+a_{n-2}\times10^{n-2}+\cdots+a_1\times10^1+a_0\times10^0$$

式中，n 是十进制数的位数（$n=1$，2，3，4…）。

10^{n-1}、10^{n-2}、…、10^1、10^0是各位数的“位权”。

a_{n-1}、a_{n-2}、…、a_1、a_0是各位数的数码，由具体数字来决定。

由上可见，十进制数是由数码的值和位权来表示的。需要指出的是，十进制数及其运算是大家熟悉的，但是，在数字电路中，采用十进制数很不方便。因为在数字电路中，是通过电路的不同状态来表示数码的，而要使电路具有十个严格区分的状态来表示0、1、2、…、9十个数码，这在技术上是困难的。在电路中，最容易实现的是两种状态。如电路的“通”与“断”、电平的“高”与“低”、脉冲的“有”或“无”，在这种条件下采用只有两个数码**0**和**1**的二进制将是很方便的，因此，在数字电路中，广泛采用二进制数。

10.1.2 二进制数

1. 二进制数的特点

（1）采用两个基本数码：**0**和**1**。

（2）按“逢二进一”的原则计数，即 $(\mathbf{1+1})_2=(\mathbf{10})_2$（读作“壹零”）。

任何一个二进制数 S，可以写成

$$S=a_{n-1}\times2^{n-1}+a_{n-2}\times2^{n-2}+\cdots+a_1\times2^1+a_0\times2^0$$

式中，n 是二进制数的位数，2^{n-1}、2^{n-2}、…、2^1、2^0是各位的“位权”，a_{n-1}、a_{n-2}、…、a_1、a_0是各位数的数码。

例如，二进制数（**10101**）$_2$的展开式可写成

$$\begin{aligned}S&=a_4\times2^4+a_3\times2^3+a_2\times2^2+a_1\times2^1+a_0\times2^0\\&=1\times2^4+0\times2^3+1\times2^2+0\times2^1+1\times2^0\quad(n=5)\end{aligned}$$

2. 二进制数的四则运算

（1）加法运算

运算法则：“逢二进一”。

例 10-1 求 $(\mathbf{10101})_2+(\mathbf{1101})_2=?$

解

$$\begin{array}{r}\mathbf{10101}\\+\ \ \mathbf{1101}\\\hline\mathbf{100010}\end{array}\qquad(\mathbf{10101})_2+(\mathbf{1101})_2=(\mathbf{100010})_2$$

（2）减法运算

减法是加法的逆运算

运算法则：“借一作二”。

例 10-2 求 $(\mathbf{1101})_2-(\mathbf{110})_2=?$

解

$$\begin{array}{r} 1101 \\ -\ \ 110 \\ \hline 111 \end{array} \qquad (1101)_2-(110)_2=(111)_2$$

(3) 乘法运算

运算法则：各数相乘再作加法运算

例 10-3　求 $(1011)_2\times(101)_2=?$

解

$$\begin{array}{r} 1011 \\ \times\ \ 101 \\ \hline 1011 \\ 0000\ \ \\ 1011\ \ \ \ \\ \hline 110111 \end{array} \qquad (1011)_2\times(101)_2=(110111)_2$$

(4) 除法运算

运算法则：各数相除后，再作减法运算。

例 10-4　求 $(11001)_2\div(101)_2=?$

解

$$\begin{array}{r} 101 \\ 101\overline{)\ 11001} \\ 101\ \ \ \ \\ \hline 101 \\ 101 \\ \hline 0 \end{array} \qquad (11001)_2\div(101)_2=(101)_2$$

10.1.3　二进制数和十进制数的相互转化

1. 二进制数化为十进制数

把二进制数按权展开，然后把所有各项的数值按十进制相加即可得到等值的十进制数，即“乘权相加法”。

例 10-5　将二进制数 $(1010)_2$ 化为十进制数。

解

$$\begin{aligned}(1010)_2&=(1\times2^3+0\times2^2+1\times2^1+0\times2^0)_{10}\\&=(2^3+0+2^1+0)_{10}\\&=(10)_{10}\end{aligned}$$

2. 十进制数化为二进制数

方法是把十进制数逐次地用 2 除，并依次记下余数，一直除到商数为零。然后把全部余数，按相反的次序排列起来，就是等值的二进制数。即“除以 2 取余倒记法”。

例 10-6 把十进制数 $(97)_{10}$ 化为二进制数。

解

2 | 97	……	余 1	→	a_0
2 | 48	……	余 0	→	a_1
2 | 24	……	余 0	→	a_2
2 | 12	……	余 0	→	a_3
2 | 6	……	余 0	→	a_4
2 | 3	……	余 1	→	a_5
1	……	余 1	→	a_6

读数方向（由下向上 ↑）

所以 $(97)_{10}=a_6a_5a_4a_3a_2a_1a_0=(\mathbf{1100001})_2$。

例 10-7 把十进制数 $(128)_{10}$ 化为二进制数。

解

除法	余数
2 | 128	0
2 | 64	0
2 | 32	0
2 | 16	0
2 | 8	0
2 | 4	0
2 | 2	0
1	1

（读数方向由下向上 ↑）

所以 $(128)_{10}=a_7a_6a_5a_4a_3a_2a_1a_0=(\mathbf{10000000})_2$。

10.2 逻辑代数基本公式

数字电路是一种开关电路，开关的两种状态“开通”与“关断”，常用电子器件的“导通”与“截止”来实现，并用二元常量 **0** 和 **1** 来表示。数字电路的输入、输出量，一般用高电位或低电位来表示。高、低电位也可用二元常量 **0** 和 **1** 表示。就整体而言，数字电路的输出量与输入量之间的关系是一种因果关系，它可以用逻辑表达式来描述，因而数字电路又称逻辑电路。

逻辑代数又称布尔代数，是研究逻辑电路的数学工具，它为分析和设计逻辑电路提供了理论基础。逻辑代数所研究的内容，是逻辑函数与逻辑变量之间的关系。本节介绍的是逻辑代数的基础知识。

10.2.1 逻辑代数中的变量和常量

逻辑代数是按一定逻辑规律进行运算的代数，虽然它和普通代数一样也是用字母表示变量，但两种代数中变量的含义是完全不同的，它们之间有着本质的区别。

1. 逻辑变量是二元常量，只有两个值，即 **0**（逻辑零）和 **1**（逻辑壹），而没有中间值。

2. 逻辑变量的二值 **0** 和 **1** 不表示数量的大小，而是表示两种对立的逻辑状态。

10.2.2 逻辑代数的基本公式

1. 变量和常量的逻辑加

$$A+\mathbf{0}=A$$

$$A+\mathbf{1}=\mathbf{1}$$

2. 变量和常量的逻辑乘

$$A\cdot\mathbf{0}=\mathbf{0}$$

$$A\cdot\mathbf{1}=A$$

3. 变量和反变量的逻辑加和逻辑乘

A 的反变量用 $\overline{A}$ 表示，读成 A 非。

$$A+\overline{A}=\mathbf{1}$$

$$A\cdot\overline{A}=\mathbf{0}$$

上述公式可证明，见表 10-1：

表 10-1 $A+\overline{A}=1$ 及 $A\cdot\overline{A}=0$ 的证明

A	$\overline{A}$	$A+\overline{A}$	$A\cdot\overline{A}$
0	**1**	**1**	**0**
1	**0**	**1**	**0**

10.2.3 逻辑代数基本定律

1. 交换律

$$A+B=B+A$$

$$A \cdot B=B \cdot A$$

2. 结合律

$$A+B+C=(A+B)+C=A+(B+C)$$

$$A \cdot B \cdot C=(A \cdot B) \cdot C=A \cdot (B \cdot C)$$

3. 重叠律

$$A+A=A \quad (A+A+A+\cdots+A=A)$$

$$A \cdot A=A \quad (A \cdot A \cdot A \cdot \cdots \cdot A=A)$$

4. 分配律

$$A+B \cdot C=(A+B) \cdot (A+C)$$

$$A \cdot (B+C)=A \cdot B+A \cdot C$$

5. 吸收律

$$A+AB=A$$

$$A \cdot (A+B)=A$$

6. 非非律

$$\overline{\overline{A}}=A$$

7. 反演律（又称摩根定律）

$$\overline{A+B}=\overline{A} \cdot \overline{B} \text{（或}\overline{A+B+C+\cdots}=\overline{A} \cdot \overline{B} \cdot \overline{C} \cdot \cdots\text{）}$$

$$\overline{A \cdot B}=\overline{A}+\overline{B} \text{（或}\overline{A \cdot B \cdot C \cdot \cdots}=\overline{A}+\overline{B}+\overline{C}+\cdots\text{）}$$

反演定律证明见表10-2。

表10-2 $\overline{A+B}=\overline{A} \cdot \overline{B}$ 的证明

A	B	$\overline{A+B}$	$\overline{A} \cdot \overline{B}$
0	0	1	1
0	1	0	0
1	0	0	0
1	1	0	0

本节所列出的基本公式反映了逻辑关系，而不是数量关系，在运算中不能简单套用初

等代数的运算规则。如初等代数中的移项规则就不能用，这是因为逻辑代数中没有减法和除法的缘故。

10.3 逻辑函数的化简

用逻辑代数的基本定律可以对逻辑函数式进行恒等变换和化简。

逻辑表达式的化简是指通过一定方法把逻辑表达式化为最简单的式子。常用的化简方法有代数法和卡诺图法，本书对前一种方法作简要介绍。

10.3.1 化简的意义

1. 几种不同的表达式

同一逻辑关系的逻辑函数不是唯一的，它可以有几种不同表达式，例如

$Y=A\bar{B}+\bar{A}B=A\oplus B$　　**异或**关系表达式，还可表达为

$Y=A\bar{B}+\bar{A}B$　　**与-或**表达式

$=\overline{\overline{A\bar{B}+\bar{A}B}}$　　**与或非-非**表达式

$=\overline{\overline{A\bar{B}}\cdot\overline{\bar{A}B}}$　　**与非-与非**表达式

$=\overline{(\bar{A}+B)\cdot(A+\bar{B})}$　　**或与非**表达式

$=\overline{AB+\bar{A}\bar{B}}$　　**与或非**表达式

$=\overline{\overline{\bar{A}+\bar{B}}+\overline{A+B}}$　　**或非-或非**表达式

2. 最简式

由于每一个逻辑函数式都对应着一个具体电路，又由于同一逻辑函数的逻辑表达式不是唯一的，因此在反映同一逻辑函数的表达式中，逻辑表达式越简单，则与之对应的电路也就越简单。

用化简后的表达式构成逻辑电路，可节省器件，降低成本，提高工作可靠性。因此，化简时必须使逻辑表达式为最简式。所谓最简式，必须是乘积项最少，其次是在满足乘积项最少的条件下，每个乘积项中的变量个数为最少。

10.3.2 化简的方法

在运用代数法化简时，常采用以下几种方法。

1. 并项法

利用 $A+\bar{A}=1$；$AB+A\bar{B}=A$ 两个等式，将两项合并为一项，并消去一个变量。如

$$\bar{A}\bar{B}C+\bar{A}\bar{B}\bar{C}=\bar{A}\bar{B}(C+\bar{C})=\bar{A}\bar{B}$$

2. 吸收法

利用公式 $A+AB=A$ 吸收多余项。如

$$\bar{A}B+\bar{A}BCD=\bar{A}B$$

3. 消去法

利用公式 $A+\bar{A}B=A+B$ 消去多余因子。如

$$\begin{aligned}AB+\bar{A}C+\bar{B}C&=AB+C(\bar{A}+\bar{B})\\&=AB+\overline{AB}C\\&=AB+C\end{aligned}$$

4. 配项法

一般是在适当项中，配上 $A+\bar{A}=1$ 的关系式，再同其他项的因子进行化简。如

$$\begin{aligned}A\bar{B}+B\bar{C}+\bar{B}C+\bar{A}B&=A\bar{B}+B\bar{C}+(A+\bar{A})\bar{B}C+(C+\bar{C})\bar{A}B\\&=A\bar{B}+A\bar{B}C+B\bar{C}+\bar{A}B\bar{C}+\bar{A}\bar{B}C+\bar{A}BC\\&=A\bar{B}+B\bar{C}+\bar{A}C\end{aligned}$$

10.3.3 化简举例

例 10-8 化简 $Y=AB+A\bar{B}+\bar{A}\bar{B}+\bar{A}B$。

解

$$\begin{aligned}Y&=AB+A\bar{B}+\bar{A}\bar{B}+\bar{A}B\\&=A(B+\bar{B})+\bar{A}(\bar{B}+B)\\&=A+\bar{A}\\&=\mathbf{1}\end{aligned}$$

例 10-9 化简 $Y=\bar{A}+\bar{B}+AB$。

解

$$\begin{aligned}Y&=\overline{AB}+AB\\&=\mathbf{1}\end{aligned}$$

例 10-10 化简 $Y=AB+\bar{A}\bar{C}+B\bar{C}$。

解

$$Y=AB+\bar{A}\bar{C}+B\bar{C}$$

$$=AB+\bar{A}\bar{C}+(A+\bar{A})B\bar{C}$$

$$=AB+\bar{A}\bar{C}+ABC\bar{C}+\bar{A}B\bar{C}$$

$$=(AB+AB\bar{C})+(\bar{A}\bar{C}+\bar{A}\bar{C}B)$$

$$=AB+\bar{A}\bar{C}$$

例 10-11 化简 $Y=AD+A\bar{D}+AB+\bar{A}C+BD$。

解

$$
\begin{aligned}
Y&=AD+A\bar{D}+AB+\bar{A}C+BD\\
&=(AD+A\bar{D})+AB+\bar{A}C+BD\\
&=A+AB+\bar{A}C+BD\\
&=(A+\bar{A}C)+BD\\
&=A+C+BD
\end{aligned}
$$

例 10-12 求证 $\overline{AB+\bar{A}C}=A\bar{B}+\bar{A}\bar{C}$。

证

$$
\begin{aligned}
\text{左式}=\overline{AB+\bar{A}C}&=(\overline{AB})\cdot(\overline{\bar{A}C})\\
&=(\bar{A}+\bar{B})\cdot(A+\bar{C})\\
&=A\bar{B}+\bar{A}\bar{C}+\bar{B}\bar{C}\\
&=A\bar{B}+\bar{A}\bar{C}+(A+\bar{A})\bar{B}\bar{C}\\
&=A\bar{B}+A\bar{B}\bar{C}+\bar{A}\bar{C}+\bar{A}\bar{B}\bar{C}\\
&=A\bar{B}+\bar{A}\bar{C}\\
&=\text{右式}
\end{aligned}
$$

例 10-13 求证 $\overline{A\bar{B}+\bar{A}B}=AB+\bar{A}\bar{B}$。

证

$$
\begin{aligned}
\text{左式}=\overline{A\bar{B}+\bar{A}B}&=(\overline{A\bar{B}})\cdot(\overline{\bar{A}B})\\
&=(\bar{A}+B)\cdot(A+\bar{B})\\
&=AB+\bar{A}\bar{B}\\
&=\text{右式}
\end{aligned}
$$

10.4 逻辑电路图、真值表与逻辑函数间的关系

任何一个逻辑电路，其输出和输入状态的逻辑关系，可用逻辑函数式表示，反之，任何一个逻辑函数式总可以有逻辑电路与之对应；逻辑函数表达了逻辑电路的组成，其具体功能可用真值表表示，反之，由真值表可以写出相应的逻辑函数式。由此可见，逻辑电

路、真值表与逻辑函数之间有着密切的联系，且可以互换。

10.4.1　逻辑电路与逻辑函数式的互换

例 10–14　将图 10–1 中的逻辑电路的输出 Y 和输入 A、B 的逻辑关系写成逻辑函数式。

解　电路中的各个逻辑门的输出 Y_1、Y_2、Y_3、Y_4和 Y 分别为

（1）$Y_1=\overline{AB}$

（2）$Y_2=AY_1$

（3）$Y_3=Y_1B$

（4）$Y_4=Y_2+Y_3$

（5）$Y=A+Y_4$

将（1）式中的 Y_1代入（2）、（3）式，再把（2）、（3）式中的 Y_2、Y_3代入（4）式，最后把（4）式中的 Y_4代入（5）式中，就得到 $Y=A+(A\overline{AB}+\overline{AB}B)$。

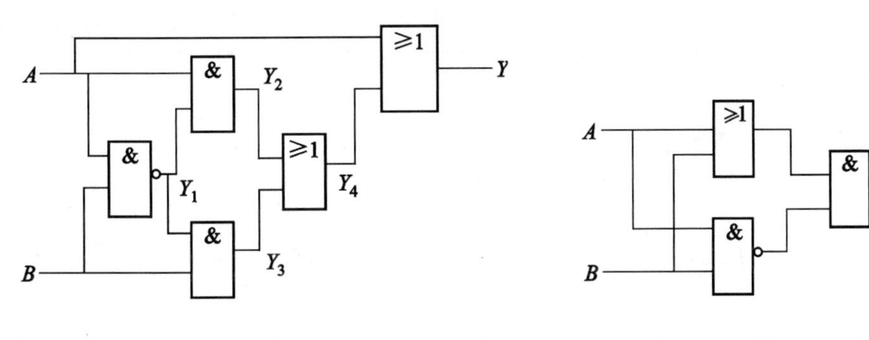

图 10–1　例 10–14 的图　　　图 10–2　例 10–15 的图

例 10–15　画出逻辑函数式 $Y=(A+B)\overline{AB}$的逻辑电路。

解　由逻辑函数式 $Y=(A+B)\overline{AB}$画出的逻辑电路如图 10–2 所示。

10.4.2　逻辑函数与真值表的互换

1. 由逻辑函数列真值表

真值表是描述输入、输出状态间　　对应的逻辑关系的一种表格。由逻辑函数式列真值表时，要列出输入变量的所有可能情况，可按下列要领列出。

（1）若输入变量数为 n，则输入变量不同状态的组合数目为 2^n，如一个输入变量为 $2^1=2$ 种不同状态，两个输入变量为 2^2种不同状态，n 个输入变量共有 2^n种不同状态。

（2）列表时，输入状态按 n 列、2^n 行画好表格，然后从右到左，在第一列中填入 **0**、**1**、**0**、**1**…；在第二列中填入 **0**、**0**、**1**、**1**、**0**、**0**、**1**、**1**，…；在第三列中填入 **0**、**0**、**0**、**0**、**1**、**1**、**1**、**1**，…；依此类推，直到填满表格。然后，把每一行中各输入变量状态代入函数式，计算并记下输出状态列入表中。

例 10–16 列出逻辑函数 $Y=\bar{A}B+A\bar{B}$ 的真值表

解 从逻辑函数式中可看出，输入变量有两个（A、B），所以输入状态共有 $2^2=4$ 种。按上述要领（2），列出真值表的输入部分，再将每一种状态代入 $Y=\bar{A}B+A\bar{B}$ 式，求出函数值。例如，当 $A=\mathbf{1}$，$B=\mathbf{0}$ 时，$Y=\bar{\mathbf{1}}\cdot\mathbf{0}+\mathbf{1}\cdot\bar{\mathbf{0}}=\mathbf{0}+\mathbf{1}=\mathbf{1}$，其余照此算出，列出真值表 10–3。

表 10–3 函数 $Y=\bar{A}B+A\bar{B}$ 的真值表

A	B	Y
0	**0**	**0**
0	**1**	**1**
1	**0**	**1**
1	**1**	**0**

2. 由真值表列出逻辑函数式

其方法如下。

（1）从真值表上找出输出为 **1** 的各行，把每行的输入变量写成乘积形式；遇到 **0** 的输入变量加非号。

（2）把各乘积项相加。

例 10–17 试由真值表 10–4 列出相应的逻辑函数式。

解 根据上述方法，将第四、五、八行写出三个逻辑乘积项：$A\bar{B}\bar{C}$、$\bar{A}BC$、ABC。再将各乘积项相加，得逻辑函数式

$$Y=A\bar{B}\bar{C}+\bar{A}BC+ABC$$

表 10–4 例 10–17 真值表

A	B	C	Y
0	**0**	**0**	**0**
0	**0**	**1**	**0**
0	**1**	**0**	**0**

续表

A	B	C	Y
1	0	0	1
0	1	1	1
1	0	1	0
1	1	0	0
1	1	1	1

如得出的逻辑函数不是最简式，还应经过化简，最后得出最简逻辑函数式。

10.4.3 逻辑代数在逻辑电路中的应用

根据逻辑功能设计电路时，得到的并非是唯一的电路，有简有繁。可应运用逻辑代数的基本定律进行化简，以得到简单合理的电路。

例 10-18 根据 $Y=AB+AC$ 逻辑函数，设计逻辑电路。

解 根据题意，可画出相应的逻辑电路，如图 10-3（a）所示。但如果将函数式 $Y=AB+AC$ 经化简后得 $Y=A(B+C)$ 则可得到更简单的逻辑电路，如图 10-3（b）所示。

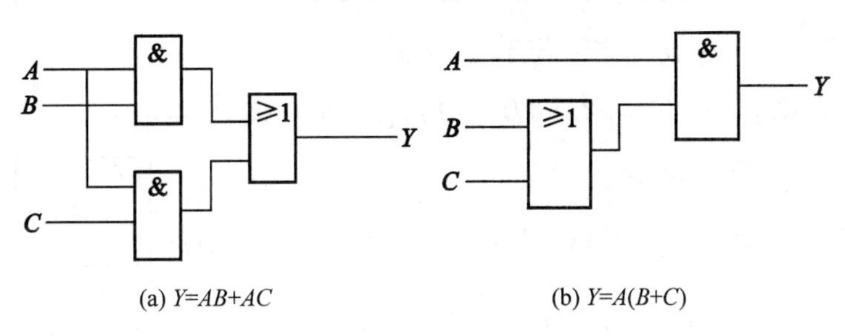

(a) $Y=AB+AC$　　(b) $Y=A(B+C)$

图 10-3 逻辑电路的简化

例 10-19 根据 $Y=A\overline{B}+C+\overline{A}\,\overline{C}D+B\overline{C}D$ 设计逻辑电路。

解 如根据函数式直接画成逻辑电路，则此电路应有一个**或**门、三个**与**门和三个**非**门组成，如图 10-4（a）所示。如用逻辑代数化简则可得

$$\begin{aligned}Y &= A\overline{B}+C+\overline{A}\,\overline{C}D+B\overline{C}D\\ &= A\overline{B}+C+\overline{C}(\overline{A}D+BD)\\ &= A\overline{B}+C+(\overline{A}D+BD)\\ &= A\overline{B}+C+D(\overline{A}+B)\\ &= A\overline{B}+C+D\,\overline{\overline{\overline{A}+B}}\end{aligned}$$

$$=A\overline{B}+C+D\overline{\overline{A}\cdot\overline{B}}$$

$$=A\overline{B}+C+D$$

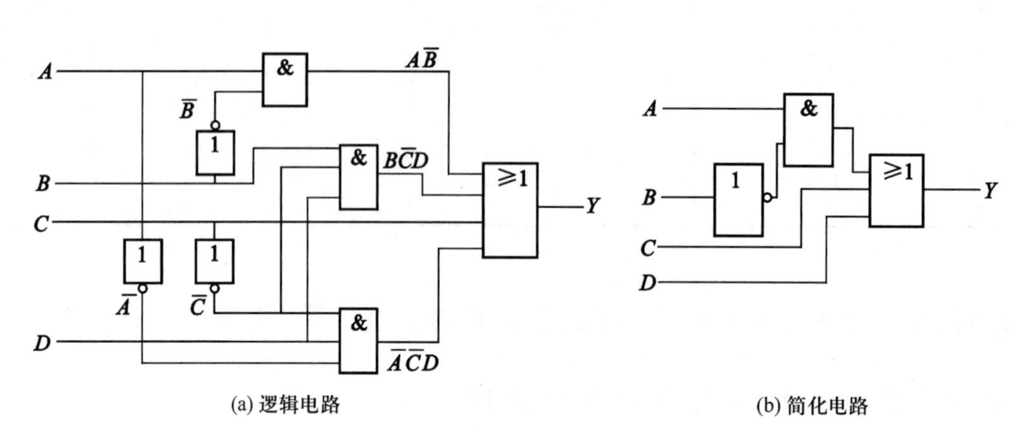

(a) 逻辑电路　　(b) 简化电路

图 10-4　逻辑电路的简化

从化简后的逻辑函数式可见，只需一个**或**门、一个**非**门和一个**与**门即符合要求，如图 10-4（b）所示。

在数字电路中，由于集成**与非**门的大量使用，所以把一般函数式变换成只用**与非**门就能实现的函数式，有较大的实用价值。这种函数式应包含**与**、**非**两种运算，而且每个逻辑乘上必须有非运算，构成**与非-与非**表达式。

例 10-20　变换函数式 $A\overline{B}+A\overline{C}+A\overline{D}$ 为**与非-与非**表达式，并画出对应的逻辑电路图。

解　　$A\overline{B}+A\overline{C}+A\overline{D}=A(\overline{B}+\overline{C}+\overline{D})$

$$=A\cdot\overline{B\cdot C\cdot D}$$

$$=\overline{\overline{A\cdot\overline{B\cdot C\cdot D}}}$$

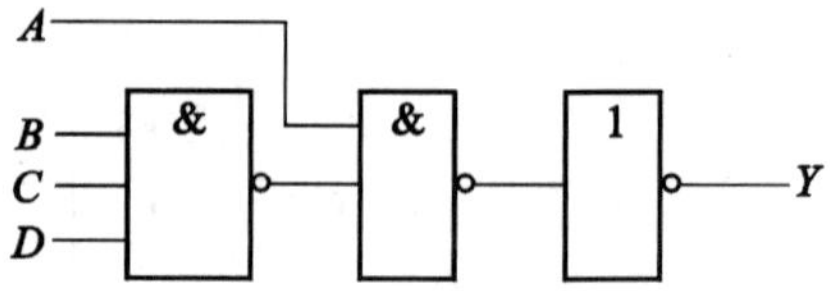

图 10-5　例 10-20 的图

根据变换的**与非-与非**表达式，对应的逻辑电路如图 10-5 所示。

本 章 小 结

本章与第九章是数字电路的重要基础知识，初学者务必充分掌握，并将相关知识进行必要的归纳，整理使之系统化，即

知识点——→知识链——→知识网络

■　逻辑代数是分析数字电路的一种数学工具。利用逻辑代数，可以把一个电路的

逻辑关系抽象为数学表达式，并且可以利用逻辑运算的方法，解决逻辑电路的分析和设计问题。

逻辑代数中的变量、常量和函数值都只有两种取值。即 **0** 和 **1**，它代表两种互相对立的不同状态。逻辑代数中有三种基本运算，即逻辑**与**、逻辑**或**和逻辑**非**。任何复杂的逻辑函数式均可由三种基本运算组合而成。

■ 逻辑函数的表示方法

（1）真值表

真值表是以表格的形式表示逻辑函数各变量取值组合和函数之间的一一对应关系。在真值表中变量取值组合是以二进制数的形式排列（在教材中只讲了输入变量可能组合的排列要领）。在真值表中，含有 2^n 种变量取值的不同组合。这种表示法的优点是：直观、清楚。缺点是：在变量较多时，显得过于繁琐。一般把实际逻辑问题抽象为数学问题时，经常使用真值表。

（2）逻辑函数表达式

简称逻辑式。它是由**与**、**或**、**非**运算把各个逻辑变量联系起来构成的代数式来表示逻辑函数的。这种表示方法的优点是简单，便于用逻辑代数进行逻辑运算、化简和变换。特别是对那些逻辑关系比较复杂、变量较多的逻辑问题，其优点更为突出。

（3）逻辑电路图

简称逻辑图。它是一种比较接近电路工程实际的以线路图的形式表示逻辑函数的方法。因为图中的逻辑单元符号通常就表示一种具体的电路器件，所以又称逻辑图。在实际工作中，要了解某个数字系统或数控装置的功能时，都要用到它。

从本质上讲逻辑函数的几种方法，是相通的，可以相互转换，应熟练掌握它们之间的相互转换的方法。对于一个具体的逻辑函数来说，究竟采用哪种方法，应视具体情况来定。

■ 在数字电路的实际运用中，经常会遇到逻辑函数的化简问题。

公式化简法　它是利用逻辑代数的公式和定律，经过运算，对函数的表达式进行化简，以求得到最简单的表达式。这种方法的优点是没有局限性，但是运算时需要一定的技巧。读者应通过大量的练习来掌握逻辑代数的基本公式和定律，并且也只有通过多次解题，从中找出规律，才能切实掌握化简技巧，除此之外，别无捷径可走。

习　题　十

10-1　将下列十进制数转换成二进制数

（1）18；（2）36；（3）111；（4）184；（5）1960。

10-2 将下列二进制数转换成十进制数

（1）**101**；（2）**1011**；（3）**11010**；（4）**11000011**。

10-3 完成下列各二进制数的运算

（1）**101+11**；（2）**11111+101**；（3）**110-11**；（4）**1101-111**；

（5）**110×11**；（6）**1110×11**；（7）**1111/11**；（8）**1010/10**。

10-4 用真值表验证下列等式

（1）$A+BC=(A+B)(A+C)$；（2）$\overline{AB}=\bar{A}+\bar{B}$；

（3）$\overline{A\bar{B}+\bar{A}B}=\bar{A}\bar{B}+AB$；（4）$\overline{AB+\bar{A}C}=A\bar{B}+\bar{A}\bar{C}$。

10-5 化简

（1）$Y=AB(BC+A)$；

（2）$Y=(A+B)(A\bar{B})$；

（3）$Y=A+\overline{\bar{B}+\overline{CD}}+\overline{\overline{AD}+\bar{B}}$；

（4）$Y=\overline{ABC}+A+B+C$；

（5）$Y=\bar{A}\,\overline{BC}+A\bar{B}\bar{C}$；

（6）$Y=A\bar{B}+BD+CDE+D\bar{A}$。

10-6 证明下列各逻辑函数等式成立。

（1）$AB+A\bar{B}+\bar{A}B+\bar{A}\bar{B}=1$；

（2）$AB+\bar{A}C+BCD+A=A+C$；

（3）$(A+B)(\bar{A}+B)=B$；

（4）$\overline{A\oplus B}=\overline{(A+B)\overline{AB}}$；

（5）$A(\bar{A}+B)+B(B+C)+B=B$；

（6）$\overline{AB+\bar{A}C}=A\bar{B}+\bar{A}\bar{C}$。

10-7 根据表题 10-7 真值表，写出逻辑函数 Y 的逻辑表达式。

表题 10-7 真 值 表

A	B	C	Y
0	0	0	1
0	0	1	0
0	1	0	0
0	1	1	0
1	0	0	0
1	0	1	0
1	1	0	1
1	1	1	0

10-8 根据图题 10-8 所示电路写出相应的逻辑函数式。

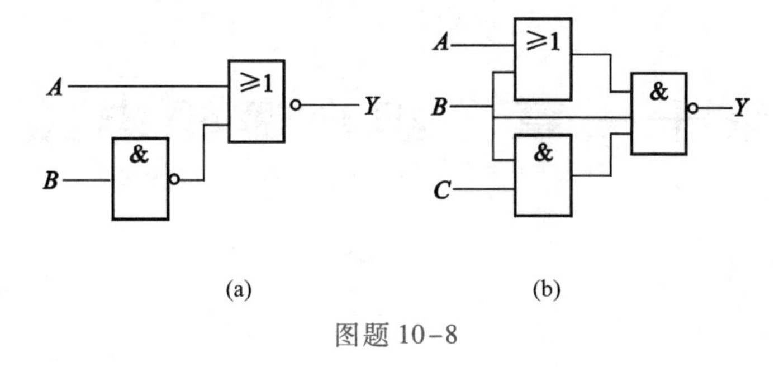

图题 10-8

10-9 化简下列函数，并用**与非**门实现。

（1）$Y=A\bar{B}+B+BCD$；

（2）$Y=A\bar{B}C+ABC+AB\bar{C}+\bar{A}BC$。

10-10 分析图题 10-10 电路，并画出简化后的电路。

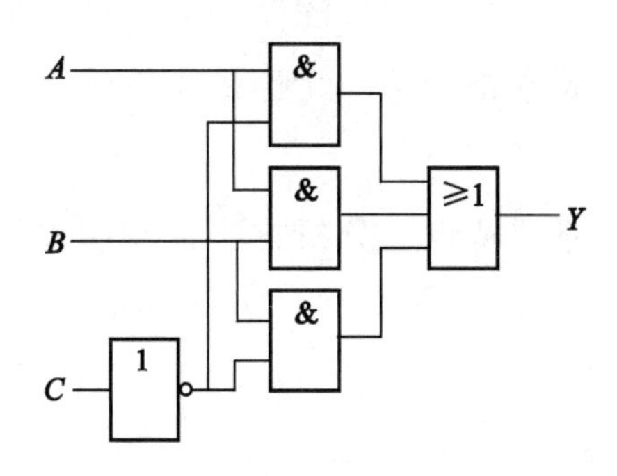

图题 10-10

10-11 已知逻辑函数 $Y=A+B+C$，写出它的最小项表达式。

第十一章　组合逻辑电路

11.1　组合逻辑电路的基础知识

前面学习了基本逻辑门。在实际应用时，大多是这些逻辑门的组合形式，例如，在数字计算系统使用的编码器、译码器、数据分配器等就是较复杂的组合逻辑门电路。

组合逻辑电路通常使用集成电路产品。无论是简单或复杂的组合逻辑电路，它们都遵循组合门电路的逻辑函数关系。

本节简要介绍组合逻辑电路的特点、分析方法、设计程序以及编码器、译码器等几种常用的组合逻辑电路。

11.1.1　基本特点

组合逻辑电路的特点是，任何时刻的输出状态，直接由当时的输入状态所决定。也就是说，组合逻辑电路不具有记忆功能，输出状态与输入信号作用前的电路状态无关。

11.1.2　分析方法

组合电路的分析方法可按下列步骤进行：

（1）根据逻辑电路写出表达式，即由输入到输出逐级推出输出表达式。

（2）化简表达式。

（3）由化简后的表达式写出真值表。

如图 11-1 所示组合电路，其分析方法如下：

（1）逐级写出输出表达式

$Y_1=\overline{AB}$，$Y_2=\overline{\overline{A}+C}$

由 Y_1、Y_2 得 $Y_5=\overline{AB}\cdot\overline{\overline{A}+C}$，

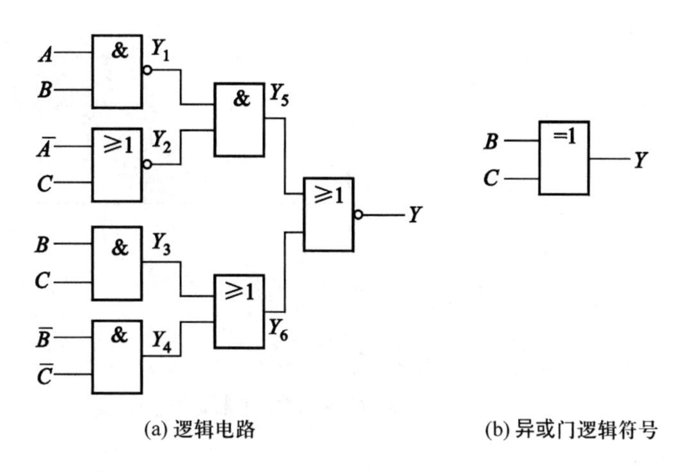

(a) 逻辑电路　　(b) 异或门逻辑符号

图 11-1　组合逻辑电路

$Y_3=BC$，$Y_4=\bar{B}\cdot\bar{C}$

由 Y_3、Y_4 得 $Y_6=BC+\bar{B}\cdot\bar{C}$，

由 Y_5、Y_6 得输出 $Y=\overline{\overline{AB}\cdot\overline{\bar{A}+C}+(BC+\bar{B}\bar{C})}$

（2）化简

$$
\begin{aligned}
Y &=\overline{\overline{AB}\cdot\overline{\bar{A}+C}+(BC+\bar{B}\bar{C})}\\
&=(AB+\bar{A}+C)\cdot\overline{BC+\bar{B}\bar{C}}\\
&=(\bar{A}+AB+C)\cdot\overline{BC}\cdot\overline{\bar{B}\bar{C}}\\
&=(\bar{A}+AB+C)\cdot(\bar{B}+\bar{C})\cdot(B+C)\\
&=[\bar{A}(B+C)+B+C]\cdot(\bar{B}+\bar{C})\\
&=(B+C)\cdot(\bar{B}+\bar{C})\\
&=B\oplus C
\end{aligned}
$$

（3）逻辑功能分析

根据化简后的表达式写出真值表 11-1。从真值表可看出，图 11-1 组合逻辑电路是**异或门**，可用图 11-1（b）表示。

表 11-1　真　值　表

B	C	Y
0	0	0
0	1	1

续表

B	C	Y
1	0	1
1	1	0

例 11-1　分析图 11-2（a）所示逻辑图。

解　（1）首先根据给定电路写出逻辑函数式为

$$Y=\bar{A}\bar{B}C+\bar{A}B\bar{C}+\bar{A}BC+ABC$$

（2）化简逻辑函数式

简化后的逻辑函数式为

$$Y=\bar{A}B+\bar{A}C+BC$$

（3）根据简化后的逻辑式，画出图 11-2（b）逻辑图

与原电路相比较，化简后可省略一个“**与**门”、两个“**非**门”，而且减少了多根引线，提高了电路的可靠性。

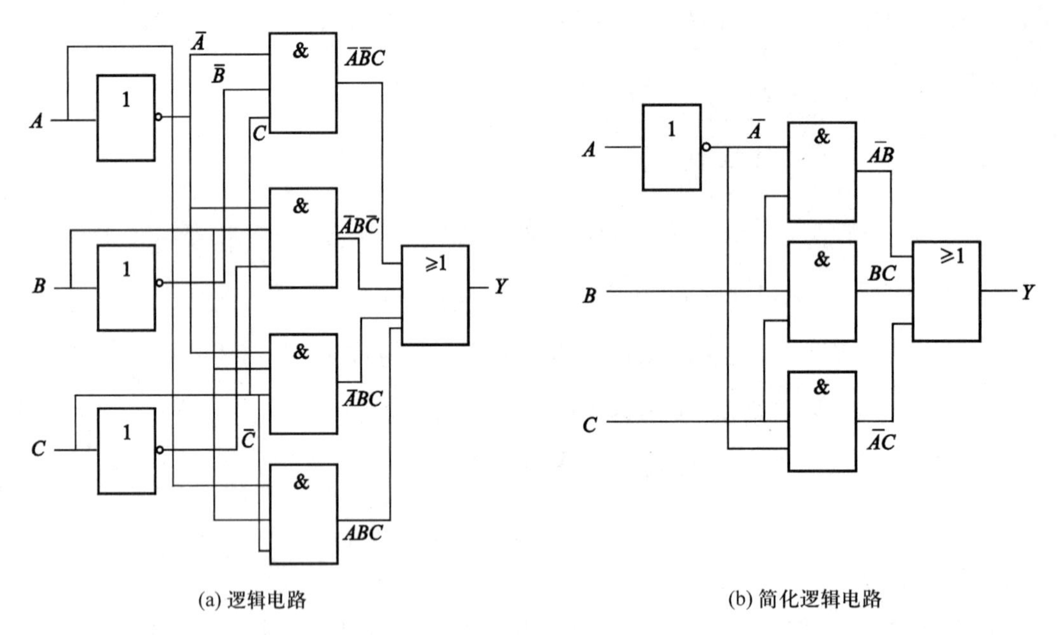

(a) 逻辑电路　　(b) 简化逻辑电路

图 11-2

（4）该电路的逻辑功能见表 11-2。

表 11-2

A	B	C	Y
0	0	0	0

续表

A	*B*	*C*	*Y*
0	**0**	**1**	**1**
0	**1**	**0**	**1**
0	**1**	**1**	**1**
1	**0**	**0**	**0**
1	**0**	**1**	**0**
1	**1**	**0**	**0**
1	**1**	**1**	**1**

11.1.3 组合电路的设计步骤

组合电路的设计步骤如下所述。

(1) 根据实际问题的逻辑关系，列出相应的真值表。

(2) 由真值表写出逻辑函数表达式。

(3) 化简逻辑函数式。

(4) 根据化简得到的最简表达式，画出逻辑电路图。

下面举一个具体例子说明组合逻辑电路的设计思路。

举重比赛有三个裁判。一个主裁判 *A*，两个副裁判 *B*、*C*。杠铃举起的裁决，由每个裁判按一下自己面前的按钮来决定。只有两个以上裁判（其中要求必有主裁判）判明成功时，表明“成功”的灯才亮。设计这个逻辑电路？

(1) 根据以上实际问题，设 *Y* 为指示灯，**1** 表示灯亮；**0** 表示不亮，*A* 为主裁判，*B*、*C* 为副裁判，则可列出真值表，见表 11-3。

表 11-3 真 值 表

A	*B*	*C*	*Y*
0	**0**	**0**	**0**
0	**0**	**1**	**0**
0	**1**	**0**	**0**
0	**1**	**1**	**0**
1	**0**	**0**	**0**
1	**0**	**1**	**1**
1	**1**	**0**	**1**
1	**1**	**1**	**1**

（2）根据真值表写出逻辑函数式

$$Y=A\bar{B}C+AB\bar{C}+ABC$$

（3）化简逻辑式

$$\begin{aligned}Y&=A\bar{B}C+AB\bar{C}+ABC\\&=A\bar{B}C+AB(\bar{C}+C)\\&=A(\bar{B}C+B)\\&=A(B+C)\end{aligned}$$

（4）由简化后的逻辑表达式画出逻辑图，如图 11-3 所示。

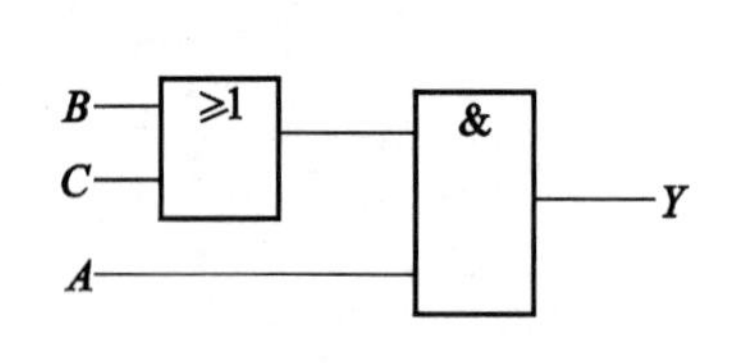

图 11-3　简化逻辑电路

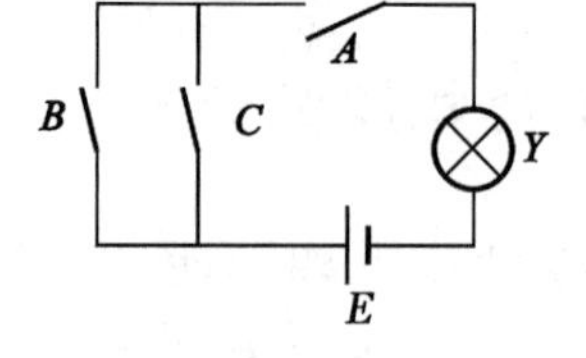

图 11-4　功能电路

若用电键实现上述逻辑功能，则可用图 11-4 所示功能电路。

例 11-2　设计一个楼梯开关的控制逻辑电路，以控制楼梯电灯，上楼前，用楼下开关打开电灯，上楼后，用楼上开关关灭电灯。或者在下楼前，用楼上开关打开电灯，下楼后，再用楼下开关关灭电灯。

解　第一步：由逻辑要求列出真值表。

设楼上开关为 A，楼下开关为 B，灯泡为 Y。并假设 A、B 闭合时为 **1**，断开时为 **0**，灯泡 Y=**1** 表示灯亮，Y=**0** 表示灯灭。根据逻辑要求列出的真值表见表 11-4。

表 11-4

A	B	Y
0	**0**	**0**
0	**1**	**1**
1	**0**	**1**
1	**1**	**0**

第二步：由表 11-4 可直接写出逻辑表达式如下

$$Y=A\bar{B}+\bar{A}B=A\oplus B$$

第三步：化简。此式已为最简式。

第四步：由逻辑函数表达式 Y 画逻辑电路图，如图 11-5（a）所示。在实际应用时，可用两个单刀双掷开关实现这一逻辑功能，如图 11-5（b）所示。

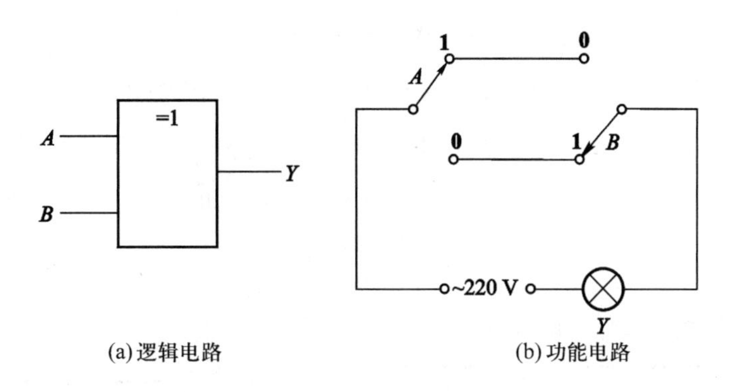

(a) 逻辑电路　　(b) 功能电路

图 11-5　双控灯

11.2 编　码　器

所谓编码，就是将一串按规律编排的数码，代表某种特定的含义。例如，电话局给每台电话机编上号码的过程就是编码。在数字电路中，将若干个 **0** 和 **1** 按一定规律编排在一起，编成不同代码，并将这些代码赋予特定含义，这就是某种二进制编码。

在编码过程中，要注意确定二进制代码的位数。1 位二进制数只有 **0**、**1** 两种状态，可表示两种特定含义；2 位二进制数，有 **00**、**01**、**10**、**11** 四种状态，可表示四种特定含义；3 位二进制数有八种状态，可表示八种特定含义。依此类推，n 位二进制数有 2^n 种状态，可表示 2^n 种特定含义。

11.2.1　二进制编码器

用 n 位二进制代码对 2^n 个信号进行编码的电路，称为二进制编码器。

图 11-6 所示为 3 位二进制编码器示意图。Y_0、Y_1、…、Y_7 是 8 个编码对象，分别代表十进制数 0、1、…、7 八个数字。编码的输出是 3 位二进制代码，用 A、B、C 表示。

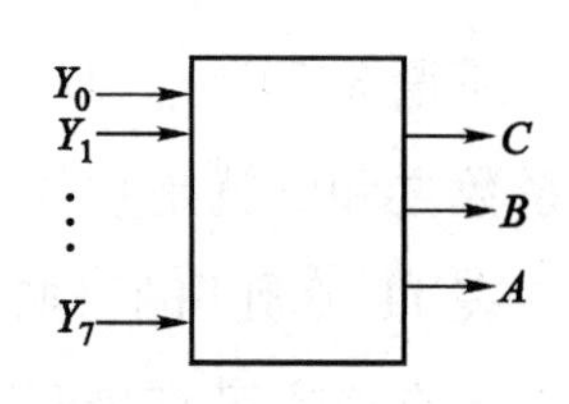

图 11-6　3 位二进制编码器示意图

因为在任何时刻，编码器只能对一个输入信号进行编码，即输入的 Y_0、Y_1、…、Y_7 八个变量中，要求其中任何一个为 **1** 时，其余 7 个均为 **0**，由此得出编码器的真值表，见表 11-5。

从真值表可以写出表达式

$$A=Y_4+Y_5+Y_6+Y_7$$

$$B=Y_2+Y_3+Y_6+Y_7$$

$$C=Y_1+Y_3+Y_5+Y_7$$

上述表达式已是最简形式，所以可直接由表达式画逻辑图，如图 11-7 所示。

如要对 Y_2 编码，则 $Y_2=\mathbf{1}$，Y_0、Y_1、Y_3、…、Y_7 为 **0**，A、B、C 编码输出为 **010**，其余类推即可。在图 11-6 编码器中，Y_0 的编码是隐含的，即当 $Y_1 \sim Y_7$ 均为 **0** 时，电路的输出就是 Y_0 的二进制编码。

表 11-5　二进制编码器真值表

十进制数	输入变量	A	B	C
0	Y_0	**0**	**0**	**0**
1	Y_1	**0**	**0**	**1**
2	Y_2	**0**	**1**	**0**
3	Y_3	**0**	**1**	**1**
4	Y_4	**1**	**0**	**0**
5	Y_5	**1**	**0**	**1**
6	Y_6	**1**	**1**	**0**
7	Y_7	**1**	**1**	**1**

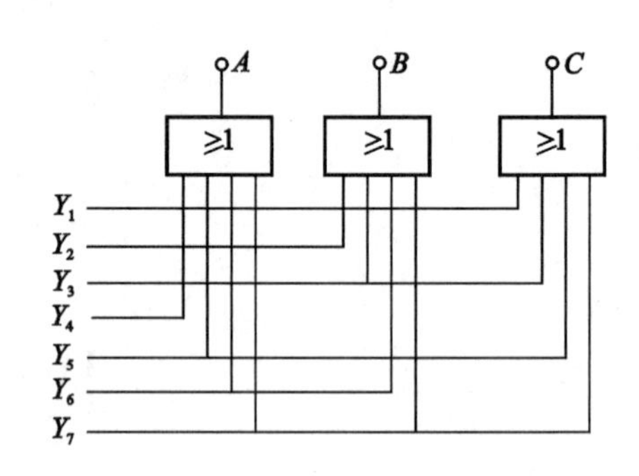

图 11-7　3 位二进制编码器逻辑图

11.2.2　二-十进制编码器

将十进制数的十个数字 0～9 编成二进制代码的电路，称为二-十进制编码器。要对十个信号进行编码，至少需要 4 位二进制代码，即 $2^4>10$，所以二-十进制编码器的输出信号为 4 位，其示意图如图 11-8 所示。因为 4 位二进制代码有 16 种取值组合，可任意选出其中十种表示 0～9 这十个数字，因此，有多种二-十进制编码，其中最常用的是 8421BCD 码。

1. 8421 编码器

所谓 8421 码，即二进制代码自左至右，各位的"权"分为 8、4、2、1。每组代码加权系数之和，就是它代表的十进制数。例如，代码 **0110**，表示 0+4+2+0=6。

表 11-6 列出了 8421 BCD 码的真值表。

由真值表可直接画出逻辑图，如图 11-9 所示。它由**与非**门组成，有 10 个输入端，用按钮控制，平时，按键悬空相当于接高电平 **1**。它有 4 个输出端 A、B、C、D，输出 8421 码。如果按下"1"键，与"1"键对应的线接地，等于输入低电平 **0**，于是 D 输出为 **1**，编码器输出为 **0001**。如果按下"7"键，则 B、C、D 输出均为 **1**，编码器输出为 **0111**。

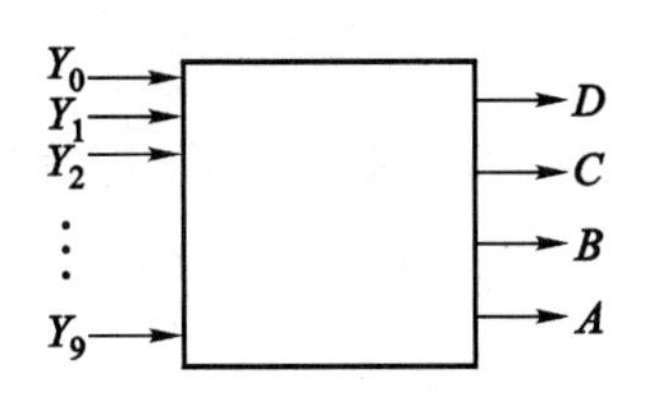

图 11-8　二-十进制编码器示意图

表 11-6　8421BCD 码真值表

十进制数	输入变量	8421 码			
		A	B	C	D
0	Y_0	0	0	0	0
1	Y_1	0	0	0	1
2	Y_2	0	0	1	0
3	Y_3	0	0	1	1
4	Y_4	0	1	0	0
5	Y_5	0	1	0	1
6	Y_6	0	1	1	0
7	Y_7	0	1	1	1
8	Y_8	1	0	0	0
9	Y_9	1	0	0	1

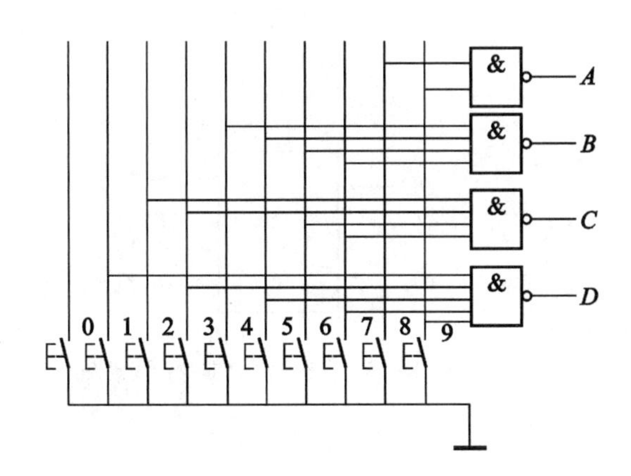

图 11-9　8421 编码器逻辑图

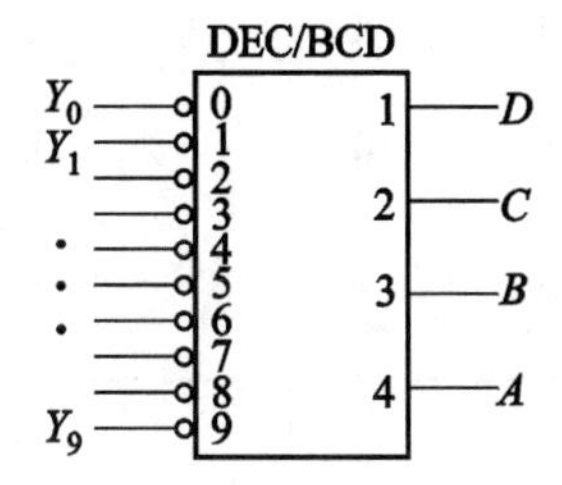

图 11-10　10 线-4 线编码器

把这些电路都制作在集成电路内，便得到集成化的 10 线-4 线编码器，如图 11-10 所示。左侧有十个输入端，带小圆圈表示低电平有效，右侧有 4 个输出端，从上到下按由低到高排列，使用时可以直接选出。

2. 其他二-十进制编码器

除 8421BCD 码之外，还有其他二-十进制编码器，如余 3BCD 码、2421BCD 码、余 3 循环码等，由于篇幅所限，本书不再一一介绍。

11.3 译　码　器

在数字系统中，为了便于读取数据，显示器件通常用人们熟悉的十进制数直观地显示计数结果。因此，在编码器和显示器件之间还必须有一个能把二进制代码“翻译”成对应的十进制数的电路。这个翻译过程就是译码，能实现译码功能的逻辑电路称为**译码器**。显然，译码是编码的逆过程。

译码器可以由多种形式的电路组成。它是一种有多个输入端和多个输出端的电路，而对应输入信号的任一状态，一般仅有一个输出状态有效，其他输出状态均无效。

11.3.1 二进制译码器

将二进制代码的各种状态，按其原意“翻译”成对应的输出信号的电路，称为二进制译码器。

二进制译码器示意图如图 11-11 所示。2 位二进制译码器真值表见表 11-7。

表 11-7 2 位二进制译码器真值表

B	A	Y_3	Y_2	Y_1	Y_0
0	**0**	**0**	**0**	**0**	**1**
0	**1**	**0**	**0**	**1**	**0**
1	**0**	**0**	**1**	**0**	**0**
1	**1**	**1**	**0**	**0**	**0**

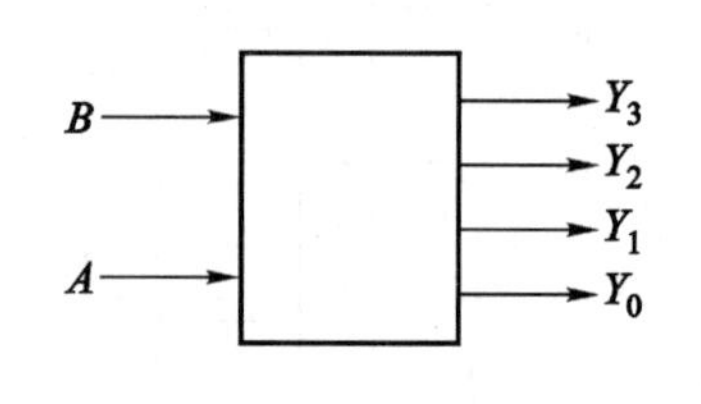

图 11-11 二进制译码器示意图

由真值表可写出表达式

$$Y_0=\bar{B}\bar{A} \quad Y_1=\bar{B}A \quad Y_2=B\bar{A} \quad Y_3=BA$$

图 11-12 所示为 2 位二进制译码器逻辑电路。图中若 BA 为 **0**、**1** 状态时，只有 Y_1 输出为“高”电平，即给出了代表十进制数为 1 的数字信号，其余三个**与**门均输出“低”电平（此译码器的输出为高电平有效）。

可见，译码器实质上是由门电路组成的“条件开关”。对各个门来说，输入信号的组合满足一定条件时，门电路就开启，输出线上就有信号输出；不满足条件，门就关闭，没有信号输出。

11.3.2 二-十进制译码器

将二-十进制代码翻译成 0 ~ 9 十个十进制数信号的电路，称为二-十进制译码器。二-十进制译码器示意图如图 11-13 所示。

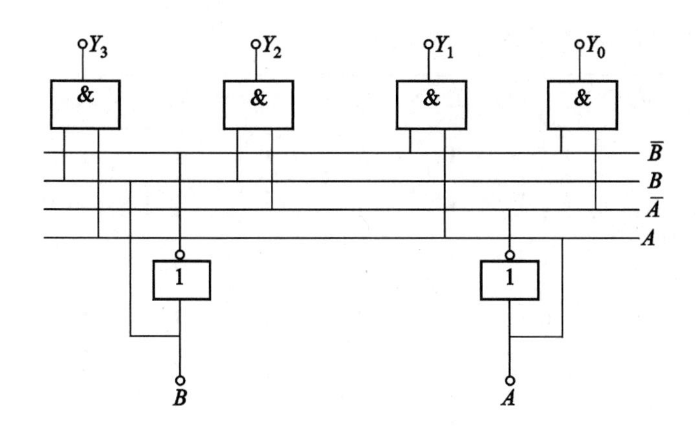

图 11-12　2 位二进制译码器逻辑电路

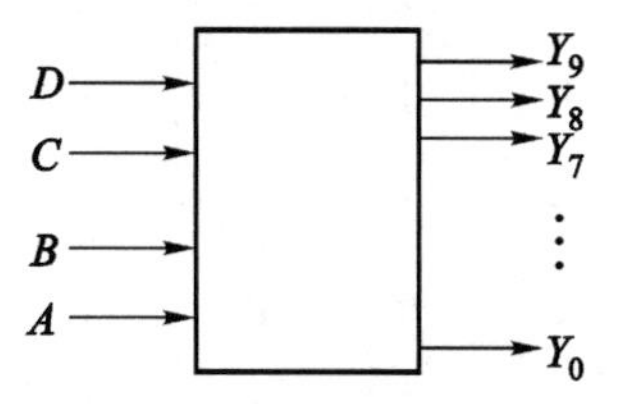

图 11-13　二-十进制译码器示意图

一个二-十进制译码器有 4 个输入端，10 个输出端，通常也称为 4 线-10 线译码器。图 11-14 所示为 8421BCD 码译码器逻辑电路，输出为低电平有效。

由电路可以得到：

$$Y_0=\overline{\bar{D}\bar{C}\bar{B}\bar{A}} \qquad Y_1=\overline{\bar{D}\bar{C}\bar{B}A}$$

$$Y_2=\overline{\bar{D}\bar{C}B\bar{A}} \qquad Y_3=\overline{\bar{D}\bar{C}BA}$$

$$Y_4=\overline{\bar{D}C\bar{B}\bar{A}} \qquad Y_5=\overline{\bar{D}C\bar{B}A}$$

$$Y_6=\overline{\bar{D}CB\bar{A}} \qquad Y_7=\overline{\bar{D}CBA}$$

$$Y_8=\overline{D\bar{C}\bar{B}\bar{A}} \qquad Y_9=\overline{D\bar{C}\bar{B}A}$$

$Y_0 \sim Y_9$就是译码输出逻辑表达式。当 $DCBA$ 分别为 **0000 ~ 1001** 十个 8421BCD 码时，就可以得到表 11-8 所示的译码器真值表。

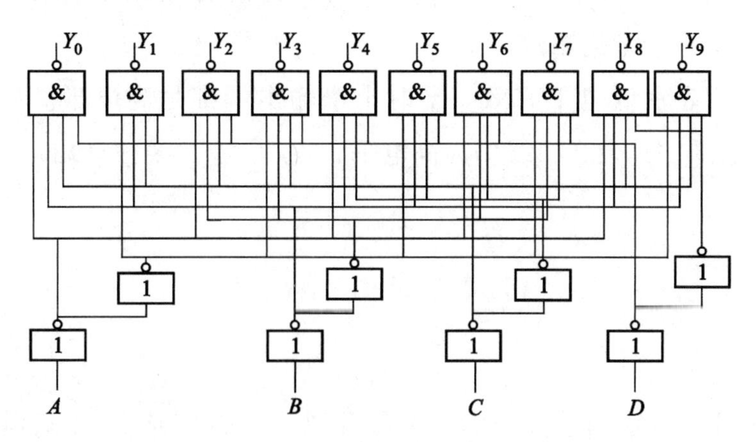

图 11-14　8421BCD 码译码器逻辑电路

表 11-8　8421BCD 码译码器真值表

D	C	B	A	Y_0	Y_1	Y_2	Y_3	Y_4	Y_5	Y_6	Y_7	Y_8	Y_9
0	**0**	**0**	**0**	**0**	**1**	**1**	**1**	**1**	**1**	**1**	**1**	**1**	**1**
0	**0**	**0**	**1**	**1**	**0**	**1**	**1**	**1**	**1**	**1**	**1**	**1**	**1**
0	**0**	**1**	**0**	**1**	**1**	**0**	**1**	**1**	**1**	**1**	**1**	**1**	**1**
0	**0**	**1**	**1**	**1**	**1**	**1**	**0**	**1**	**1**	**1**	**1**	**1**	**1**
0	**1**	**0**	**0**	**1**	**1**	**1**	**1**	**0**	**1**	**1**	**1**	**1**	**1**
0	**1**	**0**	**1**	**1**	**1**	**1**	**1**	**1**	**0**	**1**	**1**	**1**	**1**
0	**1**	**1**	**0**	**1**	**1**	**1**	**1**	**1**	**1**	**0**	**1**	**1**	**1**
0	**1**	**1**	**1**	**1**	**1**	**1**	**1**	**1**	**1**	**1**	**0**	**1**	**1**
1	**0**	**0**	**0**	**1**	**1**	**1**	**1**	**1**	**1**	**1**	**1**	**0**	**1**
1	**0**	**0**	**1**	**1**	**1**	**1**	**1**	**1**	**1**	**1**	**1**	**1**	**0**

例如，$DCBA=\mathbf{0000}$ 时，$Y_0=\mathbf{0}$，而 $Y_1=Y_2=\cdots=Y_9=\mathbf{1}$，它表示 8421BCD 码 **0000** 译成的十进制码为 0。

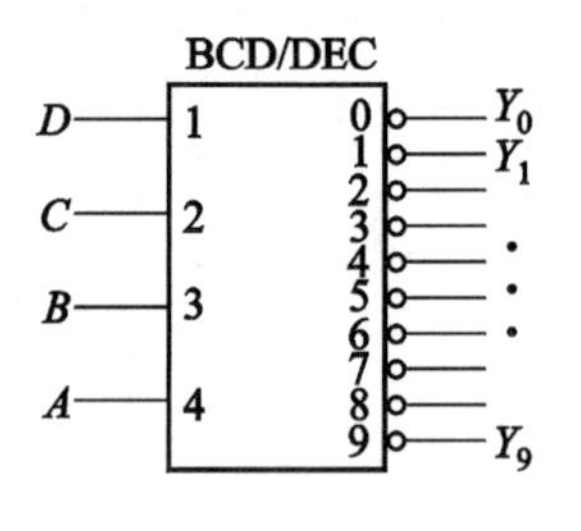

图 11-15　8421BCD 码译码器示意图

由译码器输出逻辑表达式可以看出，译码器除了能把 8421BCD 码译成相应的十进制数码之外，它还能“拒绝伪码”。所谓伪码，是指 **1010～1111** 六个码，当输入该六个码中任一个时，$Y_0 \sim Y_9$ 均为 **1**，即得不到译码输出。这就是拒绝伪码。

国产集成 8421BCD 码译码器有 T331、T1042、T4042、C301 和 CC4028，后两种输出高电平有效。图 11-15 所示为 8421BCD 码译码器示意图。它的左侧有四个二进制码输入端，右侧有十个输出端，从上到下按 0、1、…、9 排列，表示十个十进制数。

输出端带小圆圈表示低电平有效。平时十个输出端都是高电平。如输入为 **1001** 码，输出端“9”为低电平，其余 9 根线仍为高电平，表示“9”线被译出。

11.4　显　示　器

在数字计算系统及数字测量仪表中，常需要把二进制数或二-十进制数用人们习惯的十进制数码直观地显示出来，这就需要用显示器来完成。数字显示器一般应和计数器、译码器、驱动器等配合使用，如图 11-16 所示。

当前，广泛应用于袖珍电子计算器、电子钟表及数字万用表等仪器设备上的显示器常采用分段式数码显示器。它是由多条能各自独立发光的线段按一定的方式组合构成的。

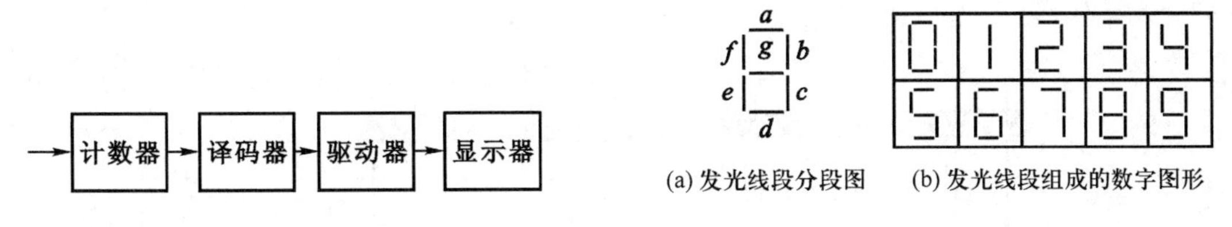

图 11-16 显示电路框图

图 11-17 七段数字显示器的字形

图 11-17（a）所示为七段数码显示器的排列形状。发光线段的不同组合，便能显示相应的十进制数字，如图 11-17（b）所示。例如，当 a、b、g、e、d 线段发光时，就能显示数字“2”。

表 11-9 列出了 $a \sim g$ 发光段的十种发光组合情况，它们分别显示 0 ~ 9 十个数字，表中 H 表示发光线段，L 表示不发光线段。

表 11-9 七段数码显示组合与数字对照表

数字	七段数码						
	a	*b*	*c*	*d*	*e*	*f*	*g*
0	H	H	H	H	H	H	L
1	L	H	H	L	L	L	L
2	H	H	L	H	H	L	H
3	H	H	H	H	L	L	H
4	L	H	H	L	L	H	H
5	H	L	H	H	L	H	H
6	H	L	H	H	H	H	H
7	H	H	H	L	L	L	L
8	H	H	H	H	H	H	H
9	H	H	H	H	L	H	H

分段数码显示器有荧光数码管、半导体数码管及液晶显示器等几种，虽然它们结构各异，但译码显示的电路原理是相同的。

11.4.1 半导体数码管

半导体数码管是将发光二极管 LED 排列成“日”字形状制成的，有共阳极型和共阴极型两种。图 11-18 所示为半导体数码管工作示意图。图（a）中，各发光二极管阳极相连，接高电平（共阳极），$a \sim h$ 各引脚中，任一脚为低电平时，该发光二极管导通发光。图（b）中各发光二极管阴极相连，为共阴极型。$a \sim h$ 各引脚中，任一脚为高电平时，该发光二极管导通发光。

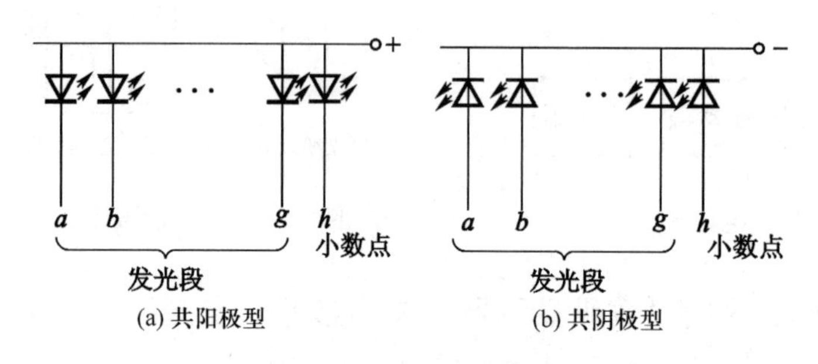

图 11-18　半导体数码管工作示意图

常用国产半导体数码管有共阳极型七段数码管 BS204，共阴极型七段数码管 BS205，如图 11-19 所示。

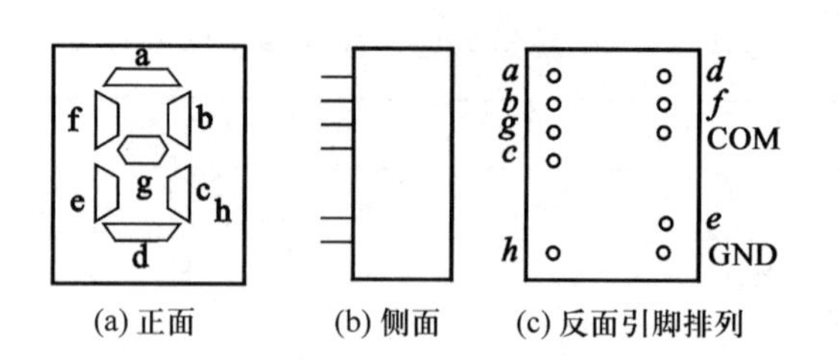

图 11-19　半导体数码管

BS204 与 BS205 数码管的外形及引脚位置排列都相同。共阳极型公共端引脚接+5 V，共阴极型接地。

半导体数码管有亮度高，字形清晰，工作电压低（1.5～3 V），体积小，使用寿命长，响应速度极快等优点，因而在微型计算机和数字仪表中应用十分广泛。

11.4.2　液晶显示器

在电子手表、微型计算器等小型电子器件的数字显示部分，常采用液晶分段数码显示器。它是利用液晶在电场作用下，光学性能发生变化的特性制成的，如图 11-20 所示。

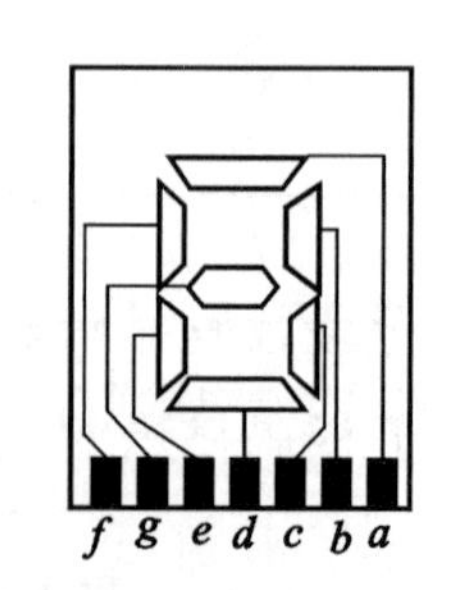

图 11-20　液晶显示器示意图

在涂有导电层的基片上，按分段图形灌注液晶并封装好，然后将译码器输出端与各引脚相连。被加上控制电压的液晶段，由于光学性能的变化（它的透明度和颜色随着电场的变化而改变）而显现反差，从而显示出相应数字。

液晶显示器体积小、功耗极低，且制作工艺简单，但显示清晰度不如半导体数码管。

11.4.3 分段显示器的译码原理

七段数码显示器，是用 $a \sim g$ 七个发光线段的组合来表示 0 ~ 9 十个十进制数码的。这就要求译码电路把十组 8421 二–十进制代码（*DCBA*）翻译成对应于显示器所要求的七字段二进制代码（*abcdefg*）信号，见表 11–10。因此，常把这种形式的译码器称为“代码变换器”。

表 11–10 七段译码器输入输出关系

数字	输入				输出						
	D	*C*	*B*	*A*	*a*	*b*	*c*	*d*	*e*	*f*	*g*
0	**0**	**0**	**0**	**0**	**1**	**1**	**1**	**1**	**1**	**1**	**0**
1	**0**	**0**	**0**	**1**	**0**	**1**	**1**	**0**	**0**	**0**	**0**
2	**0**	**0**	**1**	**0**	**1**	**1**	**0**	**1**	**1**	**0**	**1**
3	**0**	**0**	**1**	**1**	**1**	**1**	**1**	**1**	**0**	**0**	**1**
4	**0**	**1**	**0**	**0**	**0**	**1**	**1**	**0**	**0**	**1**	**1**
5	**0**	**1**	**0**	**1**	**1**	**0**	**1**	**1**	**0**	**1**	**1**
6	**0**	**1**	**1**	**0**	**1**	**0**	**1**	**1**	**1**	**1**	**1**
7	**0**	**1**	**1**	**1**	**1**	**1**	**1**	**0**	**0**	**0**	**0**
8	**1**	**0**	**0**	**0**	**1**	**1**	**1**	**1**	**1**	**1**	**1**
9	**1**	**0**	**0**	**1**	**1**	**1**	**1**	**1**	**0**	**1**	**1**

分段显示译码电路多采用集成电路，常见型号中七段的有 T337、T338 等；八段的有 5G63、C302 等。图 11–21 所示为 T337 引脚排列。表 11–11 为它的功能表。表中“×”指任意电平，**0** 指低电平，**1** 指高电平，$\overline{I}_B$ 指消隐输入端，当 $\overline{I}_B = \mathbf{0}$ 时，显示器七段同时熄灭。译码器工作时，$\overline{I}_B = \mathbf{1}$。$V_{CC}$ 通常取 5 V。

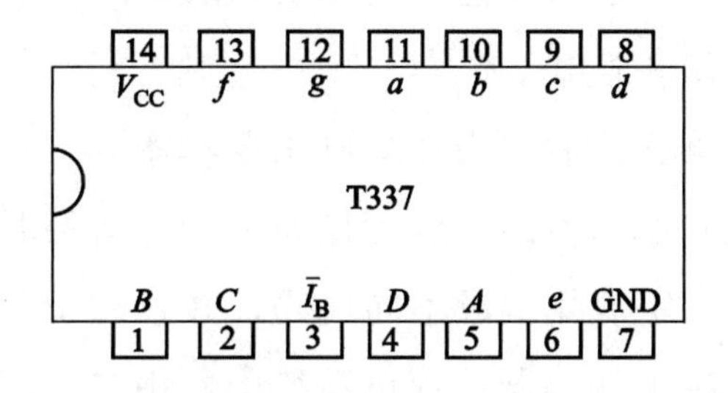

图 11–21 T337 引脚排列

表 11-11　T337 功能表

数字	输入					输出						
	D	C	B	A	$\overline{I}_B$	a	b	c	d	e	f	g
0	**0**	**0**	**0**	**0**	**1**	**1**	**1**	**1**	**1**	**1**	**1**	**0**
1	**0**	**0**	**0**	**1**	**1**	**0**	**1**	**1**	**0**	**0**	**0**	**0**
2	**0**	**0**	**1**	**0**	**1**	**1**	**1**	**0**	**1**	**1**	**0**	**1**
3	**0**	**0**	**1**	**1**	**1**	**1**	**1**	**1**	**1**	**0**	**0**	**1**
4	**0**	**1**	**0**	**0**	**1**	**0**	**1**	**1**	**0**	**0**	**1**	**1**
5	**0**	**1**	**0**	**1**	**1**	**1**	**0**	**1**	**1**	**0**	**1**	**1**
6	**0**	**1**	**1**	**0**	**1**	**1**	**0**	**1**	**1**	**1**	**1**	**1**
7	**0**	**1**	**1**	**1**	**1**	**1**	**1**	**1**	**0**	**0**	**0**	**0**
8	**1**	**0**	**0**	**0**	**1**	**1**	**1**	**1**	**1**	**1**	**1**	**1**
9	**1**	**0**	**0**	**1**	**1**	**1**	**1**	**1**	**1**	**0**	**1**	**1**
	×	×	×	×	**0**	**0**	**0**	**0**	**0**	**0**	**0**	**0**

本章小结

本章简明地介绍了编码器、译码器和显示器的基本原理及其分析方法。它们都是组合逻辑电路。组合逻辑电路的特点是电路没有记忆能力。它的输出仅取决于当时的输入状态，而与电路原来状态无关。

■　应理解组合逻辑电路的一般分析方法和步骤。

（1）由逻辑电路图写出逻辑表达式。

（2）化简表达式。

（3）列出真值表，根据真值表分析电路的逻辑功能。

■　应掌握组合逻辑电路的设计思路及步骤。

（1）由实际事件所需完成的逻辑功能，列出真值表。

（2）根据真值表写出逻辑表达式。

（3）化简表达式，并根据化简后的表达式画出逻辑图。

■　应了解编码、译码和显示器的一般工作原理和三者的联系。

（1）将若干个 **0** 和 **1** 按一定规律编成不同代码，并且赋予代码一定含义的过程称为编码。能完成编码功能的电路称为编码器。计算系统中常用二-十进制编码器。

(2) 译码是编码的逆过程。它将二进制代码翻译成给定的数字。译码器是一个多输入、多输出的逻辑电路，对应于输入信号的任一组态，一般仅有一个输出状态有效。故译码器也可看作是一个“条件开关”。应该指出，译码器输出的是信号而不是数字。

(3) 显示器是译码器的终端，它将译码器输出的数字信号在数码管上直观地显示出数字（十进制数）。数字电路中常用分段式显示数码管。

习 题 十 一

11-1 组合逻辑电路有什么特点？如何分析组合电路？组合电路的设计步骤是怎样的？

11-2 什么是编码？什么是编码器？

11-3 译码的含义是什么？为什么说译码是编码的逆过程？译码器和编码器在电路组成上有什么不同？

11-4 分析图题 11-4 所示的组合逻辑电路的功能，写出逻辑表达式。

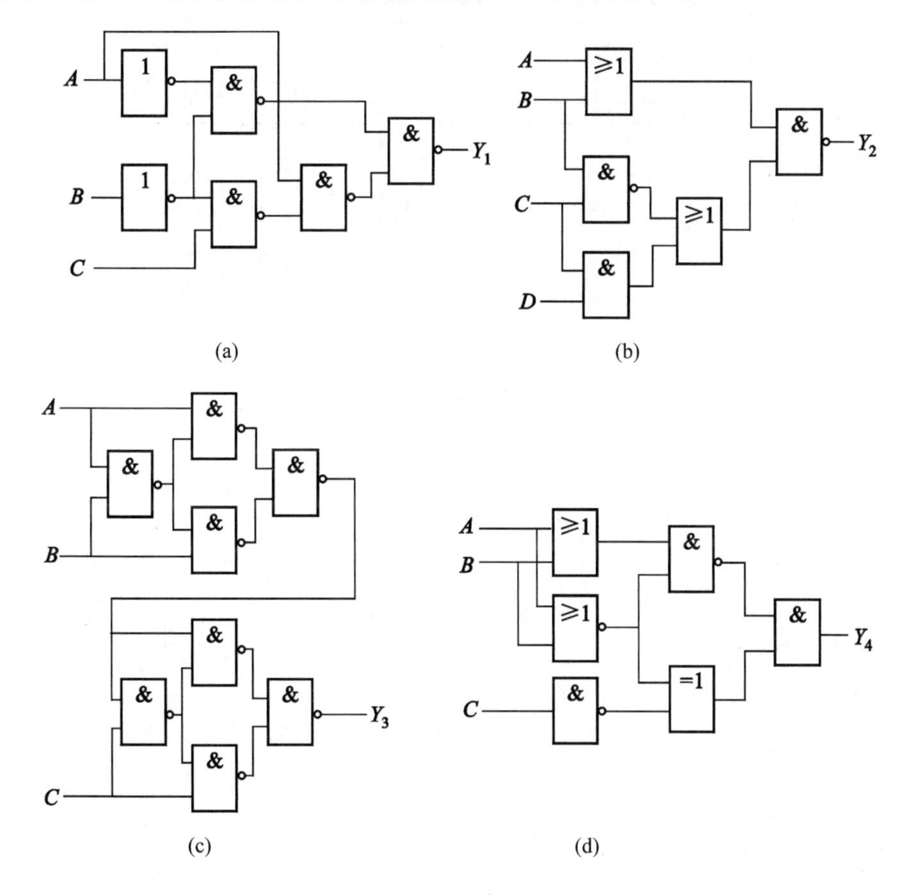

图题 11-4

11-5 试分析图题 11-5 所示 BCD 码编码器 C304 的逻辑图。写出逻辑表达式与真值表，并分析电路编码功能。

11-6 试写出图题 11-6 所示 3 位二进制译码器的逻辑表达式及真值表。

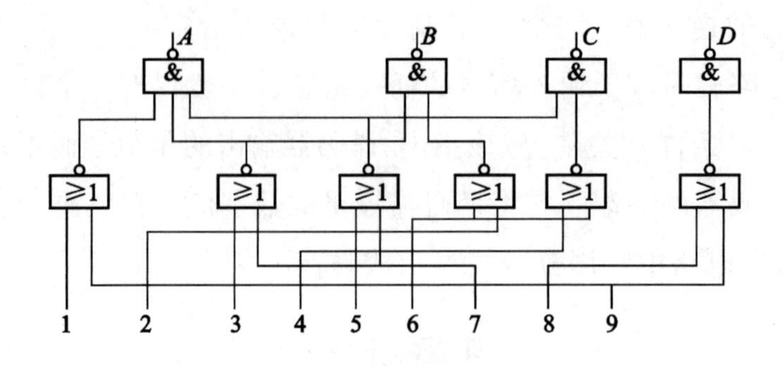

图题 11-5

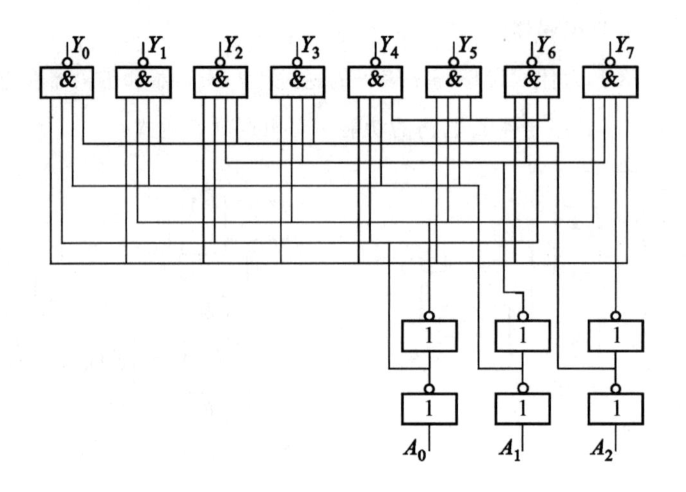

图题 11-6

第十二章　集成触发器

前面介绍了各种逻辑门电路以及由它们组成的组合逻辑电路。这些电路的共同特点是，任一时刻电路的输出，完全取决于当时的输入信号，跟电路原来的状态无关，电路没有记忆功能。

本章介绍的集成触发器是一种具有记忆功能的电路。在数字系统中，常常需要存储各种数字信息，触发器就是存储1位二进制代码最常用的单元电路，也是构成时序逻辑电路不可缺少的重要部件。

利用集成门电路可以构成各种触发器。本章简要介绍常用集成触发器的电路组成及其逻辑功能。

12.1　基本RS触发器

1. 电路组成

将两个**与非**门的输入、输出端交叉连接就组成一个基本RS触发器，如图12-1（a）所示。其中$\overline{R}$、$\overline{S}$是两个输入端，非号表示低电平（负脉冲）触发有效。Q、$\overline{Q}$是它的两个输出端，这两个输出端的状态始终是互补的。通常规定Q端状态为触发器的状态。$Q=\mathbf{0}$时，称触发器处于“**0**”态；$Q=\mathbf{1}$时，称触发器为“**1**”态。基本RS触发器的逻辑符号如图12-1（b）所示。

2. 逻辑功能

（1）$\overline{R}=\mathbf{1}$，$\overline{S}=\mathbf{1}$，触发器保持原来状态不变

设电路原来状态为$Q=\mathbf{0}$，$\overline{Q}=\mathbf{1}$，即触发器为**0**态。因为G_1的一个输入端$Q=\mathbf{0}$，根据**与非**门“有**0**出**1**”的功能，它的输出$\overline{Q}=\mathbf{1}$。而门G_2的两个输入端$\overline{S}$、Q均为**1**，由**与非**门“全**1**出**0**”的功能，其输出$Q=\mathbf{0}$。触发器保持原来状态不变。若原来状态是$Q=\mathbf{1}$，$\overline{Q}=\mathbf{0}$，即触发器为**1**态，用同样的方法分析，触发器保持**1**态不变。

可见，不论触发器原来是什么状态，基本RS触发器在$\overline{R}=\mathbf{1}$，$\overline{S}=\mathbf{1}$时，总是保持原来

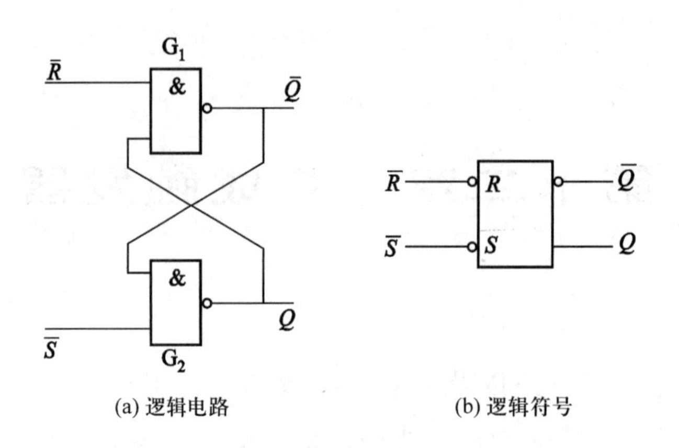

(a) 逻辑电路　　(b) 逻辑符号

图 12-1　基本 RS 触发器

状态不变。这就是触发器的记忆功能。若使用 TTL 集成**与非**门，输入端 $\bar{R}$、$\bar{S}$ 悬空，相当于加入了高电平，即 $\bar{R}=\mathbf{1}$，$\bar{S}=\mathbf{1}$。

要改变基本 RS 触发器的状态，必须输入合适的信号。

（2）$\bar{R}=\mathbf{0}$，$\bar{S}=\mathbf{1}$，触发器为 **0** 态

因 $\bar{R}=\mathbf{0}$，G_1 的输出 $\bar{Q}=\mathbf{1}$，此时，G_2 的两个输入端 $\bar{S}$、$\bar{Q}$ 全为 **1**，因而输出 $Q=\mathbf{0}$，触发器为 **0** 态，并且与原来状态无关。

（3）$\bar{R}=\mathbf{1}$，$\bar{S}=\mathbf{0}$，触发器为 **1** 态

因 $\bar{S}=\mathbf{0}$，G_2 的输出 $Q=\mathbf{1}$，这时 G_1 的两个输入端均为 **1**，所以 $\bar{Q}=\mathbf{0}$。触发器为 **1** 端，同样与原来状态无关。

（4）$\bar{R}=\mathbf{0}$，$\bar{S}=\mathbf{0}$，触发器状态不定

这时，$Q=\mathbf{1}$，$\bar{Q}=\mathbf{1}$。破坏了前述有关 Q 与 $\bar{Q}$ 互补的约定，是不允许的。而且，当 $\bar{R}$、$\bar{S}$ 的低电平触发信号消失后，Q 与 $\bar{Q}$ 的状态将是不确定。上述情况应当避免。

综上分析，基本 RS 触发器的逻辑功能见表 12-1。

表 12-1　RS 触发器真值表

$\bar{R}$	$\bar{S}$	Q	逻辑功能
0	**1**	**0**	置 **0**
1	**0**	**1**	置 **1**
1	**1**	不变	保持
0	**0**	不定	

由上可知，当 $\bar{R}$ 端加低电平触发信号时，触发器为 **0** 态。因此，$\bar{R}$ 端为置 **0** 端，又称

复位端。当 $\overline{S}$ 端加低电平触发信号时，触发器为**1**态。因此，$\overline{S}$ 端为置**1**端，也称置位端。触发器在外加信号的作用下，状态发生了转换，称之为翻转。外加的信号称为“触发脉冲”。

上述基本 RS 触发器电路较简单，它是构成其他性能更完善的触发器的基础。

12.2 同步 RS 触发器

在数字系统中，一般包含多个触发器，常常要求各触发器在控制信号（即时钟脉冲 CP）的作用下，按一定的节拍同步动作，即在时钟脉冲到来时，输入触发信号才起作用。这种由时钟脉冲控制的 RS 触发器称为同步 RS 触发器，又称时钟控制 RS 触发器。

1. 电路组成

逻辑电路如图 12-2（a）所示。G_1、G_2门组成基本 RS 触发器，G_3、G_4门构成控制门，CP 为时钟脉冲引入端。$\overline{R}_D$、$\overline{S}_D$是直接置**0**、置**1**端，它们不接受时钟脉冲 CP 的控制，所以称为异步置**0**、置**1**端。非号表示加低电平有效。平时，应加高电平或悬空。

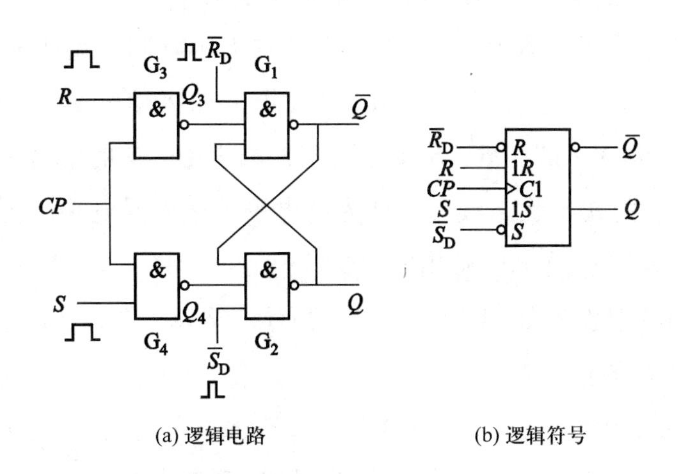

(a) 逻辑电路　　(b) 逻辑符号

图 12-2　同步 RS 触发器

2. 工作原理

（1）无时钟脉冲作用时（CP=**0**）

当 CP=**0** 时，**与非**门 G_3、G_4均被封锁，R、S 端输入信号不起作用，触发器维持原状态。

（2）有时钟脉冲作用时（$CP=\mathbf{1}$）

当 $CP=\mathbf{1}$ 时，G_3、G_4门打开，Q_3、Q_4的状态由 R、S 决定，于是触发器的状态也将随 R、S 端的触发信号不同而转换。

同步 RS 触发器的输出、输入间的逻辑关系，即触发器的真值表，见表 12-2。表中 Q_n 表示时钟脉冲 CP 到来前的状态，即原态；Q_{n+1} 表示 CP 脉冲到来后的状态，即现态。“×”表示状态不定。

表 12-2　同步 RS 触发器真值表

时钟脉冲	输入信号		输出状态	功能说明
CP	R	S	Q_{n+1}	
0	×	×	Q_n	保持
1	**0**	**0**	Q_n	保持
1	**1**	**0**	**0**	置 **0**
1	**0**	**1**	**1**	置 **1**
1	**1**	**1**	×	不允许

图 12-2（b）所示为同步 RS 触发器的逻辑符号。方框内的三角符号，表示时钟脉冲的输入端，该处标有字母 C。图中，R、S、CP 端均无小圆圈，说明输入高电平有效。

例 12-1　设如图 12-1（a）的基本 RS 触发器的输入信号 $\bar{R}$、$\bar{S}$ 的波形如图 12-3 所示，触发器初始状态 $Q=\mathbf{1}$，试在 $\bar{R}$、$\bar{S}$ 波形下方，画出 Q、$\bar{Q}$ 的信号波形。

解　先画出 Q、$\bar{Q}$ 的初始状态波形：Q 为高电平，$\bar{Q}$ 为低电平。再根据基本 RS 触发器的逻辑关系（见表 12-1），就可以画出 Q、$\bar{Q}$ 的信号波形图，如图 12-3 下方所示。

例 12-2　同步 RS 触发器如图 12-2（a）所示。若 S、R 及 CP 脉冲如图 12-4 所示，试在它们的下方画出 Q 的信号波形。

解　设触发器的初始状态 $Q=\mathbf{0}$。当第一个 CP 脉冲到来后，因为 $S=R=\mathbf{0}$，所以触发器保持原来状态不变，Q 仍为 **0**。当第二个 CP 脉冲到来时，$S=\mathbf{1}$，$R=\mathbf{0}$，因此触发器翻转，$Q=\mathbf{1}$。在第三个 CP 脉冲作用期间，仍然是 $S=\mathbf{1}$，$R=\mathbf{0}$，触发器继续保持 **1** 态不变。在第四个 CP 脉冲作用期间，$S=\mathbf{0}$，$R=\mathbf{1}$，于是触发器翻转为 **0** 态。而第五、第六个 CP 脉冲作用期间，S 变为高电平 **1**，$R=\mathbf{0}$，所以触发器翻转为 **1** 态。可见，Q 的状态由 CP 脉冲作用期间的 S、R 的状态决定。Q 的信号波形如图 12-4 下方所示。

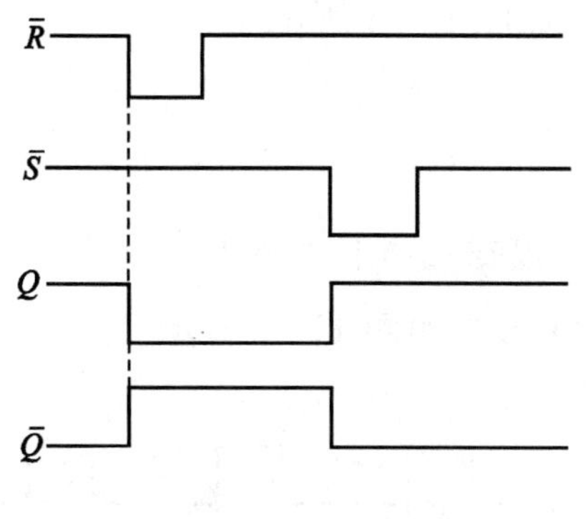

图 12-3　例 12-1 波形图

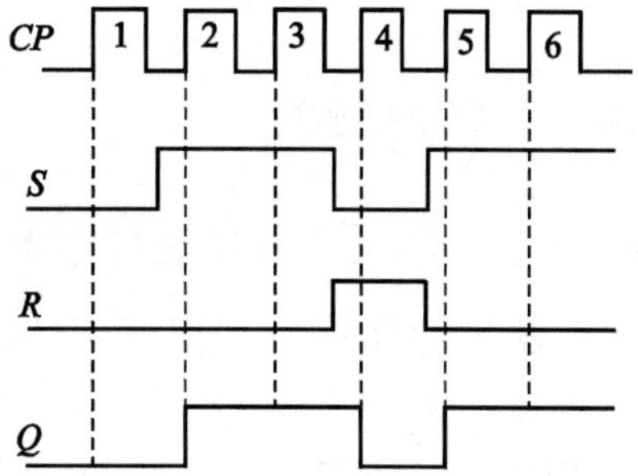

图 12-4　例 12-2 波形图

12.3　触发器的触发方式

从同步 RS 触发器的工作过程可知，触发器的状态必须在时钟脉冲 *CP* 作用期间的 *R*、*S* 的状态决定，若时钟脉冲 *CP* 未到，则 *R*、*S* 输入信号对触发器不起作用。

根据时钟脉冲触发方式的不同，大致可分为：同步触发、上升沿触发、下降沿触发和主从触发四种类型。

12.3.1　同步触发

同步触发采用电平触发方式，一般为高电平触发，即在 *CP* 高电平期间，输入信号起作用。同步 RS 触发器波形图如图 12-5 所示。

同步触发方式要求 *CP* 脉冲的脉宽不能过宽，否则，在 *CP* 高电平期间，若有干扰脉冲窜入，则易使触发器产生翻转，导致错误输出。在同一个 *CP* 脉冲期间，触发器的状态发生二次或更多次的翻转，这就是**空翻现象**。它使计数器对一个计数脉冲重复计数，产生计数错误，这是不允许的。下面将介绍能防止空翻的主从触发器。

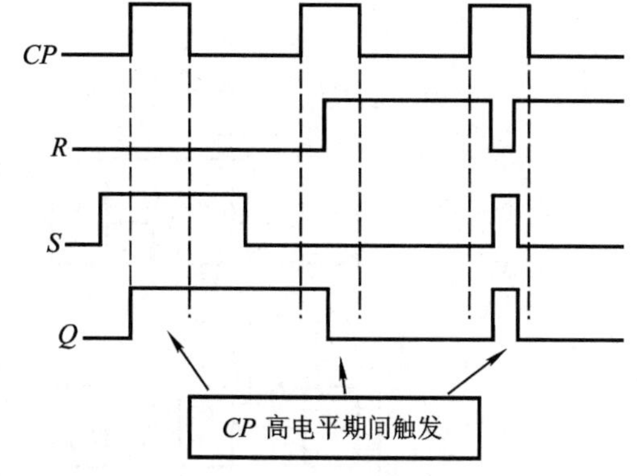

图 12-5　同步 RS 触发器波形图

12.3.2　上升沿触发

触发器只在时钟脉冲上升沿时刻，根据输入信号翻转。它可以保证在一个 *CP* 周期内触发器只动作一次，克服了空翻现象，使触发器的翻转次数与时钟脉冲数相等，防止输入干扰信号引起的误翻转。上升沿 RS 触发器波形图如图 12-6 所示。

12.3.3 下降沿触发

下降沿触发器只在 CP 时钟脉冲下降沿时刻，根据输入信号翻转，同样可保证在一个 CP 周期内触发器只动作一次。下降沿 RS 触发器波形图如图 12-7 所示。

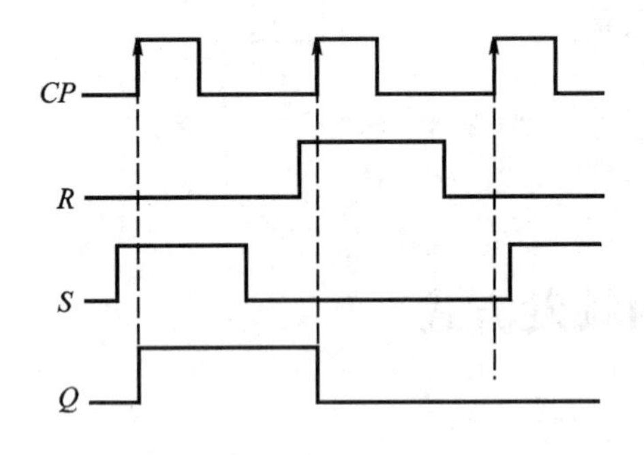

图 12-6 上升沿触发 RS 触发器波形图

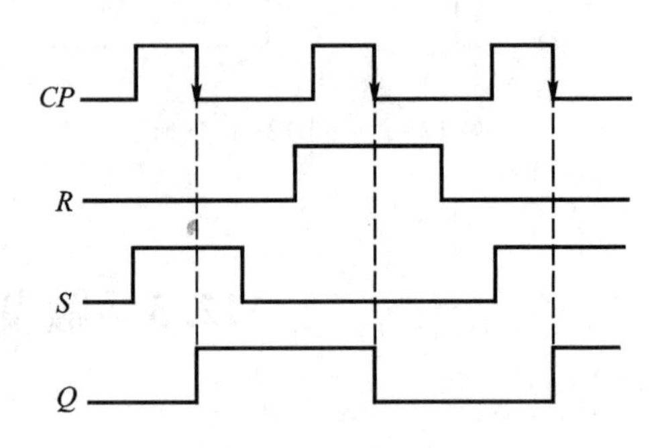

图 12-7 下降沿触发 RS 触发器波形图

12.3.4 主从触发

现以图 12-8 所示的 RS 主从触发器为例，说明其工作原理。从图 12-8（a）所示电路可知，主从 RS 触发器是由两个同步 RS 触发器加上一个**非**门组成。

时钟脉冲 CP 高电平期间，主触发器接收 R、S 输入信号，并使 $\overline{Q}'$、Q'相应变化。同时，CP 经**非**门变为低电平（$\overline{CP}=\mathbf{0}$）加至从触发器上，故从触发器被封锁。

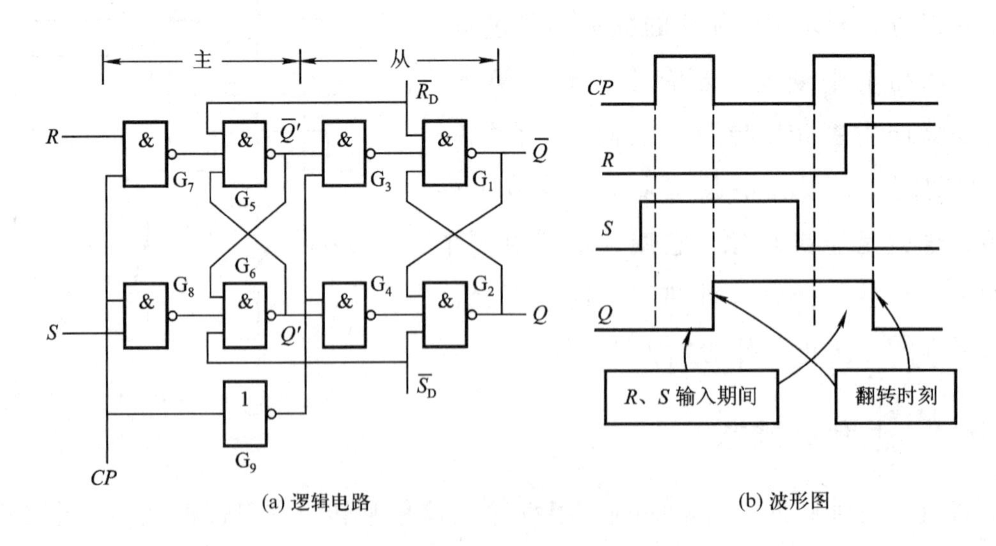

图 12-8 主从 RS 触发器

时钟脉冲 *CP* 低电平期间，主触发器被封锁，*R*、*S* 输入信号不起作用。同时，*CP* 经非门后变换为高电平（$\overline{CP}=1$）加至从触发器上，从触发器被打开，使其输出与主触发器一致。

由以上分析可知，主从 RS 触发器的逻辑关系与同步 RS 触发器完全相同。它的工作方式分两步进行。第一步是 *CP* 脉冲由 **0** 变为 **1** 后，主触发器接收输入端 *R*、*S* 信号。但是从触发器被封锁，整个触发器的状态保持不变。第二步是 *CP* 脉冲下降沿到来后，主触发器存放的信息送入从触发器中，于是，触发器的状态随之变化。而这时主触发器被封锁，不接收外来的信号。主、从触发器轮番动作，因而避免了空翻现象的出现。主从 RS 触发器波形图如图 12-8（b）所示。

触发器采用何种触发方式，可从器件手册中 *CP* 端的特定符号加以区分，见表 12-3。

表 12-3　RS 触发器的逻辑符号

触发器类型	同步 RS 触发器	上升沿触发 RS 触发器	下降沿触发 RS 触发器
逻辑符号	S—1S, CP—C1, R—1R; Q, $\overline{Q}$	S—1S, CP—>C1, R—1R; Q, $\overline{Q}$	S—1S, CP—o>C1, R—1R; Q, $\overline{Q}$

例 12-3　设主从 RS 触发器的输入信号 *CP*、*R*、*S* 的波形如图 12-9 所示，试画出输出 *Q* 的波形图。

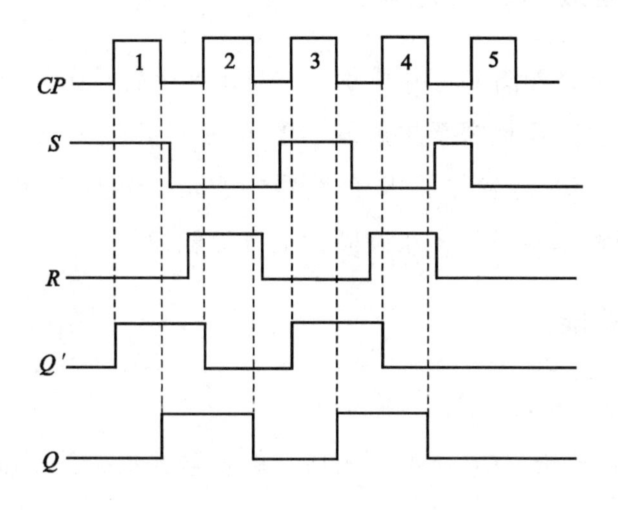

图 12-9　例 12-3 波形图

解 设触发器初始状态为 **0**，即 $Q=\mathbf{0}$。根据主从 RS 触发器的工作原理可知，$CP=\mathbf{1}$ 期间的 R、S 信号的状态，决定主触发器 Q'、$\overline{Q}'$的状态。只有 CP 脉冲下降沿到来后，Q'、$\overline{Q}'$的状态才转存到从触发器中。因此，CP 的下降沿是触发器状态是否翻转的基准线。

当第一个 $CP=\mathbf{1}$ 期间，$S=\mathbf{1}$，$R=\mathbf{0}$。可知，$Q'=\mathbf{1}$，$\overline{Q}'=\mathbf{0}$。当 CP 下降沿到来后，Q 由 **0** 变为 **1**。

当第二个 $CP=\mathbf{1}$ 期间，$S=\mathbf{0}$，$R=\mathbf{1}$。因此，$Q'=\mathbf{0}$，$\overline{Q}'=\mathbf{1}$。于是 CP 下降沿到来后，$Q=\mathbf{0}$。

当第三个 $CP=\mathbf{1}$ 期间，$S=\mathbf{1}$，$R=\mathbf{0}$。同以上分析，仅当 CP 下降沿到来后，Q 由 **0** 变为 **1**。

在第四个 $CP=\mathbf{1}$ 期间，$S=\mathbf{0}$，$R=\mathbf{1}$。则 CP 下降沿到来后，$Q=\mathbf{0}$。

而第五个 $CP=\mathbf{1}$ 期间，$S=\mathbf{0}$，$R=\mathbf{0}$。主触发器保持原来状态不变。因此，CP 下降沿到来后，Q 也保持原态不变，$Q=\mathbf{0}$。

由上述分析画出 Q 的波形如图 12-9 所示。

12.4　JK 触发器

根据逻辑功能的不同，触发器可以分为 RS、JK、D 和 T 触发器。前文对 RS 触发器作了介绍，本节讨论 JK 触发器。

12.4.1　电路组成和逻辑符号

JK 触发器的逻辑电路如图 12-10 所示。它是由两个钟控 RS 触发器组成，输出 $\overline{Q}$ 反馈至主触发器的 $\overline{S}_D$端，输出 Q 反馈至主触发器的 $\overline{R}_D$端，并把原输入端重新命名为 J 端和 K 端，以区别原来的主从 RS 触发器。JK 触发器的逻辑符号如图 12-10（b）所示，其中，CP 端有小圆圈表示下降沿触发，无小圆圈为上升沿触发。

12.4.2　逻辑功能

1. $J=\mathbf{0}$，$K=\mathbf{0}$，$Q_{n+1}=Q_n$

这时，主触发器被封锁，CP 脉冲到来后，触发器的状态并不翻转，即 $Q_{n+1}=Q_n$，输出保持原态不变。

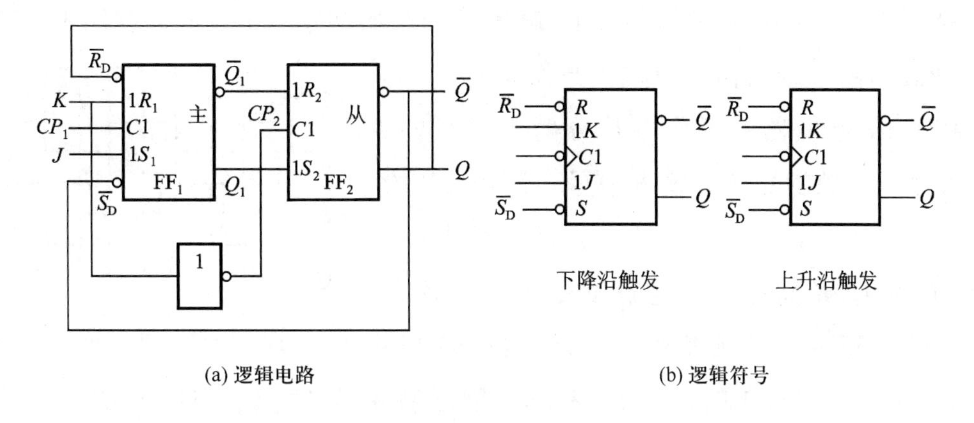

(a) 逻辑电路　　(b) 逻辑符号

图 12-10　JK 触发器

2. $J=\mathbf{1}$，$K=\mathbf{0}$，$Q_{n+1}=\mathbf{1}$

在时钟脉冲到来时，$J=\mathbf{1}$，$K=\mathbf{0}$，使主触发器处于 $Q_1=\mathbf{1}$，$\overline{Q}_1=\mathbf{0}$ 的状态；此时从触发器被封锁，输出状态不变。*CP* 的下降沿到来后，将主触发器的 Q_1、$\overline{Q}_1$ 传送到从触发器去，所以触发器为 **1** 态。

3. $J=\mathbf{0}$，$K=\mathbf{1}$，$Q_{n+1}=\mathbf{0}$

在时钟脉冲 *CP* 到来时，$J=\mathbf{0}$，$K=\mathbf{1}$ 使主触发器处于 $Q_1=\mathbf{0}$，$\overline{Q}_1=\mathbf{1}$ 的状态；此时从触发器被封锁，输出状态不变。*CP* 下降沿到来后，将主触发器的 Q_1、$\overline{Q}_1$ 传送到从触发器，从触发器被置 **0**。

4. $J=\mathbf{1}$，$K=\mathbf{1}$，$Q_{n+1}=\overline{Q}_n$

在时钟脉冲到来时，$J=\mathbf{1}$，$K=\mathbf{1}$，使主触发器接收 $\overline{R}_D$、$\overline{S}_D$ 端的信号，$\overline{R}_D=Q$，$\overline{S}_D=\overline{Q}$，主触发器被置于从触发器相反状态。$CP=\mathbf{0}$ 时，从触发器随主触发器变化。亦即当 *CP* 脉冲下降沿到来时，触发器状态发生翻转，即 $Q_{n+1}=\overline{Q}_n$，随着 *CP* 脉冲不断输入，触发器状态不断翻转，因而具有计数功能。

综合以上分析，JK 触发器的逻辑功能见表 12-4。

表 12-4　JK 触发器的逻辑功能

J	K	Q_{n+1}	逻辑功能
0	**0**	Q_n	保持
0	**1**	**0**	置 **0**
1	**0**	**1**	置 **1**
1	**1**	$\overline{Q}_n$	计数

例 12-4 设图 12-10 所示的主从 JK 触发器的初始状态为 **0**，试根据图 12-11 给出的 CP、J、K 的波形图，画出输出 Q 的波形图。

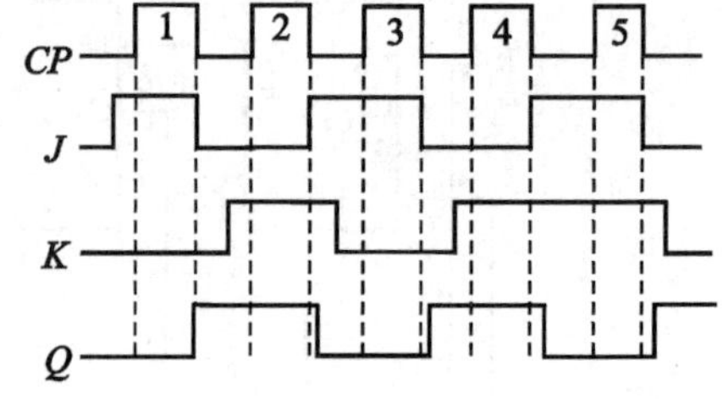

图 12-11 例 12-4 波形图

解 主从 JK 触发器的工作也是分两步进行的。在 $CP=\mathbf{1}$ 期间，主触发器接收输入信号。而当 CP 的下降沿到来后，主触发器的状态转存到从触发器中。可见，$CP=\mathbf{1}$ 的 J、K 状态，决定触发器下一个状态 Q_{n+1}。而 CP 的下降沿，是触发器状态是否翻转的基准线。比如，第一个 $CP=\mathbf{1}$ 时，$J=\mathbf{1}$，$K=\mathbf{0}$，因此触发器将置 **1**。当这个 CP 脉冲的下降沿到来后，触发器才翻转为 $Q=\mathbf{1}$。以此类推，可画出输出 Q 的波形图，如图 12-11 所示。

12.5 D 触发器

在 CP 脉冲的作用下，根据输入信号 D 的不同状态，凡是具有置 **0**、置 **1** 功能的电路，称为 D 触发器，其逻辑符号如图 12-12 所示。

12.5.1 逻辑功能

$D=\mathbf{0}$，CP 上升沿到来后，$Q_{n+1}=\mathbf{0}$，触发器置 **0**；

$D=\mathbf{1}$，CP 上升沿到来后，$Q_{n+1}=\mathbf{1}$，触发器置 **1**。

综上分析，D 触发器的输出状态由输入信号 D 决定，$D=\mathbf{0}$，置 **0**；$D=\mathbf{1}$，置 **1**。即 $Q_{n+1}=D$

12.5.2 真值表

D 触发器的真值表见表 12-5。

表 12-5 D 触发器的真值表

Q_n	D	Q_{n+1}
0	**0**	**0**
0	**1**	**1**
1	**0**	**0**
1	**1**	**1**

12.5.3 波形图

D 触发器波形图如图 12-13 所示。

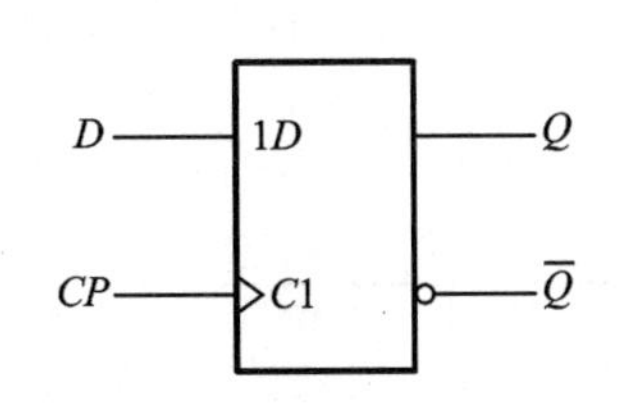

图 12-12 D 触发器逻辑符号

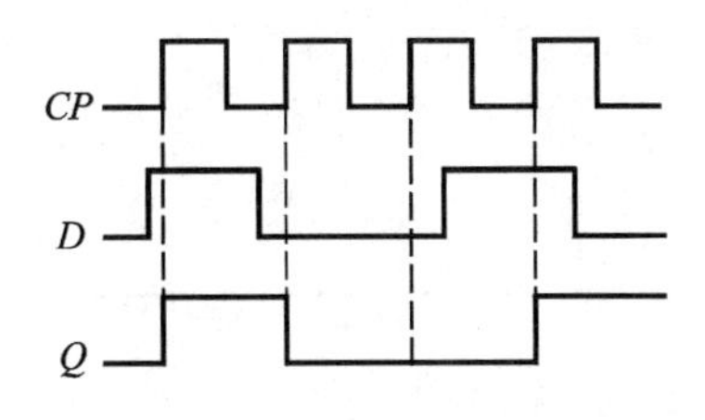

图 12-13 D 触发器波形图

12.6 T 触发器和 T′触发器

在 CP 脉冲作用下，根据输入信号 T 的不同状态，凡具有保持和翻转功能的电路，称为 T 触发器。T 触发器可以由 JK 触发器转换而来，如图 12-14（a）所示。图 12-14（b）所示为逻辑符号。

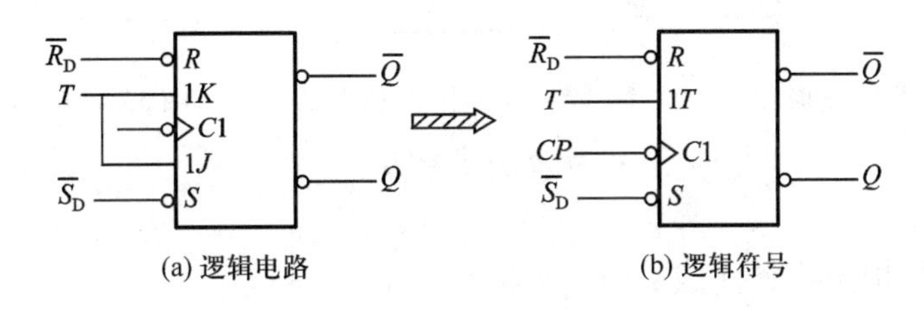

图 12-14 T 触发器

12.6.1 逻辑功能

$T=\mathbf{0}$，则 $Q_{n+1}=Q_n$，触发器保持原态不变；

$T=\mathbf{1}$，则 $Q_{n+1}=\overline{Q}_n$，触发器状态翻转，为计数状态。

12.6.2 真值表

T 触发器的真值表见表 12-6。

表 12-6　T 触发器的真值表

Q_n	T	Q_{n+1}
0	0	0
0	1	1
1	0	1
1	1	0

12.6.3　波形图

T 触发器波形图如图 12-15 所示。其中触发器初始状态为 **0**，*CP* 脉冲的下降沿触发。

在 *CP* 脉冲作用下，只具有翻转（计数）功能的电路，称为 T′触发器。T′触发器也称为计数型触发器，它可以由其他触发器转换而来。在图 12-16 中，把 D 触发器的 $\overline{Q}$ 端反接到输入端 *D*，就成为一个 T′触发器。

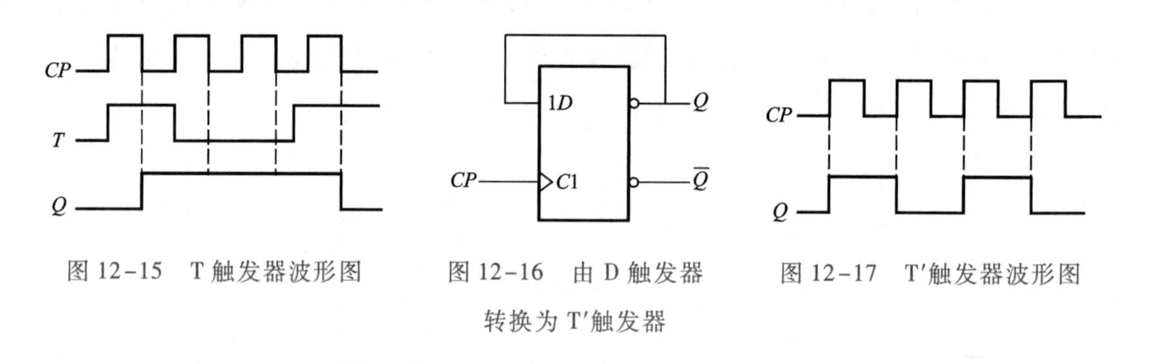

图 12-15　T 触发器波形图　　图 12-16　由 D 触发器转换为 T′触发器　　图 12-17　T′触发器波形图

T′触发器的逻辑功能可概括成：$Q_{n+1}=\overline{Q}_n$

T′触发器的工作波形图如图 12-17 所示。图中触发器的初始态为 **0**，*CP* 脉冲的上升沿触发。每来一个 *CP* 脉冲，触发器的状态就翻转一次，具有统计 *CP* 脉冲数目的功能。

12.7　集成触发器的应用

12.7.1　集成触发器简介

集成触发器和其他数字集成电路相同，可以分为 TTL 电路和 CMOS 电路两大类。通过查阅有关数字集成电路的手册，可以得到各种类型的集成触发器的详尽资料。对于普通的使用者而言，熟悉集成触发器的外引线排列和各引出端的功能，是十分必要的。图 12-18 所示为几种常用的 JK 触发器和 D 触发器的外引线排列。对有关引出端的功能、符号的意义，作如下简略说明。

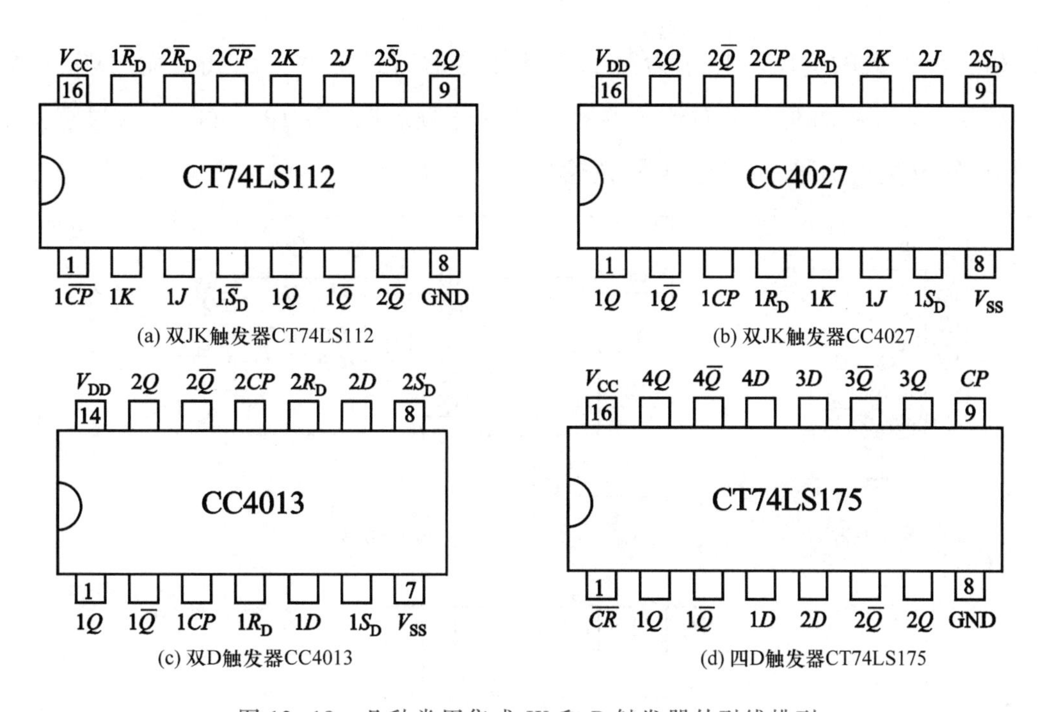

(a) 双JK触发器CT74LS112　(b) 双JK触发器CC4027

(c) 双D触发器CC4013　(d) 四D触发器CT74LS175

图 12-18　几种常用集成 JK 和 D 触发器外引线排列

（1）字母符号上方加横线的，表示加入低电平信号有效。如 $\overline{S}_D=\mathbf{0}$，RS 触发器置 **1**；$\overline{R}_D=\mathbf{0}$，触发器置 **0**。字母符号上方不加横线，则表示高电平有效。

（2）两个触发器以上的多触发器集成器件，在它的输入、输出符号前，加同一数字，如 $1S_D$、$1R_D$、$1CP$、$1Q$、$1\overline{Q}$、$1J$、$1K$ 等等，都属于同一触发器的引出端。

（3）GND 表示接地端，NC 为空脚，$\overline{CR}$（或 CR）表示总清零（即置零）端。

（4）TTL 电路的电源 V_{CC}一般为+5 V，CMOS 电路的电源 V_{DD}通常在+3 ~ +18 V 之间，V_{SS}接电源负极（通常电源负极接地，所以此端可接地）。

12.7.2　应用举例

1. 分频器

应用一片 CC4027 双 JK 触发器，可以组成 2 分频器，也可以组成 4 分频器。图 12-19（a）所示为 2 分频器。图中引出端⑤、⑥、⑯接电源$+V_{DD}$，即有 $1J=1K=\mathbf{1}$，电路为计数状态。

而④、⑦、⑧端接地，即 $1S_D=1R_D=\mathbf{0}$，异步置**0**、置**1**功能无效（正常工作时均应使它们处于无效状态）。输入脉冲信号频率为 f_i，它由③脚加入，即从 $1CP$ 端引入。每输入一个脉冲，触发器的状态 $1Q$ 变化一次，所以输入二个脉冲，输出才变化一个周期。因此，$f_o=\frac{1}{2}f_i$，实现了 2 分频。图 12-19（b）所示为 4 分频器。由图可知，它是二个计数型触发器的串接，第一个计数的输出脉冲作为第二个计数器的时钟脉冲。因此，输出端 $2Q$ 的信号频率是 $1Q$ 的一半，从而实现了对输入频率 f_i 的 4 分频。图 12-19（c）所示为它们的波形图。$1Q$ 为 2 分频输出信号，$2Q$ 是 4 分频输出。

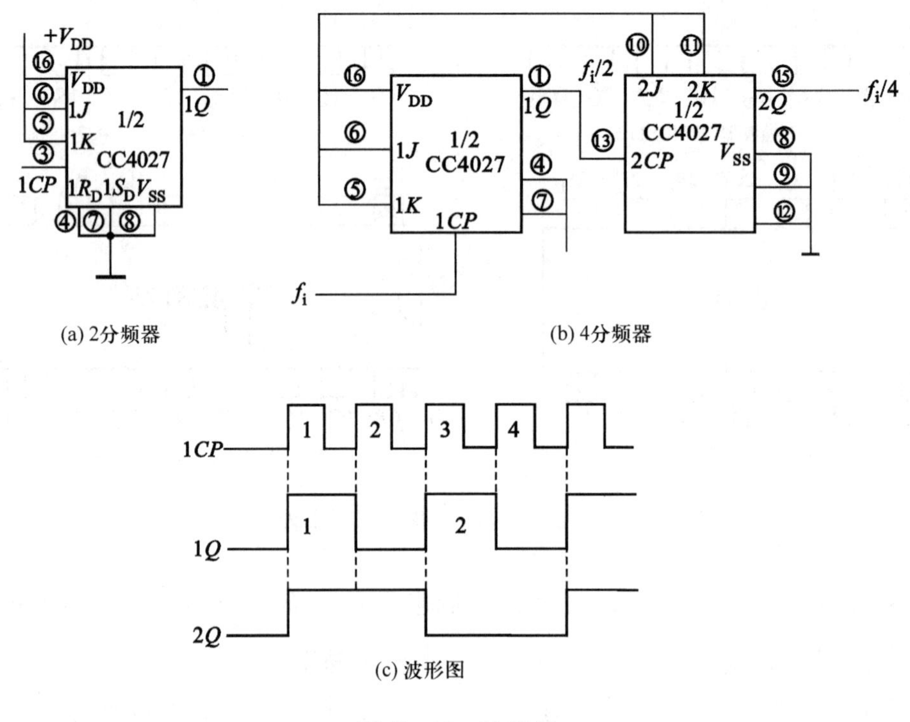

图 12-19　分频器

2. 触摸开关电路

电路用一片 CC4013 双 D 触发器组成，电路如图 12-20 所示。其中，B 为触摸电极，触发器 FF_2 接成计数状态，即 $2\overline{Q}_{n+1}=2D=2\overline{Q}_n$。

电路工作原理如下：当手指触摸电极 B 时，由于人体感应作用，会在 $1CP$ 端产生一个正跳变脉冲（由**0**变为**1**）。由于 $1D=\mathbf{1}$（高电平），因此，$1Q$ 端输出高电平 V_{01}。V_{01} 通过电阻 R，对电容 C 充电。当电容两端电压 V_C 升高达到复位电平时，$1R_D=\mathbf{1}$，于是 FF_1 复位，$1Q$ 由**1**变为**0**，$1\overline{Q}$ 由**0**变为**1**。$1\overline{Q}$ 输出一个正脉冲。触发器 FF_2 是计数状态，$1\overline{Q}$ 输出的正脉冲信号使 FF_2 的输出状态发生改变。

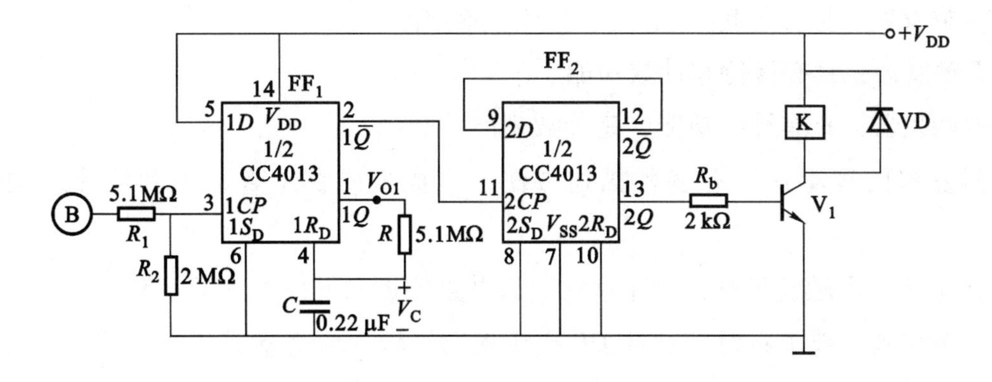

图 12-20 触摸开关电路

综上所述，手指每触摸一下电极 B，$2Q$ 的输出状态就翻转一次。若原来 $2Q$ 为低电平，它使三极管 V_1截止，继电器 K 失电不工作。用手摸一下 B 极，$2Q$ 翻转为高电平，V_1饱和导通，继电器 K 得电工作。若再触一下 B 极，则 $2Q$ 翻转，恢复为低电平，V_1截止，则 K 失电停止工作。通过继电器 K，可以控制其他电器的开关，如台灯、床头灯、电风扇等。电路简单、使用方便、工作可靠。

本章小结

触发器是一种具有记忆功能的电路。它有两种可能的稳定状态：**0** 态（即 $Q=\mathbf{0}$，$\overline{Q}=\mathbf{1}$）或者 **1** 态（即 $Q=\mathbf{1}$，$\overline{Q}=\mathbf{0}$）。在触发脉冲作用下，其状态会发生翻转。而在触发脉冲过去后，其状态保持不变。这就是它的记忆能力。

触发器是各种时序逻辑电路的基础，是数字系统中一种重要的基本单元电路。掌握它可为进一步学习各种中、大规模数字电路打下坚实的基础。

本章的基本要求是：

■ 了解触发器的电路结构。按触发器的结构形式的不同，可以分为基本 RS 触发器（不受时钟脉冲 CP 的控制）和时钟控制触发器（受时钟脉冲 CP 的控制）。时钟控制触发器又可分为同步 RS 触发器、主从型触发器以及边沿触发器（即上升沿、下降沿触发的触发器）。其中基本 RS 触发器是组成各类触发器的基础，主从型触发器是本章讨论的重点，因此应该熟练掌握。

■ 掌握各类触发器的真值表，熟悉它们的功能。

（1）RS 触发器：具有置 **0**、置 **1** 和保持功能。

（2）JK 触发器：具有置 **0**、置 **1**、保持和计数功能。

（3）D 触发器：具有置 **0**、置 **1**、保持和计数功能。

（4）T 触发器：具有保持和计数功能。

（5）T′触发器：具有计数功能，是计数型触发器。

■ 触发器的逻辑功能有多种描述方法，本章主要介绍真值表和波形图两种表述方法。

■ 在实际使用触发器时，应注意它们的电路特点和触发方式的不同。

主从型触发器，要求在时钟脉冲 *CP* 作用期间，输入状态保持不变。因此，它比较适合窄脉冲触发的应用场合。

边沿触发器是采用脉冲边沿触发方式。它只根据触发脉冲的边沿到来瞬间的输入状态，来决定触发器的输出状态。因此，这类触发器比主从型触发器的抗干扰能力强。但应注意它们的触发边沿的性质，从电路符号上可以看出，是 *CP* 的上升沿触发还是 *CP* 的下降沿触发。

各种集成触发器品种齐全，型号繁多。使用时应详细阅读有关资料，熟悉它们的外引线排列及引出端的功能，掌握正确使用的方法。

习 题 十 二

12-1 触发器同门电路相比，有什么区别？

12-2 用**或非**门组成的 RS 触发器如图题 12-2 所示。试问它是负脉冲触发，还是正脉冲触发？确定置 **1** 端和置 **0** 端，并列出真值表。

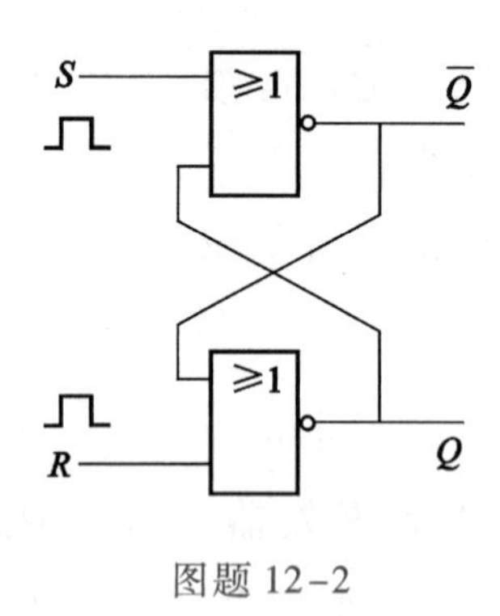

图题 12-2

12-3 若输入信号 v_i 的波形如图题 12-3 所示，试画出由**与非**门组成的基本 RS 触发器 Q 的波形图：

（1）v_i 作用于 $\overline{S}$ 端，且 $\overline{R}=\mathbf{1}$，Q 的初态为 **0**；

（2）v_i 作用于 $\overline{R}$ 端，且 $\overline{S}=\mathbf{1}$，Q 的初态为 **1**。

12-4 如图 12-2 所示的同步 RS 触发器，若初始状态 $Q=\mathbf{1}$，$\overline{Q}=\mathbf{0}$。试根据图题 12-4 所示的 CP、R、S 的信号波形，画出 Q 和 $\overline{Q}$ 的波形图。

图题 12-3

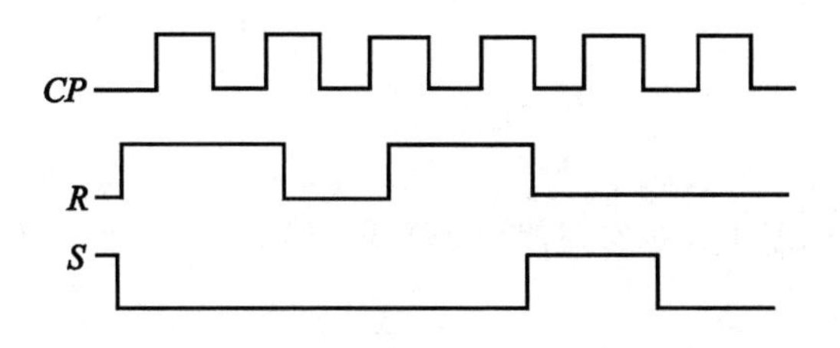

图题 12-4

12-5 主从 RS 触发器与同步 RS 触发器相比，有什么差别？设图 12-8 所示的主从 RS 触发器初始状态 $Q=\mathbf{1}$，若 CP、R、S 的信号波形图如图题 12-4 所示，试画出输出 Q、$\overline{Q}$ 的波形图，并与上题比较。

12-6 按如下规定的要求，画出相应的 JK 触发器的逻辑符号：

（1）CP 的上升沿触发，置 **0**、置 **1** 端高电平有效；

（2）CP 的下降沿触发，置 **0**、置 **1** 端低电平有效。

12-7 JK 触发器的初态 $Q=\mathbf{1}$，CP 的上升沿触发。试根据图题 12-7 所示的输入波形图，画出输出 Q 和 $\overline{Q}$ 的波形图。

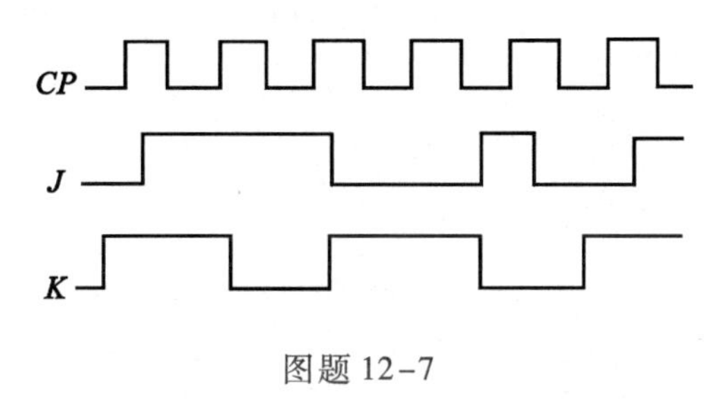

图题 12-7

12-8 图题 12-8（a）、（b）所示触发器，初态均为 **0**，有一输入端悬空（相当于接高电平 **1**）。试画出在图（c）所示的 CP 脉冲作用下的输出 Q 的波形图。

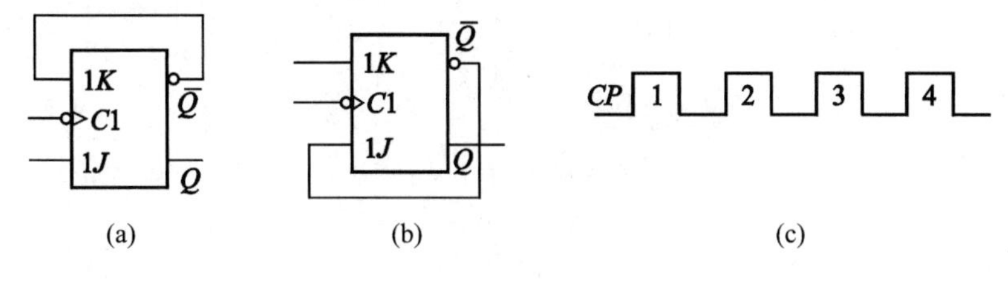

图题 12-8

12-9 图题 12-9（a）所示触发器，初态为 **0**，试根据图（b）给出的 CP 脉冲波形，作出输出 Q 的波形图。若 CP 脉冲的周期为 4 μs，求输出脉冲的频率。

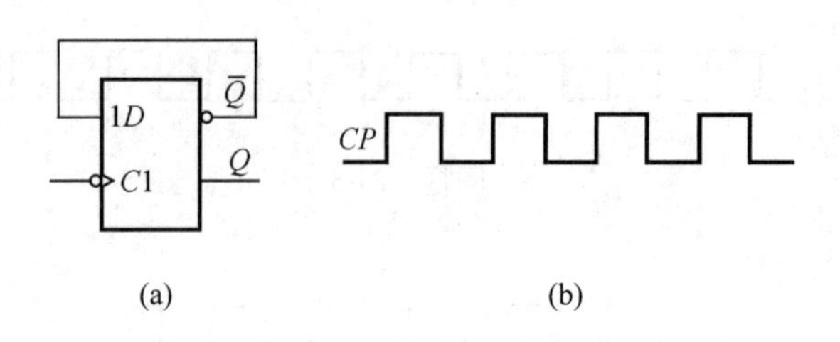

图题 12-9

12-10 图题 12-10（a）电路中，触发器的初态为 **0**，输入端 A、B、CP 的信号波形如图（b）所示。试求：

（1）在 CP 作用下，输出 Q 与输入信号 A、B 的逻辑关系（真值表）；

（2）根据图（b）所示的 A、B、CP 的波形，画出对应的输出 Q 的波形图。

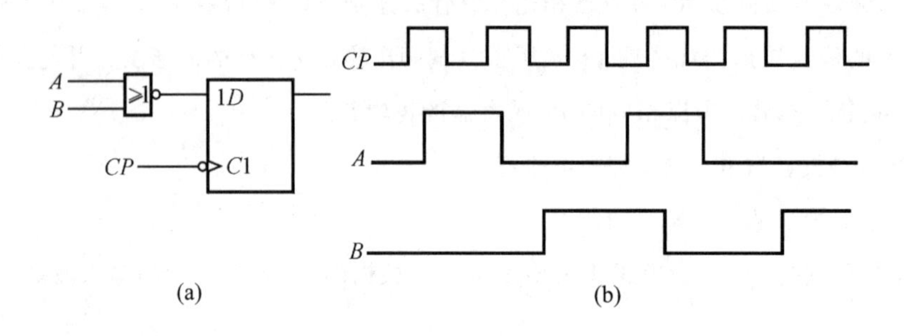

图题 12-10

第十三章 时序逻辑电路

时序逻辑电路简称时序电路，它是由组合逻辑电路和触发器两部分组成。

时序逻辑电路的特点是：电路任一时刻的输出状态不仅与同一时刻的输入信号有关，而且与电路原有状态有关。前面介绍的触发器就是一种功能最简单的时序逻辑电路。

13.1 寄 存 器

寄存器是一种重要的数字逻辑部件，常用于接收、暂存、传递数码和指令等信息。一个触发器有两种稳定状态，可以存放 1 位二进制数码。存放 n 位二进制数码需要 n 个触发器。为了使寄存器能按照指令接收、存放、传送数码，有时还需配备一些起控制作用的门电路。

13.1.1 数码寄存器

数码寄存器是简单的存储器，只具有接收、暂存数码和清除原有数码的功能。图 13-1 所示为由 D 触发器组成的 4 位数码寄存器。4 个触发器的时钟脉冲输入端连接在一起，作为接收数码的控制端。$D_0 \sim D_3$ 为寄存器的数码输入端，$Q_0 \sim Q_3$ 是数据输出端。各触发器的复位端（直接置 **0** 端）连接在一起，作为寄存器的总清零端 $\overline{CR}$，低电平有效。

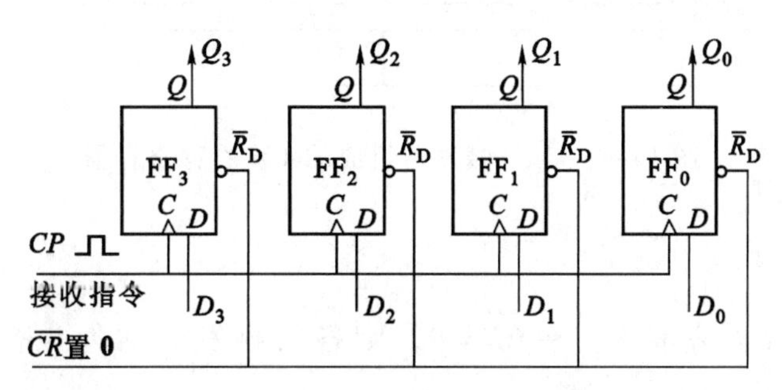

图 13-1 由 D 触发器组成的 4 位数码寄存器

寄存器工作过程如下：

寄存数码前，寄存器应清零：令$\overline{CR}=\mathbf{0}$，寄存器清除原有数码，$Q_0 \sim Q_3$均为**0**态。

寄存数码时，应使$\overline{CR}=\mathbf{1}$。若存入的数码是**1010**，则寄存器的输入$D_3D_2D_1D_0$为**1010**。D 触发器的逻辑功能是$Q^{n+1}=D$。因而，当接收指令脉冲CP的上升沿一到，寄存器的状态$Q_3Q_2Q_1Q_0$就变为**1010**。只要使$\overline{CR}=\mathbf{1}$，$CP=\mathbf{0}$，寄存器就处在保持状态。这样，就完成了接收并暂存数码的功能。

不难看出，这种寄存器在接收数码时，各位数码是同时输入；输出数码时，也是同时输出。因此，这种寄存器称为并行输入、并行输出数码寄存器。

13.1.2 移位寄存器

移位寄存器是在数码寄存器的基础上发展而成的，它除了有存放数码的功能外，还具有数码移位的功能。移位寄存器分为单向移位寄存器和双向移位寄存器两大类。

1. 单向移位寄存器

（1）右移寄存器

① 电路组成

图 13-2 所示为由 D 触发器组成的 4 位右移寄存器。其中，FF_3是最高位触发器，FF_0是最低位触发器，从左到右依次排列。每个高位触发器的输出端Q与低一位触发器的输入端D相接。整个电路只有最高位触发器FF_3的输入端D接收输入的数码。

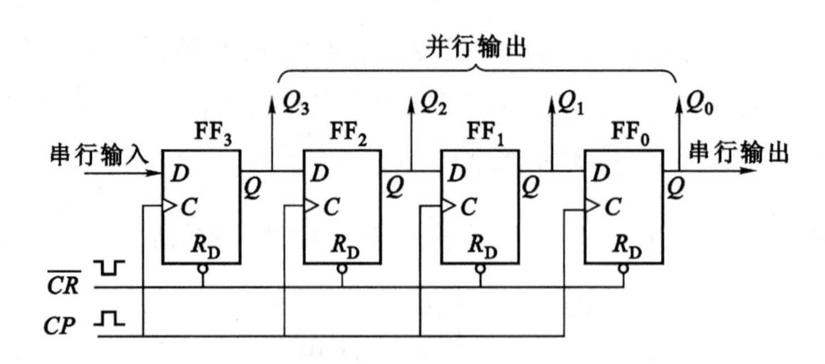

图 13-2 由 D 触发器组成的 4 位右移寄存器

② 工作原理

接收数码前，寄存器应清零。令$\overline{CR}=\mathbf{0}$，则各位触发器均为**0**态。接收数码时，应使$\overline{CR}=\mathbf{1}$。

根据 D 触发器的逻辑功能和电路的结构可知，每当CP脉冲（即移位脉冲）的上升沿到来后，输入的数码就移入到触发器 FF_3 中。同时其余各个触发器的状态，也移入到低一位触发器中，最低位触发器的状态则从串行输出端移出寄存器。这种数据逐位输入、逐位输出的方式，称为串行输入、串行输出方式。

假设要存入的数据 $D_3D_2D_1D_0 = \mathbf{1101}$。根据数码右移的特点，首先应输入最低位 D_0，然后由低位到高位，依次输入。

当输入为最低位 $D_0 = \mathbf{1}$ 时，在第一个 CP 脉冲上升沿到来后，D_0 移入 FF_3，$Q_3 = \mathbf{1}$，而其他三个触发器保持 **0** 态不变。寄存器的状态为 $Q_3Q_2Q_1Q_0 = \mathbf{1000}$。

输入为数码 $D_1 = \mathbf{0}$ 时，当第二个 CP 脉冲上升沿到来后，D_1 移到 FF_3 中，而 $Q_3 = \mathbf{1}$ 则移入 FF_2 中，此时 $Q_2 = \mathbf{1}$。Q_1、Q_0 仍为 **0** 态。寄存器的状态变为 $Q_3Q_2Q_1Q_0 = \mathbf{0100}$。

输入为数码 $D_2 = \mathbf{1}$ 时，当第三个 CP 脉冲上升沿到来后，D_2 移入 FF_3，$Q_3 = \mathbf{0}$ 移入 FF_2 中，$Q_2 = \mathbf{1}$ 移入 FF_1，而 FF_0 仍为 **0** 态。寄存器状态为 $Q_3Q_2Q_1Q_0 = \mathbf{1010}$。

输入为数码 $D_3 = \mathbf{1}$ 时，和上述情况相同，第四个 CP 脉冲上升沿到来后，D_3 移入 FF_3 中，其余各位触发器依次右移，结果 $Q_3Q_2Q_1Q_0 = \mathbf{1101}$。

综上分析，经过 4 个移位脉冲 CP 的作用后，4 位数码 $D_3D_2D_1D_0 = \mathbf{1101}$ 就全部移入寄存器中。表 13-1 是移位脉冲 CP 作用下的 4 位右移寄存器状态表。

表 13-1　4 位右移寄存器状态表

CP 脉冲	输　　入	输　　出			
		Q_3	Q_2	Q_1	Q_0
0	**0**	**0**	**0**	**0**	**0**
1	**1**	**1**	**0**	**0**	**0**
2	**0**	**0**	**1**	**0**	**0**
3	**1**	**1**	**0**	**1**	**0**
4	**1**	**1**	**1**	**0**	**1**

从 4 个触发器的输出端 $Q_3 \sim Q_0$ 可以同时输出 4 位数码，即并行输出。又可以从最低位 FF_0 的输出端 Q_0 处输出，只需要连续送入 4 个 CP 脉冲，存放的 4 位数码将从低位到高位，依次从串行输出端 Q_0 处输出，这就是串行输出方式。可见，右移寄存器具有串行输入、串并行输出的功能。图 13-3 所示为 4 位右移寄存器的波形图。

（2）左移寄存器

如图 13-4 所示 4 位左移寄存器由 4 个 D 触发器构成，电路结构与右移寄存器相似，不同的是串接的顺序变为由低位到高位。寄存的数码从低位的 D 端输入，再从最高位的

输出端 Q_3 串行输出。可见，其工作原理与右移寄存器相同，只是在左移寄存器中，数码移动的顺序是由低位向高位。因此，数码输入的顺序应该先送入高位数码，然后依次输入低位数码。

寄存器工作前，也应先清零，使 $\overline{CR}=\mathbf{0}$。工作时再令 $\overline{CR}=\mathbf{1}$。若要存入的 4 位数码 $D_3D_2D_1D_0=\mathbf{1101}$，则输入的顺序为 D_3、D_2、D_1、D_0。当第一个 CP 脉冲到来后，$Q_3Q_2Q_1Q_0=\mathbf{0001}$；当第二个 CP 脉冲到来后，$Q_3Q_2Q_1Q_0=\mathbf{0011}$；第三个 CP 脉冲到来后，$Q_3Q_2Q_1Q_0=\mathbf{0110}$；第四个 CP 脉冲作用后，$Q_3Q_2Q_1Q_0=\mathbf{1101}$。可见，也是经过 4 个移位脉冲 CP 的作用，数据 **1101** 从低位到高位，逐次移入寄存器中。

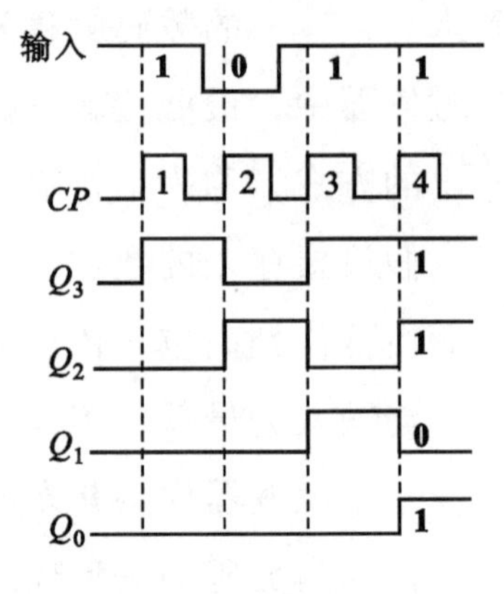

图 13-3　4 位右移寄存器的波形图

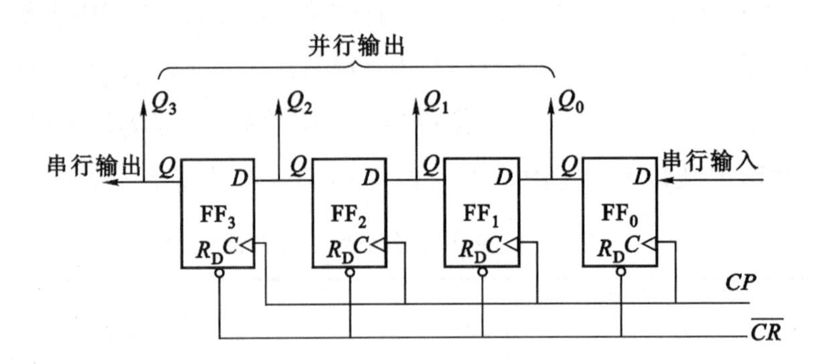

图 13-4　由 D 触发器组成的 4 位左移寄存器

2. 双向移位寄存器

在数字电路中，常需要寄存器按不同的控制信号，能够向右移位或者向左移位。具有既能右移又能左移两种工作方式的寄存器，称为双向移位寄存器。

集成 4 位双向移位寄存器 CT74LS194 引脚排列如图 13-5 所示。图中 M_1、M_0 为工作方式控制端，它们的不同取值，决定寄存器的不同功能：保持、右移、左移及并行输入。其逻辑功能见表 13-2。$\overline{CR}$ 是清零端，$\overline{CR}=\mathbf{0}$ 时，各输出端均为 **0**。表中“×”号表示可取任意值，或 **0** 或 **1**。寄存器工作时，$\overline{CR}$ 为高电平 **1**。寄存器工作方式由 M_1、M_0 的状态决定：$M_1M_0=\mathbf{00}$ 时，寄存器中存入的数据保持不变；$M_1M_0=\mathbf{01}$ 时，寄存器为右移工作方式，D_{SR} 为右移串行输入端；$M_1M_0=\mathbf{10}$ 时，寄存器为左移工作方式，D_{SL} 为左移串行输入端；$M_1M_0=\mathbf{11}$ 时，寄存器为并行输入方式，即在 CP 脉冲的作用下，将输入到 $D_0\sim D_3$ 端的数据，同时存入寄存器中。$Q_0 \sim Q_3$是寄存器的输出端。

表 13-2　74LS194 的逻辑功能

$\overline{CR}$	M_1	M_0	功能
0	×	×	清零
1	0	0	保持
1	0	1	右移
1	1	0	左移
1	1	1	并行输入

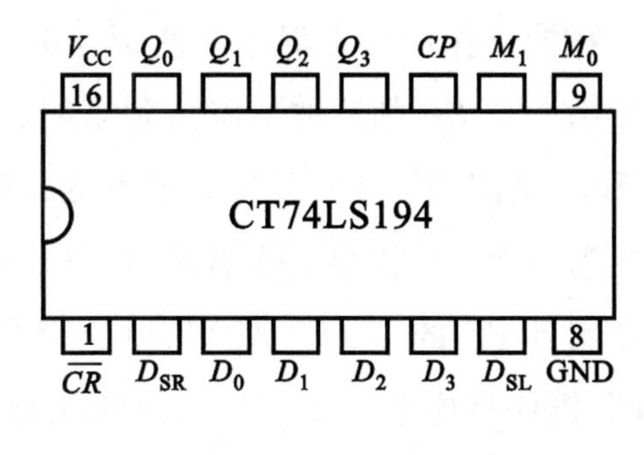

图 13-5　CT74LS194 引脚排列

13.2　二进制计数器

统计输入脉冲个数的功能称为计数，能实现计数操作的电路称为计数器。

计数器在数字电路中有着广泛的应用，它除了用于计数外，还可用于分频、定时、测量等电路。

计数器种类很多。按计数的进制不同，可分为二进制计数器、十进制计数器以及 N 进制计数器。二进制计数器是各种计数器的基础。

13.2.1　异步二进制加法计数器

1. 电路组成

如图 13-6 所示，它由三个 JK 触发器组成，低位的输出端 Q 接到高一位的控制端 C 处，只有最低位 FF_0的控制端 C 接收计数脉冲 CP。每个触发器的 J、K 端悬空，相当于 $J=K=\mathbf{1}$，处于计数状态。当各个触发器的控制端 C 接收到由 **1** 变为 **0** 的负跳变信号时，触发器的状态就翻转。

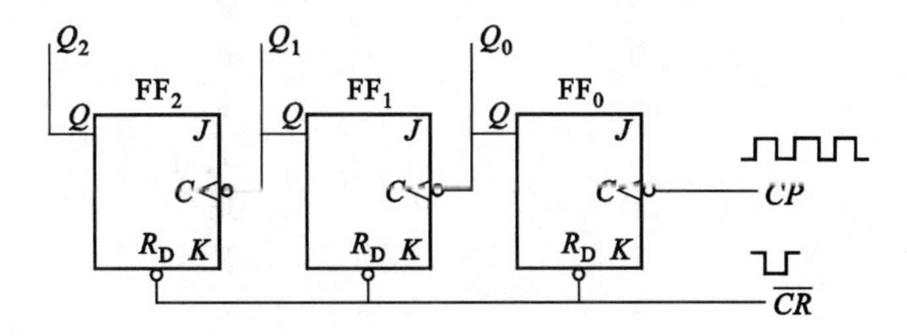

图 13-6　3 位异步二进制加法计数器

2. 工作原理

计数器工作前应先清零。使$\overline{CR}=\mathbf{0}$，则 $Q_2Q_1Q_0=\mathbf{000}$，如图 13-7 所示。

当第一个 CP 脉冲的下降沿到来时，FF_0翻转，Q_0由 **0** 变为 **1**。而 Q_0的正跳变信号对触发器 FF_1不起作用，FF_1保持原态不变，FF_2也保持原态。计数器的状态为 **001**。

当第二个 CP 脉冲下降沿来时，FF_0再次翻转，即 Q_0由 **1** 变为 **0**。这时，Q_0是负跳变信号，作用到 FF_1的 C 端，使 FF_1状态翻转，Q_1由 **0** 变为 **1**。Q_1的正跳变信号送到 FF_2的 C 端，FF_2仍保持原态不变。计数器的状态为 **010**。

按此规律，随计数脉冲 CP 的不断输入，各触发器的状态见表 13-3，每输入一个 CP 脉冲，Q_0的状态就改变一次；而 Q_2、Q_1的状态仅在低一位的输出状态由 **1** 变为 **0** 时才发生翻转。当第七个 CP 脉冲输入后，计数器的状态为 **111**，再输入一个 CP 脉冲，计数器的状态又恢复为 **000**。从表 13-3 中可看出，计数器是递增计数的。而且，从计数脉冲的输入，到完成计数器状态的转换，各触发器的状态是由低位到高位，逐次翻转的。不是随计数脉冲 CP 的输入，各触发器的状态同时翻转，所以称为异步加法（递增）计数器。

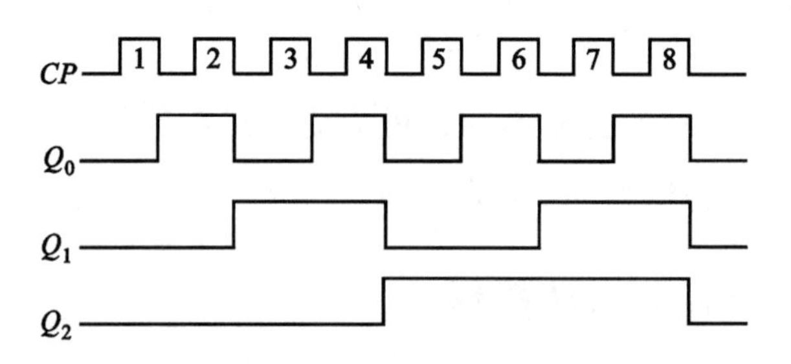

图 13-7　3 位异步二进制加法计数器的波形图

表 13-3　3 位二进制异步加法计数器状态表

输入 CP 脉冲序号	计数器状态		
	Q_2	Q_1	Q_0
0	**0**	**0**	**0**
1	**0**	**0**	**1**
2	**0**	**1**	**0**
3	**0**	**1**	**1**
4	**1**	**0**	**0**
5	**1**	**0**	**1**
6	**1**	**1**	**0**
7	**1**	**1**	**1**
8	**0**	**0**	**0**

13.2.2 异步二进制减法计数器

图 13-8 所示为 3 位异步减法计数器。电路与异步加法计数器相似，但连接方式是把低位的$\overline{Q}$与高一位的 C 端相连。因此，当低位触发器的状态 Q 由 **0** 变为 **1** 时，而$\overline{Q}$由 **1** 变为 **0** 即为负跳变脉冲。高一位触发器的 C 端接收到这个负跳变脉冲，它的状态就会翻转。而低位触发器的状态由 **1** 变为 **0** 时，高一位触发器将收到正跳变信号，其状态保持不变。照此分析，可以列出 3 位异步二进制减法计数器状态表，见表 13-4。当第八个 CP 脉冲到来后，计数器又恢复为 **000**。从表中可以看出，此电路为递减计数，而且各触发器的状态翻转也不是同时进行的，故为异步。因此，称为异步二进制减法计数器。

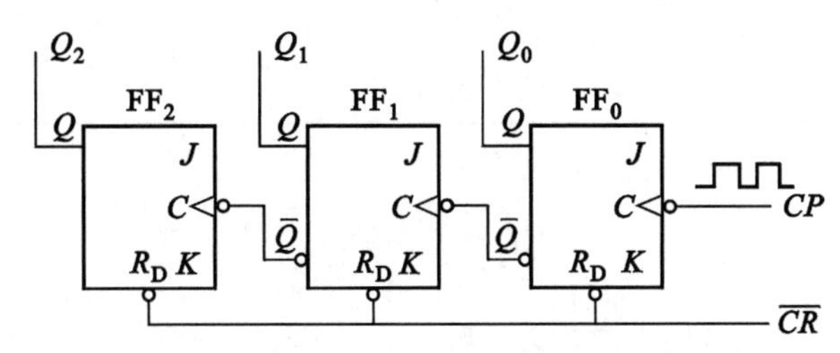

图 13-8　3 位异步二进制减法计数器

异步计数器的电路简单，由于各触发器状态的改变是逐位进行的，所以计数速度慢。

表 13-4　3 位二进制异步减法计数器状态表

输入 CP 脉冲序号	计数器状态		
	Q_2	Q_1	Q_0
0	**0**	**0**	**0**
1	**1**	**1**	**1**
2	**1**	**1**	**0**
3	**1**	**0**	**1**
4	**1**	**0**	**0**
5	**0**	**1**	**1**
6	**0**	**1**	**0**
7	**0**	**0**	**1**
8	**0**	**0**	**0**

13.2.3 二进制同步计数器

为了提高计数速度，应将计数脉冲送到每个触发器的时钟脉冲输入端 CP 处，使各个触发器的状态变化与计数脉冲同步，用这种方式组成的计数器称为同步计数器。

首先来分析计数脉冲输入时，同步计数器中每个触发器翻转的条件。

每输入一个计数脉冲，最低位触发器的状态总要改变一次。而其他位触发器是否翻转，将取决于比它低的各位触发器的状态。例如，在加法计数器中，第三位触发器 FF_2是否翻转，由 FF_1、FF_0的状态是否都为 **1** 态来决定。若均为 **1** 态，则翻转，否则保持原态不变。综上分析，可以得到用 JK 触发器构成的 3 位同步加法计数器如图 13-9 所示。其中每个触发器的输入端 J、K 的逻辑关系，见表 13-5。

表 13-5　3 位同步二进制加法计数器 *JK* 端逻辑关系

触发器序号	翻转条件	*JK* 端逻辑关系
FF_0	来一个计数脉冲就翻转一次	$J_0=K_0=\mathbf{1}$
FF_1	$Q_0=\mathbf{1}$	$J_1=K_1=Q_0$
FF_2	$Q_0=Q_1=\mathbf{1}$	$J_2=K_2=Q_1Q_0$

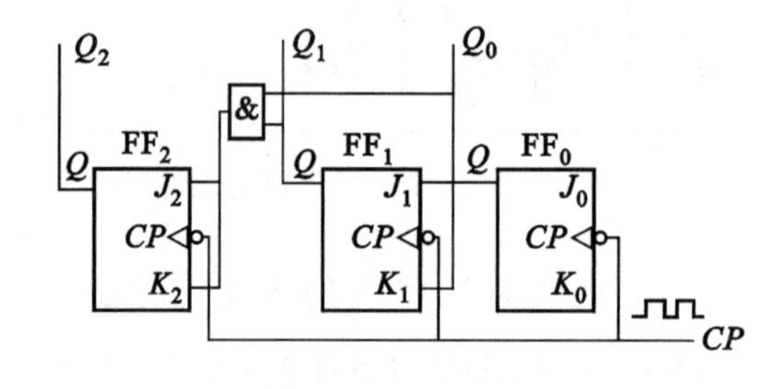

图 13-9　3 位同步二进制加法计数器

计数过程如下：

计数前先清零，使计数器初始状态为 **000**。

当第一个计数脉冲 CP 到来后，FF_0的状态由 **0** 变为 **1**。而 CP 到来前，Q_0、Q_1均为 **0**，所以 CP 到来后，FF_1、FF_2保持 **0** 态不变。计数器的状态为 **001**，即 $J_1=K_1=Q_0=\mathbf{1}$，$J_2=K_2=Q_1Q_0=\mathbf{0}$。

当第二个 CP 到来后，FF_0则由 **1** 变为 **0**，FF_1的状态也翻转，由 **0** 变为 **1**，而 FF_2仍保持 **0** 态不变。此时计数器状态为 **010**，而且 $J_1=K_1=Q_0=\mathbf{0}$，$J_2=K_2=Q_1Q_0=\mathbf{0}$。

当第三个 CP 到来后，只有 FF_0的状态由 **0** 变为 **1**，而 FF_1、FF_2都保持原态不变。计数状态为 **011**。同时，$J_1=K_1=Q_0=\mathbf{1}$，$J_2=K_2=Q_1Q_2=\mathbf{1}$。

于是，当第四个计数脉冲到来后，三个触发器均翻转，计数状态为 **100**。

对后续过程的分析，读者可以按照上述分析方法，自己独立完成。在第七个 CP 脉冲到来后，计数器状态变为 **111**，再送入一个 CP 脉冲，计数器恢复为 **000**。

从以上的分析中可以看出，同步计数器各个触发器的状态转换，与输入的计数脉冲 CP 同步，具有计数速度快的特点。如果把图 13-9 中接 Q_0、Q_1 的线，改接到 $\overline{Q_0}$、$\overline{Q_1}$ 上，则可以构成 3 位同步二进制减法计数器。

13.2.4 集成二进制计数器简介

集成二进制计数器品种多、功能全、使用方便，广泛用于数字电路中。以下简单介绍两种常用的集成二进制计数器。

1. 4 位异步二进制计数器 CT74LS293

图 13-10 所示为 4 位异步二进制计数器 CT74LS293 引脚排列。其中，$Q_0 \sim Q_3$ 为输出端，R_{0A}、R_{0B} 为复位端，NC 表示空脚。其逻辑功能见表 13-6。说明如下。

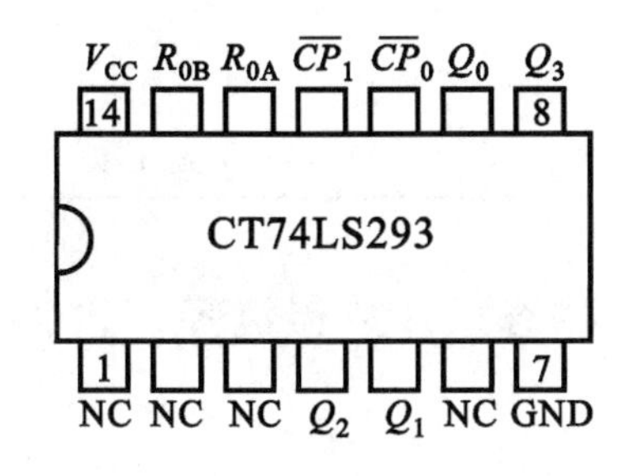

图 13-10 CT74LS293 引脚排列

表 13-6 CT74LS293 的逻辑功能

输入			输出			
R_{0A}	R_{0B}	CP	Q_3	Q_2	Q_1	Q_0
1	**1**	×	**0**	**0**	**0**	**0**
0	×	↓	加法计数			
×	**0**	↓	加法计数			

（1）当 $R_{0A}=R_{0B}=\mathbf{1}$ 时，不论 CP_0、CP_1 为何种状态，计数器清零，$Q_3Q_2Q_1Q_0=\mathbf{0000}$。

（2）当 $R_{0A}=\mathbf{0}$，或者 $R_{0B}=\mathbf{0}$ 时，电路在 $\overline{CP_0}$、$\overline{CP_1}$ 脉冲的下降沿作用下，进行计数操作：若将 $\overline{CP_1}$ 与 Q_0 相连，计数脉冲从 $\overline{CP_0}$ 输入，数据从 Q_3、Q_2、Q_1、Q_0 端输出，电路为 4 位异步二进制加法计数器；若计数脉冲从 $\overline{CP_1}$ 输入，数据从 Q_3、Q_2、Q_1 端输出，电路为 3 位异步二进制加法计数器。

表 13-6 中“×”表示取值任意——或 **0** 或 **1**，“↓”表示由高电平跳变到低电平——脉冲的下降沿触发（若为“↑”，表示脉冲的上升沿——正跳变触发）。

2. 4 位同步二进制可逆计数器 CT74LS193

CT74LS193 是 4 位同步二进制可逆计数器，它具有预置数码、加、减可逆的同步计数功能，应用十分方便。

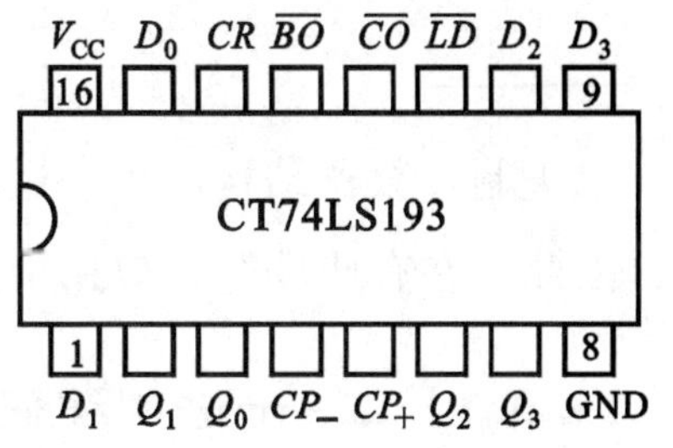

图 13-11 CT74LS193 引脚排列

图 13-11 所示为 CT74LS193 引脚排列。$Q_0 \sim Q_3$ 是

数码输出端，$D_0 \sim D_3$为并行数据输入端（D_0表示最低位，D_3为最高位）。$\overline{BO}$是借位输出端（减法计数下溢时，该端输出低电平脉冲），$\overline{CO}$是进位输出端（加法计数上溢时，该端输出低电平脉冲）。CP_+是加法计数时计数脉冲的输入端，CP_-为减法计数时计数脉冲的输入端。CR 为置 **0** 端，高电平有效。$\overline{LD}$为置数控制端，低电平有效。CT74LS193 的逻辑功能见表 13-7，简要说明如下。

表 13-7　CT74LS193 的逻辑功能

输入								输出			
CR	$\overline{LD}$	CP_+	CP_-	D_0	D_1	D_2	D_3	Q_0	Q_1	Q_2	Q_3
1	×	×	×	×	×	×	×	**0**	**0**	**0**	**0**
0	**0**	×	×	d_0	d_1	d_2	d_3	d_0	d_1	d_2	d_3
0	**1**	↑	**1**	×	×	×	×	加法计数			
0	**1**	**1**	↑	×	×	×	×	减法计数			

（1）CR=**1** 时，不论 CP_+、CP_-以及 $D_0 \sim D_3$为何种状态，计数器清零，$Q_3Q_2Q_1Q_0$ = **0000**。

（2）CR=**0** 时，计数器的工作状态由$\overline{LD}$、CP_+、CP_-决定。

$\overline{LD}$=**0**，不论 CP_+、CP_-的状态如何，计数器作置数操作，输出端 $Q_0 \sim Q_3$的状态与数据输入端的状态相同，达到预置数码的目的。

当$\overline{LD}$=**1** 时，若计数脉冲从 CP_+输入，计数器进行加法计数；若计数脉冲从 CP_-输入，计数器进行减法计数。可见，它具有加、减可逆计数功能。无论哪种计数方式，都是同步进行。

13.3　十进制计数器

二进制计数器结构简单、运算方便。但是，人们对二进制数总不如对十进制数那么熟悉，因此，在有些场合，应用十进制计数器显得比较方便。

13.3.1　二–十进制编码

用二进制数码表示十进制数的方法，称为二–十进制编码，即 BCD 码。十进制数有 0、

1、2、…、9，共十个数码。由于3位二进制数只有8个状态，而4位二进制数有16个状态。因此，表示1位十进制数，至少要用4位二进制数。

一个4位二进制数有16个状态，而表示1位十进制数只需要10个状态，因此要去掉6个状态。去掉哪6个状态可有不同的安排，表13-8所示的编码方式去掉的是**1010～1111**共6个状态。这种二-十进制编码方式称为8421BCD码。除8421BCD码外，二-十进制的编码方式还有其他类型，如5421BCD码等。

表13-8　8421BCD码

CP脉冲序号	二进制数码				对应的十进制数
	Q_3	Q_2	Q_1	Q_0	
0	**0**	**0**	**0**	**0**	0
1	**0**	**0**	**0**	**1**	1
2	**0**	**0**	**1**	**0**	2
3	**0**	**0**	**1**	**1**	3
4	**0**	**1**	**0**	**0**	4
5	**0**	**1**	**0**	**1**	5
6	**0**	**1**	**1**	**0**	6
7	**0**	**1**	**1**	**1**	7
8	**1**	**0**	**0**	**0**	8
9	**1**	**0**	**0**	**1**	9
↓	**1**	**0**	**1**	**0**	不用
	1	**0**	**1**	**1**	
	1	**1**	**0**	**0**	
	1	**1**	**0**	**1**	
	1	**1**	**1**	**0**	
	1	**1**	**1**	**1**	
10	**0**	**0**	**0**	**0**	0

13.3.2　异步十进制加法计数器

1. 电路组成

电路组成如图13-12所示。它由4个下降沿触发的JK触发器组成，其中FF_3的输入端J的信号，是Q_1、Q_2的逻辑**与**，FF_3的输出信号$\overline{Q}_3$反馈到FF_1的J端。

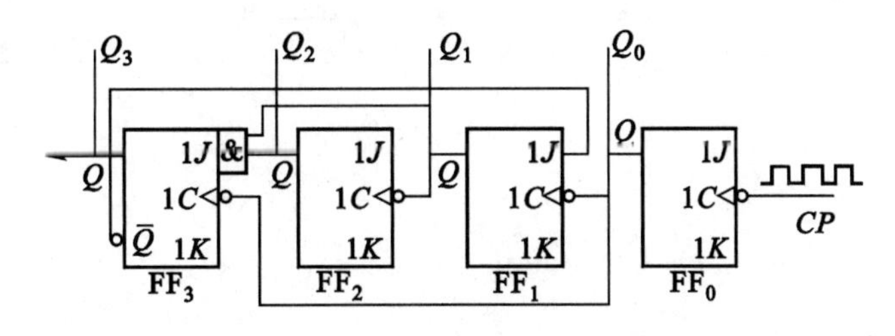

图13-12　异步十进制加法计数器

2. 工作原理

计数前，电路应先清零，使 $Q_3=Q_2=Q_1=Q_0=\mathbf{0}$。此时$\overline{Q}_3=\mathbf{1}$，$FF_1$的输入端 $J=\overline{Q}_3=\mathbf{1}$，可见触发器 FF_0、FF_1、FF_2均处于计数状态。把图 13-12 和图 13-6 比较，不难看出，异步十进制加法计数器 $FF_0\sim FF_2$间的电路结构和 3 位异步二进制加法计数器相似。

综上所述，计数器从 **0000** 起，到 **0111** 为止，工作过程与前述的 3 位异步二进制加法计数器完全相同。而当计数器的状态 $Q_3Q_2Q_1Q_0=\mathbf{0111}$ 时，因 Q_1、Q_2为 **1**，FF_3的 J 端信号 $Q_2Q_1=\mathbf{1}$，FF_3为计数状态。第八个 CP 脉冲到来后，$FF_0\sim FF_2$的状态先后由 **1** 变为 **0**。同时，Q_0端的负跳变信号加到 FF_3的触发端，使 Q_3由 **0** 变为 **1**，计数器的状态为 **1000**。当第九个 CP 脉冲到来后，FF_0翻转为 **1** 态，其余各位触发器保持原态不变，计数状态为 **1001**。此时，FF_1的输入端 $J=\overline{Q}_3=\mathbf{0}$，$FF_1$被封锁，它将保持 **0** 态不变；而 FF_3的输入端 $J=Q_2Q_1=\mathbf{0}$，FF_3将在 CP 脉冲的作用下，翻转为 **0** 态。由此可见，第十个 CP 脉冲到来后，FF_0的状态由 **1** 变为 **0**，它输出的负跳变脉冲使 FF_3由 **1** 变为 **0**，而 FF_1因 $J=\mathbf{0}$ 而保持 **0** 态不变，FF_2亦保持 **0** 态。此时，计数器的状态恢复为 **0000**，跳过了 **1010** ~ **1111** 共 6 个状态。同时，Q_3由 **1** 变为 **0** 即向高一位输出一个负跳变进位脉冲，从而完成了 1 位十进制计数的全过程。

13.3.3 集成十进制计数器简介

中规模集成十进制计数器种类繁多，限于篇幅，仅举两例。从实际应用出发，主要介绍它们的外引线排列、引出端的作用以及计数功能。

1. 可预置数码的十进制计数器 CT74LS160

CT74LS160 引脚排列如图 13-13 所示。电路具有清零、预置数码、十进制计数以及保持原态等四种逻辑功能。预置数码和计数时，在 CP 脉冲的上升沿（↑）作用下有效。表 13-9 列出了 CT74LS160 的逻辑功能。说明如下。

表 13-9 CT74LS160 功的逻辑功能

输入									输出			
$\overline{CR}$	$\overline{LD}$	CT_P	CT_T	CP	D_3	D_2	D_1	D_0	Q_3	Q_2	Q_1	Q_0
0	×	×	×	×	×	×	×	×	**0**	**0**	**0**	**0**
1	**0**	×	×	↑	d_3	d_2	d_1	d_0	d_3	d_2	d_1	d_0
1	**1**	**1**	**1**	↑	×	×	×	×	加法计数			
1	**1**	**0**	×	×	×	×	×	×	保持			
1	**1**	×	**0**	×	×	×	×	×	保持			

（1）当$\overline{CR}=\mathbf{0}$时，计数器清零，$Q_3Q_2Q_1Q_0=\mathbf{0000}$。

（2）当$\overline{CR}=\mathbf{1}$而$\overline{LD}=\mathbf{0}$时，计数器进行预置数码的操作。在CP脉冲上升沿作用下，数据输入端$D_0\sim D_3$的数据$d_0\sim d_3$并行存入计数器中，达到预置数码的目的。

（3）当$\overline{CR}=\overline{LD}=\mathbf{1}$，而$CT_P=CT_T=\mathbf{1}$时，计数器执行加法计数操作。计数满十，从$CO$端送出正跳变（↑）进位脉冲。

（4）当$\overline{CR}=\overline{LD}=\mathbf{1}$，而$CT_P$或$CT_T$有一个是低电平$\mathbf{0}$时，不论其余各端的状态如何，计数器保持原来状态不变。

2. 可预置数码的二-五-十进制计数器 CT74LS196

图 13-14 所示为 CT74LS196 引脚排列。它具有预置数码和进行二进制、五进制及十进制计数的功能，见表 13-10，简要说明如下。

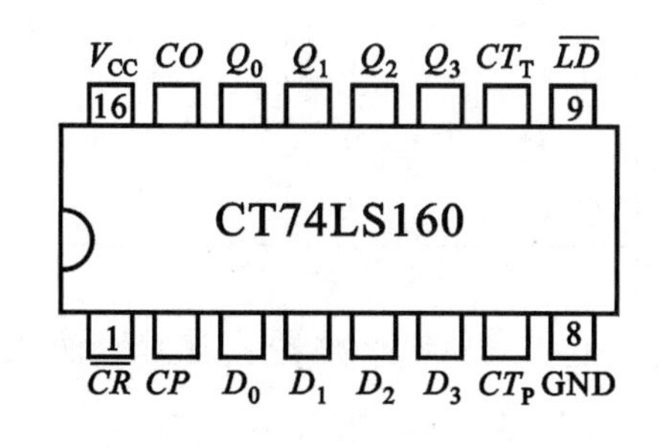

图 13-13　CT74LS160 引脚排列

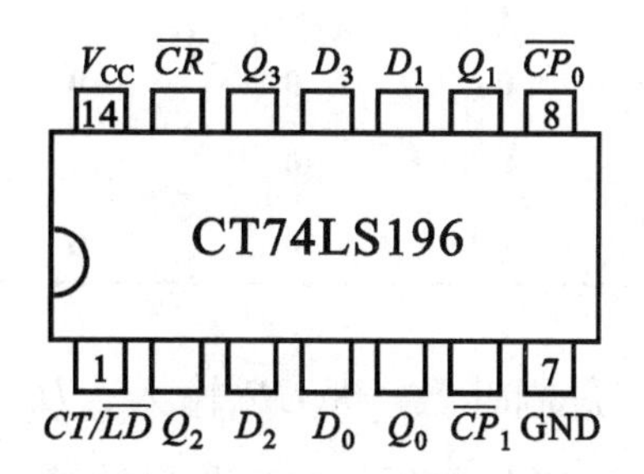

图 13-14　CT74LS196 引脚排列

表 13-10　CT74LS196 的逻辑功能

输入							输出			
$\overline{CR}$	$CT/\overline{LD}$	$\overline{CP}$	D_0	D_1	D_2	D_3	Q_0	Q_1	Q_2	Q_3
0	×	×	×	×	×	×	**0**	**0**	**0**	**0**
1	**0**	×	d_0	d_1	d_2	d_3	d_0	d_1	d_2	d_3
1	**1**	↓	×	×	×	×	加法计数			

（1）$\overline{CR}=\mathbf{0}$时，计数器置零，即$Q_3Q_2Q_1Q_0=\mathbf{0000}$。

（2）$CT/\overline{LD}$是计数、置数控制端。当此端为低电平$\mathbf{0}$时，进行预置数码操作，并且与$\overline{CP}_0$、$\overline{CP}_1$端信号状态无关（表中$\overline{CP}$代表$\overline{CP}_0$、$\overline{CP}_1$）。

（3）$CT/\overline{LD}$端加高电平$\mathbf{1}$时，当作用在$\overline{CP}_0$、$\overline{CP}_1$端的触发脉冲下降沿（↓）到来后，进行以下计数操作。

① 十进制计数。将$\overline{CP_1}$与Q_0相连，计数脉冲从$\overline{CP_0}$输入，它的真值表如表13-11所示。

表13-11　十进制真值表

CP序号	Q_3	Q_2	Q_1	Q_0
0	0	0	0	0
1	0	0	0	1
2	0	0	1	0
3	0	0	1	1
4	0	1	0	0
5	0	1	0	1
6	0	1	1	0
7	0	1	1	1
8	1	0	0	0
9	1	0	0	1
10	0	0	0	0

表13-12　双五进制真值表

CP序号	Q_0	Q_3	Q_2	Q_1
0	0	0	0	0
1	0	0	0	1
2	0	0	1	0
3	0	0	1	1
4	0	1	0	0
5	1	0	0	0
6	1	0	0	1
7	1	0	1	0
8	1	0	1	1
9	1	1	0	0
10	0	0	0	0

② 二、五进制计数。从$\overline{CP_0}$输入，Q_0输出，是1位二进制计数器；从$\overline{CP_1}$输入，Q_1 ~ Q_3输出，为五进制计数器。（五进制计数的真值表可参阅表13-12双五进制真值表中，*CP*序号由0 ~ 5所对应的Q_3、Q_2、Q_1的状态变化）

③ 双五进制计数器。将$\overline{CP_0}$与Q_3相接，计数脉冲从$\overline{CP_1}$端输入，其真值表见表13-12。其中Q_0为最高位，依次为Q_3、Q_2、Q_1。双五进制计数器也是十进制计数器的一种，只是编码方式不同。它与8421BCD码相比，仅仅是最高位的权不相同。在这里最高位$Q_0=\mathbf{1}$时，代表十进制数码5。双五进制计数也称5421十进制编码。

目前，中规模计数器不仅有二进制、十进制、二-五-十进制，还有其他各种进制。使用时，应查阅有关器件手册，明了其引脚排列、各引出端逻辑功能，以便正确使用。

13.4　时序逻辑电路的应用

时序逻辑电路在自动控制、自动检测、计时电路等各个方面，都有广泛的应用。以下仅作简单的介绍。

13.4.1 环形脉冲分配器

电路用一片 CT74LS194 集成双向移位寄存器构成，如图 13-15（a）所示。寄存器的输出端 Q_3 与右移输入端 D_{SR} 相连，即 $D_{SR}=Q_3$；输入端 $D_0=\mathbf{1}$，$D_1 \sim D_3$ 接地，即为 **0** 态。电路在 CP 脉冲的连续作用下，输出端 $Q_0 \sim Q_3$ 将轮流出现高电平 **1**。所以，称之为环形脉冲分配器。

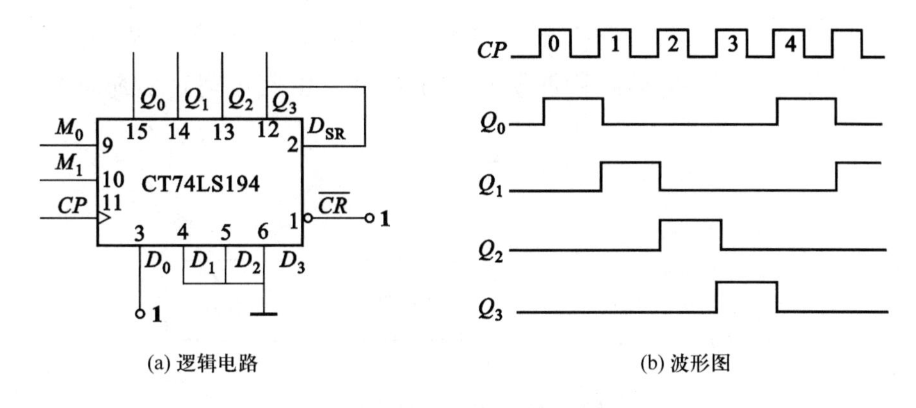

(a) 逻辑电路 (b) 波形图

图 13-15 环形脉冲分配器

电路工作原理如下：工作前，首先使 $M_0M_1=\mathbf{11}$，电路处在并行输入工作方式。令 $\overline{CR}=\mathbf{1}$，当 CP 脉冲上升沿到来后，输入端 $D_0 \sim D_3$ 的信号状态被移入寄存器中，即 $Q_0Q_1Q_2Q_3=\mathbf{1000}$。进入工作时，$M_0M_1=\mathbf{10}$，电路处在右移工作状态。根据 CT74LS194 的右移功能可知，每输入一个 CP 脉冲，Q_0 的状态就右移一位，而其他各输出端的状态也依次右移。因为 $D_{SR}=Q_3$，所以 Q_3 的状态同时移入 Q_0。从以上分析可以看出，Q_0 的高电平 **1** 态将随 CP 脉冲的不断输入，在 $Q_0 \sim Q_3$ 之间依次轮流出现。图 13-15（b）所示为环形脉冲分配器波形图，表 13-13 给出了环形脉冲分配器状态表。

表 13-13 环形脉冲分配器状态表

CP 序号	M_0	M_1	D_{SR}（Q_3）	Q_0	Q_1	Q_2	Q_3
0	**1**	**1**	**0**	**1**	**0**	**0**	**0**
1	**1**	**0**	**0**	**0**	**1**	**0**	**0**
2	**1**	**0**	**0**	**0**	**0**	**1**	**0**
3	**1**	**0**	**1**	**0**	**0**	**0**	**1**
4	**1**	**0**	**0**	**1**	**0**	**0**	**0**

综上分析，在 CP 脉冲的连续作用下，$Q_0 \sim Q_3$ 按一定的时间节拍，顺序输出高电平 **1**。若用 $Q_0 \sim Q_3$ 去控制四组彩灯，则各组彩灯将按程序定时闪烁发光，给节日之夜增添喜庆欢乐的气氛。

13.4.2 频率计

频率计组成框图如图 13-16 所示。将待测频率的脉冲和采样脉冲，一起送入**与**门中。在采样脉冲为高电平 **1** 的 $t_1 \sim t_2$ 期间，**与**门开启，待测脉冲通过**与**门进入计数器计数。计数器计数的结果，就是在 $t_1 \sim t_2$ 期间待测脉冲的个数 N。由此可得待测脉冲频率 f 为

$$f=\frac{N}{t_2-t_1}$$

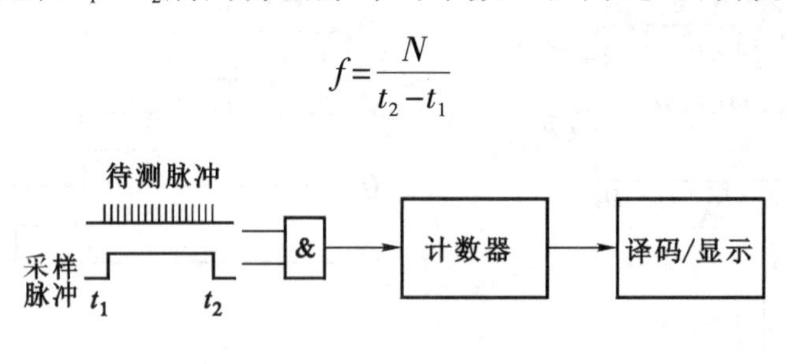

图 13-16 频率计组成框图

采样脉冲产生电路如图 13-17 所示。石英晶体振荡器产生频率精确的正弦波信号，经过脉冲成形电路，加工成方波信号。如图中所设频率为 1 kHz，通过三级十进制计数器的逐级分频，得到频率为 1 Hz、周期为 1 s、脉冲宽度为 0.5 s 的矩形波。然后，把这个矩形波信号送入计数型 JK 触发器的 CP 端，于是 Q 端输出的是经过二分频，脉宽变为 1 s 的采样脉冲。

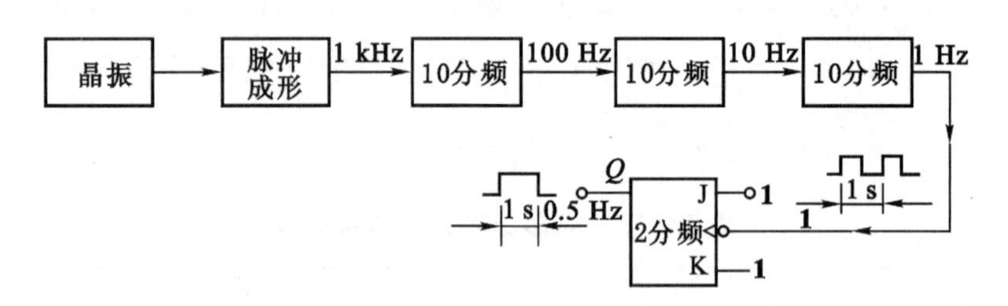

图 13-17 采样脉冲产生电路

图 13-18 所示为频率计测频原理图。**与**门输出的信号，是取样脉宽 $t_1 \sim t_2$ 期间的待测脉冲波。经过计数器计数后，送入译码显示电路显示，于是可以直接读出被测信号的频率。

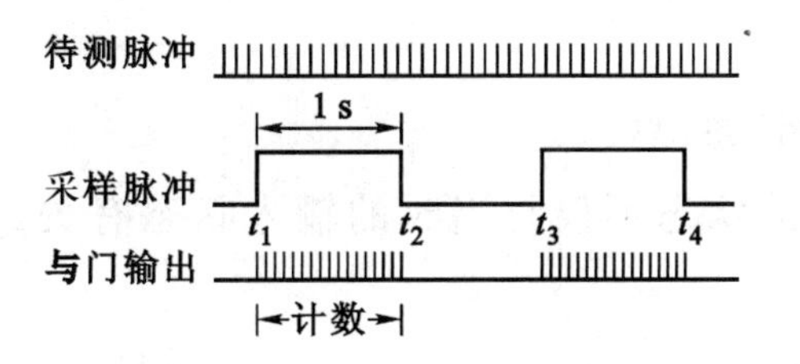

图 13-18　频率计测频原理图

13.4.3　数字钟

图 13-19 所示为数字钟组成框图，它可显示秒、分、时。工作原理如下。

石英晶体振荡器产生频率精确的正弦波信号，再经过脉冲整形、分频，最后获得频率为 1 Hz 的脉冲信号，被送到“秒”显示器（相当于秒针）中。秒显示器是一个六十进制的加法计数器及译码显示电路，它以六十进制计数，并且显示 0～59 六十个数码。当显示数码 59 后，再送入一个脉冲信号，“秒针”复位（即置 **0**），同时向“分针”送入一个进位脉冲。“分针”电路的工作过程与“秒针”相似，计数满 60 就自动复位到零，并向“时针”电路送入一个进位脉冲。“时针”电路是十二进制计数器及译码显示器，当它计数满十二时，就自动复位到零。

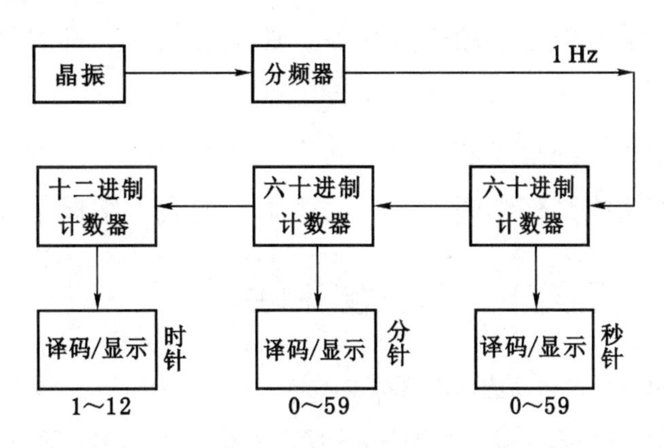

图 13-19　数字钟组成框图

本章小结

时序逻辑电路是数字电路系统中的重要组成部分。本章主要介绍常用的基本时序电路——寄存器和计数器，讨论它们的电路组成、工作原理等。对时序逻辑电路的应用，也作了简单介绍。

■ 本章的基本要求是：

（1）理解时序逻辑电路的特点。

① 时序逻辑电路的输出状态不仅与当时的输入状态有关，而且还与电路的原来状态有关。

② 从电路结构上来看，时序逻辑电路一定包含触发器。它通常由具有控制作用的逻辑门电路和具有记忆功能的触发器两部分组合而成。

（2）掌握寄存器的逻辑功能。

寄存器具有接收、寄存和输出数码的功能。它是计算机电路的重要部件。本章介绍了两类寄存器：数码寄存器和移位寄存器。数码寄存器采用并行输入、并行输出的方式，接收、存储和输出数码，它没有移位的逻辑功能。移位寄存器不仅具有数码寄存器存储信息的功能，而且还具有数码移位的逻辑功能（左移、右移及双向移位）。

（3）掌握计数器的计数功能。

计数器具有对输入的时钟脉冲进行计数的功能。计数器可分为二进制和非二进制、异步和同步、加法计数和减法计数等类别。二进制计数器是构成各种计数器的基础，必须重点掌握。十进制计数器应用广泛，应侧重掌握8421BCD码的表示方法及根据BCD码组成的电路原理。

在时序逻辑电路的学习中，不论是寄存器，还是计数器，都要努力掌握时序逻辑电路的分析方法。

在应用寄存器和计数器的集成芯片时，同样应详细阅读有关的技术说明书，了解有关器件的引脚排列和引脚功能，仔细阅读它们的逻辑功能表，掌握正确使用的方法。

习 题 十 三

13-1 简述时序逻辑电路的逻辑功能和电路特点。

13-2 图题13-2所示的数码寄存器，若电路原来状态为 $Q_2Q_1Q_0=\mathbf{101}$，而输入数码 $d_2d_1d_0=\mathbf{011}$，当 CP 脉冲到来后，电路状态作何变化？

13-3 图题13-3所示的数码寄存器的初始状态 $Q_3Q_2Q_1Q_0=\mathbf{0000}$，串行左移输入端 D_{SL} 输入的数据为 **1101**，试列出在连续4个 CP 脉冲作用下，寄存器的状态表（参照表13-1的格式）。

13-4 图题13-4（a）所示的移位寄存器的初始状态为 **1111**，试问：当第二个 CP 脉冲到来后，寄存器中保存的数码是什么？请按照图题13-4（b），画出连续4个 CP 脉冲作用下，Q_3、Q_2、Q_1、Q_0 各端的波形图。

13-5 试分析图题13-5（a）所示的计数器的工作原理，它是多少进制的计数器？若初始状态 $Q_1Q_0=$

00，试列出在连续 4 个计数脉冲 CP 作用下，计数器的状态表，并画出 Q_0、Q_1 的波形图。

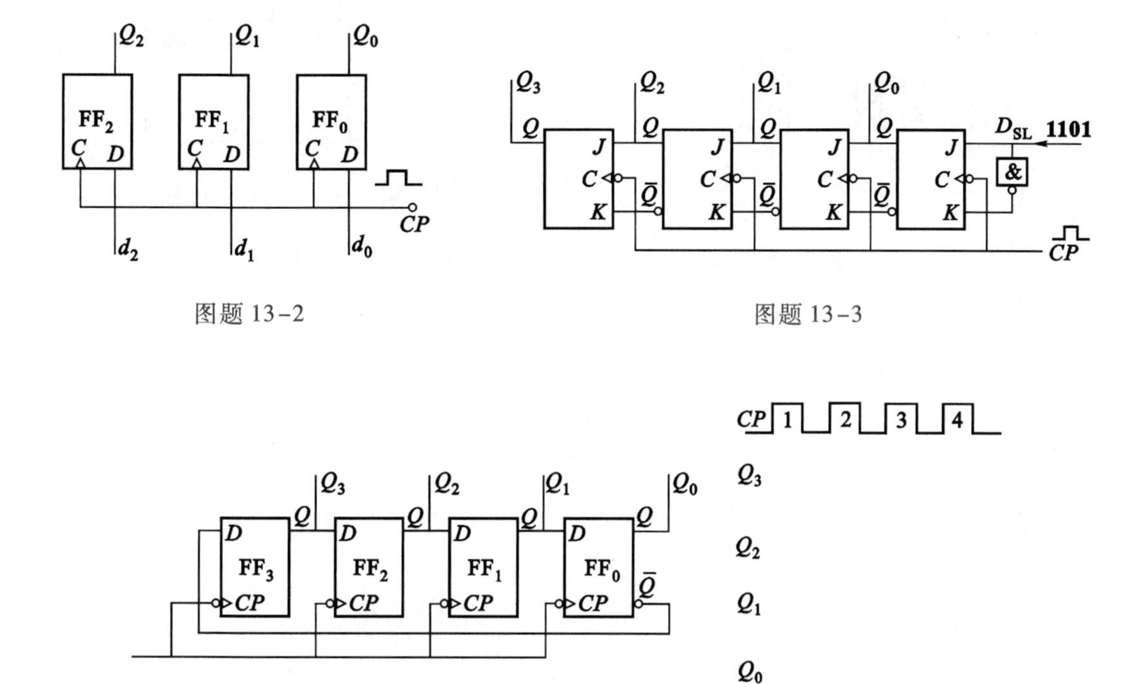

图题 13-4

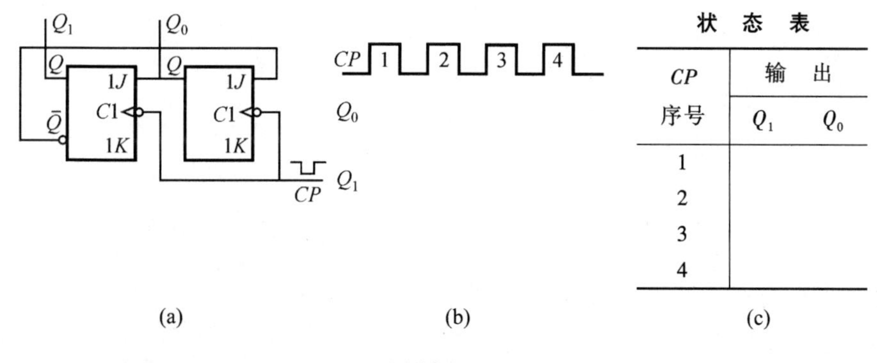

状 态 表

CP 序号	输出 Q_1	输出 Q_0
1		
2		
3		
4		

图题 13-5

13-6 试分析图题 13-6 所示电路的逻辑功能，它是哪种类型的计数器？列出在连续 8 个 CP 脉冲作用下，输出端 Q_2、Q_1、Q_0的状态表（设计数器原有状态为 **000**）。

13-7 试画出用集成同步十进制计数器 CT74LS160 构成的 3 位十进制计数器的逻辑电路。

13-8 图题 13-8 所示为 4 位二进制加法计数器，试在图上完成接线，把它改成 1 位 8421BCD 码的十进制加法计数器。

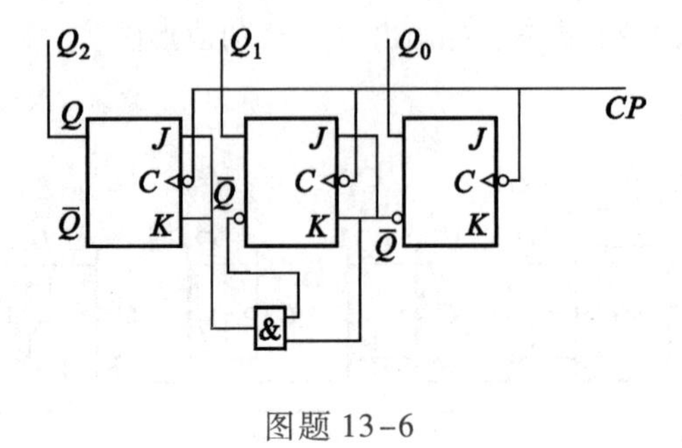

图题 13-6

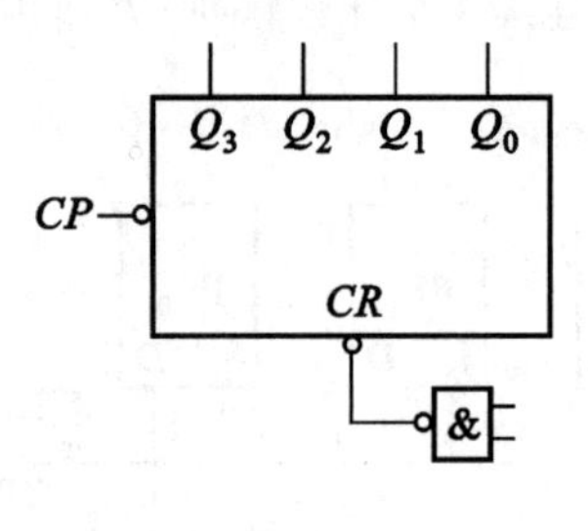

图题 13-8

* 第十四章　脉冲波形的产生和整形电路

在数字电路中，常常需要各种不同频率的矩形脉冲。获得矩形脉冲的方法一般有两种：一种是通过方波振荡器产生；另一种是利用整形电路产生。

本章首先介绍脉冲的基本概念和RC波形变换电路，然后讨论多谐振荡器、单稳态触发器和施密特触发器。主要介绍用集成门电路构成的脉冲产生和整形电路，对它们的应用也作简单介绍。

14.1　脉冲的基本概念

14.1.1　脉冲的概念

瞬间突变、作用时间极短的电压或电流信号，称为**脉冲**。广义上讲，凡是非正弦规律变化的电压或电流都可称为脉冲。

图14-1所示为一个简单的脉冲信号发生器。设开关S原来是接通的。它将R_2短接，输出电压$v_O=0$；$t=t_1$时，将开关S断开，电源V_G通过R_1、R_2分压，这时的输出电压$v_O=V_G\cdot\dfrac{R_2}{R_1+R_2}$；当$t=t_2$时，开关再闭合，于是$R_2$又被短路，输出电压$v_O$又降为0。如此反复接通和断开开关S，在电阻$R_2$上得到的输出电压$v_O$，波形变化如图14-1（b）所示，这就是一串脉冲波。

14.1.2　几种常见的脉冲波形

脉冲信号种类繁多，常见的脉冲波形如图14-2所示，有矩形波、锯齿波、钟形波、尖峰波、阶梯波等。

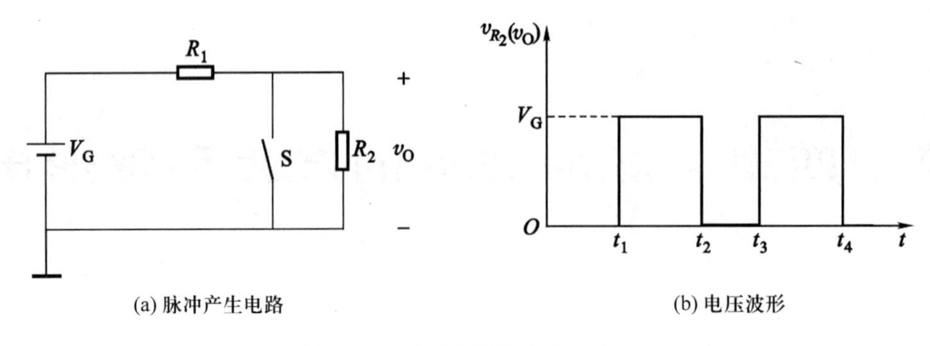

图 14-1　简单的脉冲发生器

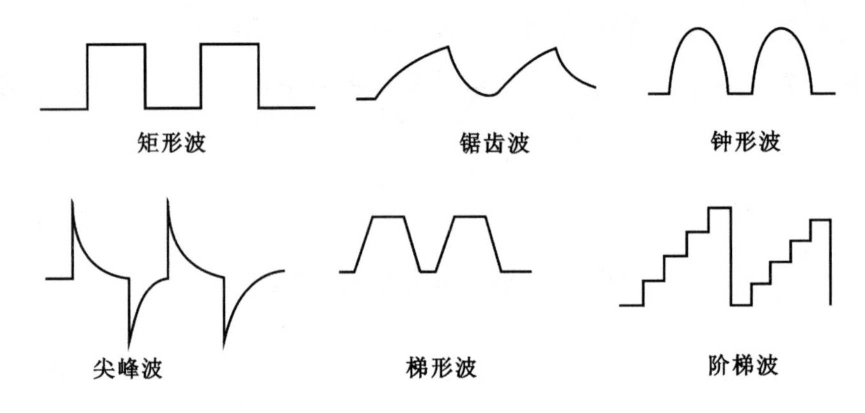

图 14-2　常见的脉冲波形

14.1.3　矩形脉冲波形参数

在脉冲技术中，最常应用的是矩形脉冲波，如图 14-3 所示。以下仅以矩形脉冲为例，介绍主要的波形参数。

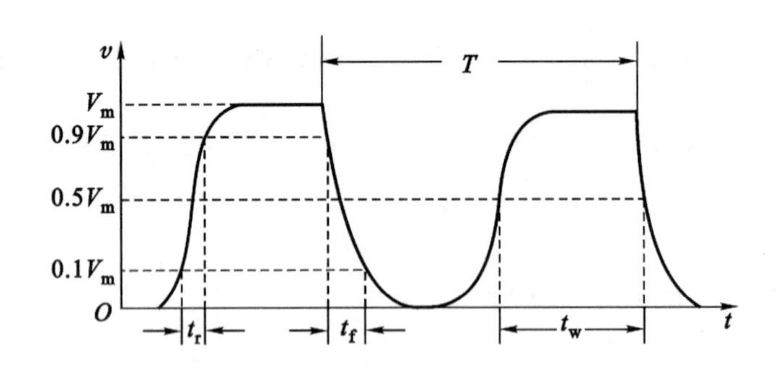

图 14-3　矩形脉冲波常用参数

（1）脉冲幅度 V_m——脉冲电压的最大变化幅度。

(2) 脉冲上升沿时间 t_r——脉冲上升沿从 $0.1V_m$ 上升到 $0.9V_m$ 所需要的时间。

(3) 脉冲下降沿时间 t_f——脉冲下降沿从 $0.9V_m$ 下降到 $0.1V_m$ 所需要的时间。

(4) 脉冲宽度 t_w——脉冲前、后沿 $0.5V_m$ 处的时间间隔，说明脉冲持续时间的长短。

(5) 脉冲周期 T——指周期性脉冲中，相邻的两个脉冲波形对应点之间的时间间隔。它的倒数就是脉冲重复频率 f，即有 $f=\frac{1}{T}$。

14.2 RC 波形变换电路

14.2.1 RC 电路的瞬态过程

所谓瞬态过程是指电路从一个稳定状态变化到另一个稳定状态所经历的过程。因电容器两端的电压不能突变。因此，RC 电路的状态改变，必须经历一个瞬态过程。

1. RC 电路的充电过程

图 14-4 所示为电容器充放电电路。其中电容器上的电压 v_C，流过的电流 i_C 如图中所示。设图中的开关 S 原来合在 B 点，电容器 C 上没有电荷，所以 $v_C=0$。当 S 由 B 合向 A 后，电源 V_G 通过电阻 R 对电容器 C 充电。因电容器两端的电压不能突变，在充电开始的瞬间，$v_C=0$（电容器相当于短路）。这时电源 V_G 的电压 V_G 全部加在电阻 R 上，所以充电电流 i_C 为最大，即 $i_C=\frac{V_G}{R}$。而电阻 R 上的电压也最大，有 $v_R=V_G=i_C\cdot R$。随着电容 C 上的电荷的积累，电压 v_C 随之上升，而 v_R 随之下降，所以 i_C 也逐渐下降。最后，$v_C=V_G$，$v_R=0$，$i_C=0$。此时充电过程结束。通过研究可知，充电时电容器两端的电压、电流的变化规律是指数规律。它们的波形如图 14-5（a）、（b）所示的指数曲线。

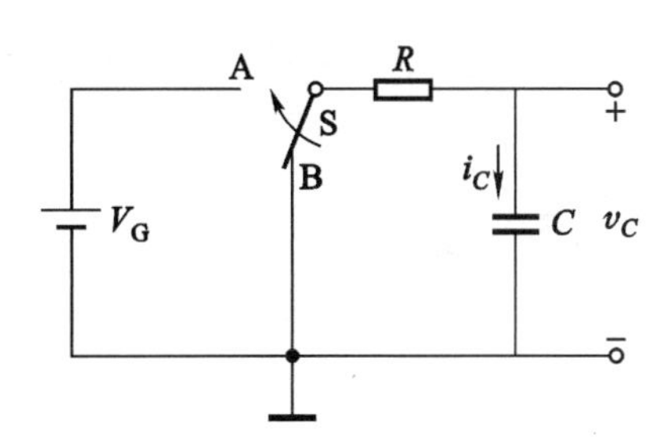

图 14-4 电容器的充放电电路

电容器的充电速度与 R 和 C 的大小有关：电容 C 越大，充至同样的电压所需的电荷越多，所以 v_C 上升就越慢；电阻 R 越大，充电电流就越小，电容器上电荷积累也越慢，所以 v_C 上升也越慢。R 和 C 的乘积称为 RC 电路的时间常数 τ。$\tau=RC$，若 R 的单位为 Ω（欧[姆]），C 的单位为 F（法[拉]），则 τ 的单位为 s（秒）。充电快慢可以用时间常数 τ 来

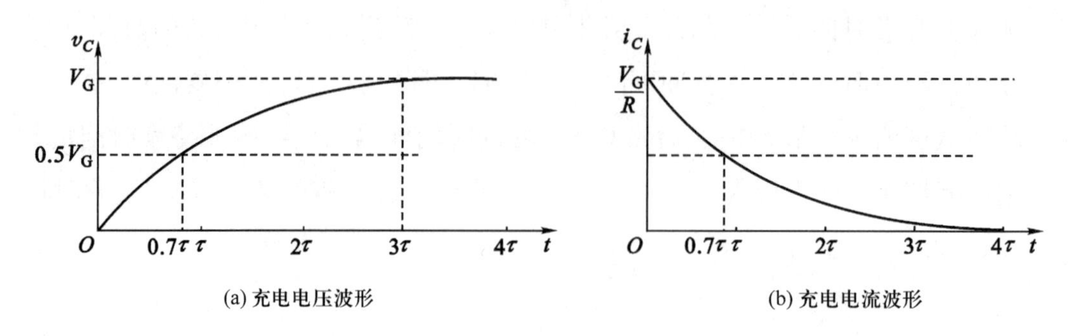

图 14-5　电容器充电波形

衡量，τ 大则慢，τ 小则快。当 $t=0.7\tau$ 时，$v_C\approx0.5V_G$；通常规定，$t=(3\sim5)\tau$ 时，$v_C\approx V_G$，电路的充电过程基本结束。

2. RC 电路的放电过程

在电容器充电结束后，若把图 14-4 中的开关 S 重新合到 B 点，电容器将通过电阻 R 放电。开始瞬间，因为电容器两端的电压不能突变，v_C 仍为 V_G。此时，放电电流 i_C 也最大，$i_C=\frac{V_G}{R}$。随后，v_C 按指数规律逐渐下降，i_C 也随之下降。最后，$v_C=0$，$i_C=0$，放电过程结束。电容上的电压、电流波形如图 14-6 所示。i_C 取负值表示放电电流与充电电流的方向相反。

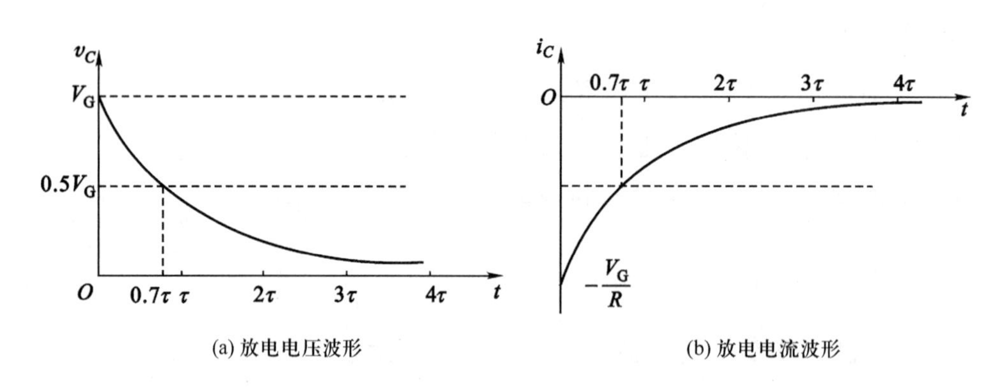

图 14-6　电容器放电波形

放电速度也由时间常数 τ 决定。τ 越大，放电越慢；τ 越小，则放电越快。当 $t=0.7\tau$ 时，v_C 下降到 $0.5V_G$；经过 $3\sim5\tau$，$v_C\approx0$，放电过程基本结束。

应用 RC 电路的充放电规律，可以获得脉冲波形的变换。下面讨论的微分电路和积分电路就是最简单的脉冲波形变换电路。

14.2.2 RC 微分电路

微分电路是脉冲电路中常用的一种波形变换电路，它能把矩形脉冲波变换成宽度很窄的一对正负尖峰脉冲波。

1. 电路组成

RC 微分电路的组成，如图 14-7（a）所示。电路应具有如下条件：

（1）输出信号取自 RC 电路中电阻 R 的两端，即

$$v_O = v_R$$

（2）电路的时间常数 τ 应远小于输入的矩形波脉冲宽度 t_w，即

$$\tau \ll t_w$$

通常，当 $\tau \leqslant \frac{1}{5} t_w$ 时，可认为满足上述条件。

2. 工作原理

图 14-7（b）~（d）是微分电路的波形图。其工作原理如下所述。

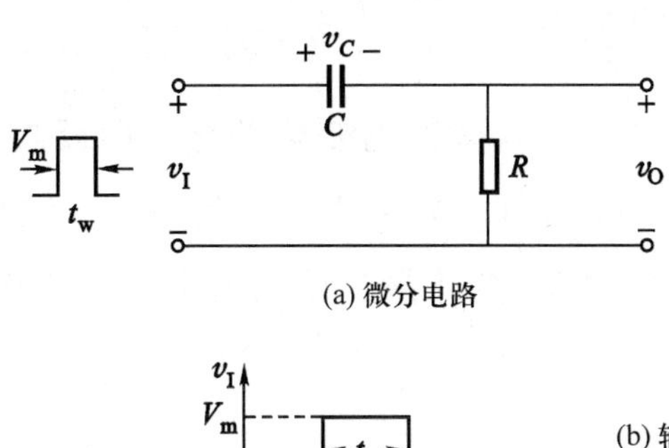

(a) 微分电路

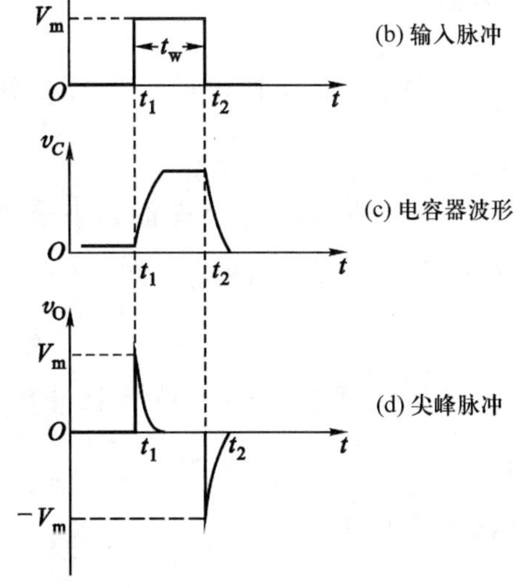

图 14-7　微分电路原理与波形图

设输入信号 v_I为矩形脉冲波，幅度为 V_m，脉宽为 t_w。

（1）当 $t<t_1$时，$v_I=0$，$v_O=0$。

（2）在 $t=t_1$的瞬间，v_I由 0 突变为 V_m，立即有充电电流通过 C 和 R。从图 14-7（a）可知，$v_O=v_I-v_C$，由于电容电压 v_C不能突变，此时 v_C仍为 0，故有 $v_O=v_I=V_m$，即输出电压 v_O由 0 跳变为 V_m。

（3）在 $t_1\sim t_2$期间，输入电压 v_I保持 V_m不变，由于电路时间常数 τ 很小（$\tau \ll t_w$），所以，电容 C 被迅速充电，v_C上升很快。而输出电压 $v_O=v_I-v_C$则迅速下降。在 $t=t_2$之前，v_C很快达到 V_m，而 v_O也迅速下降为 0，形成一个正的尖峰脉冲波。

（4）在 $t=t_2$时刻，v_I从 V_m跳变到 0，由于电容两端电压不能突变，v_C仍为 V_m。所以，$v_O=v_I-v_C=-V_m$。

（5）在 t_2时刻以后，同样因为电路时间常数 τ 很小，电容迅速放电，v_O很快由 $-V_m$上升到 0，形成一个负的尖峰脉冲波。

以后当第二个矩形脉冲输入时，将重复上述过程。每输入一个矩形脉冲，在输出端就得到一对正负相间的尖峰波。

3. 电路特点

RC 微分电路的输出脉冲反映了输入脉冲的变化部分，即反映 v_I在 t_1和 t_2时刻的跳变，此时输出电压幅度最大；而在 $t_1\sim t_2$期间，输入电压保持不变，输出电压基本为 0。概括地说，微分电路能对输入脉冲起到“突出变化量，压低恒定量”的作用。

14.2.3 RC 积分电路

RC 积分电路也是一种常用的波形变换电路，它能把矩形脉冲波变换为三角波。

1. 电路组成

RC 积分电路如图 14-8（a）所示。它应具备如下条件：

（1）输出信号取自 RC 电路中电容 C 两端，即

$$v_O=v_C$$

（2）电路的时间常数 τ 应远大于输入矩形波的脉冲宽度 t_w，即

$$\tau \gg t_w$$

通常，当 $\tau \geqslant 3t_w$时，即可认为满足上述条件。

2. 工作原理

图 14-8（b）所示为 RC 积分电路的波形图。设输入矩形脉冲的幅度为 V_m，脉宽为 t_w，其工作原理如下所述。

（1）$t=t_1$时刻，v_I由 0 跳变到 V_m，由于电容两端电压不能突变，故 $v_C=0$，输出 $v_O=v_C=0$。

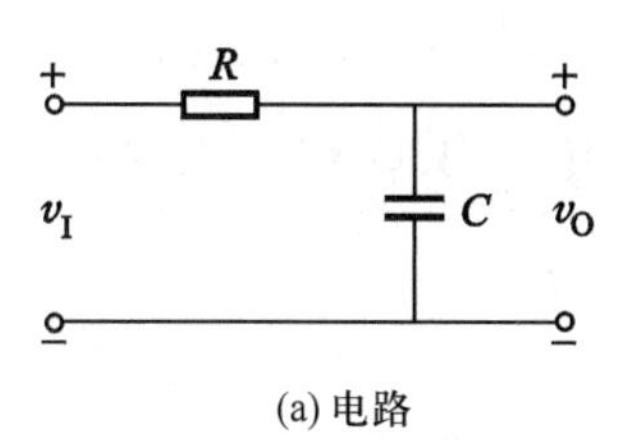

(a) 电路

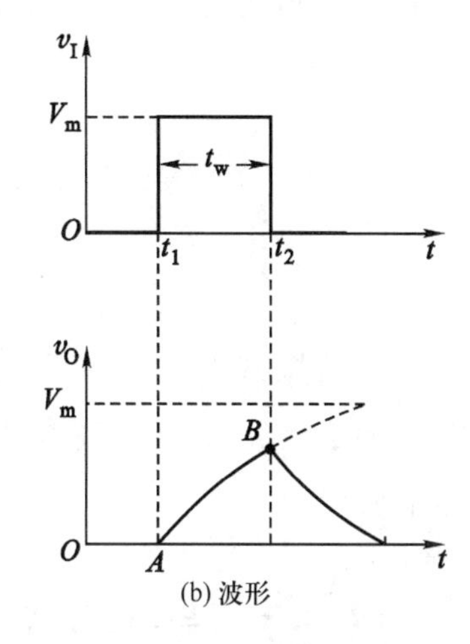

(b) 波形

图 14-8　积分电路原理与波形图

（2）在 $t_1\sim t_2$期间，输入电压 $v_I=V_m$保持不变，电容 C 被充电，v_C按指数规律上升。由于电路的时间常数 τ 很大（$\tau\gg t_w$），所以充电速度缓慢，在 $t_1\sim t_2$期间，v_C的上升仅仅是充电过程的开始一小段，可以近似认为线性增长，如图 14-8（b）中 AB 段所示。

（3）当 $t=t_2$时，v_I从 V_m下跳为 0，相当于输入端短路，电容 C 通过电阻 R 开始放电，输出电压下降，直到下一个矩形脉冲的到来。

3. 工作特点

RC 积分电路的工作特点是在输入矩形脉冲的稳定部分，输出电压有明显的变化，而在输入矩形脉冲的跳变时刻，输出电压保持不变。这种情况恰好与 RC 微分电路相反。它对输入脉冲信号起到“突出恒定量，压低变化量”的作用。

4. 积分电路的应用

（1）将矩形脉冲变换成近似的三角波（或锯齿波）。

（2）将上升沿、下降沿陡峭的矩形脉冲波变换成上升沿和下降沿较缓慢的矩形脉冲，使跳变部分“延缓”，也称为“积分延时”。需注意的是，时间常数 τ 不能过大。

（3）从宽窄不同的脉冲串中，把宽脉冲选出来。这是因为这些脉冲串通过积分电路后，宽脉冲的输出幅度大，窄脉冲的输出幅度小。

例 14-1　图 14-7（a）所示电路中，$R=20\ \text{k}\Omega$，$C=200\ \text{pF}$，若输入 $f=10\ \text{kHz}$ 的连续方波，问此电路是 RC 微分电路，还是一般的 RC 耦合电路?

解　先求电路的时间常数 τ

$$\tau=RC=20\times10^3\times200\times10^{-12}=4\times10^{-6}\ \text{s}=4\ \mu\text{s}$$

再求方波的脉宽 t_w。因为方波脉宽为周期的一半，即

$$t_w=\frac{T}{2}=\frac{1}{2f}=\frac{1}{2\times10\times10^3}\ \text{s}=5\times10^{-5}\ \text{s}=50\ \mu\text{s}$$

由上面计算知，$\tau<\frac{1}{5}t_w$，这是微分电路。

例 14-2　图 14-8（a）所示的电路中，若 $C=0.1\ \mu\text{F}$，输入脉冲的宽度 $t_w=0.5\ \text{ms}$，

欲组成积分电路，电阻 R 至少应为多少？

解 组成积分电路必须 $\tau \geqslant 3t_w$，即 $RC \geqslant 3t_w$

则
$$R \geqslant \frac{3t_w}{C} = \frac{3\times 0.5\times 10^{-3}\ \mathrm{s}}{0.1\times 10^{-6}\ \mathrm{F}} = \frac{1.5\times 10^{-3}\ \mathrm{s}}{0.1\times 10^{-6}\ \mathrm{F}} = 15\ \mathrm{k\Omega}$$

可见，电阻 R 至少为 15 kΩ。

14.3 多谐振荡器

多谐振荡器具有两个暂稳态，它不需外加触发信号，就能在两个暂稳态之间自行转换，产生特定频率和脉宽的矩形脉冲。在脉冲数字电路中，多谐振荡器广泛用作脉冲信号发生器。

14.3.1 与非门基本多谐振荡器

1. 电路组成

用**与非**门构成的基本多谐振荡器如图 14-9 所示。图中**与非**门 G_1、G_2 连接成阻容耦合正反馈电路。一般有

$$R_1 = R_2 = R,\ C_1 = C_2 = C$$

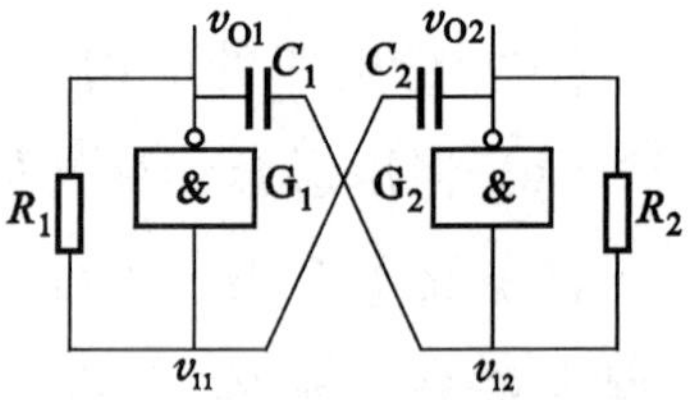

图 14-9 与非门多谐振荡器

2. 工作原理

接通电源后，由于左右二部分电路总是存在差异，假设**与非**门 G_2 的输出电压 v_{O2} 高一些，通过 C_2 的耦合使 v_{I1} 信号较强，经过**与非**门 G_1 作用导致 v_{O1} 下降，经 C_1 的反馈，使 v_{I2} 下降，再经过**与非**门 G_2 的作用，v_{O2} 进一步升高。这是一个正反馈过程

$$v_{O2}\uparrow \xrightarrow{C_2\text{耦合}} v_{I1}\uparrow \xrightarrow{G_1\text{作用}} v_{O1}\downarrow \xrightarrow{C_1\text{耦合}} v_{I2}\downarrow$$

（$v_{I2}\downarrow$ 经 G_2 作用 → $v_{O2}\uparrow$）

G_2作用

从而迅速使**与非**门 G_1 输出低电平 V_{L1}（下标 L 表示低电平），即 **0** 态；**与非**门 G_2 输出高电平 V_{H2}（下标 H 表示高电平），即 **1** 态。此为第一暂态。

由于电容 C_1、C_2 的充放电，这一状态是不稳定的。如果把电容 C 和**与非**门输入端相连的一极的电位升高称为充电；相反的情况，就称为放电。在第一暂态期间，门 G_2 的输

出高电平 V_{H2} 将通过电阻 R_2 对电容 C_1 充电；而 C_2 将通过 R_1 和门 G_1 的输出电路进行放电。C_1、C_2 的充放电路径如图 14-10 所示。

电容 C_1 的充电，将导致 v_{I2} 升高；同时，电容 C_2 的放电，会使 v_{I1} 下降。当 v_{I2} 升高到**与非**门 G_2 的开门电平时，门 G_2 开启，进入工作状态。于是，它的输出 v_{O2} 将下降。通过 C_1、C_2 的耦合，又是一个正反馈过程：

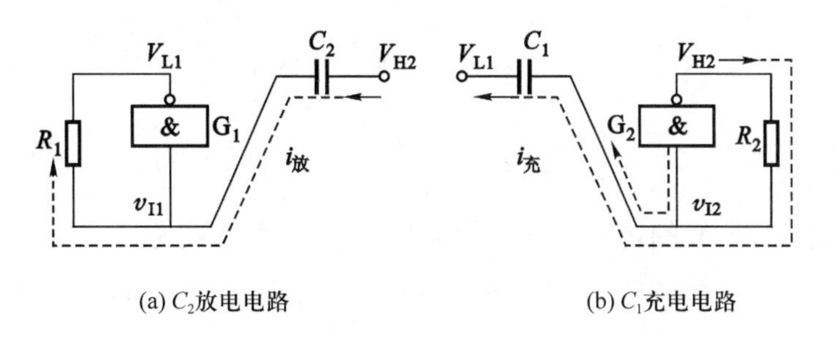

(a) C_2 放电电路　　(b) C_1 充电电路

图 14-10　C_1、C_2 充放电回路

$$v_{I2}\uparrow \xrightarrow{G_2\text{作用}} v_{O2}\downarrow \xrightarrow{C_2\text{耦合}} v_{I1}\downarrow \xrightarrow{G_1\text{作用}} v_{O1}\uparrow$$

（$v_{O1}\uparrow$ 经 C_1 耦合 → $v_{I2}\uparrow$）

C_1 耦合

从而使**与非**门 G_1 输出高电平 V_{H1}，呈 **1** 态；而**与非**门 G_2 输出低电平 V_{L2}，为 **0** 态。电路进入了第二暂稳态。

同样，这一状态也不能持久。再经过 C_1、C_2 的充、放电，电路又将从第二暂稳态，返回到第一暂稳态。如此反复循环，产生了图 14-11 所示的波形。

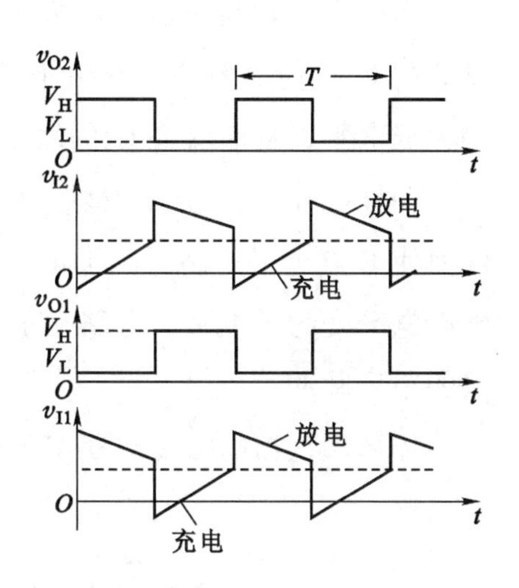

图 14-11　与非门多谐振荡器波形图

3. 振荡周期 T 的估算

振荡周期 T 可按下式估算

$$T \approx 1.4\ RC$$

其中

$$R = R_1 = R_2,\ C = C_1 = C_2$$

14.3.2　环形多谐振荡器

1. 电路组成

电路如图 14-12 所示。这是用三个**非**门首尾依次相连，构成一个闭环电路，所以称为环形多谐振荡器。其中 R、C 是定时元件，它决定振荡的周期和频率。若 R 采用可调电

阻，就可以做成频率可调的多谐振荡器。R_S是非门 G_3的输入限流电阻。

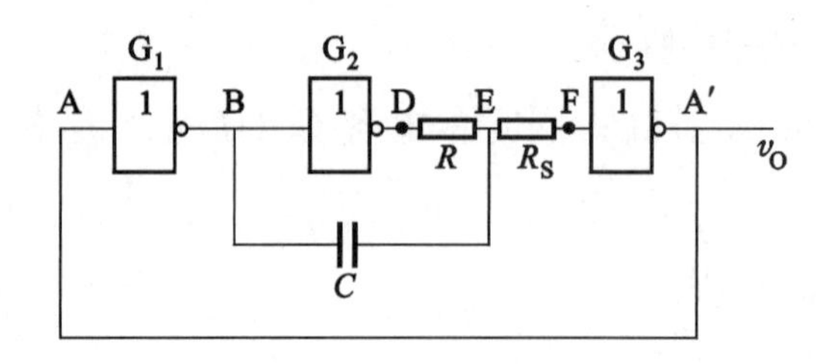

图 14-12　环形振荡器

2. 工作原理

假设通电后，输出端 A′的电压 v_O为低电平，它直接送到输入端 A，即输入为低电平。经过非门 G_1作用，B 端为高电平。于是可推知 D 点是低电平，而由于电容 C 的耦合作用，E 点的电平和 B 相同，也为高电平，F 点亦为高电平，它通过非门 G_3作用，保证了输出 v_O为低电平。这是第一暂态。

在第一暂态期间，B 端的高电平将通过 C、R 及非门 G_2，对电容 C 充电。随充电电流由大变小。直到接近 0，电阻 R 上的电压也降为 0，于是 E 端电位近似等于 D 端的低电平，F 端的电平也随之下降。当它降到门 G_3的关门电平时，门 G_3关闭，同时输出电压翻转，v_O变为高电平。它反送到输入端 A，使门 G_1的输出由原来的高电平变为低电平。它一方面经过非门 G_2，使 D 端变为高电平；另一方面通过电容 C 的耦合，使 E 点变为低电平，F 点亦为低电平，从而保证 G_3的输出为高电平。电路进入了第二暂态。

同样，在第二暂态期间，D 点的高电平将通过 R、C 及非门 G_1，对电容 C 反向充电。从而使 E 点电平升高，F 点电平也随之升高，当它达到非门 G_3的开门电平时，G_3导通，v_O由高电平变为低电平，电路又重新返回到第一暂态。如此周而复始，形成振荡，输出所要求的矩形脉冲。

环形振荡器的振荡周期 T，可按下式估算

$$T \approx 2.2\ RC$$

14.3.3　石英晶体多谐振荡器

为了获得频率稳定度更高的脉冲信号，可在多谐振荡器中接入石英晶体，构成石英晶体多谐振荡器，如图 14-13（c）所示。

根据石英晶体的阻抗特性，当信号频率与晶体的串联谐振频率 f_s相等时，它的阻抗为 0，使该信号容易通过。形成正反馈，产生振荡。而对于其他频率，石英晶体呈现高阻抗，

正反馈的路径被切断。不能起振。因此，振荡器产生频率等于晶体的谐振频率f_s的脉冲信号。由此可见，石英晶体多谐振荡器的振荡频率只与晶体有关，而与电路中其他元件参数无关。

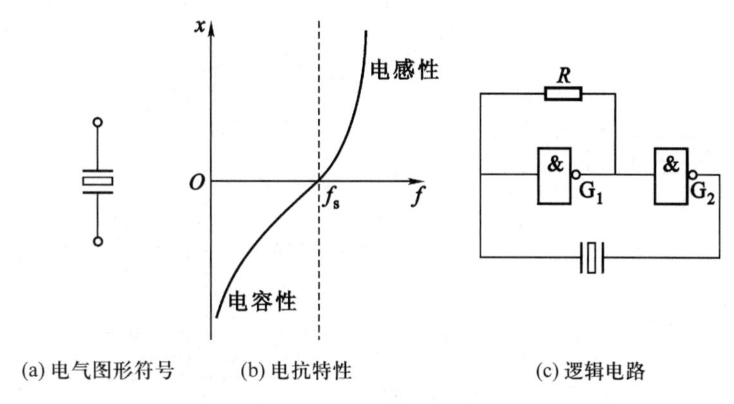

图 14-13　石英晶体多谐振荡器

14.4　单稳态触发器

单稳态触发器是一种只有一个稳定状态的触发器。如果没有外来触发信号，电路将保持这一稳定状态不变。只有在外来触发信号作用下，电路才会从原来的稳态翻转到另一个状态。但是，这一状态是暂时的，故称暂稳态或简称暂态，经过一段时间后，电路将自动返回到原来的稳定状态。

单稳态电路在脉冲数字电路中，常用于脉冲的整形和延时。

14.4.1　微分型单稳态触发器

1. 电路组成

图 14-14 所示为由**与非**门组成的单稳态触发器。门 G_1 的输出电压 v_{O1} 经过 R、C 组成的微分电路，耦合到门 G_2 的输入端，故称微分型单稳态电路。门 G_2 的输出电压 v_O 直接送入门 G_1 的输入端。

2. 工作原理

（1）电路的稳态

无触发信号输入时，v_I 为高电平。由于电阻 R 很小，图 14-14（a）中的 B 端相当接地，门 G_2 的输入信号为低电平 **0**。根据**与非**门的逻辑功能可知，输出电压 v_O 为高电平 **1**

态，而门 G_1 的输出电压 v_{O1} 为低电平 **0** 态。这是电路的稳定状态。

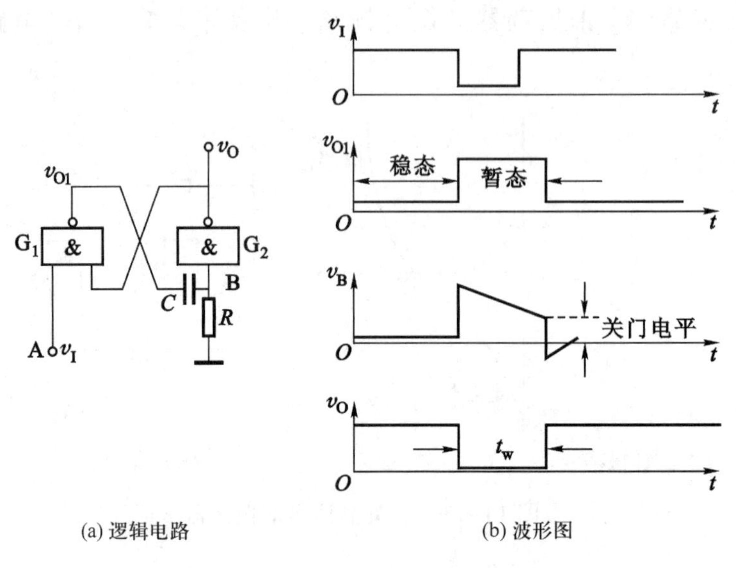

图 14-14　微分型单稳态触发器

（2）电路的暂稳态

当输入端 A 加入低电平触发信号时，根据**与非**门的功能——“有 **0** 出 **1**”，则门 G_1 的输出 v_{O1} 为高电平 **1**，通过电容 C 耦合，门 G_2 的输入端 B 处的信号是高电平 **1**。因此，输出信号 v_O 为低电平 **0** 态。触发器翻转到暂稳态。

（3）暂稳态期间

暂稳态期间，**与非**门 G_1 的输出电压 v_{O1} 为高电平，它通过 C、R 到接地端，对电容 C 充电。随电容电压的升高，充电电流逐渐变小。因此，电阻上的电压——即 B 端的电平，也逐渐下降。

（4）自动恢复为稳态

当 B 端的电平下降到**与非**门 G_2 的关门电平时，门 G_2 关闭，输出电压 v_O 又上跳为高电平。它反送到门 G_1 的输入端。由于触发负脉冲的宽度很窄，A 点已恢复高电平。根据**与非**门的逻辑功能——“全 **1** 出 **0**”，v_{O1} 下跳为低电平。电路又恢复到原来的稳定状态。

再输入触发负脉冲时，电路便重复上述过程。从以上分析可知，要求触发负脉冲的宽度较窄。图 14-14（b）所示为它的工作波形图。

输出脉冲宽度 $t_w \approx 0.7\ RC$。

14.4.2　集成单稳态触发器

集成单稳态触发器具有价格低廉、性能优良、使用方便等优点，应用广泛。集成单稳态触发器品种很多，这里仅介绍常用的集成组件 CT74121 单稳态触发器。

1. 引脚排列及引出端符号

CT74121 引脚排列如图 14-15 所示。各引出端符号说明如下：

Q 为暂稳态正脉冲输出端，$\overline{Q}$为暂稳态负脉冲输出端。TR_+为正触发（上升沿触发）输入端，TR_{-A}、TR_{-B}为两个负触发（下降沿触发）输入端。C_{ext}为外接电容端，R_{int}为内电阻端（约 2 kΩ），R_{ext}/C_{ext}为外接电阻和电容的公共端。V_{CC}为电源端，GND 为接地端，NC 为空脚。

2. 逻辑功能及简要说明

CT74121 的逻辑功能见表 14-1。表中“×”号表示该端信号状态任意，“↑”表示上升沿触发，“↓”表示下降沿触发。表中前四行表示三个输入端 TR_+、TR_{-A}、TR_{-B}没有加触发电压，电路处于稳定状态。后五行表示输入加了触发电压，电路翻转为暂稳态，这时，Q 端输出正脉冲（⎍），$\overline{Q}$端输出负脉冲（⊔）。触发方法简介如下：

（1）如果 TR_{-A}、TR_{-B}、TR_+的初始状态为 **111**（均为高电平），那么，当 TR_{-A}或 TR_{-B}上加上负跳变电压（↓），或者在这两个输入端同时加负跳变电压，则电路翻转为暂态。

（2）如果 TR_{-A}、TR_{-B}、TR_+的初始状态为 **0×0** 或者为 **×00**，则在 TR_+端加上正跳变触发电压（↑），电路就由稳态翻转为暂态。

输出脉冲宽度 t_w由定时元件 R、C 决定。R 可以是内电阻，也可以外接。外接电阻时，R_{int}端应悬空不接。电容 C 应外接。定时元件 R、C 的接法如图 14-16 所示，图（a）为外接电阻的接法，图（b）为采用内电阻的接法。脉冲宽度 T_w由下式估算

$$t_w \approx 0.7\ RC$$

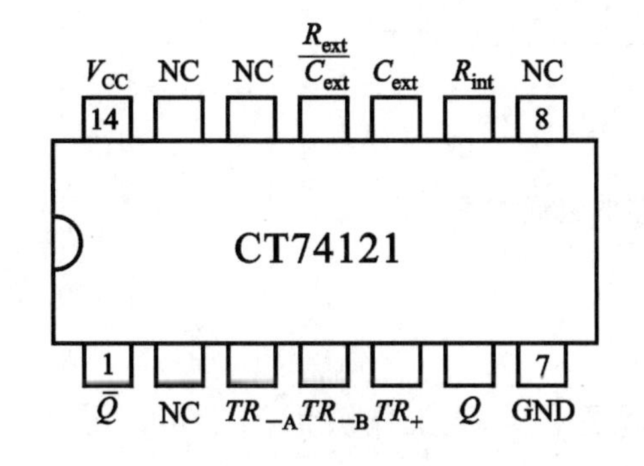

图 14-15　CT74121 引脚排列

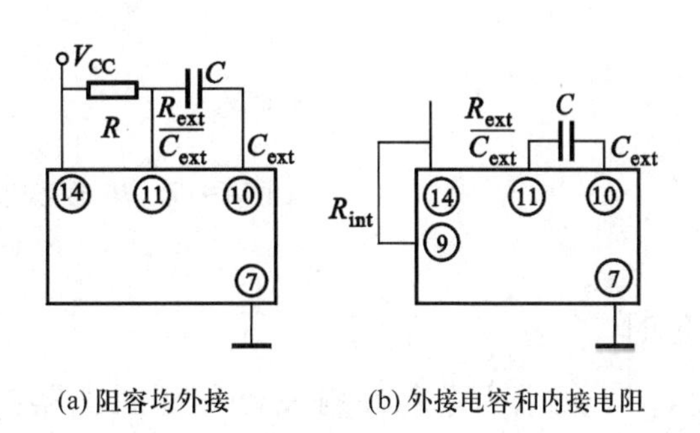

图 14-16　CT74121 定时元件连接图

表 14-1　CT74121 的逻辑功能

输入			输出		说明
TR_{-A}	TR_{-B}	TR_{+}	Q	$\overline{Q}$	
0	×	1	0	1	稳态
×	0	1	0	1	
×	×	0	0	1	
1	1	×	0	1	
↓	1	1			暂态
1	↓	1			
↓	↓	1			
0	×	↑			
×	0	↑			

14.4.3　单稳态触发器的应用

单稳态触发器是常用的基本单元脉冲电路，用途广泛，以下仅举几例。

1. 脉冲信号的整形

脉冲的整形，是把波形不规则的输入脉冲输入单稳态触发器，在输出端获得具有一定的宽度和幅度、前后沿比较陡峭的矩形脉冲波，如图 14-17 所示。

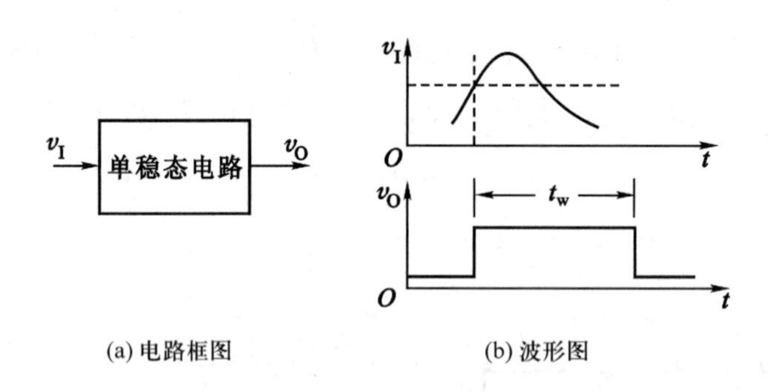

(a) 电路框图　　(b) 波形图

图 14-17　单稳态电路的整形作用

2. 延时

图 14-18 所示为单稳态触发器作延时电路的示意图。从工作波形图中可以看出，输出脉冲 v_O的下降沿比输入脉冲 v_I的下降沿延迟了 t_w的时间。若用 v_O的下降沿去触发其他电路，比直接用 v_I的下降沿触发，延迟了一段时间 t_w，起到了延时作用。

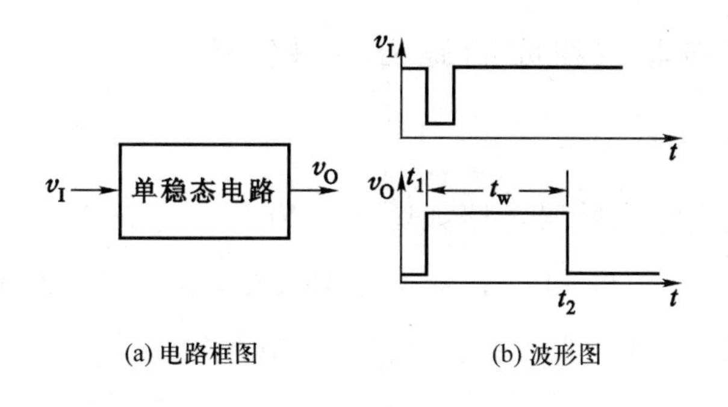

(a) 电路框图　　(b) 波形图

图 14-18　单稳态延时电路

3. 定时

单稳态定时电路如图 14-19 所示。由于单稳态触发器能产生一定脉宽 t_w 的矩形脉冲，若用这个矩形脉冲去控制继电器 K，则只有在 t_w 这段时间内，继电器得电工作。经过 t_w 时间后，矩形脉冲消失，则继电器失电不工作。可见，受继电器 K 控制的电路，只能在 t_w 期间工作。这就是单稳态触发器的定时作用。改变单稳态电路的定时元件 R 和 C，就可以改变 t_w 的宽窄，从而改变定时的长短。

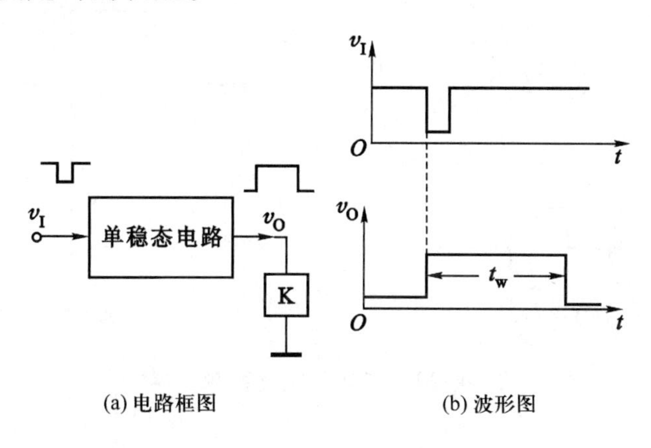

(a) 电路框图　　(b) 波形图

图 14-19　单稳态定时电路

14.5　施密特触发器

施密特触发器也是脉冲数字电路中常用的单元电路。它有两个稳定状态，电路从第一稳态翻转到第二稳态，然后再从第二稳态翻转到第一稳态。两次翻转所需的触发电平是不相同的。这就是有别于一般的双稳态触发器的地方。

14.5.1 用集成与非门组成的施密特触发器

1. 电路组成

用**与非**门组成的施密特触发器电路如图 14-20 所示。它由三个**与非**门 G_1、G_2、G_3和一个二极管 VD 组成。其中，G_1和 G_2构成基本 RS 触发器，二极管 VD 起到电平移位作用，用来产生回差电压。图 14-20（b）所示为它的逻辑符号。

2. 工作原理

下面结合图 14-20（c）所示的工作波形图进行讨论。设输入信号 v_I为三角波，**与非**门的开门电平为 1.4 V，二极管导通电压为 0.7 V。

（1）初始稳定状态——第一稳态

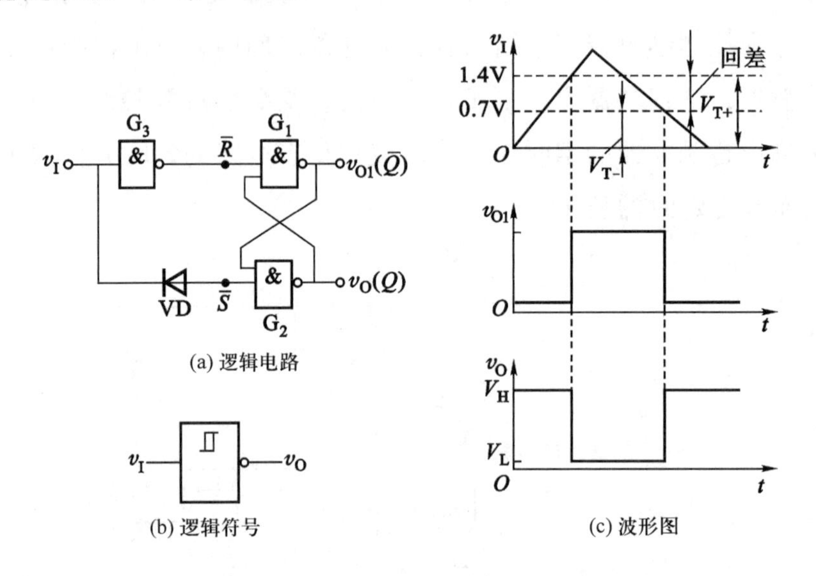

图 14-20 **与非**门施密特触发器

开始 v_I为小于 0.7 V 的低电平，门 G_3输出高电平 **1**，即$\overline{R}$为高电平 **1**。又因$\overline{S}$高出 v_I一个二极管的正向导通电压 0.7 V，所以，$\overline{S}$为小于 1.4 V 门坎电压的低电平 **0**（**与非**门输入电平的高低以门坎电压为准）。根据基本 RS 触发器的逻辑关系可知：输出电压 v_O为高电平 **1**，而 v_{O1}为低电平 **0**。这是电路的第一稳态（Q=**1**，$\overline{Q}$=**0**）。

当 v_I上升，只要 v_I<1.4 V，门 G_3便使$\overline{R}$保持 **1** 态，故 RS 触发器保持 **1** 态不变，即电路保持第一稳态。

（2）电路的第一次翻转

v_I继续升高到 1.4 V 时，门 G_3的输出端$\overline{R}$变为低电平 **0**；而$\overline{S}$仍比 v_I高 0.7 V，保持高电

平 **1** 态。于是 RS 触发器被置 **0**，即输出电压 v_O 由高电平 **1** 态翻转为 **0** 态。此是电路的第二稳态（$Q=\mathbf{0}$，$\overline{Q}=\mathbf{1}$）。

v_I 继续升高，电路将保持第二稳态不变。

（3）电路的第二次翻转

当输入电压 v_I 下降到 1.4 V 以下时，门 G_3 的输出 $\overline{R}$ 由 **0** 变为 **1**；而 $\overline{S}$ 仍比 v_I 高 0.7 V，也为 **1** 态。根据 RS 触发器的逻辑关系可知，它将保持原来的 **0** 态不变，即电路仍维持第二稳态不变。

v_I 继续下降到 0.7 V 以下时，门 G_3 的输出 $\overline{R}=\mathbf{1}$；而 $\overline{S}$ 仅比 v_I 高 0.7 V，所以 $\overline{S}$ 的电平小于1.4 V，$\overline{S}=\mathbf{0}$。同理可知，电路将翻转为 **1** 态。电路重返第一稳态：$Q=\mathbf{1}$，$\overline{Q}=\mathbf{0}$，即 v_O 为高电平 **1**，v_{O1} 为低电平 **0**。

图 14-20（c）所示为它的工作波形图。

3. 回差特性

从以上的讨论可知，在 v_I 上升过程中，只有当 v_I 达到 1.4 V 时，施密特触发器才从第一稳态翻转到第二稳态；而在 v_I 下降过程中，仅当 v_I 降到 0.7 V 以下时，电路才重新翻转，返回第一稳态。两次触发电平存在差值，这即是施密特触发器的回差现象。

如果把上升触发电平记作 V_{T+}，下降触发电平记作 V_{T-}。则两次触发电平的差值称为回差电压 ΔV

$$\Delta V=V_{T+}-V_{T-}$$

图 14-20（a）所示施密特触发器的回差电压 $\Delta V=0.7$ V。施密特触发器这种固有的特点，称为回差特性，也称为滞回特性。

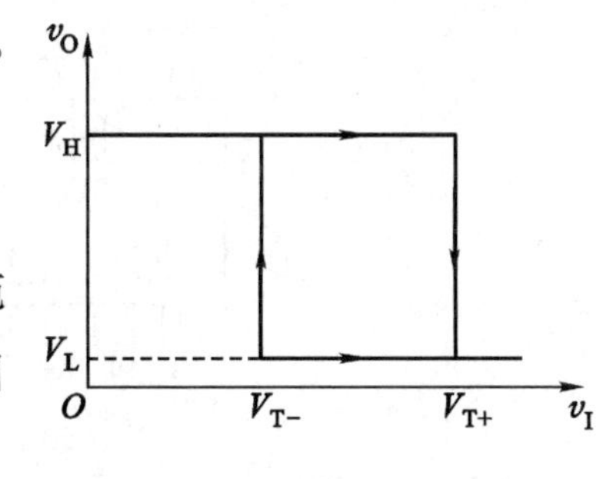

图 14-21 回差特性曲线

图 14-21 所示为施密特触发器的回差特性曲线，也称电压传输特性曲线。实际应用时，可以根据要求在电路上采取措施，增大或减小回差电压。

14.5.2 集成施密特触发器

集成施密特触发器性能一致性好，触发电平稳定，应用广泛。

1. TTL 集成施密特触发器

国产 TTL 施密特触发器有六反相器，例如 CT74LS14；有四 2 输入与非门，如 CT74LS132 等等。其引脚排列如图 14-22 所示。施密特触发器的主要参数有上升触发电平

V_{T+}、下降触发电平 V_{T-}及电源电压等等。各种型号的 TTL 集成施密特触发器的外引线排列图和有关的技术参数，可以查阅半导体集成电路手册。

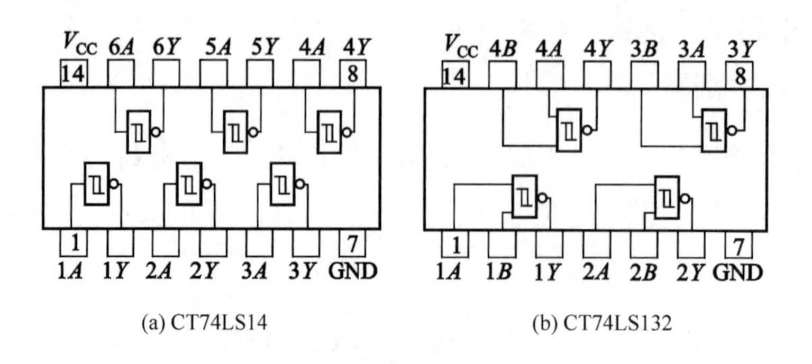

(a) CT74LS14　　(b) CT74LS132

图 14-22　CT74LS14 和 CT74LS132 引脚排列

2. CMOS 集成施密特触发器

国产 CMOS 施密特触发器的典型产品有 CC40106 六反相器，有 CC4093 四 2 输入施密特与非门等。CMOS 集成施密特触发器和相应的 TTL 集成施密特触发器完全相同，有关电路参数可以查阅 CMOS 数字集成电路手册。图 14-23（a）、（b）所示为 CC40106 和 CC4093 两种 CMOS 集成施密特触发器引脚排列。

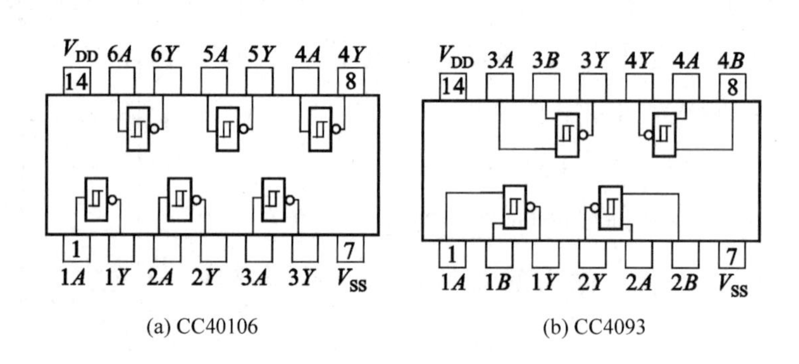

(a) CC40106　　(b) CC4093

图 14-23　CC40106 和 CC4093 引脚排列

14.5.3　施密特触发器的应用

1. 波形变换

施密特触发器可以把连续变化的输入电压（如正弦波、三角波等等）变换为矩形波输出。波形变换的示意图如图 14-24（a）、（b）所示。

2. 脉冲整形

脉冲信号在传输过程中，会变得不规则，例如顶部产生干扰、前后沿变坏等等。用施密特触发器整形，可以使它恢复为合乎要求的矩形脉冲波。图 14-25（a）是整形原理电路，v_I 是输入的不规则脉冲信号，G_1 为施密特反相器，G_2 的接入使 v_O 与 v_I 同相。图 14-25（b）是整形电路的波形图。可见经整形后，输出的矩形波是合乎要求的矩形脉冲波。

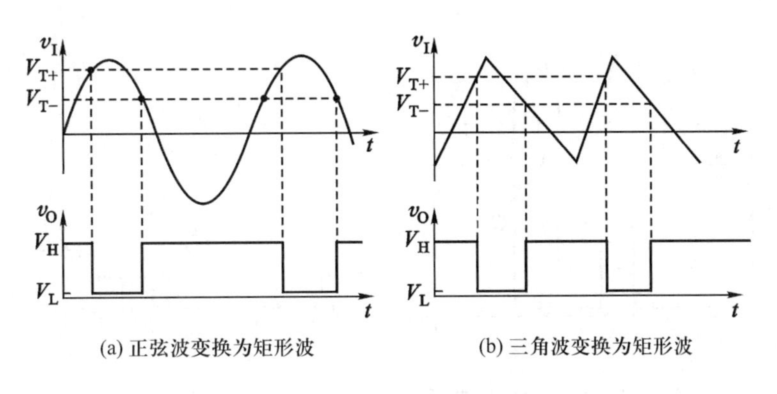

(a) 正弦波变换为矩形波　　(b) 三角波变换为矩形波

图 14-24　波形变换

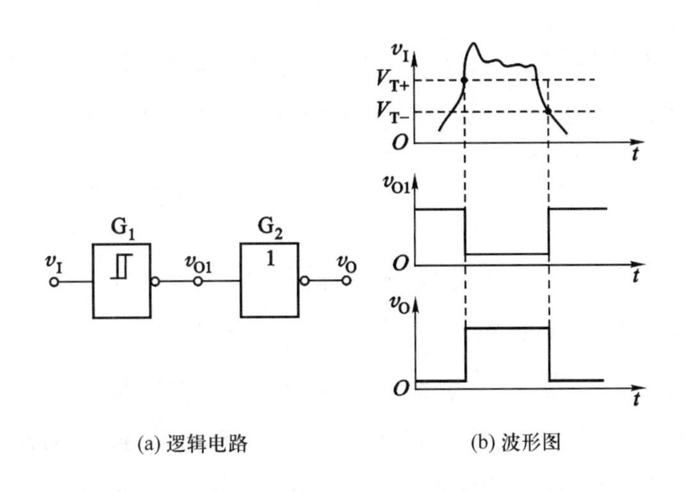

(a) 逻辑电路　　(b) 波形图

图 14-25　脉冲整形电路

3. 幅度鉴别

利用施密特触发器，可以鉴别输入信号的幅度大小。电路的构成与图 14-25（a）相同，输出与输入的传输关系如图 14-26 所示。只有输入信号的幅度大于上升触发电平 V_{T+}，如图中 A、B、C 脉冲，才能使电路翻转，从而有脉冲输出。凡是幅度小于 V_{T+} 的脉冲，不能使施密特触发器翻转，也就没有矩形脉冲输出。这样，就达到鉴别输入信号幅度大小的目的。

4. 组成单稳态电路

用施密特触发器可以组成单稳态电路，如图 14-27 所示。没有外加触发信号时，图中的 A 端为高电平 **1**，所以输出为低电平 **0**。这是电路的稳定状态。当输入负触发脉冲信号时，由于电容 C 上的电压不能突变，A 点的电平也随之下跳为负电平；于是输出就翻转为高电平 **1** 态。电路进入暂稳态。

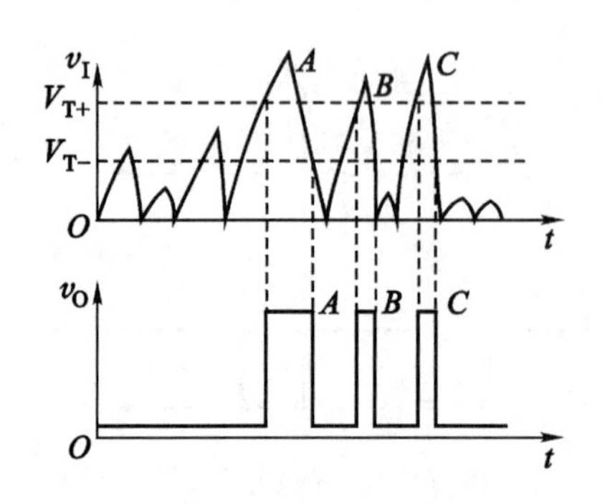

图 14-26　幅度鉴别输入输出波形

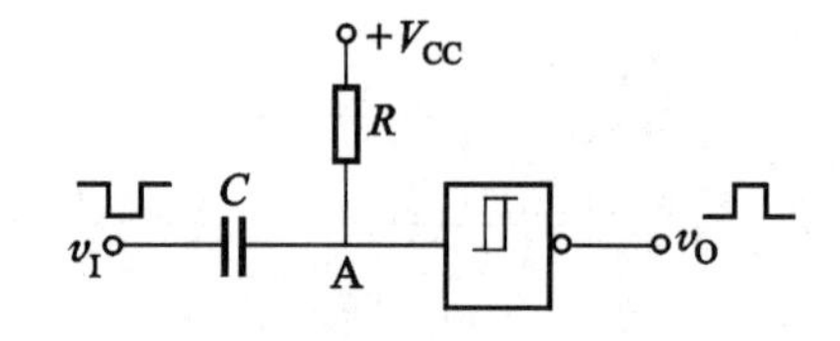

图 14-27　单稳态电路

在暂稳态期间，电源 V_{CC} 通过电阻 R 对电容 C 充电，A 点电平升高。当 v_A 上升到上升触发电平 V_{T+} 时，电路状态又发生翻转，输出低电平 **0**，暂态结束，电路又返回到稳定状态。

5. 组成多谐振荡器

电路如图 14-28（a）所示。接通电源的瞬间，由于 v_I 为 0，因此输出电压 v_O 为高电平 V_H。输出电压 v_O 将通过电阻 R 对电容 C 充电，v_I 随之上升。当 v_I 达到上升触发电平 V_{T+} 时，电路翻转，输出电压 v_O 跳变为低电平 V_L。于是电容 C 将通过电阻 R 放电，v_I 下降。当 v_I 降到下降触发电平 V_{T-} 时，电路又发生翻转，输出电压 v_O 变为高电平 V_H。如此反复不断，形成振荡。图 14-28（b）所示为它的工作波形图。改变 R、C 的大小，可以调节振荡频率。

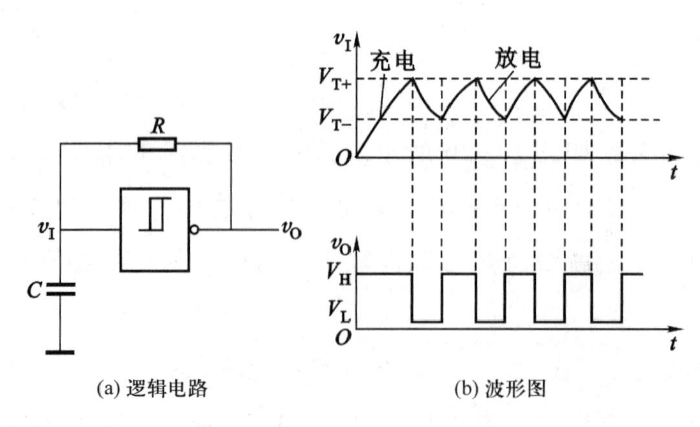

(a) 逻辑电路　(b) 波形图

图 14-28　多谐振荡器

14.6　555 集成定时器

555 集成定时电路，也称 555 时基电路，是一种中规模集成电路。它具有功能强、使用灵活、适用范围宽的特点。通常只需外接少量几个阻容元件，就可以组成各种不同用途的脉冲电路，如多谐振荡器、单稳态电路及施密特触发器等等。它有 TTL 型的，也有 CMOS 型的。两者电路结构基本一致，功能也相同，以下介绍 CMOS 型的 CC7555 集成定时电路。

14.6.1　电路组成

CC7555 的内部电路结构如图 14－29（a）所示，图（b）所示为引脚排列。由图 14–29（a）可以看出，电路可分成电阻分压器、电压比较器、基本 RS 触发器和输出缓冲级等部分。

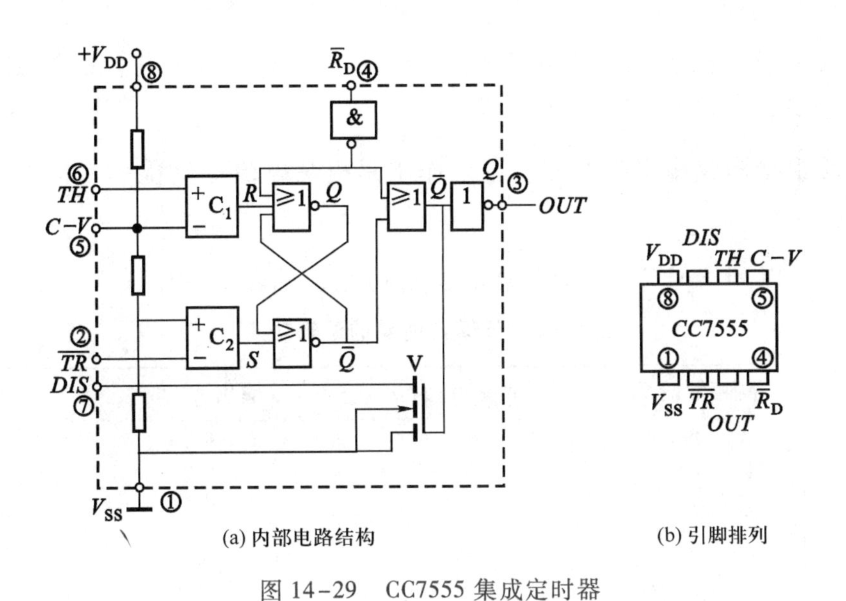

(a) 内部电路结构　　(b) 引脚排列

图 14–29　CC7555 集成定时器

14.6.2　工作原理

1. 电阻分压器和电压比较器

电阻分压器由三个等值电阻 R 组成，它对电源电压 V_{DD} 分压，确定比较器 C_1 的“－”

端电压为$\frac{2}{3}V_{DD}$，而比较器 C_2 的“+”端电压为$\frac{1}{3}V_{DD}$。当进入 TH 的电压大于$\frac{2}{3}V_{DD}$时，比较器 C_1 输出高电平 **1**；若加在$\overline{TR}$的电压小于$\frac{1}{3}V_{DD}$时，比较器 C_2 也输出高电平 **1**。

2. 基本 RS 触发器

它由两个**或非**门组成。C_1、C_2 的输出端即为基本 RS 触发器的输入端 R、S。工作过程如下：

当 $C_1=1$，$C_2=0$，即 $R=1$，$S=0$ 时，$Q=0$，$\overline{Q}=1$；

当 $C_1=0$，$C_2=1$，即 $R=0$，$S=1$ 时，$Q=1$，$\overline{Q}=0$；

当 $C_1=0$，$C_2=0$，即 $R=0$，$S=0$ 时，RS 触发器保持原态不变；

如果$\overline{R}_D=0$，则 $Q=0$。$\overline{R}_D$为直接置 **0** 端，平时$\overline{R}_D$应接高电平 **1**。

定时器的输出 $OUT=Q$。

3. 放电管 V 和输出缓冲器

场效晶体管 V 作为放电开关，它的栅极受基本 RS 触发器$\overline{Q}$端状态的控制。若 $Q=0$，$\overline{Q}=1$，放电管的栅极为高电平，V 导通；若 $Q=1$，$\overline{Q}=0$，则放电管的栅极为低电平，V 截止。

输出端的反相器构成输出缓冲器。主要作用是提高电流驱动能力，同时还可隔离负载对定时器的影响。

综上所述，可以列出 CC7555 定时器的逻辑功能，见表 14-2。

表 14-2　7555 定时器的逻辑功能

复位$\overline{R}_D$	高触发端 TH	低触发端$\overline{TR}$	输出 OUT	放电管 V
0	×	×	**0**	导通
1	$>\frac{2}{3}V_{DD}$	$>\frac{1}{3}V_{DD}$	**0**	导通
1	$<\frac{2}{3}V_{DD}$	$>\frac{1}{3}V_{DD}$	保持原态	不变
1	×	$<\frac{1}{3}V_{DD}$	**1**	截止

14.6.3　集成定时器的应用

下面介绍由 7555 定时器构成的单稳态触发器。

（1）电路组成

用 7555 定时器构成的单稳态触发器如图 14-30（a）所示。其中，R、C 为定时元件；高触发端 TH 与放电端 DIS 相连；输入触发电平 v_I 加于低触发端 $\overline{TR}$ 处，低电平有效；OUT 为信号的输出端。

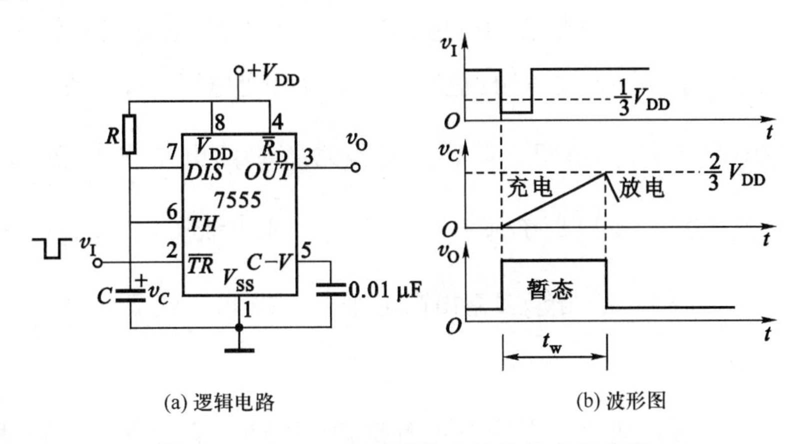

(a) 逻辑电路　　(b) 波形图

图 14-30　7555 定时器构成的单稳态触发器

（2）工作原理

① 电路的稳态

接通电源后，电源电压 V_{DD} 通过电阻 R 对电容 C 充电，电容上的电压 v_C 上升。当 v_C 升高达 $\frac{2}{3}V_{DD}$ 时，输出电压 v_O 为低电平 **0**。同时，放电管 V 导通，电容通过放电端 DIS 放电。电路进入稳态，输出低电平 **0**。

② 低电平触发，电路翻转，进入稳态

v_I 平时为高电平。当低触发电平到来时，$\overline{TR}$ 端的电平小于 $\frac{1}{3}V_{DD}$。由集成定时器的功能可知，电路的输出将发生翻转，由低电平 **0** 变为高电平 **1**。同时，放电管截止，电源 V_{DD} 又将通过电阻 R 对电容 C 充电。定时开始，直到电容上的电压升高到 $\frac{2}{3}V_{DD}$，这时暂态结束。

③ 自动返回稳态的过程

当电容上的电压上升到 $\frac{2}{3}V_{DD}$ 后，定时器自动复位，输出电平由 **1** 翻转为 **0**。放电管重新导通，电容 C 又将放电，电路重返稳定状态。

图 14-30（b）所示为单稳态触发器波形图。输出脉冲宽度 t_w 为

$$t_w \approx 1.1\ RC$$

用集成定时器还可以组成多谐振荡器、施密特触发器等等，这里不一一列举。

14.6.4 集成定时器的其他应用

1. 路灯自动控制器

图 14-31 所示为路灯自动控制器的电原理图。其中 V 为光电三极管 3DU。有光照时，C-E间电阻变小；光暗时，C-E 间电阻就变大。R_P为可变电阻，L 为受控灯。白天因光线亮，光电三极管 3DU 的 C-E 间电阻下降，高触发端⑥脚的电压将大于$\frac{2}{3}V_{CC}$(4 V)，定时器的输出端③脚为低电平，所以灯 L 不亮。天黑时，光电管 C-E 间电阻增大，使低触发端②脚电压小于$\frac{1}{3}V_{CC}$(2 V)，于是③脚输出高电平，灯发光。调节 R_P可调节灯的亮度。

2. 60 s 定时电路

图 14-32 所示为其电原理图。当按下定时按钮 SB 时，低触发端②脚就输入了一个小于$\frac{1}{3}V_{CC}$的负脉冲，输出端③脚输出高电平，发光二极管 LED 亮。而定时器中的放电管 V 则截止，电源 V_{CC}通过 R_1和 R_P对电容 C 充电。当电容上电压升高到$\frac{2}{3}V_{CC}$时，定时器翻转，③脚输出低电平，LED 灭，表示定时结束。调节 R_P可使电路定时时间为 60 s。发光二极管 LED 的亮灭显示定时过程的开始和结束。

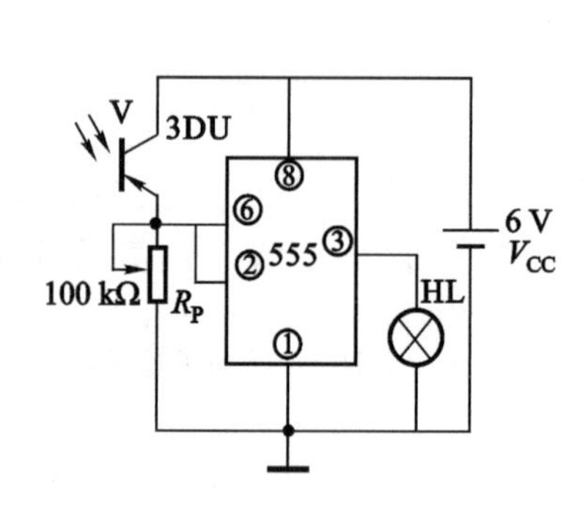

图 14-31 路灯自动控制电路

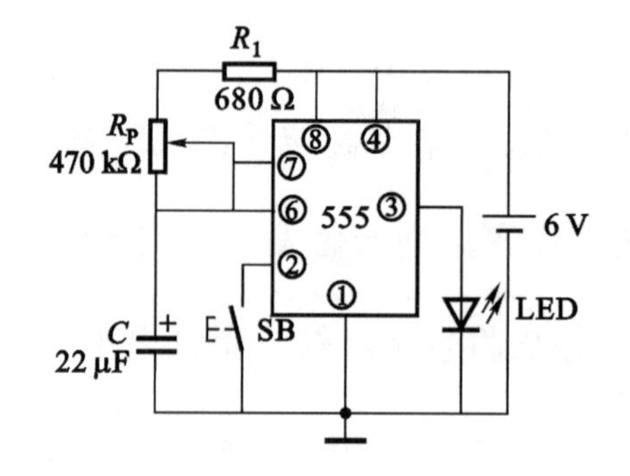

图 14-32 60 s 定时电路

本章小结

数字电路系统中，常常需要用到脉冲波，如前述几章提到的时钟脉冲 CP 等等；有时还需要对输入的脉冲波加以整形，以满足电路的要求。因此，学习脉冲的产生及整形，是十分重要的。

■ 学好本章应切实做到：

（1）了解各种常见的脉冲波形。熟悉矩形脉冲波的主要参数。

（2）掌握 RC 微分电路和积分电路的特点以及它们在脉冲波形变换中的应用。

（3）理解多谐振荡器的工作原理，熟悉电路功能。多谐振荡器不需要外加触发信号，它在接通电源后，能自动反复地输出一定脉宽的矩形脉冲，常用于产生矩形脉冲信号。

（4）理解单稳态触发器的工作原理。单稳态触发器有一个稳态和一个暂稳态，它在外加触发脉冲的作用下，能从稳态翻转到暂稳态，经过一段时间的延迟后，触发器自动地从暂稳态翻转回稳态。从而输出一个具有一定脉冲宽度的矩形波。常用于自动控制系统中的定时或延时电路。

（5）施密特触发器有两个稳定状态，电路状态的维持和翻转，由外加的输入电平决定。两个稳态翻转的触发电平不同，形成回差电压。利用回差特性，可以进行波形变换、整形、鉴幅以及构成多谐振荡器等等，用途十分广泛。应侧重掌握它的回差特性。

（6）555 集成定时器是一种功能灵活多样，使用方便的集成器件。可以用作脉冲波的产生和整形，也可用于定时或延时控制，广泛地用于各种自动控制电路中。学习时，应理解其工作原理，着重学习它的实际应用。

习 题 十 四

14-1 什么是脉冲信号？简述矩形波的主要参数。

14-2 造成 RC 电路瞬态过程的主要原因是什么？什么是 RC 电路的时间常数？

14-3 某电源电压 $V_G = 12$ V，用它对电容充电，从开始充电瞬间算起到 0.7τ 时刻，电容两端的电压值是多少（设充电开始时电容上电压为 0）？

14-4 在图 14-8（a）中，若 $R = 100\ \Omega$、$C = 0.47\ \mu F$，若输入频率 f 为 1 kHz 的连续方波，问此电路是否为微分电路？

14-5 在图 14-9（a）所示电路中，设 $R = 1\ k\Omega$，若输入矩形脉冲的宽度 $t_w = 0.5$ ms，问电容 C 至少应多大，该电路才具有积分电路的功能？

14-6 图题 14-6 所示为简易多谐振荡器，试分析电路的工作原理。

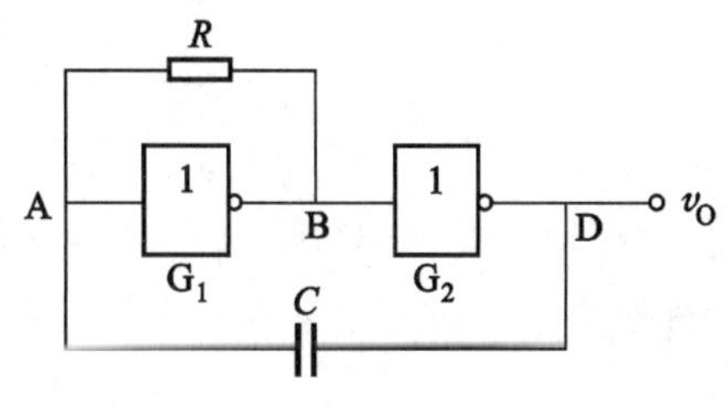

图题 14-6

14-7 图题 14-7 是上题电路的改进，其中 $R \gg r$。试问它与题 14-6 图相比，输出波形有无变化？画出输出波形的示意图。

14-8 图 14-10 所示的与非门多谐振荡器中，已知 $R_1 = R_2 = R = 1\ k\Omega$，$C_1 = C_2 = C = 1\ \mu F$，试求振荡频

率 f。

*14-9 **与非门积分型单稳态触发器如图题 14-9 所示。触发信号 v_I 为高电平时，电路翻转为暂态。试说明它的工作原理。**

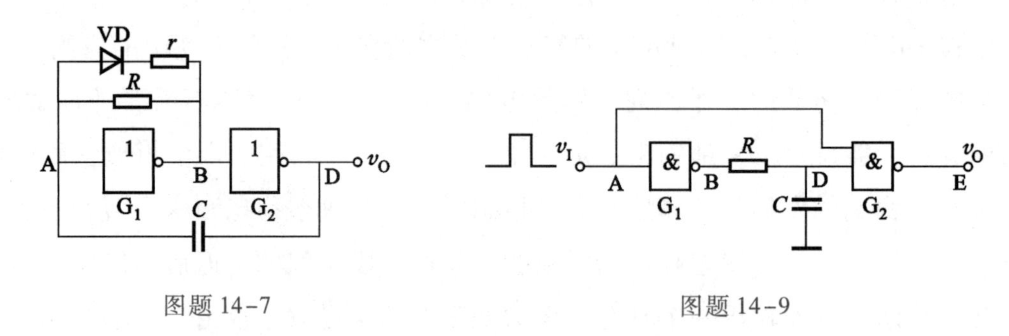

图题 14-7　　　　图题 14-9

14-10 用单稳态集成电路 CT74121 输出脉宽 $T_w=7$ ms 的脉冲波，若定时电阻用内部电阻 R_{int}，其值为 2 kΩ，则外接电容 C 应选多大？

14-11 若上题中，输出脉宽改为 42 ms，外接电容不变，可否采用内接电阻？若采用外接电阻，该电阻应取多大？画出电路连接图。

14-12 设施密特触发器的上升触发电平 $V_{T+}=1.6$ V，回差电压 $\Delta V=0.8$ V，若输入波形如图题 14-12 所示，试画出输出电压 v_O 的波形（设 $V_H=3.6$ V，$V_L=0.3$ V）。

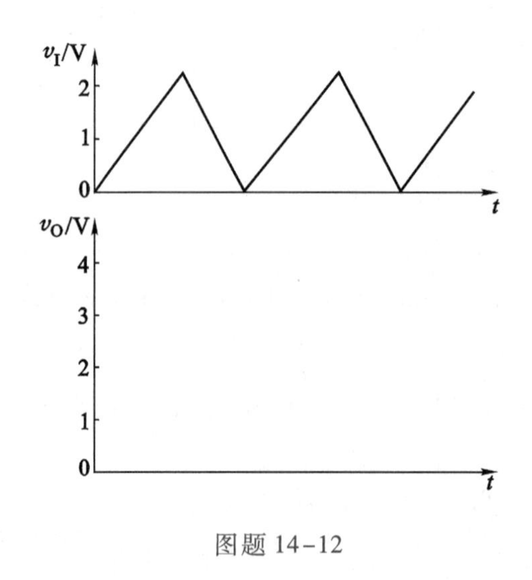

图题 14-12

14-13 图 14-31 所示的 555 定时器构成的单稳态触发器中，$R=10$ kΩ，$C=0.1$ μF，试估算输出脉冲宽度 T_w。

* 第十五章　数模和模数转换器

随着电子计算机的迅速发展，应用数字技术来处理模拟信号的情况越来越普遍了。然而，电子计算机只会处理数字信号，于是就产生了模拟信号和数字信号之间相互转换的问题。把模拟信号转换成数字信号，称为模数转换（或称为 A/D 转换）；把数字信号转换成模拟信号，称为数模转换（或称为 D/A 转换）。相应地把实现 A/D 转换的电路称为 A/D 转换器 ADC；实现 D/A 转换的电路称为 D/A 转换器 DAC。

图 15-1 所示为电子计算机信号处理系统框图。由图可见，连续变化的非电模拟量（如温度、压力、速度等），通过传感器变换成模拟电信号，然后送入 ADC 转换成数字电信号，经过数字计算机的处理，以数字电信号的形式输出，再由 DAC 转换成模拟电信号，驱动执行机构完成预定的工作目标。

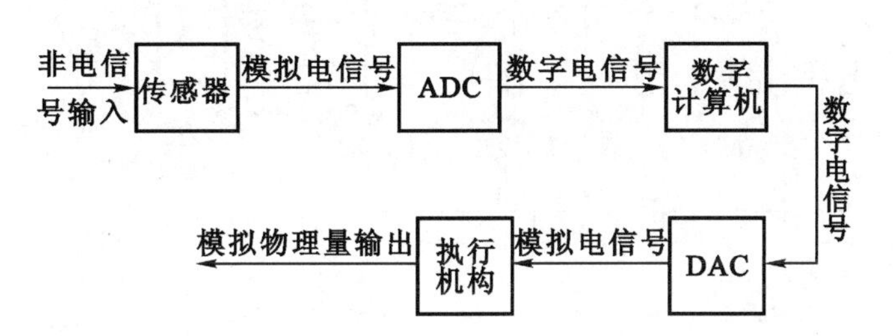

图 15-1　电子计算机信号处理系统框图

当今，数模转换和模数转换技术发展迅速，新型的 ADC 和 DAC 不断涌现。本章仅简略介绍数模转换和模数转换的基本概念和典型转换电路的工作原理。

15.1　数模转换器（DAC）

首先讨论数模转换。数模转换器的功能是将数字信号转换为模拟信号（电压或电流）。本节仅介绍常用的最基本的 DAC 电路。

15.1.1　T型电阻 DAC

1. 电路组成

图 15-2 所示为 4 位 T 型电阻 DAC。T 型网络是由 R 和 $2R$ 两种规格的电阻构成的。S_0 ~ S_3为 4 个电子模拟开关，它们分别受输入的数字信号 D_0 ~ D_3控制。当$D_i = \mathbf{0}$（低电平）时，开关 S_i切换到接地端；当 $D_i = \mathbf{1}$（高电平）时，开关 S_i接向基准电压 V_{REF}。所示电路的右端是反相运算放大器 A。根据反相运算放大器的特点，虚地∑的电位近似为零。

2. 工作原理

T 型电阻网络有如下两大特点：

（1）从任一节点（例如 D 端）向左或向右到接地端或虚地∑端的等效电阻相等，其大小为 $2R$；

（2）从任一模拟开关 S_i到接地端或虚地∑端的等效电阻为 $3R$（虚地与地可视为同一端），如图 15-2（b）所示。

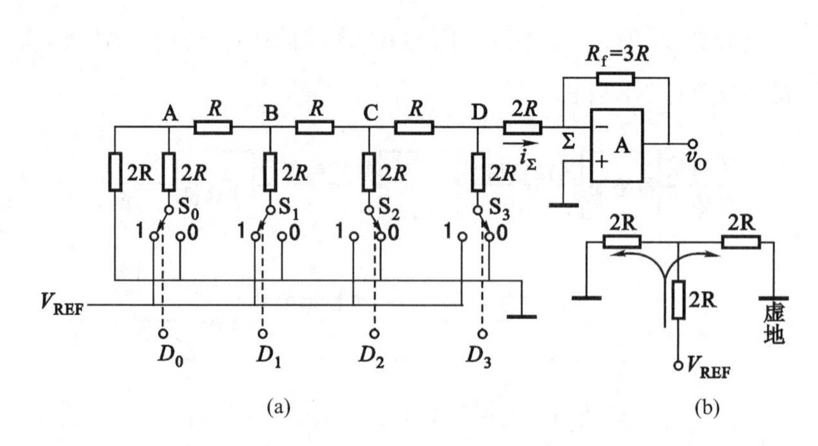

图 15-2　4 位 T 型电阻 DAC

根据上述电路特点可以看出，当某位数码 $D_i = \mathbf{1}$ 时，则基准电压 V_{REF}在相应支路中产生的电流均为 $V_{REF}/3R$。它在流向运放器 A 的过程中，每经过一个节点，总是分为两路均等的电流。

例如，当 $D_3D_2D_1D_0 = \mathbf{0001}$，只有模拟开关 S_0接向 V_{REF}，而其余开关均接到地端。因为开关 S_0到地端的等效电阻是 $3R$，所以 S_0支路的电流应为 $V_{REF}/(3R)$。在流向运放 A 的过程中，将经过 A、B、C、D 四个节点，每经过一个节点，电流值就均分一次，故流入运放 A 的电流 I_0为

$$I_0=\frac{1}{2^4}\cdot\frac{V_{REF}}{3R}$$

若 $D_3D_2D_1D_0=\mathbf{0010}$，即只有 S_1 接向基准电压 V_{REF}，其余均接到地端，则仅有 S_1 支路有电流，且大小为 $V_{REF}/(3R)$。它在流向运放 A 的途中，将经过 B、C、D 三个节点。同样，此电流每经过一个节点，就均分一次。所以此时在运放器 A 的输入端产生的电流 I_1 应为

$$I_1=\frac{1}{2^3}\cdot\frac{V_{REF}}{3R}$$

同理可知，当 $D_3D_2D_1D_0=\mathbf{0100}$ 及 $D_3D_2D_1D_0=\mathbf{1000}$ 时，流入运放 A 的电流 I_2、I_3 分别为

$$I_2=\frac{1}{2^2}\cdot\frac{V_{REF}}{3R}$$

$$I_3=\frac{1}{2}\cdot\frac{V_{REF}}{3R}$$

如果 $D_3D_2D_1D_0=\mathbf{1111}$，则运放 A 输入的总电流 i_Σ 为上述各电流的叠加，即

$$\begin{aligned}I_\Sigma&=I_3+I_2+I_1+I_0\\&=\frac{1}{2}\cdot\frac{V_{REF}}{3R}+\frac{1}{2^2}\cdot\frac{V_{REF}}{3R}+\frac{1}{2^3}\cdot\frac{V_{REF}}{3R}+\frac{1}{2^4}\cdot\frac{V_{REF}}{3R}\\&=\frac{V_{REF}}{3R}\left(\frac{1}{2}+\frac{1}{2^2}+\frac{1}{2^3}+\frac{1}{2^4}\right)\end{aligned}$$

模拟开关 S_i 是接向基准电压 V_{REF}，还是接向地端，受到输入的二进制数码 $D_3D_2D_1D_0$ 控制。因此，i_Σ 的一般表达式为

$$\begin{aligned}i_\Sigma&=\frac{V_{REF}}{3R}\left(\frac{1}{2}D_3+\frac{1}{2^2}D_2+\frac{1}{2^3}D_1+\frac{1}{2^4}D_0\right)\\&=\frac{1}{2^4}\cdot\frac{V_{REF}}{3R}(2^3D_3+2^2D_2+2^1D_1+2^0D_0)\end{aligned}$$

由运放电路工作原理可知，i_Σ 将全部流入 R_f，所以输出电压 v_O 为

$$\begin{aligned}v_O&=-i_\Sigma\cdot R_f\\&=-i_\Sigma\cdot 3R\\&=-\frac{V_{REF}}{2^4}(2^3D_3+2^2D_2+2^1D_1+2^0D_0)\end{aligned}$$

对于 n 位 T 型网络 DAC，则上式可推广为

$$v_O=-\frac{V_{REF}}{2^n}(2^{n-1}D_{n-1}+2^{n-2}D_{n-2}+\cdots+2^1D_1+2^0D_0)$$

从上式可见，输出模拟电压 v_O 与输入数字量成正比，比例系数为 $-V_{REF}/2^n$。

例 15-1 有一个 5 位 T 型电阻 DAC，$V_{REF}=10\text{ V}$，$R_f=3R$，$D_4D_3D_2D_1D_0=\mathbf{11010}$，试求输出电压 $v_O=?$

解 由上述公式可得

$$\begin{aligned}v_O&=-\frac{V_{REF}}{2^5}(2^4D_4+2^3D_3+2^2D_2+2^1D_1+2^0D_0)\\&=-\frac{10\text{ V}}{32}(16+8+0+2+0)\\&=-8.125\text{ V}\end{aligned}$$

T 型电阻网络只用 R 和 $2R$ 两种电阻，精度容易保证，由于各模拟开关的电流大小相同，给生产制造带来很大方便。因此，T 型电阻 DAC 得到了广泛的应用。

15.1.2 倒 T 型电阻 DAC

1. 电路组成

4 位倒 T 型电阻 DAC 如图 15-3 所示。它与图 15-2 所示的 4 位 T 型电阻 DAC 相比，仅是模拟开关接入的位置不同，它们是直接与虚地 Σ 相连。当 $D_i=\mathbf{0}$ 时，对应的模拟开关接向地端；而 $D_i=\mathbf{1}$ 时，对应的模拟开关接向虚地 Σ 端。不论输入的数码 D_i 的状态如何，对应的开关不是接地就是接虚地。如果把虚地近似看作地端，不难分析，各节点 A、B、C、D 对地（虚地）的等效电阻为 R。图中反相运放 A 的反馈电阻 $R_F=R$。

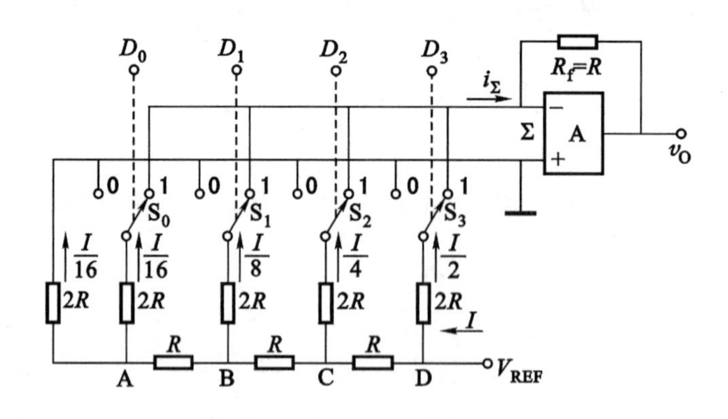

图 15-3 4 位倒 T 型电阻 DAC

2. 工作原理

因为倒T型DAC任一节点对地的等效电阻为R，所以从基准电压V_{REF}流出的电流I为

$$I=V_{REF}/R$$

和T型电阻DAC相似，电流每流过一个节点，就均分为两支相等的电流。因此，各模拟开关S_3、S_2、S_1、S_0流过的电流分别为$I/2$、$I/4$、$I/8$、$I/16$，而且与开关的状态无关。例如开关S_3，不论接地还是接向虚地，它通过的电流总是$I/2$。

当输入数码$D_3D_2D_1D_0=\mathbf{1111}$时，流入反相器虚地∑端的电流$i_\Sigma$为

$$i_\Sigma=I/2+I/4+I/8+I/16$$

若输入数码为任意值时，i_Σ的一般表达式为

$$\begin{aligned}i_\Sigma&=I/2\cdot D_3+I/4\cdot D_2+I/8\cdot D_1+I/16\cdot D_0\\&=\frac{1}{2^4}\cdot\frac{V_{REF}}{R}(2^3\cdot D_3+2^2\cdot D_2+2^1\cdot D_1+2^0\cdot D_0)\end{aligned}$$

运算放大器的输出电压v_O为

$$\begin{aligned}v_O&=-i_\Sigma\cdot R_f\\&=-\frac{V_{REF}}{2^4}(2^3\cdot D_3+2^2\cdot D_2+2^1\cdot D_1+2^0\cdot D_0)\end{aligned}$$

可见，输出的模拟电压v_O与输入的数字量成正比，完成了D/A转换。

倒T型电阻DAC中各模拟开关的电流与开关状态无关，避免了T型电阻DAC在开关状态切换时容易出现尖峰脉冲的缺点，并进一步提高了转换速度。因此，倒T型电阻网络DAC的应用十分广泛。

15.2 模数转换器（ADC）

15.2.1 模数转换的基本原理

模数转换器ADC的功能是把模拟信号转换成数字信号。通常要通过采样、保持、量化、编码四个步骤来完成，如图15-4所示。

1. 采样和保持

采样，就是对连续变化的模拟信号定时进行测量，抽取样值。通过采样，一个在时间

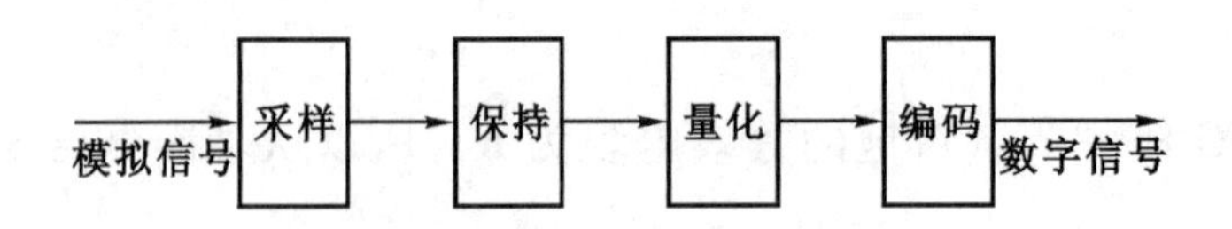

图 15-4　A/D 转换的过程

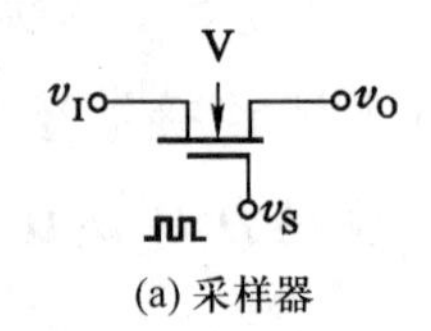

(a) 采样器

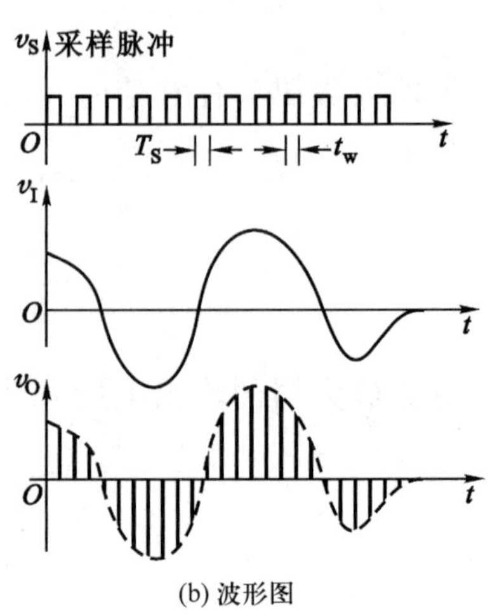

(b) 波形图

图 15-5　采样示意图

上连续变化的模拟信号就转换为随时间断续变化的脉冲信号。采样过程如图 15-5 所示。图 15-5（a）所示为一个受控的模拟开关，构成采样器。当采样脉冲 v_S 到来时，场效晶体管 V 导通，采样器工作，$v_O=v_I$；当采样脉冲 v_S 一结束，场效晶体管 V 截止，则 $v_O=0$。于是，采样器在 v_S 的控制下，把输入的模拟信号 v_I 变换为脉冲信号 v_O，如图15-5（b）所示。

为了便于量化和编码，需要将每次采样取得的样值暂存，保持不变，直到下一个采样脉冲的到来。所以，采样电路之后，要接一个保持电路。通常可以利用电容器的存储作用来完成这一功能。

实际上，采样和保持是一次完成的，通称为采样-保持电路。图 15-6（a）给出的是一个简单的采样-保持电路。电路由采样开关管 V、存储电容 C 和缓冲电压跟随器 A 组成。在采样脉冲 v_S 的作用下，模拟信号 v_I 变成了脉冲信号 v_X，经过电容 C 的存储作用，从电压跟随器 A 输出的是阶梯形电压 v_O，如图 15-6（b）所示。

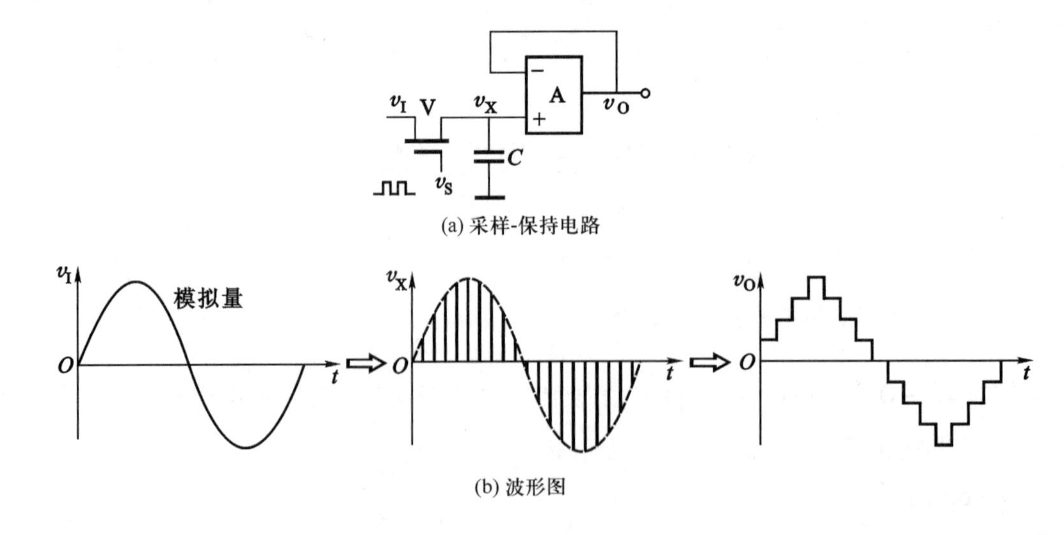

图 15-6　采样-保持示意图

2. 量化和编码

如果要把变化范围在 0 ~7 V 间的模拟电压转换为 3 位二进制代码的数字信号，由于 3 位二进制代码只有 2^3 即 8 个数值，因而必须将模拟电压按变化范围分成 8 个等级，如图 15-7 所示。每个等级规定为一个基准值，例如 0 ~0.5 V 为一个等级，基准值为 0 V，二进制代码为 **000**；6.5 ~7 V 也是一个等级，基准值为 7 V，二进制代码为 **111**；其他各等级分别以该级的中间值为基准。凡属于某一级范围内的模拟电压值，都取整用该级的基准值表示。例如 3.3 V，它在 2.5 V ~3.5 V 之间，就用该级的基准值 3 V 来表示，它的代码为 **011**。显然，相邻两级间的差值 $\Delta=1$，而各级基准值是 Δ 的整数倍。模拟信号经过以上的处理，就转换成以 Δ 为单位的数字量了。

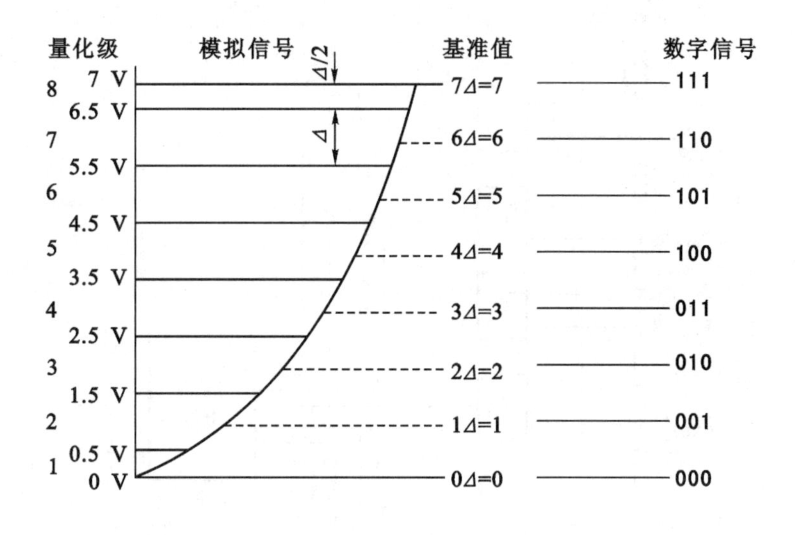

图 15-7　量化与编码方法

所谓量化，就是把采样电压转换为以某个最小单位电压 Δ 的整数倍的过程。分成的等级称为量化级，Δ 称为量化单位。所谓编码，就是用二进制代码来表示量化后的量化电平。

采样后得到的样值不可能刚好是某个量化基准值，总会有一定的误差，这个误差称为量化误差。显然，量化级越细，量化误差就越小，但是，所用的二进制代码的位数就越多，电路也将越复杂。

15.2.2　并行比较型 ADC

1. 电路组成

电路如图 15-8 所示。它由电阻分压器、电压比较器及编码电路组成。电阻分压器用以确定量化电压，电压比较器（$C_1 \sim C_7$）用来确定采样电压的量化，编码器对比较器的输出进行编码，然后输出二进制代码 $Q_2Q_1Q_0$。

2. 工作原理

如图 15-8 所示，参考电压 V_{REF} 经过电阻分压器分压，形成 7 个比较电平：$7/8V_{REF}$、$6/8V_{REF}$、…、$1/8V_{REF}$。它们分别接到电压比较器 $C_7 \sim C_1$ 的反相端。当输入电压 v_I 大于比较器的某一比较电平时，该比较器输出高电平 **1**，反之则输出低电平 **0**。编码器的作用是将比较器输出的代表模拟电压的 7 位二进制代码转换成所需要的 3 位二进制代码 $Q_2Q_1Q_0$。

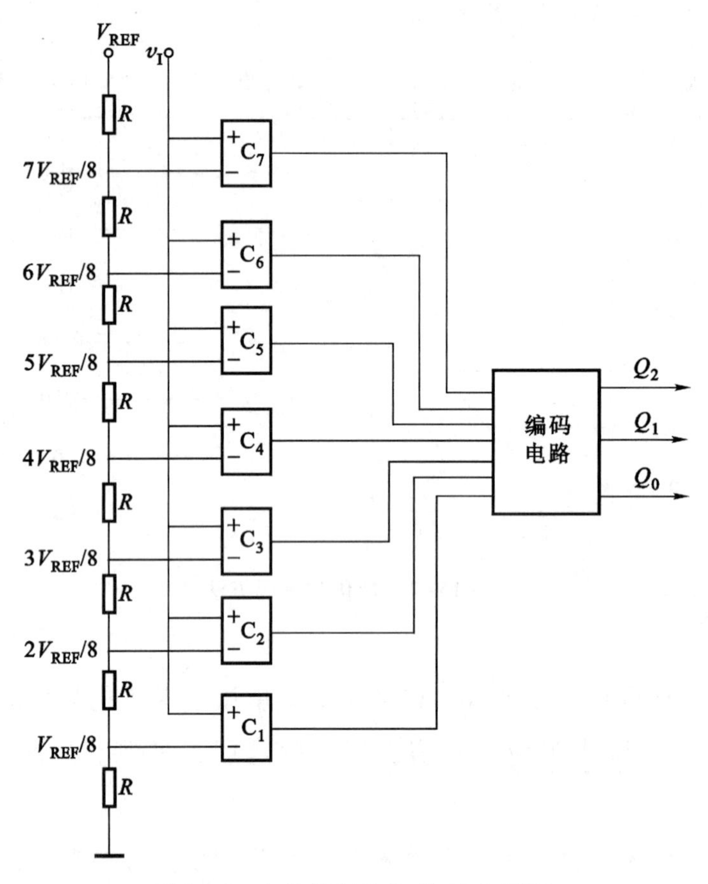

图 15-8　3 位并行比较型 ADC 框图

表 15-1 给出了采样电压（v_I），比较器的输出（$C_7 \sim C_1$）和编码器的输出代码（$Q_2 \sim Q_0$）三者间的关系。从表中可以看出，当输入的模拟电压 v_I 在 $0 \sim V_{REF}$ 之间变化时，并行 ADC 将按不同的值转换为对应的 3 位二进制代码，从而实现了 A/D 转换。

表 15-1　并行 ADC 输入、输出状态表

采样电压 v_I	比较器输出							编　码		
	C_7	C_6	C_5	C_4	C_3	C_2	C_1	Q_2	Q_1	Q_0
$7/8V_{REF}<v_I\leqslant V_{REF}$	**1**	**1**	**1**	**1**	**1**	**1**	**1**	**1**	**1**	**1**
$6/8V_{REF}<v_I\leqslant 7/8V_{REF}$	**1**	**1**	**1**	**1**	**1**	**1**	**0**	**1**	**1**	**0**
$5/8V_{REF}<v_I\leqslant 6/8V_{REF}$	**1**	**1**	**1**	**1**	**1**	**0**	**0**	**1**	**0**	**1**
$4/8V_{REF}<v_I\leqslant 5/8V_{REF}$	**1**	**1**	**1**	**1**	**0**	**0**	**0**	**1**	**0**	**0**
$3/8V_{REF}<v_I\leqslant 4/8V_{REF}$	**1**	**1**	**1**	**0**	**0**	**0**	**0**	**0**	**1**	**1**
$2/8V_{REF}<v_I\leqslant 3/8V_{REF}$	**1**	**1**	**0**	**0**	**0**	**0**	**0**	**0**	**1**	**0**
$1/8V_{REF}<v_I\leqslant 2/8V_{REF}$	**1**	**0**	**0**	**0**	**0**	**0**	**0**	**0**	**0**	**1**
$0<v_I\leqslant 1/8V_{REF}$	**0**	**0**	**0**	**0**	**0**	**0**	**0**	**0**	**0**	**0**

注意，这种转换应保证 v_I的最大值不超过 V_{REF}。

15.2.3　逐位比较型 ADC

1. 转换原理

逐位比较型 ADC 的模数转换原理与天平称物的原理十分相似。

假设天平砝码为 10 g、5 g、2.5 g、1.25 g 和 0.625 g 等五种，欲称质量为 15.76 g 的物体 W，用天平称重的过程如下：

第一次用 10 g 砝码与 m_W 比较，因为 m_W>10 g，保留此砝码，记作 **1**；

第二次添加 5 g 砝码与 m_W 比较，因 m_W>（10+5）g，于是这两个砝码都留下，记作 **11**；

第三次再添加 2.5 g 砝码与 m_W 比较，因为 m_W<（10+5+2.5）g，取下 2.5 g 砝码，记作 **110**；

第四次换加 1.25 g 砝码与 m_W 比较，m_W<（10+5+1.25）g，再取下 1.25 g 砝码，记作 **1100**；

第五次再换上 0.625 g 砝码，与 m_W 比较，m_W>（10+5+0.625）g，留下此砝码，记作 **11001**。

这样，所有砝码都比较了，得到用二进制代码表示的物体质量为（**11001**）$_2$，所称得的物体质量为 15.625 g，它与实际的物体质量 15.76 g 相比，误差为 15.76 g-15.625 g=0.135 g。显而易见，砝码越多，用二进制数表示物体质量的位数越多，误差就越小。这种用已知砝码质量逐次与未知物质量进行比较，使天平上累加砝码的总质量逐次逼近被称

物质量的方法也称逐次逼近法。

逐位比较型 ADC 就是根据这个原理设计制作的。

2. 电路框图与工作原理

电路框图如图 15-9 所示。它由控制电路、数码寄存器、D/A 转换器及电压比较器 C 等四部分电路组成。

以 3 位 A/D 转换为例，说明它的工作过程如下：

首先，控制电路使数码寄存器的输出为**100**，经 D/A 转换器变为相应的电压 v_F，送入比较器 C 与采样电压 v_I比较。若 $v_I>v_F$，则将最高位的**1**保留，反之就清除，使最高位为**0**。

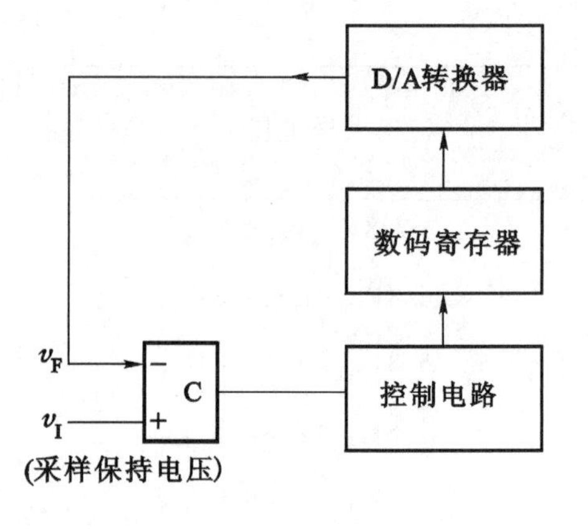

图 15-9　逐位比较型 ADC 框图

接着控制器将次高位置**1**，再经 D/A 转换器变为相应电压 v_F，送到比较器 C 与采样电压 v_I再比较，同样方法来决定该位为**1**还是为**0**。

一直比较到最低位为止。这样，数码寄存器中保存的数码就是 A/D 转换后的数码。

本 章 小 结

■ A/D 转换器和 D/A 转换器是电子计算机参与自动化系统中的重要部件。掌握数/模与模/数转换的基本原理，为今后应用打下一个良好的基础。

■ 本章的基本要求是：

（1）理解什么是 D/A、A/D 转换，为什么要采用 D/A、A/D 转换技术。

（2）理解 T 型电阻 DAC 和倒 T 型电阻 DAC 的工作原理。

（3）理解并行比较型 ADC 和逐位比较型 ADC 的工作原理。

习 题 十 五

15-1　试画出计算机信号处理系统的组成框图。说明各部分电路的作用。

15-2　T 型电阻 DAC 如图 15-2（a）所示，若位数改为 8 位，$V_{REF}=10$ V，在输入如下的数字信号时，试求输出电压 $v_O=?$

（1）$D_1=$**00000000**

（2）$D_2=$**10000000**

（3）$D_3=$**11111111**

15-3　倒 T 型电阻 DAC 与 T 型电阻 DAC 相比，模拟开关的工作状态有何不同？倒 T 型电阻 DAC 与 T

型电阻 DAC 相比，有什么优点？

15-4 图 15-3 所示的倒 T 型电阻 DAC，若 $V_{REF}=-10$ V，R_f改为 $2R$，当输入如下数字信号时，输出电压 v_O为多少？

（1）$D_1=\mathbf{0001}$

（2）$D_2=\mathbf{1010}$

（3）$D_3=\mathbf{1111}$

15-5 试简述 ADC 的工作过程。

15-6 试画出逐位比较型 ADC 的组成框图，并说明各部分电路的作用。

15-7 试根据图 15-8，简述并行比较型 ADC 工作原理。

15-8 根据逐位比较型 ADC 的组成框图，简述它的工作原理。

* 第十六章　大规模集成电路

随半导体集成工艺的不断进步，电路的集成度越来越高，各种大规模集成电路日新月异，许多功能复杂的数字电路，都可以用大规模数字集成电路实现。本章简要介绍它在半导体存储器和可编程逻辑器件方面的应用。

16.1　半导体只读存储器（ROM）

只读存储器 ROM 是电子计算机和其他数字系统中应用非常普遍的存储器。它只能读出（取出）信息，不能随时写入（存入）信息，所以称为只读存储器，又称固定存储器。只读存储器具有结构简单，集成度高，存入的信息不会丢失的特点，常用于存放固定程序、固定数据等不变的信息。

16.1.1　固定只读存储器（ROM）

1. 电路组成

图 16-1 所示为由二极管为存储元件的 4 位固定只读存储器。它由地址译码器、存储矩阵等部分组成。图中 A_0、A_1 为地址输入线，W_0、W_1、W_2、W_3 是地址译码器的 4 条输出线，称为字线；存储矩阵由二极管组成，D_0、D_1、D_2、D_3 是它的 4 条输出数据线，称为位线。

2. 工作原理

假设输入的地址码为 01，则字线 W_1 为高电平，其他字线为低电平，即字线 W_1 被选中。由于位线 D_0、D_1、D_3 与字线 W_1 交叉处有存储元件二极管，此时二极管导通，所以 D_0、D_1、D_3 输出高电平 **1**。而位线 D_2 与 W_1 交叉处无存储元件，故 D_2 输出低电平 **0**。即 $D_3D_2D_1D_0=\mathbf{1011}$。图 16-1 所示二极管 ROM 的存储内容见表 16-1。

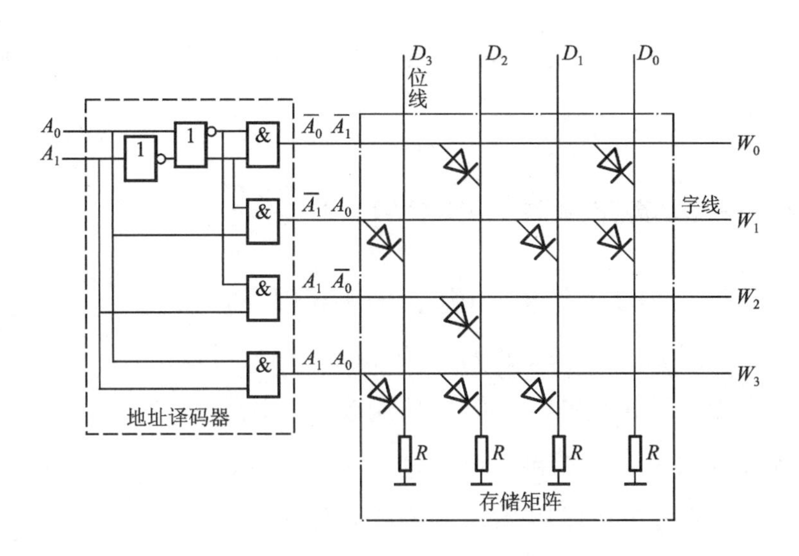

图 16-1　二极管 ROM

表 16-1　图 16-1 所示 ROM 存储内容

地　址		存 储 内 容			
A_1	A_0	D_3	D_2	D_1	D_0
0	**0**	**0**	**1**	**0**	**1**
0	**1**	**1**	**0**	**1**	**1**
1	**0**	**0**	**1**	**0**	**0**
1	**1**	**1**	**1**	**1**	**0**

根据以上分析可知：对于 2 位地址码输入，则有 2^2 根字线，即可存储 2^2 个若干位的字。若是 n 位地址码输入，则可存放 $N=2^n$ 个字。若字长为 M 位，则存储内容有 $N\times M$ 个单元。通常用“字线数×位线数”表示 ROM 的存储容量。

ROM 中的存储元件可以是半导体二极管，也可以是半导体三极管，目前，更多的是用 MOS 管组成。图 16-2 所示为 NMOS 管作存储元件的存储矩阵。该图中，若某条字线被选中（高电平），则位线与此字线交叉处，有存储元件 NMOS 管的

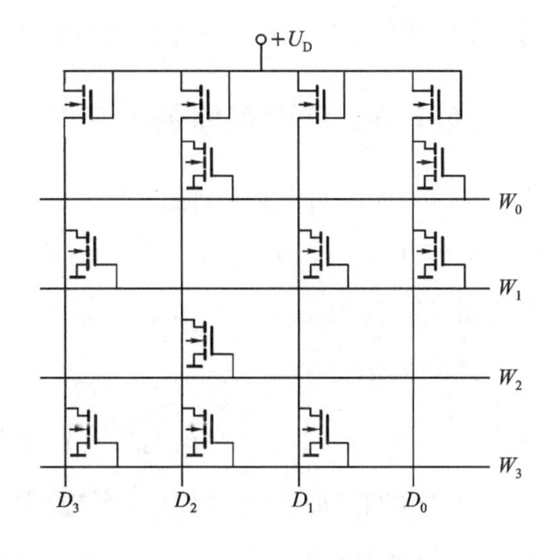

图 16-2　NMOS 存储矩阵

输出为低电平 **0**，无 NMOS 管的，则输出高电平 **1**，所以对应的存储内容表示为 $\overline{D}_3\overline{D}_2\overline{D}_1\overline{D}_0$。

16.1.2 可编程只读存储器（PROM）

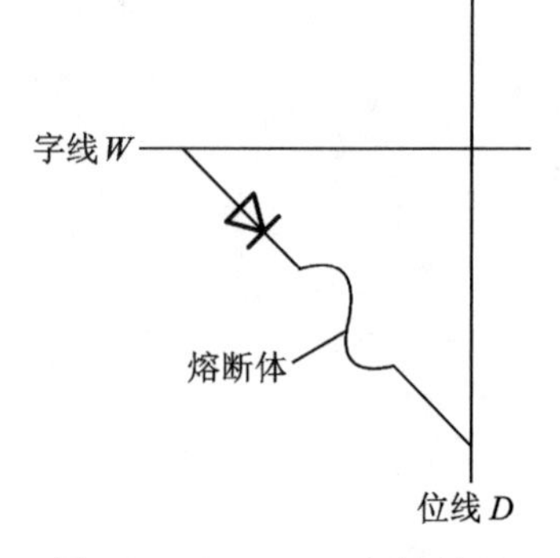

图 16-3 PROM 存储单元

可编程只读存储器 PROM 的结构与固定 ROM 相同。它在出厂时，存储单元的内容是全 **1**（或全 **0**）。使用时，用户可以按需要，将某些单元改写为**0**（或**1**）。但是只能改写一次，一经写入，存储内容即被固定，不能再修改。

图 16-3 是用二极管串接熔体组成的 PROM 存储单元。出厂时，产品的熔体都是连通的，即全部存储单元的内容均为 **1**。用户编程时欲使某些单元改写为**0**，只要给这些单元通以足够大的电流，将串接的熔体烧断即可。熔体一旦烧断，就无法恢复，所以某一单元改写为 **0** 后，就不能再改写为 **1** 了。

16.1.3 可改写只读存储器（EPROM）

PROM 的内容一经写入后，就不能再改动了，可改写只读存储器 EPROM 则不同，它写入的内容能够擦去和重新写入。一旦写入后，在投入运行期间，它的内容只能读出而不可写入的，所以只能作为只读存储器使用。

EPROM 改写的方式有两种：一种是用紫外线照射，擦除所存储的内容，然后改写；另一种是用电学方法，将存储的内容逐字擦去，再逐字改写。

16.1.4 只读存储器的应用

1. ROM 的**与-或**阵列图

由图 16-1 可知，ROM 的地址译码器是由若干**与**门构成的阵列，称为**与**阵。地址译码器的输出是全部输入变量的各个最小项（乘积项）。以图 16-1 为例，A_0、A_1 为输入变量，地址译码器的输出为

$$W_0=\overline{A}_1\overline{A}_0;\quad W_1=\overline{A}_1A_0;\quad W_2=A_1\overline{A}_0;\quad W_3=A_1A_0$$

ROM 的存储矩阵实际是一个**或**门阵列，称为**或**阵。它的各条位线的输出与上述的各乘积项之间构成**或**运算关系。如图 16-1 中有

$$D_0 = W_0 + W_1 = \overline{A}_1\overline{A}_0 + \overline{A}_0 A_0$$

$$D_1 = W_1 + W_3 = \overline{A}_1 A_0 + A_1 A_0$$

$$D_2 = W_0 + W_2 + W_3 = \overline{A}_1\overline{A}_0 + A_1\overline{A}_0 + A_1 A_0$$

$$D_3 = W_1 + W_3 = \overline{A}_1 A_0 + A_1 A_0$$

综上分析，可以把 ROM 看成一个**与-或**阵列，如图 16-4 所示。图中（a）为 ROM 的结构框图，（b）为 ROM 的**与-或**阵列图。在图 16-4（b）中，**与**阵列中的小圆点表示对应的逻辑变量之间的“**与**”运算关系，**或**阵列中的小圆点表示对应的乘积项之间的“**或**”运算关系。例如，$W_1 = \overline{A}_1 A_0$；$D_3 = W_1 + W_3$，等等。

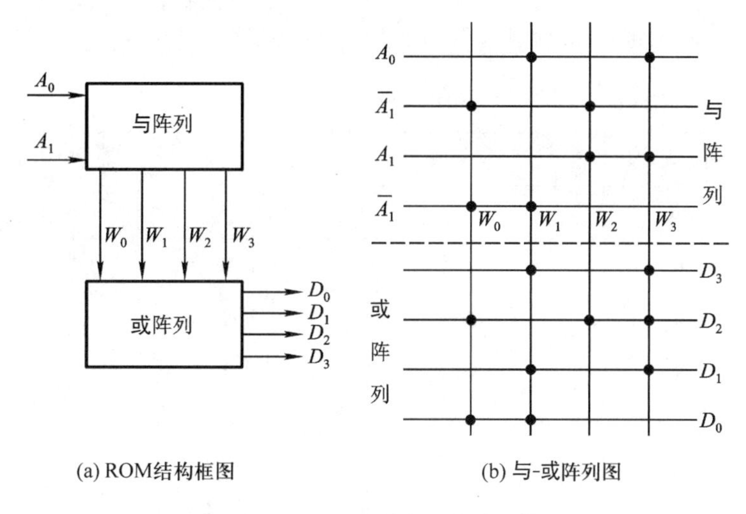

(a) ROM结构框图　　(b) 与-或阵列图

图 16-4　ROM 的与-或阵列图

2. 应用举例

ROM 的最大用途是在计算机中作程序存储器和数据存储器（存放数学用表等），这些将在有关计算机课程中讨论。本书介绍利用 ROM 实现组合逻辑函数的功能。

例 16-1　试根据图 16-5 所示的 ROM **与-或**阵列图，写出逻辑函数 F_1、F_2、F_3 的表达式。

解　根据图 16-5 中的**与**阵列可得

$$W_0 = \overline{A}\,\overline{B};\quad W_1 = \overline{A}B;\quad W_2 = A\,\overline{B};\quad W_3 = AB$$

再由图 16-5 中的**或**阵列可得

$$F_1 = W_0 + W_2 = \overline{A}\,\overline{B} + A\,\overline{B} = \overline{B}$$

$$F_2 = W_0 + W_2 + W_3 = \overline{A}\overline{B} + A\,\overline{B} + AB = A + \overline{B}$$

$$F_3 = W_1 + W_3 = \overline{A}B + AB = B$$

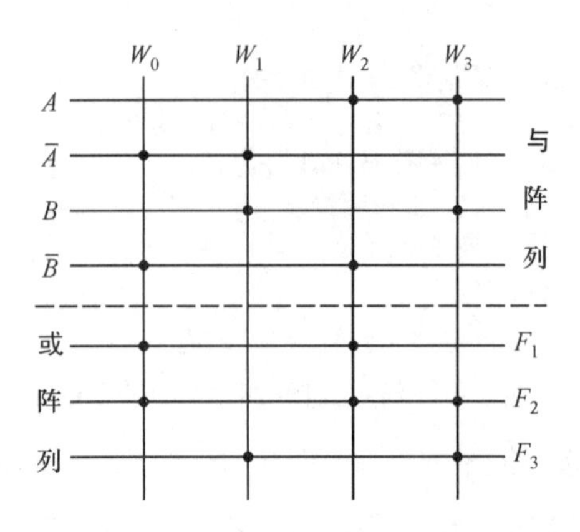

图 16-5　例 16-1ROM 与-或阵列图

例 16-2　用 ROM 实现 1 位二进制全加器。

解　先列出 1 位二进制全加器的真值表如下：

输　入			输　出	
A	B	C	S_n	C_n
0	**0**	**0**	**0**	**0**
0	**0**	**1**	**1**	**0**
0	**1**	**0**	**1**	**0**
0	**1**	**1**	**0**	**1**
1	**0**	**0**	**1**	**0**
1	**0**	**1**	**0**	**1**
1	**1**	**0**	**0**	**1**
1	**1**	**1**	**1**	**1**

由真值表可得

$$S_n=\overline{A}_n\overline{B}_nC_{n-1}+\overline{A}_nB_n\overline{C}_{n-1}+A_n\overline{B}_n\overline{C}_{n-1}+A_nB_nC_{n-1}$$

$$C_n=\overline{A}_nB_nC_{n-1}+A_n\overline{B}_nC_{n-1}+A_nB_n\overline{C}_{n-1}+A_nB_nC_{n-1}$$

令

$$W_0=\overline{A}_n\overline{B}_n\overline{C}_n;\qquad W_1=\overline{A}_n\overline{B}_nC_{n-1};\qquad W_2=\overline{A}_nB_n\overline{C}_{n-1}$$

$$W_3=\overline{A}_nB_nC_{n-1};\qquad W_4=A_n\overline{B}_n\overline{C}_{n-1};\qquad W_5=A_n\overline{B}_nC_{n-1}$$

$$W_6=A_nB_n\overline{C}_{n-1};\qquad W_7=A_nB_nC_{n-1}$$

则

$$S_n = W_1 + W_2 + W_4 + W_7$$

$$C_n = W_3 + W_5 + W_6 + W_7$$

根据上式，可以画出实现全加器的 ROM 的**与**-**或**阵列图如图 16-6 所示。这可以用 PROM 来实现。

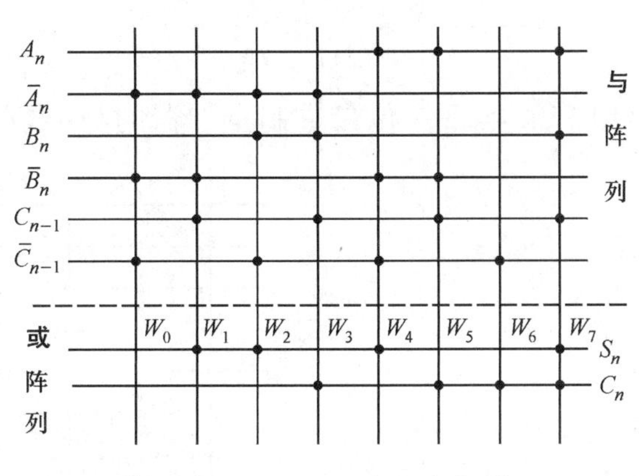

图 16-6　用 ROM 实现全加器

16.2　可编程逻辑阵列 PLA

可编程逻辑阵列 PLA 由一个**与**阵列和**或**阵列组成。PLA 结构框图如图 16-7 所示。从结构框图上看，可编程逻辑阵列 PLA 和只读存储器 ROM 是相似的。但如前节所述，ROM 的**与**阵列是不可编程的，地址译码器（**与**阵）输入 n 个变量，输出是 2^n 条字线，即 2^n 个最小项，仅仅是**或**阵列（存储矩阵）可以编程。而 PLA 的**与**阵列和**或**阵列都可以编程，所以若用它们实现同一组合逻辑函数，可编程逻辑阵列的**与**阵、**或**阵都较简单，可以节省芯片面积。

例 16-3　试用 PLA 实现一位二进制全加器。

解　一位二进制全加器的真值表如例 16-2 中所示，输出函数 S_n、C_n 的逻辑函数表达式为

$$S_n = \bar{A}_n \bar{B}_n C_{n-1} + \bar{A}_n B_n \bar{C}_{n-1} + A_n \bar{B}_n \bar{C}_{n-1} + A_n B_n C_{n-1}$$

$$\begin{aligned} C_n &= \bar{A}_n B_n C_{n-1} + A_n \bar{B}_n C_{n-1} + A_n B_n \bar{C}_{n-1} + A_n B_n C_{n-1} \\ &= A_n B_n + AC_{n-1} + B_n C_{n-1} \end{aligned}$$

令

$$P_0=\overline{A}_n\overline{B}_nC_{n-1};\quad P_1=\overline{A}_nB_n\overline{C}_{n-1};\quad P_2=A_n\overline{B}_n\overline{C}_{n-1}$$

$$P_3=A_nB_nC_{n-1};\quad P_4=A_nB_n;\quad P_5=A_nC_{n-1}$$

$$P_6=B_nC_{n-1}$$

则

$$S_n=P_0+P_1+P_2+P_3$$

$$C_n=P_4+P_5+P_6$$

根据以上各式，可以画出用 PLA 实现一位二进制全加器的**与-或**阵列图如图 16-8 所示。

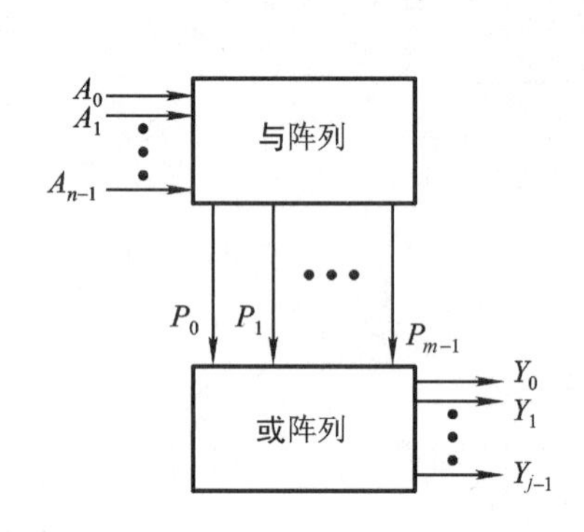

图 16-7　PAL 结构框图

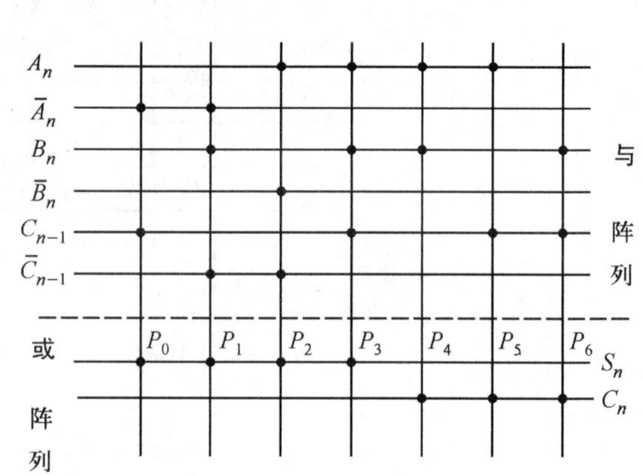

图 16-8　用 PLA 实现全加器

对比图 16-8 和图 16-6，用 ROM 实现一位全加器，**与**阵列和**或**阵列所需容量为（6×8）+(8×2)= 64 位，而用 PLA 实现所需容量为（6×7）+(7×2)= 56 位。可见，同样实现一位二进制加法器，用 PLA 比用 ROM 所需的存储单元要少，可以节省芯片面积。因此，PLA 的用途越来越广，它的集成化产品也越来越多。

本 章 小 结

■ 本章以只读存储器 ROM 和可编程逻辑阵列 PLA 为例，介绍了大规模数字集成电路在数字系统中的应用。

■ 本章基本要求是：

（1）了解 ROM 的结构及其工作原理。

（2）了解 PLA 的结构及其特点。

（3）会用 ROM 和 PLA 实现简单的组合逻辑函数。

习题十六

16-1 请说出 ROM 与 PLA 之间的异同处。

16-2 容量为 256 字×8 位 ROM 的输入地址码是多少位？它的存储矩阵有多少个存储单元？存储的数据是多少位？

16-3 写出图题 16-3 所示的 ROM 对应的逻辑函数 F_0、F_1、F_2的表达式。

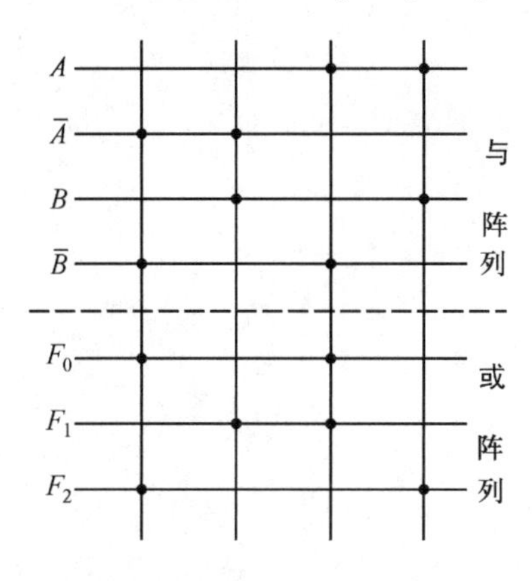

图题 16-3

16-4 利用 ROM 实现如下组合逻辑函数：

$$F_0=\overline{A}\,\overline{B}C+\overline{A}B\,\overline{C}+A\,\overline{B}C+\overline{A}B\,\overline{C}$$

$$F_1=\overline{A}B\,\overline{C}+\overline{A}BC+A\overline{B}\,\overline{C}+A\,\overline{B}C$$

$$F_2=A\overline{B}\,\overline{C}+A\,\overline{B}C+AB\,\overline{C}+ABC$$

画出**与-或**阵列图。

16-5 利用 PLA 实现上题中的组合逻辑函数，并画出它的**与-或**阵列图（提示：先进行化简，求出最简**与或**表达式）。

技能实训

实训 1　常用电子仪器的使用

（一）低频信号发生器和电子电压表的使用

一　实训目的

为切实掌握电子电路实训技能，顺利进行各类电子实训，首先要求学生熟悉和掌握常用仪器的使用方法。

1. 掌握低频信号发生器的使用方法。
2. 掌握电子电压表的使用方法。

二　实训电路

低频信号发生器用来提供幅度和频率可调的正弦波电压，电子电压表用来测量微弱的正弦波电压。

实训电路如下，实训时可按实训图 1-1（a）连接，仪器接地端要连在一起。信号发生器输出电压较小时，应使用屏蔽线，如实训图 1-1（b）所示。

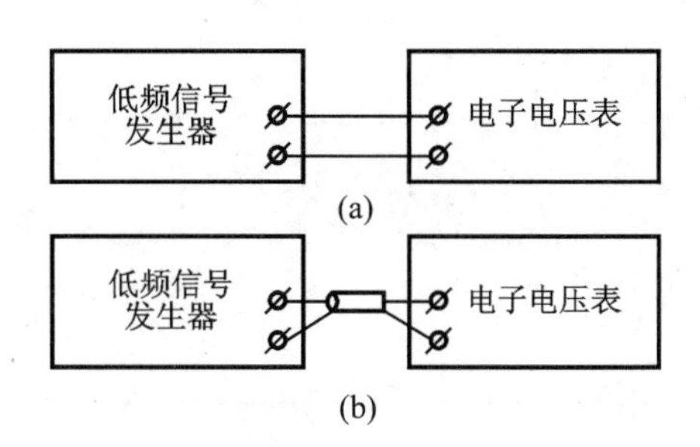

实训图 1-1　测试仪器的连接

三　实训器材

名　　称	数　　量	用　　途
低频信号发生器	1	输出正弦波电压
电子电压表	1	测量正弦波电压

四　实训内容与步骤

1. 测量低频信号发生器输出电压

（1）按图 1-1（a）连接仪器。

（2）用低频信号发生器输出电压。

频率为 1 kHz，“输出衰减开关”调至“0 dB”“输出细调”调至输出电压最大。

（3）用电子电压表测量此时的输出电压值，将测量结果记录在实训表 1-1 中。

（4）逐挡改变“输出衰减”开关位置，用电子电压表测量信号发生器输出电压值，将结果记录在表内。

2. 用低频信号发生器输出所需电压

（1）调节信号发生器，使其输出 50 mV、560 Hz 的正弦波信号。

（2）调节信号发生器，使其输出 200 mV、1 kHz 的正弦波信号。

（3）用电子电压表测量低频信号发生器输出的电压值。记录测量结果于实训表 1-2 中。

实训表 1-1　测量低频信号发生器输出电压

输出衰减/dB	0	10	20	30	40	50	60	
输出电压实测值/V								

实训表 1-2　用信号发生器输出所需电压

要求输出信号	频率范围	频率调节			输出衰减/dB	面板电压指示值/V	电子电压表测量结果/V
		×1	×0.1	×0.01			
50 mV，560 Hz							
200 mV，1 kHz							

（二）示波器的使用

一　实训目的

1. 熟悉示波器面板上各旋钮的位置和作用，及开机前应处的正确位置，初步掌握示波器的使用方法。

2. 初步掌握用示波器观测交、直流电压的方法。

二　实训电路

实训用仪器连接如实训图 1-2 所示。

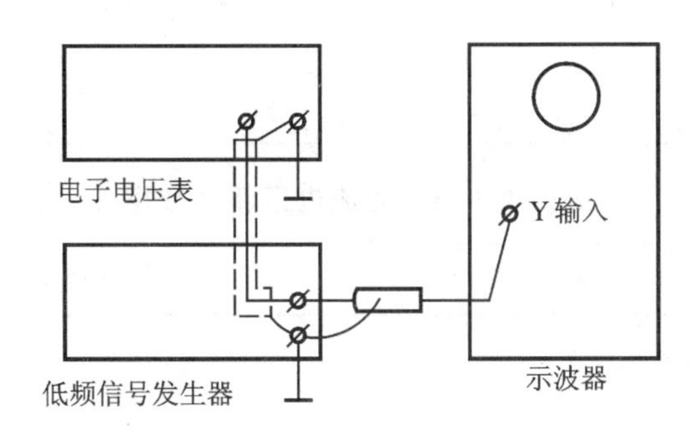

实训图 1-2　仪器连接

三　实训器材

名　称	数　量	用　　途
示波器	1	观测交、直流电压波形
电子电压表	1	测量交、直流电压
低频信号发生器	1	输出正弦波交流电压
万用表	1	测量直流电压
电池（1.5 V）	1	提供被测直流电压

四　实训内容与步骤

1. 观测正弦波电压

（1）低频信号发生器按要求输出正弦波电压。

（2）用示波器测试低频信号发生器输出电压的幅度和频率，将被测电压的峰-峰值换算成有效值，与用电子电压表同时测得的数值加以比较，将实验结果记录在实训表 1-3 中。

2. 用示波器和万用表测试干电池电压，并记录于实训表 1-4 中。

实训表 1-3　正弦波电压测试数据

要求输出的正弦波电压		示波器测试值				电子电压表测得的电压值/V
频率/Hz	幅度/V	峰-峰值/V	有效值/V	波形周期	频率	
250	4					
5 000	0. 5					
100 000	0. 03					

实训表 1-4　直流电压测试数据

示波器测得电压 =　　V	万用表测得电压 =　　V

实训 2　晶体管的简单测试

一　实训目的

1. 用万用表测试二极管的极性并判断二极管的好坏。

2. 用万用表判别三极管的管型和管脚，判断三极管的好坏、电流放大倍数的大小以及 I_{CEO} 的大小。

二　实训电路

1. 用万用表判断二极管的极性可用实训图 2-1。

2. 用万用表判断三极管的管型等时，可参考实训图 2-2，将三极管等效为双 PN 结。

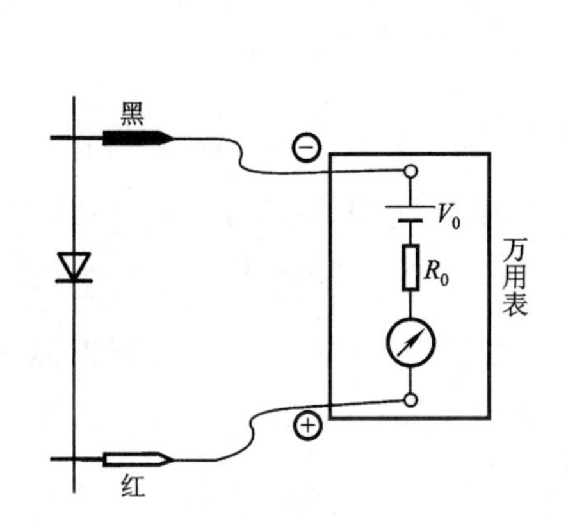

实训图 2-1　用万用表判断二极管的极性

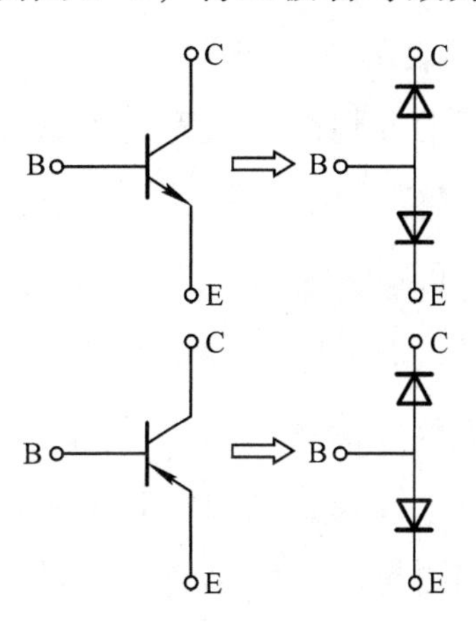

实训图 2-2　判别管型时，将三极管等效为两个 PN 结

三　实训器材

名　称	型号数量	用　　途
万用表	1	判断晶体管性能
二极管	好　1 坏　1 ~ 2	备用
三极管	NPN　1 PNP　1	备用
电阻器	100 kΩ　1	备用

四　实训内容与步骤

1. 用万用表测试二极管

（1）判别二极管的极性

测二极管时，使用万用表的“R×100”或“R×1 k”挡。这时万用表等效电路如实验图 2-1 所示。其中，R_0为等效内阻，V_0为表内电池电压。

若用黑表笔接二极管的正极，红表笔接二极管的负极，则二极管处于正向偏置，呈现低阻，万用表指示电阻较小；反之，二极管处于反向偏置，呈现高阻，万用表指示电阻较大。据此可判断二极管的极性，测得电阻较小时，黑笔所连接的是二极管的正极，另一为负极。

（2）判断二极管的好坏

方法与判别二极管极性相同。若两次测得电阻均小，则二极管内部短路；若两次测得电阻均大或为∞，则二极管内部开路；若两次测得的阻值差别很大，说明二极管特性较好。

2. 用万用表测试三极管

（1）用万用表判别三极管的管型和管脚

判别时可将三极管看成是一个背靠背的 PN 结，如实训图 2-2 所示。按照判别二极管极性的方法，可以判断出其中一极为公共正极或公共负极，此即为基极。对 NPN 型管，它是公共正极；对 PNP 型管，则是公共负极。据此，可判别三极管的管型。当基极确定后，其余两个极可任意设为集电极和发射极。设被测管为 NPN 型管，将万用表黑表笔接假设的集电极，红表笔接假设的发射极，再将假设的集电极、发射极互换，看两次测得电阻的大小。如测得电阻较小时，假设的集电极是正确的，如为 PNP 管，则按上述方法红表笔接假设的集电极，黑表笔接发射极测得电阻较小时，则假设的集电极是正确的。

判别时，一般要将手指捏住基极和假设的集电极，但不要使这两极相碰。也可用一只 100 kΩ电阻代替手指，如实训图 2-3 所示。

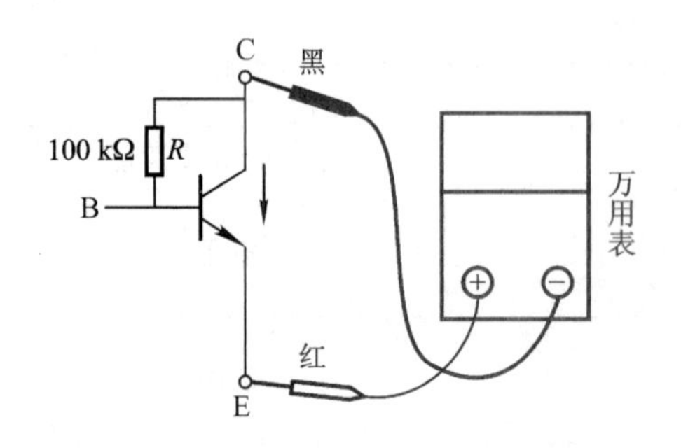

实训图 2-3　判别 NPN 型三极管 C、E 极

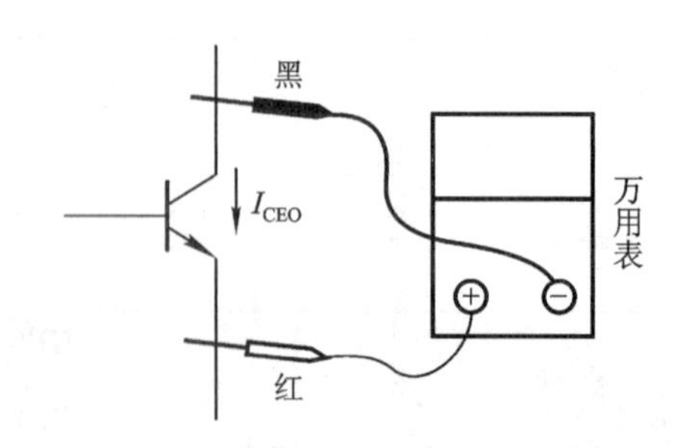

实训图 2-4　用万用表判别 NPN 管 I_{CEO}的大小

（2）判断三极管的好坏

测试时用万用表分别测试三极管集电结与发射结的正反向电阻，若两个 PN 结正、反向电阻正常，则三极管是好的；只要有一个 PN 结的正、反向电阻异常，则可判断三极管已损坏。

（3）判断电流放大倍数的大小

以 NPN 型三极管为例，将两个 NPN 管分别接入实训图 2-3 所示的测试电路，万用表显示阻值小的，则电流放大倍数大。

（4）判别 I_{CEO} 的大小

测试电路如实训图 2-4 所示。用万用表测试 C、E 间电阻，万用表所示阻值越大，表示三极管的 I_{CEO} 越小。

实训3　放大电路的测试与调整

一　实训目的

1. 验证静态工作点和电路参数对放大器工作的影响。

2. 学会测量电压放大倍数，测绘频率特性曲线。

二　实训电路

实训电路如实验图 3-1 所示。

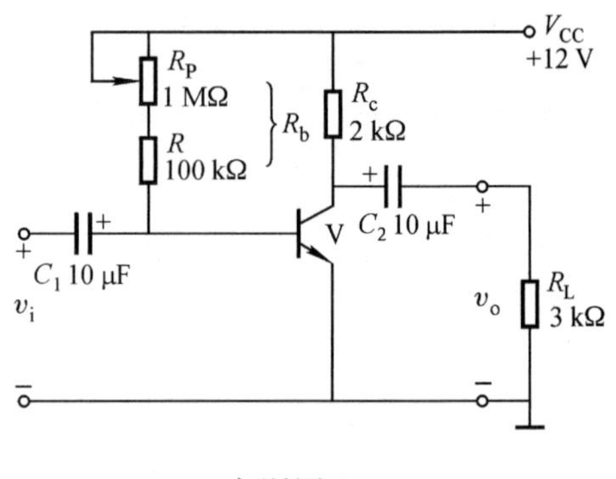

实训图 3-1

三　实训器材

（1）低频信号发生器；（2）示波器；（3）毫伏表；（4）稳压电源；（5）实验图 3-1 所示实训电路板。

四　实训内容及步骤

1. 将稳压电源输出调至 12 V 送入实训电路板，调节 R_P 使 V_{CE} = 5 V ~ 7 V，为三极管建立静态工作点（实验电路暂不接负载 R_L）。

2. 将信号发生器接入放大器输入端，向放大器输入 1 kHz、5 mV 的正弦信号。同时将已预热的示波器接至放大电路输出端，观察输出电压 v_o 的波形。

3. 将信号发生器输入放大器的电压 V_i 调大，使 v_o 的不失真波形幅度最大，用毫伏表测出 V_i 和 V_o 值并记入表实训 3-1 中，算出电压放大倍数 A_v。

4. 将放大器加上负载 R_L，按上述办法测出 V_i 和 V_o，一并记入实训表 3-1 中，算出电压放大倍数 A_v。

实训表 3-1　电压放大倍数测试数据

输入信号频率 /Hz	是否加负载 R_L	V_i /mV	V_o /mV	$A_v=\frac{V_o}{V_i}$
1 000	未			
	已			

5. 放大器继续接负载，按实训表3-2的要求改变信号发生器输出信号频率，并用毫伏表测出 V_i与 V_o的对应值记入该表中，再算出各自的电压放大倍数 A_v，在坐标纸上作出该放大器的频率特性曲线（A_v-f 曲线），确定 f_L与 f_H，并算出其通频带。

实训表3-2　频率特性测试数据

输入信号（v_i）频率/Hz	V_i/mV	V_o/mV	$A_v=\frac{V_i}{V_o}$
100			
200			
400			
1 000			
2 000			
5 000			
10 000			

实训4　集成运算放大器的应用

一　实训目的

学会集成运放的正确使用方法，验证集成运放在模拟运算等方面的应用。

二　实训电路与工作原理

1. 反相比例运算放大器

其电路如实训图 4-1 所示，在理想条件下闭环电压放大倍数为

$$A_{Vf}=\frac{V_O}{V_I}=-\frac{R_f}{R_1}$$

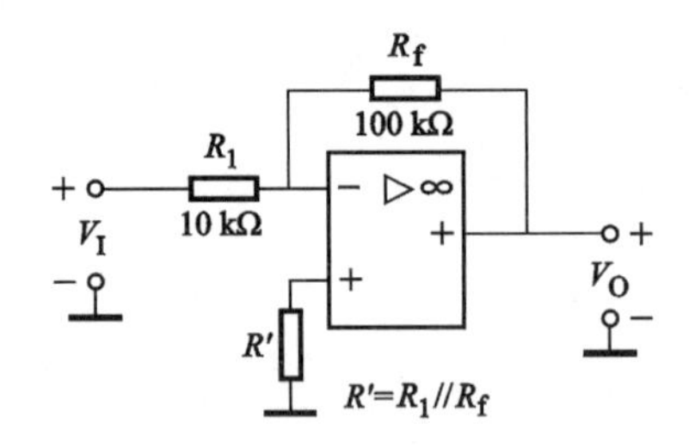

实训图 4-1　反相比例运算放大器

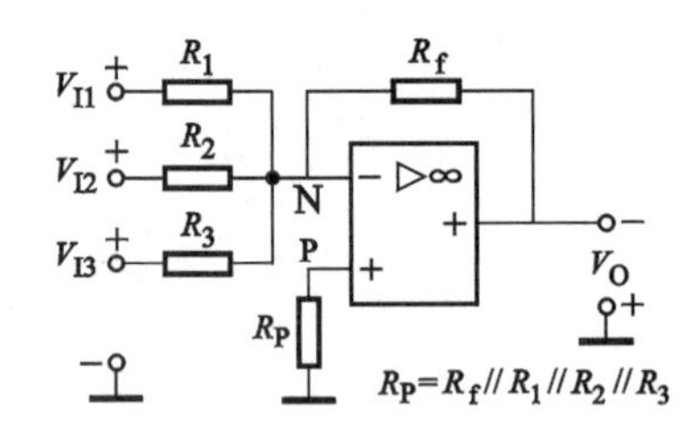

实训图 4-2　加法运算电路

由于比值 R_f/R_1的选择不同，A_{Vf}可大于 1，也可以小于 1。如果 $R_f=R_1$，则 $V_O=-V_I$，该电路成为反相电压跟随器。

2. 加法运算电路

其电路如实训图 4-2 所示，它的输出电压 V_O为

$$V_O=-\left(\frac{R_f}{R_1}V_{I1}+\frac{R_f}{R_2}V_{I2}+\frac{R_f}{R_3}V_{I3}\right)$$

当 $R_1=R_2=R_3=R$ 时有

$$V_O=-\frac{R_f}{R}(V_{I1}+V_{I2}+V_{I3})$$

3. 同相比例运算放大器

其电路如实训图 4-3 所示。在理想条件下，它的闭环电压放大倍数为

$$A_{Vf}=\frac{V_O}{V_I}=\frac{R_1+R_f}{R_1}=1+\frac{R_f}{R_1}$$

当 $R_1\to\infty$（开路），$R_f\to 0$（短路）时，$A_{Vf}=1$，$V_O=V_I$，该电路成为电压跟随器，如实验图 4-4 所示。

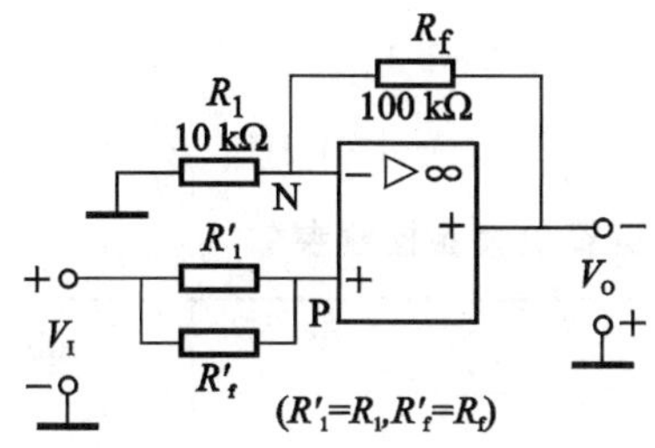
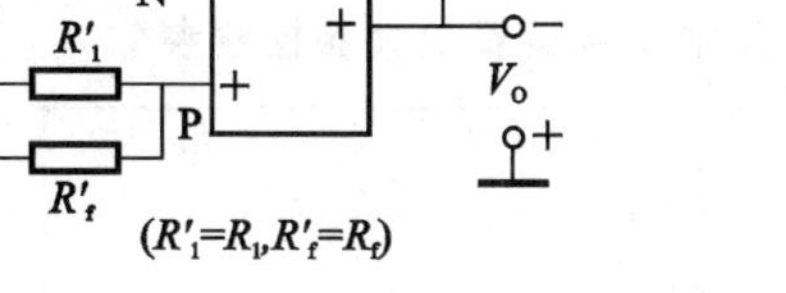

实训图 4-3　同相比例运算放大器

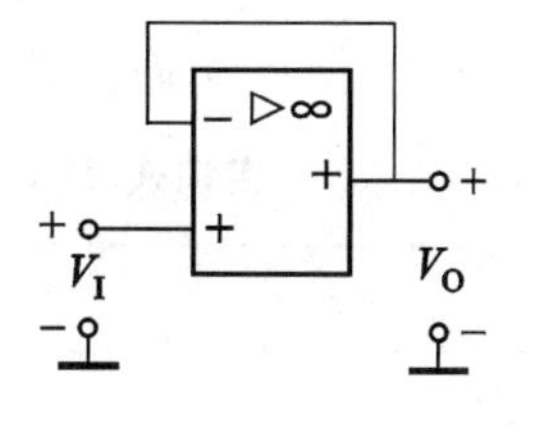

实训图 4-4　电压跟随器

4. 减法器

其电路如实训图 4-5 所示。在理想条件下的输出电压 V_O 为

$$V_O=\frac{R_f}{R_1}(V_{I2}-V_{I1})$$

三　实训仪器

（1）实训图 4-1、实训图 4-2、实训图 4-3、实训图 4-4、实训图 4-5 所示的五块实验电路板；（2）低频信号发生器；（3）示波器；（4）晶体管电压表；（5）直流稳压电源；（6）万用表；（7）直流信号源（±500 mV±5 V）。

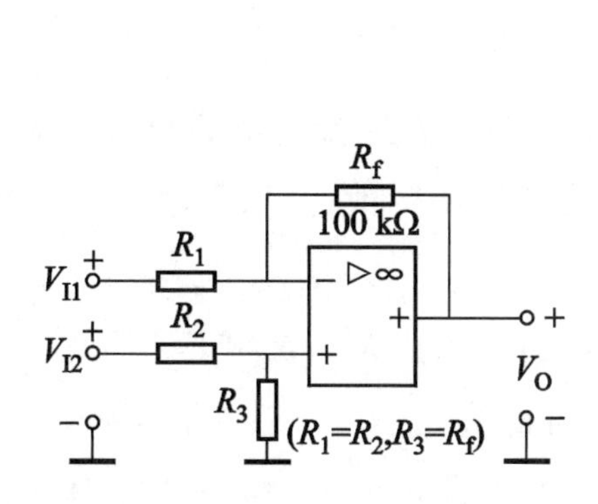

实训图 4-5　减法器

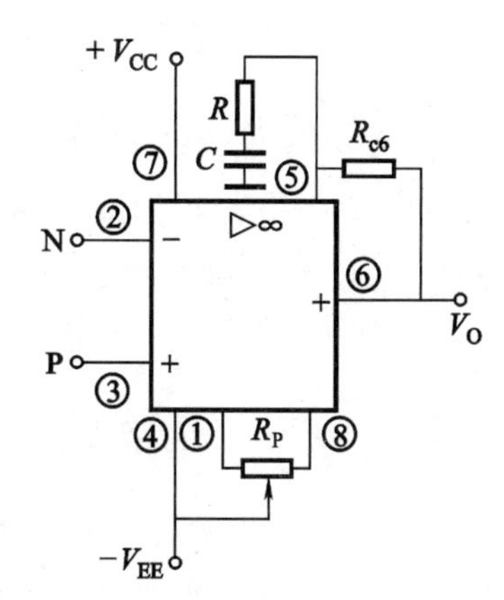

实训图 4-6　F004 集成芯片

四　实训内容与步骤

在下面五个电路的实训中，首先接好实训电路板供电电路，在输出端接好晶体管电压

表和示波器。然后调零，如示波器显出自激波形，则应调节相位补偿电容 C。本实训仍以F004 集成电路为例，其接线如实训图 4-6 所示。

1. 反相比例运算放大器的检测

（1）将实训图 4-1 所示电路板接通正、负电源。

（2）在反相输入端 N 加上直流信号电压 V_I，依次将 V_I从-500 mV 调到+500 mV，用电压表测出对应的输入电压 V_I和输出电压 V_O，记入实训表 4-1 中，算出电压放大倍数 A_{Vf}。

实训表 4-1　反相比例运算放大器检测参数

V_I/mV	-500	-300	-100	100	300	500
V_O/V						
A_{Vf}						

（3）将直流信号 V_I改为频率 f=1 kHz，幅度 V_{im}=0.5 V 的交流信号电压输入电路，测出 V_o，计算 A_{Vf}。

（4）在上图中将 R_f换成 10 kΩ，使 $R_f=R_1$，在输入端加上直流信号电压，从-5 V 变化到+5 V,分别测出 V_O记入实训表 4-2 中，观察反相电压跟随情况。

实训表 4-2　反相电压跟随器检测数据记录

V_I/V	-5	-3	-1	1	3	5
V_O/V						
差值/V						

2. 同相比例运算放大器的检测

该实训在实训图 4-3、实训图 4-4 所示实训电路板上进行。实训步骤同上，实训数据记录表格在表实训 4-1 和表实训 4-2 的基础上将“反相”改为“同相”，读者可以自制。

*3. 加法器

在实训图 4-2 所示实训电路板上取 R_f=100 kΩ，使其 R_1、R_2满足

$$V_O=-10(V_{I1}+V_{I2})$$

R_3不接入，然后在两个输入端加上不同的信号电压，测出 V_O，记入实训表 4-3 中。

实训表 4-3　加法器检测数据记录

V_{I1}/mV	-500	-300	-100	100	300	500
V_{I2}/mV	-100	-300	-500	500	300	100

续表

V_O/mV						
差值/mV						

*4. 减法器

在实训图 4-5 所示实训电路板上，适当选择 R_1、R_2的阻值，使其满足

$$V_O = 10(V_{I2} - V_{I1})$$

实训步骤同加法器，数据记录表格参照实训表 4-3 自制。

实训5　集成功率放大器的应用

一　实训目的

1. 熟悉常用集成功放的工作原理。

2. 提高对应用电路的识图能力和动手能力。

二　实训电路与工作原理

1. 实训电路

电路如实训图 5-1 所示。装配图如实训图 5-2 所示。

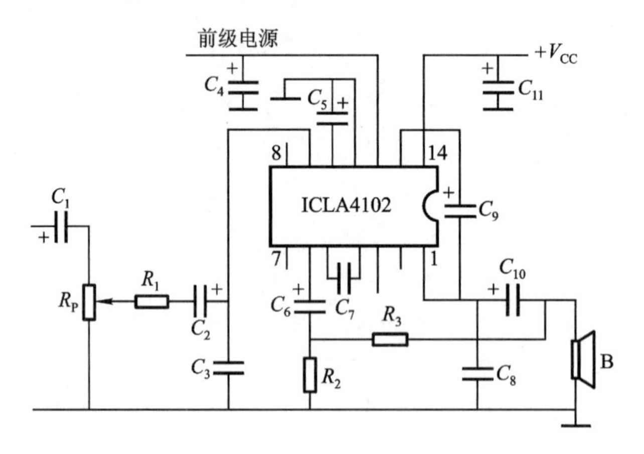

实训图 5-1　LA4102 集成功放电原理图

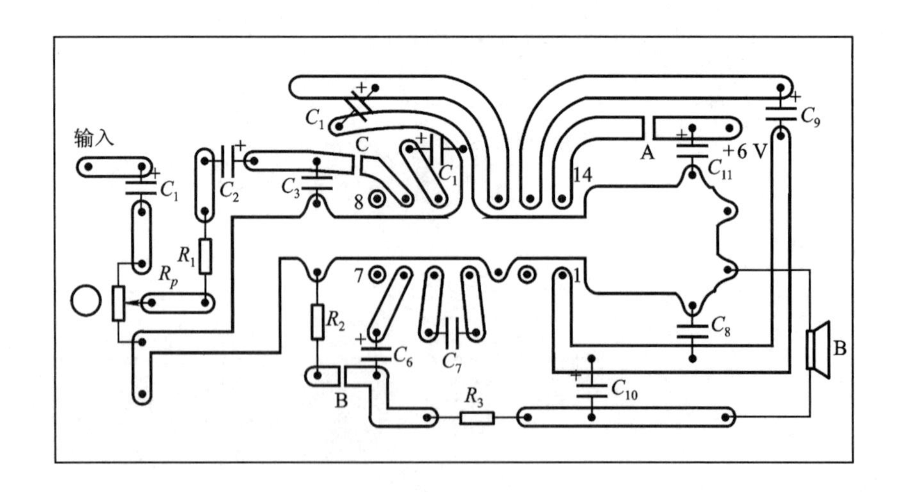

实训图 5-2　LA4102 集成功放装配图

2. 工作原理

名　　称	规格及数量	用　　途
扬声器	8 Ω×1	功放负载
半导体收音机	1	作信号源
印制电路板	1	装配元器件
电源	6 V	

三　实训内容与步骤

1. 按实训图 5-2 正确焊接各元器件。
2. 检查各元器件装配无误后，用电烙铁将缺口 A、B、C 三处封好，然后接上 6 V 电源。
3. 用万用表测量 LA4102 集成块各引脚电压值，实训表 5-1 可作为参考。

实训表 5-1　LA4102 集成功放块各引脚典型电压值

引脚	①	②	③	④	⑤	⑥	⑦	⑧	⑨	⑩	⑪	⑫	⑬	⑭
电压/V	2.8	0	0	3.8	0.6	2.8	0	2.8	2.4	2.6	0	5.4	5	6

4. 在输入端输入信号，调节电位器 R_P，使扬声器发出洪亮的声音。

实训6　集成稳压电源的测试

一　实训目的

1. 了解三端可调集成稳压电源的特性和使用方法。
2. 掌握直流稳压电源的测试方法。

二　实训电路

集成稳压电源 LM317 是一种三端可调正电压直流稳压器。输出电压在 1.2 V ~ 37 V 范围内连续可调；输出电流≥500 mA。其典型应用电路如实训图 6-1 所示。由 LM317 构成的集成稳压电源如实训图 6-2 所示。

测试电路如实训图 6-3 所示。

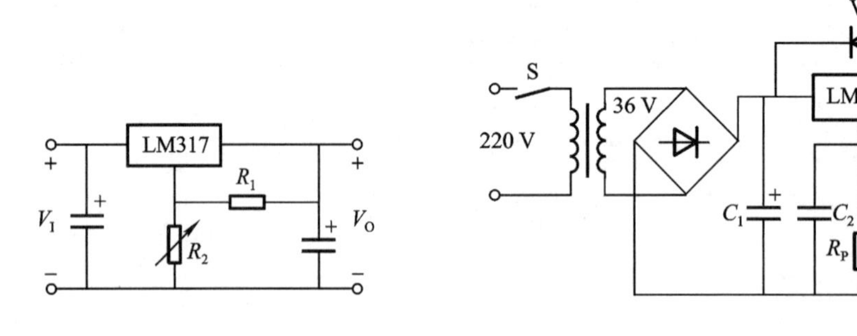

实训图 6-1　LM317 典型电路　　　　实训图 6-2　集成稳压电源

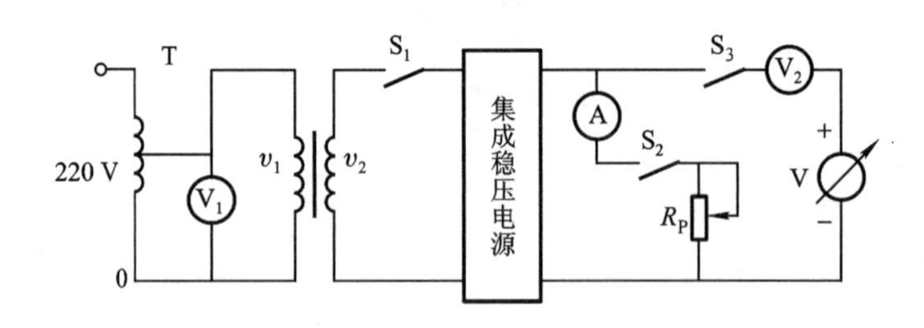

实训图 6-3　实训 6 的测试电路

三　实训器材

名　　称	规格及数量	用　　途
电阻器	R_1 24 Ω×1	集成稳压电源元件

续表

名　　称	规格及数量	用　　途
电位器	R_P15 kΩ×1	集成稳压电源元件
电容器	C_1、$C_2$100 μF/50 V×2 $C_3$220 μF/50 V×1	集成稳压电源元件
二极管	V_1、V_2 1N4001×2	集成稳压电源元件
集成块	LM317×1	集成稳压电源元件
自耦调压器	1	调节输入电压为 198～242 V
交流电压表	（0～250 V）×1	测自耦调压器输出电压
万用表	1	测交直流电压
直流电流表	（0～500 mA）×1	测输出电流
滑线变阻器	（0～500 Ω 1 A）×1	提供可变负载
标准直流稳压电源	1	提供标准可调稳定电压
单刀单掷开关	S_1、S_2、S_3×3	通、断电路

四　实训内容与步骤

1. 按实训图 6-3 连接测试电路，检查无误后，断开 S_1、S_2、S_3，接通 220 V 市电。

2. 测直流稳压电源输出电压范围

（1）调 T，使其输出交流电压的有效值 V_1 为 220 V，接通 S_1，用万用表（交流电压挡）测变压器次级输出电压的有效值 V_2。

（2）用万用表（直流电压挡）测输出电压 V_O。调节 R_P，测试并记录输出电压 V_O 的变化范围（V_{Omin}、V_{Omax}）。

（3）测稳压系数 $S\left(S=\left.\dfrac{\Delta V_O/V_O}{\Delta V_I/V_I}\right|_{\Delta I_O=0}\right)$

① 调 R_P，使输出电压 $V_O=24$ V；

② 调可调标准直流稳压电源，使 $V_{REF}=24$ V；

③ 接通 S_2，调 R_P，使 $I_L=200$ mA；

④ 接通 S_3，调 T，使输入电压 V_I 变化±10%，测试并记录 ΔV_O。计算后求出稳压系数，填入实训表 6-1 中。

实训表 6-1　稳压系数 S

V_I	V_O	ΔV_O	S
198 V	24 V		
242 V	24 V		

（4）测试输出电阻 r_o $\left(r_o = \dfrac{\Delta V_O}{\Delta I_O}\right)$

调 T，使 $V_I = 220$ V，改变 R_P，使 I_L 由 200 mA 变至 150 mA，测试并记录 ΔV_O，算出 r_o 值，填入实训表 6-2 中。

实训表 6-2　输出电阻 r_o

V_I	I_L	ΔV_O	r_o
220 V	200 mA		
220 V	150 mA		

实训7 集成逻辑门电路逻辑功能的测试

一 实训目的

熟悉六**非**门（74LS04）、四 2 输入**与非**门（74LS00）、2－3－3－2 输入**与或非**门（74LS54）以及四 2 输入**异或**门（74LS86）等逻辑门电路的逻辑功能。

二 实训器材

（1）直流稳压电源

（2）万用表

（3）元器件

① 74LS04 1 只

② 74LS00 1 只

③ 74LS54 1 只

④ 74LS86 1 只

（4）连接导线（直径为 0.5 mm，线头剥露长度为 5 mm 的外包塑料铜线）数根

（5）集成电路实训板（俗称面包板，可选 SY8－130 型）一块（实训图 7－1）

（6）集成电路起拔器 1 只。

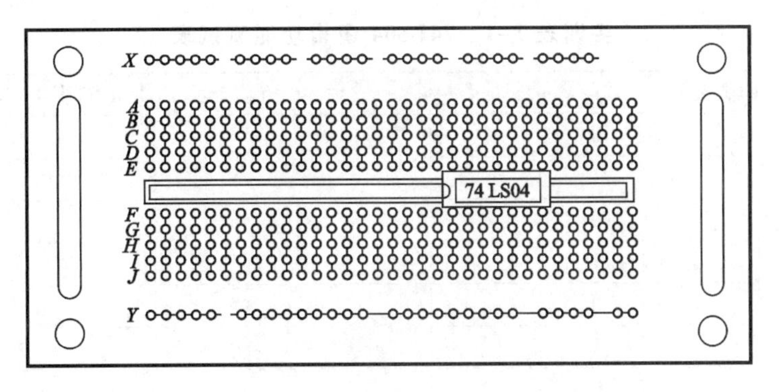

实训图 7－1

三 实训说明

1. 测试门电路逻辑高电平或低电平，可用万用表测电压值确定，也可用自制的“逻

辑电平笔”显示（红色发光二极管亮表示高电平；绿色发光二极管亮表示低电平）。自制逻辑电平笔的方法附后。

2. 集成块（双列式）插入面包板的位置如实验图 7-1 所示。注意“1”脚位置不能插错，插集成块时，用力要均匀。拔起集成块时，须使用专用起拔器。

3. 连接导线时，为了便于区别，最好用有色导线区分输入电平的高低，例如，红色导线接高电平，表示输入为**1**；黑色导线接低电平，表示输入为**0**（逻辑**1**为3.6 V或是通过一只1 kΩ电阻接+5 V电源；逻辑**0**是直接接地）。

4. 用直流稳压电源作实验时，调节输出电压为+5 V，作为集成块的 V_{CC}。

5. 实训前应熟悉被测集成门电路引脚排列图。

四　实训内容和步骤

1. 测试 74LS04 六**非**门逻辑功能

（1）将 74LS04 正确地插入面包板，接通电源。

（2）按实训表 7-1 要求输入信号，测出相应的输出逻辑电平，填入表中并写出逻辑表达式。

（3）实训完毕，用起拔器拔出集成块。

2. 测试 74LS00 四 2 输入端**与非**门逻辑功能

（1）将 74LS00 插入面包板，接通电源。

（2）按实训表 7-2 要求输入信号，测出相应的输出逻辑电平，填入表中并写出表达式。

（3）实训完毕，用起拔器拔出集成块。

实训表 7-1　74LS04 逻辑功能测试表

A（输入）		*Y*（输出）	
1*A*	**0**	1*Y*	
	1		
2*A*	**0**	2*Y*	
	1		
3*A*	**0**	3*Y*	
	1		
4*A*	**0**	4*Y*	
	1		
5*A*	**0**	5*Y*	
	1		
6*A*	**0**	6*Y*	
	1		

逻辑表达式 $Y=$__________

实训表 7-2　74LS00 逻辑功能测试表

1A	1B	1Y	2A	2B	2Y	3A	3B	3Y	4A	4B	4Y
0	0		0	0		0	0		0	0	
0	1		0	1		0	1		0	1	
1	0		1	0		1	0		1	0	
1	1		1	1		1	1		1	1	

逻辑表达式 $Y=$__________

3. 测试 74LS54　2-3-3-2 输入**与或非**门逻辑功能

（1）将 74LS54 插入面包板，接通电源。

（2）按实训表 7-3 所列部分输入信号要求，测出相应的输出逻辑电平，填入表中，并写出逻辑表达式（表中所列并非全部数据，仅列出部分供抽验逻辑关系用）。

实训表 7-3　74LS54 实训抽验表

A	B	C	D	E	F	G	H	I	J	Y
0	0	0	0	0	0	0	0	0	0	
1	0	0	0	1	0	0	0	0	1	
0	0	0	1	0	0	0	1	0	1	
1	0	0	1	1	0	0	0	1	1	
1	1	1	0	1	1	1	1	0	1	
0	1	1	1	0	1	1	0	0	1	
1	1	1	1	1	1	1	1	1	1	

逻辑表达式 $Y=$__________

（3）实训完毕，用起拔器拔出集成块。

4. 测试 74LS86 四 2 输入**异或**门逻辑功能

（1）将 74LS86 插入面包板，接通电源。

（2）按实训表 7-4 所列要求输入信号，测出相应的输出逻辑电平，填入表中写出逻辑表达式。

实训表 7-4　74LS86 逻辑功能测试表

$1A$	$1B$	$1Y$	$2A$	$2B$	$2Y$	$3A$	$3B$	$3Y$	$4A$	$4B$	$4Y$
0	**0**		**0**	**0**		**0**	**0**		**0**	**0**	
0	**1**		**0**	**1**		**0**	**1**		**0**	**1**	
1	**0**		**1**	**0**		**1**	**0**		**1**	**0**	
1	**1**		**1**	**1**		**1**	**1**		**1**	**1**	

逻辑表达式 $Y=$__________

（3）实训完毕，用起拔器拔出集成块。

5. 组合新功能逻辑门电路的实训

用 74LS00 四 2 输入**与非**门中的三个 2 输入**与非**门实现一个**或**门，即 $A+B=\overline{\overline{A+B}}=\overline{\overline{A}\cdot\overline{B}}$。

（1）写出逻辑表达式。

（2）画出接线图。

五　实训报告

1. 整理实训结果，填入相应的表格中。
2. 小结实训心得体会。

自制“逻辑电平笔”

（1）工作原理

电原理如实训图 7-2 所示。当信号输入端电压为低电平时，三极管 9013 处于截止状态，约有 5 mA 的电流流过电阻 R_3、R_4 及发光二极管（绿色 LED_2），使 LED_2 点亮。同时，使三极管 v_C 限制在 3.5 V 左右，由于 LED_1 两端电压低于 1.9 V，因此无电流流过而不能发光。当输入为高电平时，三极管饱和导通，LED_1（红色发光二极管）点亮，由于此时 LED_2 两端电压很低（近似为 0 V），LED_2 则熄灭。

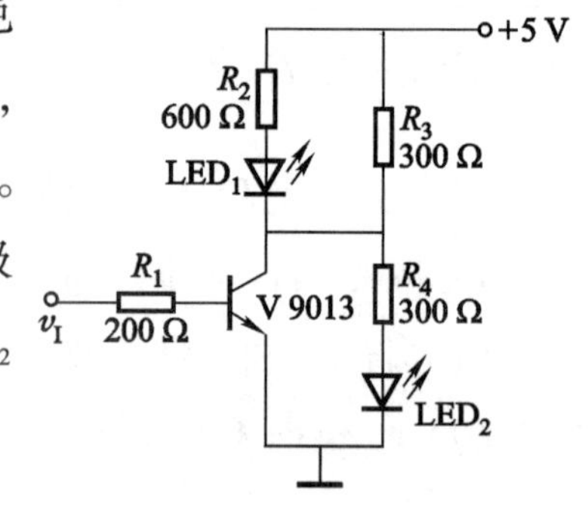

实训图 7-2　逻辑电平笔

（2）元器件

9013×1，　电阻 600 Ω×1，　300 Ω×2，　200 Ω×1

LED×2（红绿各一只）

（3）制作方法

按原理图制作印制板（以狭长形为宜，可置入旅行牙刷盒内），将红、绿发光二极管的球形端面稍露出盒外，焊接无误后，即可通电试验。输入端的触针可用直径为 1 mm 的铜线制作。逻辑电平笔的结构和外壳也可自行设计制作。

实训8　组合逻辑电路的测试

一　实训目的

熟悉用基本门电路组合成逻辑电路的方法，掌握组合逻辑电路逻辑表达式的写法。

二　实训电路

1. 用**与非**门组成**或**门，见实训图 8-1。
2. 用多个基本门组成**与或非**门，见实训图 8-2。
3. 用多个基本门组成**异或**门，见实训图 8-3。

三　实训器材

名　　称	数　　量	用　　途
74LS00	1	构成组合逻辑电路
74LS32	1	构成组合逻辑电路
74LS08	1	构成组合逻辑电路
直流稳压电源	1	提供集成块工作电源
面包板	1	插入集成块及导体
各式连接导线	若干	连接电路
逻辑电平显示笔	（自制或用万用表）	检测逻辑电平
集成电路起拔器	1	拔出集成电路

74LS00 为四 2 输入**与非**门、74LS32 为四 2 输入**或**门、74LS08 为四 2 输入**与**门。外引线排列图见书后附表。

四　实训内容与步骤

1. 按实训图 8-1 在面包板上接线。
2. 测试各门电路的逻辑电平，填写实训表 8-1，并写出组合电路的逻辑表达式。

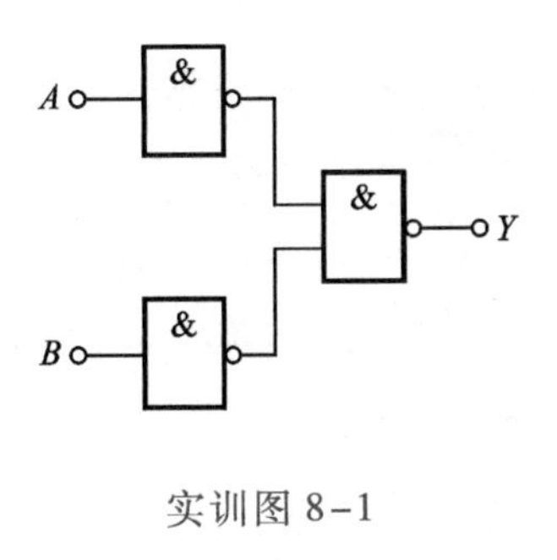

实训图 8-1

实训表 8-1

A	B	Y
0	**0**	
0	**1**	
1	**0**	
1	**1**	

$Y=$ ______________

3. 按实训图 8-2 在面包板上接线。
4. 测试各门电路的逻辑电平，填写实训表 8-2，并写出组合电路的逻辑表达式。

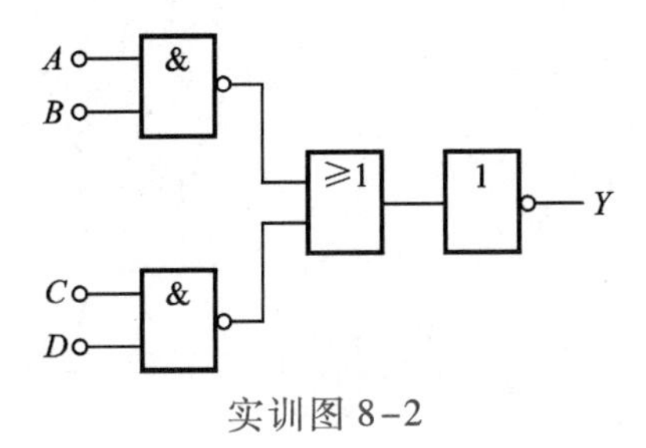

实训图 8-2

实训表 8-2

A	B	C	D	Y
0	**0**	**0**	**0**	
0	**0**	**0**	**1**	
0	**0**	**1**	**0**	
0	**0**	**1**	**1**	
0	**1**	**0**	**0**	
0	**1**	**0**	**1**	
0	**1**	**1**	**0**	
0	**1**	**1**	**1**	
1	**0**	**0**	**0**	
1	**0**	**0**	**1**	
1	**0**	**1**	**0**	
1	**0**	**1**	**1**	
1	**1**	**0**	**0**	
1	**1**	**0**	**1**	

续表

A	B	C	D	Y
1	**1**	**1**	**0**	
1	**1**	**1**	**1**	

$Y=$ ____________

5. 按实训图 8-3 在面包板上接线。

6. 测试各门电路的逻辑电平，填写实训表 8-3，并写出组合电路的逻辑表达式。

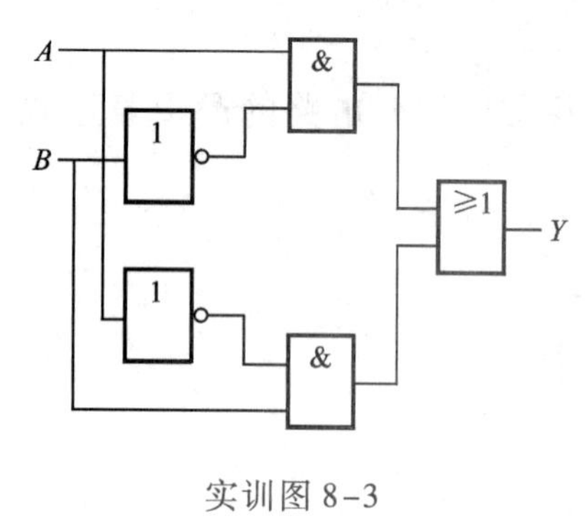

实训图 8-3

实训表 8-3

A	B	Y
0	**0**	
0	**1**	
1	**0**	
1	**1**	

$Y=$ ____________

实训9　异步二进制计数器

一　实训目的

1. 学会用集成 JK 触发器连接成异步计数器的方法。
2. 测试异步二进制计数器的逻辑功能。

二　实训设备和器材

名　　称	数量	用　　途
直流稳压电源	1	提供5 V直流电压
万用表	1	测量直流电压
脉冲信号发生器	1	提供计数脉冲 CP
双踪示波器	1	观察输入、输出波形，测量频率
0-1 按钮	1	提供计数脉冲 CP
0-1 显示器	1	显示输出状态
双 JK 触发器 CT74LS112	2	组成计数器
SYB-130 型面包板	1	实训用插件板
ϕ0.5 mm 绝缘铜导线	若干	连接电路

三　实训说明

1. 复习异步二进制加法、减法计数器的电路组成、工作原理，进一步熟悉它们的状态表和工作波形图。

2. 复习集成双 JK 触发器 CT74LS112 的外引线排列。

3. 预习实训内容、方法、步骤以及实验连接图。

4. 熟悉实训仪器的使用方法。

四　实训内容和步骤

1. 异步3位二进制加法计数器的安装与测试

(1) 调节直流稳压电源，使输出电压为+5 V。

（2）将两片 CT74LS112 分别插入面包板，应注意相互的间距与位置，使导线连接方便。

（3）按实训图 9-1 连接电路。应使每个 JK 触发器的 J、K 端悬空，呈计数状态。

（4）计数脉冲输入端接 **0-1** 按钮，输出端 $Q_0 \sim Q_2$接 **0-1** 显示器。

（5）将置零开关 S 接地，使计数器置零，然后打开开关 S。

（6）用 **0-1** 按钮逐个输入计数脉冲 CP，观察 **0-1** 显示器显示的 $Q_0 \sim Q_2$的状态，并将结果填入实训表 9-1。

（7）把计数脉冲输入端改接到脉冲信号发生器的信号输出端，并调节脉冲信号发生器，使其产生频率为 1 kHz 幅度为 3.6 V 的方波信号。

（8）用双踪示波器观察 CP、Q_0、Q_1、Q_2各端的波形。并对照 CP 端的波形，把观察到的 Q_0、Q_1、Q_2各端的波形绘入实训表 9-2 中。

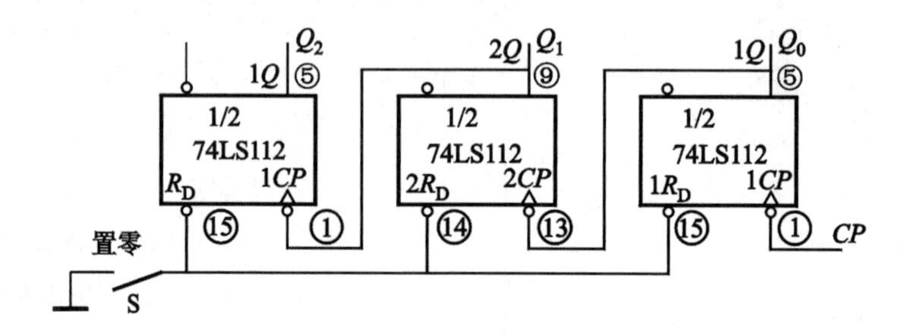

实训图 9-1

实训表 9-1

CP 次数	计数状态		
	Q_2	Q_1	Q_0
1			
2			
3			
4			
5			
6			
7			
8			
9			

实训表 9-2

观察点	显示波形
CP	＿⌈1⌉＿⌈2⌉＿⌈3⌉＿⌈4⌉＿⌈5⌉＿⌈6⌉＿⌈7⌉＿⌈8⌉＿
Q_0	
Q_1	
Q_2	

2. 异步 3 位二进制减法计数器的安装与测试

（1）清理面包板，按实训图 9-2 连接电路，仍应使各触发器 J、K 端悬空，呈计数状态。

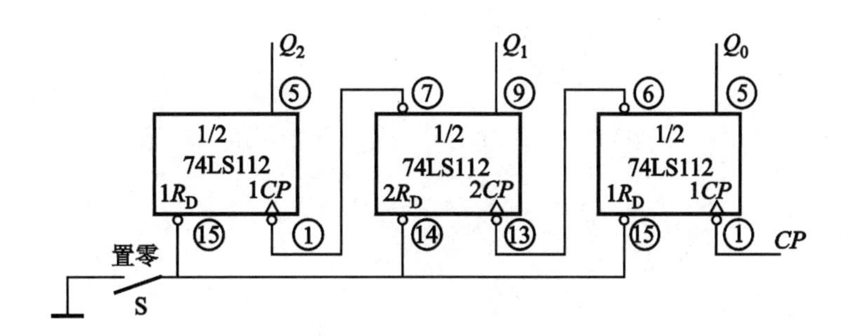

实训图 9-2

（2）按序重复内容 1 中的（4）、（5）、（6）、（7）、（8）步骤，将测试的结果填入实验表 9-3 中，用双踪示波器观察各点波形，将结果绘入实训表 9-4 中。

实训表 9-3

CP 次数	计数状态		
	Q_2	Q_1	Q_0
1			
2			
3			
4			
5			
6			
7			
8			
9			

实训表 9-4

观察点	显示波形
CP	_┌1┐_┌2┐_┌3┐_┌4┐_┌5┐_┌6┐_┌7┐_┌8┐_
Q_0	
Q_1	
Q_2	

五　实训报告

1. 整理实训结果，填入或绘入相应的表中。
2. 测试计数器的逻辑功能，本次实训用了哪两种方法？
3. 小结实训的体会。

实训 10　计数、译码、显示综合应用

一　实训目的

熟悉十进制计数、译码器、显示器的应用。

二　实训电路

实训电路接线图如实训图 10-1 所示。注意 BS205 一定要安装在预制的印制线路板上。

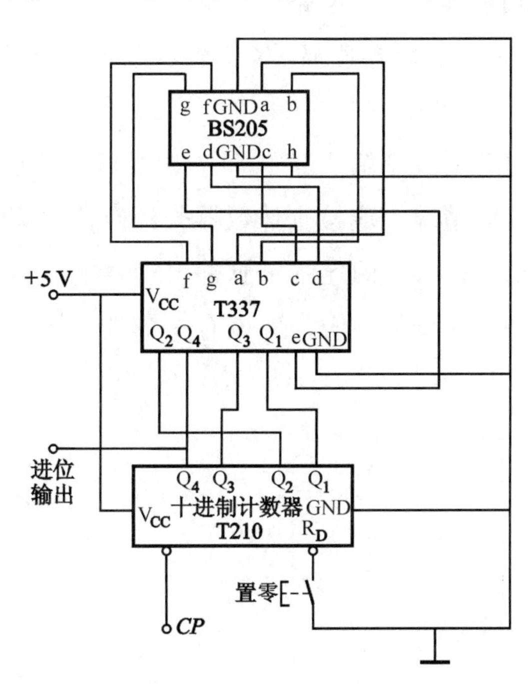

实训图 10-1

三　实训器材

名　　称	数　　量	用　　途
T210	1	十进制计数器
T337	1	七段字形译码器
BS205	1	共阴极七段数码管
面包板	1	插接元器件

续表

名　称	数　量	用　途
直流稳压电源	1	提供直流电压
低频信号发生器	1	提供输入正脉冲
各色导线	若干	连接电路
集成电路起拔器	1	拔出集成块

四　实训内容与步骤

1. 按实训图 10-1 接好元器件，核对无误后，接通电源。此时数码管应显示一个完整的数字，如果无数字或不成字形，表示电路有异常。

2. 按下 T210 置 **0** 端按钮，显示器应显示 0，表示置 **0** 功能正常。如不正常，应检修计数器线路，使它恢复正常。

3. 用单脉冲发生器在 *CP* 端逐个输入正脉冲，观察显示器能否逐一显示“0 ~ 9”。若出现无次序乱跳或笔画不全等情况，应检查计数器与译码器之间的连线是否正确。

4. 在 *CP* 端输入频率为 1 ~ 4 Hz 的连续正脉冲。观察显示器显示数字变化情况。用万用表测量进位端，每当数字由 9 变为 0 时，应该有一个进位脉冲输出。

*实训11　晶闸管的工作原理与应用（选用）

一　实训目的

1. 验证晶闸管的工作原理。
2. 掌握晶闸管的简单应用。

二　实训电路

1. 晶闸管触发导通实训线路，如实训图11-1所示。
2. 晶闸管交流供电工作原理实训线路如实训图11-2所示。
3. 双向晶闸管调光灯线路如实训图11-3所示。

三　实训器材

(1) 仪器

名　称	规格及型号	数　量	备　注
直流电压表	0～15 V	1	
直流电流表	0～100 mA	1	
交直流电源	5～10 V	1	
万用表		1	

(2) 元器件

名　称	规格及数量	备　注
晶闸管	3CT1～14（小功率)×1，3CTS×1	3CTS为1A/400 V双向晶闸管
发光二极管	LED×3	
电阻、电容	见电路图	
电位器	10 kΩ×1，1 MΩ×1	
晶体管	BT33×1，2CTS×1	
开关	1×1开关×2	
	1×2开关×1	
电池、灯泡	1.5 V×1　灯泡×1	

四 实训内容和步骤

1. 晶闸管触发导通性能实训

（1）按实训图 11-1 所示连接各元器件，断开 S_1、S_2，R_P旋至最小值。

（2）接通 S_1，观察发光二极管是否发光。

（3）接通 S_2，加上触发电压，观察发光二极管是否发光。

（4）断开 S_2，晶闸管导通后，撤去触发电压，观察发光二极管是否发光。

（5）把 S_1断开，切断阳极电压再接通，观察发光二极管是否发光。

（6）晶闸管触发导通后的维持电流测量

接通 S_1、S_2使晶闸管导通，慢慢调节 R_P，使电流逐渐减小。当降到某一值时，电流表指针突然降到零。此电流即为维持电流（作好记录）。再反向旋转 R_P，使阻值逐步减小，观察发光二极管是否发光。

（7）触发电流方向试验

把 1.5 V 电池反接，S_1、S_2都接通，R_P旋至最小值，观察发光二极管是否发光，电流表有无读数。

将步骤（2）~（7）实验结果记录于实训表 11-1 中。

2. 晶闸管交流供电工作原理实训。

实训线路如实训图 11-2 所示。按图示连接各元器件。按下列步骤进行：

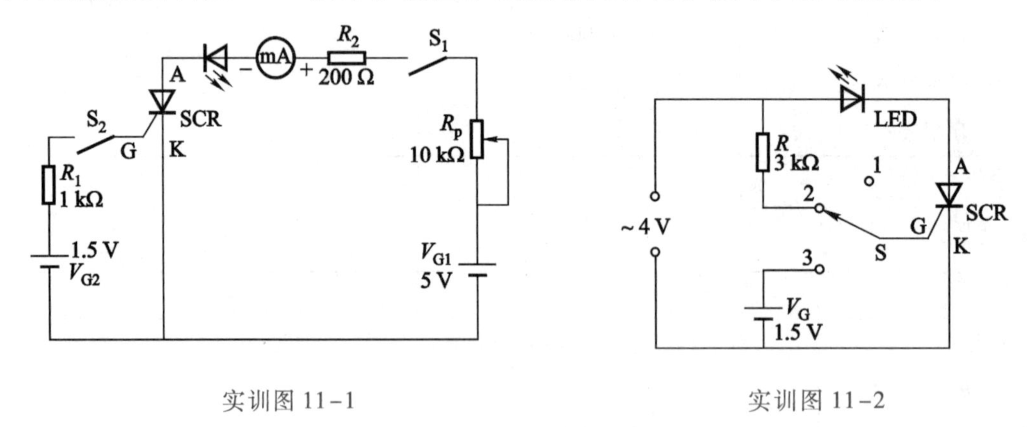

实训图 11-1　　　　实训图 11-2

（1）开关接 1 端（即无触发电压），接通交流电源，观察发光二极管是否发光。

（2）开关与 3 端（电池）接通，用直流触发，观察发光二极管是否发光。

（3）开关与 2 端接通，利用交流电源正半周进行触发，观察发光二极管是否发光。触发时，加在晶闸管阳极上的交流电压为正半周。

将实训结果记录在实训表 11-2 中。

3. 利用双向二极管触发双向晶闸管的调光电路

实训线路如实训图 11-3 所示，按下列步骤进行实训：

（1）按实训图 11-3 连接各元器件（除灯泡外，可在印制板上焊接）。

（2）调节电位器（1 MΩ）观察灯泡亮度是否发生变化。

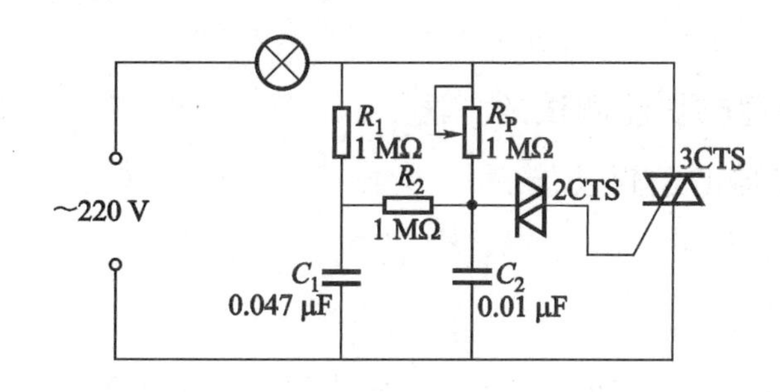

实训图 11-3

实训表 11-1　晶闸管触发导通实训

条　　件	发光二极管亮灭情况	电路情况分析
S_1通，S_2不通		
S_1、S_2通		
导通后 S_2断		
S_1断后 S_2通		
触发电源 1.5 V 反接 S_1、S_2通		

该单向晶闸管的维持电流约为________mA。

实训表 11-2　晶闸管交流供电实训

条　　件	发光二极管亮灭情况	电路情况分析
开关断		
开关与 3 端接通		
开关与 2 端接通		

五　实训报告

1. 整理实训结果，填入相应的表格中。

2. 说明双向晶闸管应用于调光电路的原理。

* 实训12　集成触发器逻辑功能的测试（选用）

一　实训目的

1. 学会集成触发器逻辑功能测试的方法。
2. 熟悉 JK、D 触发器的逻辑功能。

二　实训电路

实训电路如实训图 12-1、实训图 12-2、实训图 12-3 所示。

三　实训器材

名　称	数量	用　途
直流稳态电源	1	提供 5 V 直流电压
万用表	1	测量直流电压用
逻辑开关	1	提供高低电平
0-1 显示器	1	显示输出逻辑电平
* **0-1** 按钮	1	提供 *CP* 脉冲
双 JK 触发器 CT74LS112	1	被测触发器
双 D 触发器 CT74LS74	1	被测触发器
SYB-130 型面包板	1	实训用插件板
ϕ0. 5 mm 绝缘铜导线	若干	电路连接导线

四　实训说明

1. 复习 JK 和 D 触发器的逻辑功能。

2. 熟悉被测集成触发器的外引线排列和引出端功能。CT74LS74 引脚排列如实训图 12-1 所示，CT74LS112 引脚排列见第十二章。

3. 预习实训内容、方法、步骤以及实训连接图。

4. 熟悉实训仪器的使用方法。

五　实训内容和步骤

JK 触发器逻辑功能的测试

（1）$\overline{R}_{\mathrm{D}}$、$\overline{S}_{\mathrm{D}}$的功能测试

① 调节直流稳压电源，使输出电压为+5 V。

② 将 CT74LS112 插入面包板，并按实训图 12-2 连接测试电路。

③ 将测试结果填入实训表 12-1（表中“×”表示可取任意电平）。

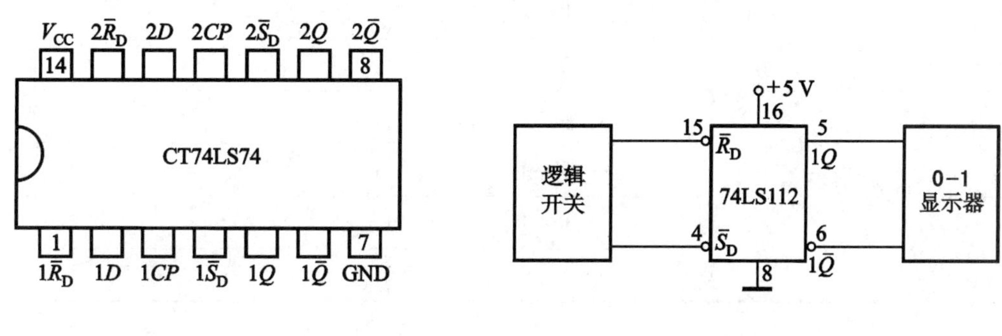

实训图 12-1　　　　实训图 12-2

实训表 12-1

CP	J	K	$\overline{R}_{\mathrm{D}}$	$\overline{S}_{\mathrm{D}}$	Q 逻辑状态
×	×	×	**0**	**1**	
×	×	×	**1**	**0**	

（2）逻辑功能测试

① 按实训图 12-3 连接测试电路，使$\overline{S}_{\mathrm{D}}=\overline{R}_{\mathrm{D}}=\mathbf{1}$。

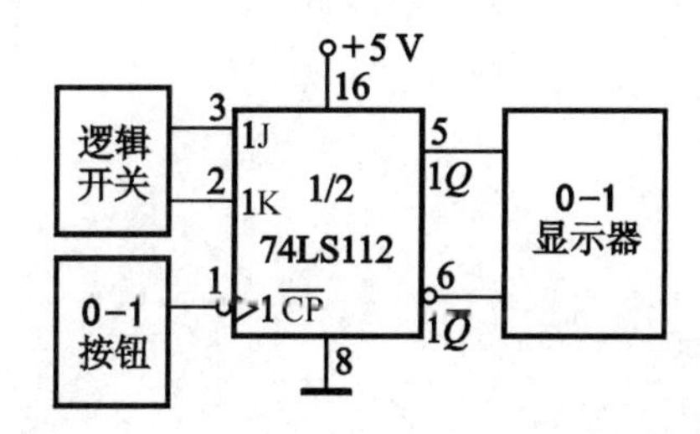

实训图 12-3

② J、K 端的逻辑电平按实训表 12-2 由逻辑开关提供。

③ CP 脉冲由 **0-1** 按钮提供（**0→1** 表示 CP 脉冲的上升沿，**1→0** 表示 CP 脉冲的下降沿）。

④ 将测试结果填入实训表 12-2 中（每次测试前，触发器先置零）。

实训表 12-2

J	K	CP	Q_{n+1}	
			$Q_n=0$	$\overline{Q}_n=1$
0	**0**	**0→1**		
		1→0		
0	**1**	**0→1**		
		1→0		
1	**0**	**0→1**		
		1→0		
1	**1**	**0→1**		
		1→0		

参考文献

[1] 余孟尝，清华大学电子学教研室. 数字电子技术基础简明教程 [M]. 4版. 北京：清华大学出版社，2018.

[2] 康华光. 电子技术基础 [M]. 7版. 北京：高等教育出版社，2021.

[3] 王毓银. 数字电路逻辑设计 [M]. 3版. 北京：高等教育出版社，2018.

[4] 江晓安. 数字电子技术 [M]. 4版. 西安：西安电子科技大学出版社，2019.

[5] 王美玲. 数字电子技术 [M]. 4版. 北京：机械工业出版社，2021.

[6] 梁明理. 电子线路 [M]. 6版. 北京：高等教育出版社，2019.

[7] 童诗白，华成英. 模拟电子技术基础 [M]. 5版. 北京：高等教育出版社，2015.

[8] 阎石. 数字电子技术基础 [M]. 6版. 北京：高等教育出版社，2021.

郑重声明

高等教育出版社依法对本书享有专有出版权。任何未经许可的复制、销售行为均违反《中华人民共和国著作权法》，其行为人将承担相应的民事责任和行政责任；构成犯罪的，将被依法追究刑事责任。为了维护市场秩序，保护读者的合法权益，避免读者误用盗版书造成不良后果，我社将配合行政执法部门和司法机关对违法犯罪的单位和个人进行严厉打击。社会各界人士如发现上述侵权行为，希望及时举报，本社将奖励举报有功人员。

反盗版举报电话　(010) 58581999　58582371　58582488

反盗版举报传真　(010) 82086060

反盗版举报邮箱　dd@ hep. com. cn

通信地址　北京市西城区德外大街4号

　　　　　高等教育出版社法律事务与版权管理部

邮政编码　100120

防伪查询说明

用户购书后刮开封底防伪涂层，利用手机微信等软件扫描二维码，会跳转至防伪查询网页，获得所购图书详细信息。也可将防伪二维码下的20位密码按从左到右、从上到下的顺序发送短信至106695881280，免费查询所购图书真伪。

反盗版短信举报

编辑短信“JB，图书名称，出版社，购买地点”发送至10669588128

防伪客服电话

(010) 58582300

学习卡账号使用说明

一、注册/登录

访问 http://abook. hep. com. cn/sve，点击“注册”，在注册页面输入用户名、密码及常用的邮箱进行注册。已注册的用户直接输入用户名和密码登录即可进入“我的课程”页面。

二、课程绑定

点击“我的课程”页面右上方“绑定课程”，正确输入教材封底防伪标签上的20位密码，点击“确定”完成课程绑定。

三、访问课程

在“正在学习”列表中选择已绑定的课程，点击“进入课程”即可浏览或下载与本书配套的课程资源。刚绑定的课程请在“申请学习”列表中选择相应课程并点击“进入课程”。

如有账号问题，请发邮件至：4a_admin_zz@ pub. hep. cn。